수학이 쉬워지는 완벽한 솔루션

완쏠

유형 입문

공통수학 2

발행일	2024년 6월 14일
펴낸곳	메가스터디(주)
펴낸이	손은진
개발 책임	배경윤
개발	김민, 신상희, 성기은
디자인	이정숙, 윤재경
마케팅	엄재욱, 김세정
제작	이성재, 장병미
주소	서울시 서초구 효령로 304(서초동) 국제전자센터 24층
대표전화	1661.5431(내용 문의 02-6984-6901 / 구입 문의 02-6984-6868,9)
홈페이지	http://www.megastudybooks.com
출판사 신고 번호	제 2015-000159호
출간제안/원고투고	메가스터디북스 홈페이지 <투고 문의>에 등록

메가스터디BOOKS

'메가스터디북스'는 메가스터디㈜의 교육, 학습 전문 출판 브랜드입니다.
초중고 참고서는 물론, 어린이/청소년 교양서, 성인 학습서까지 다양한 도서를 출간하고 있습니다.

수학 기본기를 다지는

완쏠 유형 입문은
이렇게 만들었습니다!

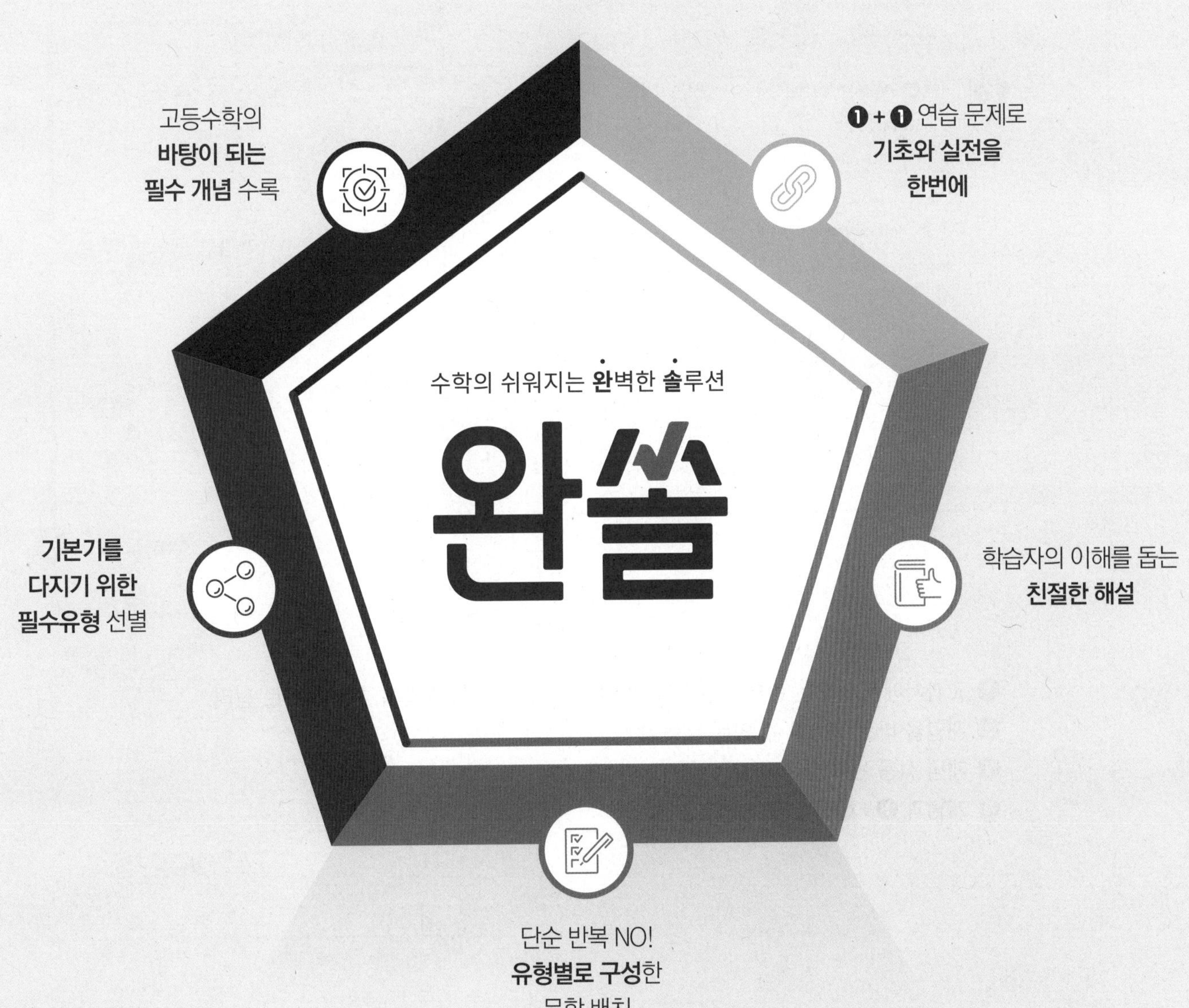

이 책의 짜임새

PART 1 쉬운 개념 학습 + 기초·기본 문제

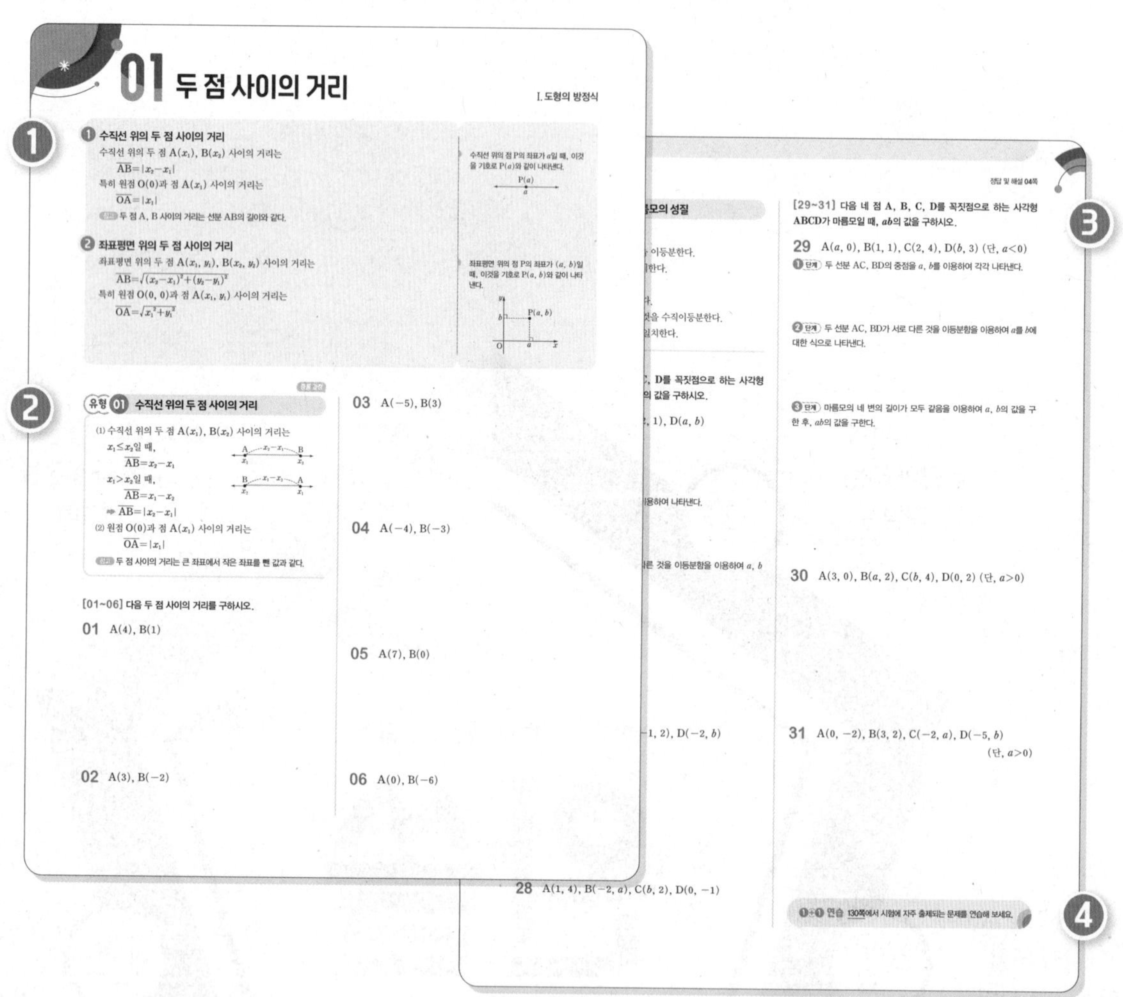

❶ 교과서에서 다루는 반드시 알아야 할 기본 개념을 쉽게, 가볍게, 체계적으로 정리

❷ 개념을 바로 적용할 수 있는 유형 제시

❸ 개념 적용 반복 훈련이 가능한 기초·기본 문제로 수학의 기본기 강화

❹ 개념과 ❶+❶ 구성의 PART 2 안내

PART 2 ❶+❶ 연습 (학교 시험 문제로 실전 연습)

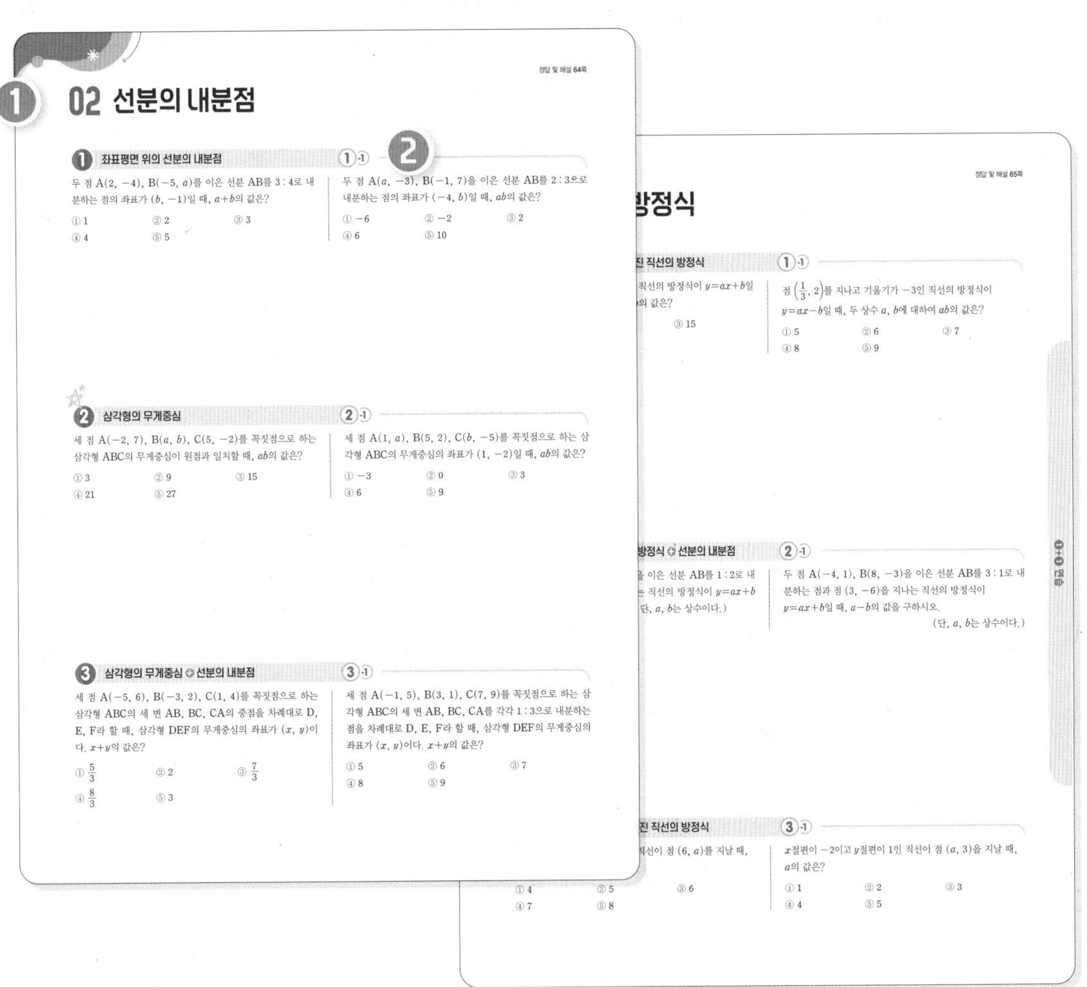
정답 및 해설 64쪽

❶ 02 선분의 내분점

❶ 좌표평면 위의 선분의 내분점

두 점 A(2, −4), B(−5, a)를 이은 선분 AB를 3 : 4로 내분하는 점의 좌표가 (b, −1)일 때, $a+b$의 값은?

① 1 ② 2 ③ 3 ④ 4 ⑤ 5

1-1 ❷

두 점 A(a, −3), B(−1, 7)을 이은 선분 AB를 2 : 3으로 내분하는 점의 좌표가 (−4, b)일 때, ab의 값은?

① −6 ② −2 ③ 2 ④ 6 ⑤ 10

❷ 삼각형의 무게중심

세 점 A(−2, 7), B(a, b), C(5, −2)를 꼭짓점으로 하는 삼각형 ABC의 무게중심이 원점과 일치할 때, ab의 값은?

① 3 ② 9 ③ 15 ④ 21 ⑤ 27

2-1

세 점 A(1, a), B(5, 2), C(b, −5)를 꼭짓점으로 하는 삼각형 ABC의 무게중심의 좌표가 (1, −2)일 때, ab의 값은?

① −3 ② 0 ③ 3 ④ 6 ⑤ 9

❸ 삼각형의 무게중심 + 선분의 내분점

세 점 A(−5, 6), B(−3, 2), C(1, 4)를 꼭짓점으로 하는 삼각형 ABC의 세 변 AB, BC, CA의 중점을 차례대로 D, E, F라 할 때, 삼각형 DEF의 무게중심의 좌표가 (x, y)이다. $x+y$의 값은?

① $\frac{5}{3}$ ② 2 ③ $\frac{7}{3}$ ④ $\frac{8}{3}$ ⑤ 3

3-1

세 점 A(−1, 5), B(3, 1), C(7, 9)를 꼭짓점으로 하는 삼각형 ABC의 세 변 AB, BC, CA를 각각 1 : 3으로 내분하는 점을 차례대로 D, E, F라 할 때, 삼각형 DEF의 무게중심의 좌표가 (x, y)이다. $x+y$의 값은?

① 5 ② 6 ③ 7 ④ 8 ⑤ 9

정답 및 해설 65쪽

방정식

1-1

점 $\left(\frac{1}{3}, 2\right)$를 지나고 기울기가 −3인 직선의 방정식이 $y=ax-b$일 때, 두 상수 a, b에 대하여 ab의 값은?

① 5 ② 6 ③ 7 ④ 8 ⑤ 9

2-1

두 점 A(−4, 1), B(8, −3)을 이은 선분 AB를 3 : 1로 내분하는 점과 점 (3, −6)을 지나는 직선의 방정식이 $y=ax+b$일 때, $a-b$의 값을 구하시오. (단, a, b는 상수이다.)

3-1

x절편이 −2이고 y절편이 1인 직선이 점 (a, 3)을 지날 때, a의 값은?

① 1 ② 2 ③ 3 ④ 4 ⑤ 5

❶ PART 1의 개념과 ❶+❶ 구성의 실전 문제

❷ 학교 시험에서 자주 출제되지만 어렵지 않은 기본적인 문제들로 실전 감각 UP! 자신감 UP!

이 책의 차례

PART 1

Ⅰ 도형의 방정식

Ⅱ 집합과 명제

Ⅲ 함수와 그래프

PART 2

Ⅰ

도형의 방정식

01 두 점 사이의 거리

❶ 수직선 위의 두 점 사이의 거리

수직선 위의 두 점 $A(x_1)$, $B(x_2)$ 사이의 거리는

$\overline{AB}=|x_2-x_1|$

특히 원점 $O(0)$과 점 $A(x_1)$ 사이의 거리는

$\overline{OA}=|x_1|$

참고 두 점 A, B 사이의 거리는 선분 AB의 길이와 같다.

- 수직선 위의 점 P의 좌표가 a일 때, 이것을 기호로 $P(a)$와 같이 나타낸다.

❷ 좌표평면 위의 두 점 사이의 거리

좌표평면 위의 두 점 $A(x_1, y_1)$, $B(x_2, y_2)$ 사이의 거리는

$\overline{AB}=\sqrt{(x_2-x_1)^2+(y_2-y_1)^2}$

특히 원점 $O(0, 0)$과 점 $A(x_1, y_1)$ 사이의 거리는

$\overline{OA}=\sqrt{x_1^2+y_1^2}$

- 좌표평면 위의 점 P의 좌표가 (a, b)일 때, 이것을 기호로 $P(a, b)$와 같이 나타낸다.

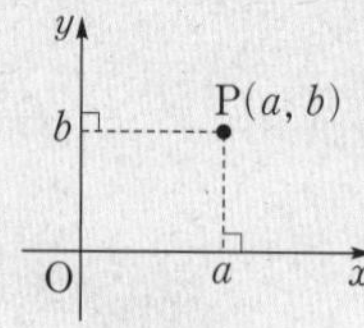

중등 과정

유형 01 수직선 위의 두 점 사이의 거리

(1) 수직선 위의 두 점 $A(x_1)$, $B(x_2)$ 사이의 거리는

$x_1 \le x_2$일 때,

$\overline{AB}=x_2-x_1$

$x_1 > x_2$일 때,

$\overline{AB}=x_1-x_2$

➡ $\overline{AB}=|x_2-x_1|$

(2) 원점 $O(0)$과 점 $A(x_1)$ 사이의 거리는

$\overline{OA}=|x_1|$

참고 두 점 사이의 거리는 큰 좌표에서 작은 좌표를 뺀 값과 같다.

[01~06] 다음 두 점 사이의 거리를 구하시오.

01 $A(4)$, $B(1)$

02 $A(3)$, $B(-2)$

03 $A(-5)$, $B(3)$

04 $A(-4)$, $B(-3)$

05 $A(7)$, $B(0)$

06 $A(0)$, $B(-6)$

유형 02 좌표평면 위의 두 점 사이의 거리

(1) 좌표평면 위의 두 점 $\mathrm{A}(x_1, y_1)$, $\mathrm{B}(x_2, y_2)$ 사이의 거리는

$$\overline{\mathrm{AB}}=\sqrt{(x_2-x_1)^2+(y_2-y_1)^2}$$

(2) 원점 $\mathrm{O}(0, 0)$과 점 $\mathrm{A}(x_1, y_1)$ 사이의 거리는

$$\overline{\mathrm{OA}}=\sqrt{{x_1}^2+{y_1}^2}$$

참고 ① 피타고라스 정리에 의하여

$\overline{\mathrm{AB}}^2=\overline{\mathrm{AC}}^2+\overline{\mathrm{BC}}^2$

$=|x_2-x_1|^2+|y_2-y_1|^2$

$=(x_2-x_1)^2+(y_2-y_1)^2$

이므로

$\overline{\mathrm{AB}}=\sqrt{(x_2-x_1)^2+(y_2-y_1)^2}$

② $\overline{\mathrm{AB}}=\sqrt{(x_2-x_1)^2+(y_2-y_1)^2}$

$=\sqrt{(x_1-x_2)^2+(y_1-y_2)^2}$ → 빼는 순서는 바꾸어도 상관없다.

[07~12] 다음 두 점 사이의 거리를 구하시오.

07 $\mathrm{A}(4, 5)$, $\mathrm{B}(0, 2)$

➡ $\overline{\mathrm{AB}}=\sqrt{(0-\square)^2+(2-\square)^2}$

$=\sqrt{\square+9}=\square$

08 $\mathrm{A}(-2, 1)$, $\mathrm{B}(3, 6)$

09 $\mathrm{A}(2, -3)$, $\mathrm{B}(-1, 1)$

10 $\mathrm{A}(-4, -1)$, $\mathrm{B}(-3, -2)$

11 $\mathrm{A}(1, -3)$, $\mathrm{B}(-5, -3)$

12 $\mathrm{A}(0, 0)$, $\mathrm{B}(-6, 8)$

[13~15] 두 점 A, B의 좌표와 선분 AB의 길이가 다음과 같을 때, a의 값을 구하시오.

13 $\mathrm{A}(2, 1)$, $\mathrm{B}(a, 4)$, $\overline{\mathrm{AB}}=5$

❶ 단계 $\overline{\mathrm{AB}}=5$이므로

$\sqrt{(a-\square)^2+(\square-1)^2}=5$

❷ 단계 위의 식의 양변을 제곱하면

$(a-\square)^2+9=25$, $a^2-4a-12=0$

$(a+2)(a-\square)=0$

$\therefore a=-2$ 또는 $a=\square$

14 $\mathrm{A}(4, -2)$, $\mathrm{B}(2, a)$, $\overline{\mathrm{AB}}=\sqrt{13}$

❶ 단계 두 점 사이의 거리 공식을 이용하여 식을 세운다.

❷ 단계 ❶ 단계에서 구한 식을 이용하여 a의 값을 구한다.

15 $\mathrm{A}(a, 4)$, $\mathrm{B}(1, 2)$, $\overline{\mathrm{AB}}=2\sqrt{5}$

유형 03 같은 거리에 있는 점

점 P가 두 점 A, B에서 같은 거리에 있으면

$\overline{AP}=\overline{BP}$, 즉 $\overline{AP}^2=\overline{BP}^2$

이다. 이때 점 P의 위치에 따라 점 P의 좌표를 다음과 같이 놓을 수 있다.

(1) 점 P가 x축 위의 점이면 ➡ P$(a, 0)$

(2) 점 P가 y축 위의 점이면 ➡ P$(0, b)$

[16~19] 다음 두 점 A, B에서 같은 거리에 있는 x축 위의 점 P의 좌표를 구하시오.

16 A$(1, -2)$, B$(3, 4)$

❶단계 점 P의 좌표를 $(a, \square)$이라 하면

$\overline{AP}=\overline{BP}$에서 $\overline{AP}^2=\overline{BP}^2$이므로

$(a-\square)^2+\{0-(-2)\}^2=(a-3)^2+(0-\square)^2$

❷단계 $a^2-2a+5=a^2-6a+25$

$4a=20 \quad \therefore a=\square$

❸단계 점 P의 좌표는 $(\square, 0)$이다.

17 A$(-5, 4)$, B$(2, -3)$

❶단계 P$(a, 0)$이라 하고, $\overline{AP}^2=\overline{BP}^2$임을 이용하여 식을 세운다.

❷단계 ❶단계에서 구한 식을 이용하여 a의 값을 구한다.

❸단계 점 P의 좌표를 구한다.

18 A$(2, 8)$, B$(-5, -1)$

19 A$(-2, -3)$, B$(8, 7)$

[20~23] 다음 두 점 A, B에서 같은 거리에 있는 y축 위의 점 P의 좌표를 구하시오.

20 A$(6, 2)$, B$(-3, 5)$

➡ 점 P의 좌표를 $(\square, b)$라 하면

$\overline{AP}=\overline{BP}$에서 $\overline{AP}^2=\overline{BP}^2$이므로

$(0-6)^2+(b-\square)^2=\{0-(\square)\}^2+(b-5)^2$

$b^2-4b+40=b^2-10b+34$

$6b=-6 \quad \therefore b=\square$

따라서 점 P의 좌표는 $(0, \square)$이다.

21 A$(-2, 4)$, B$(-4, 6)$

➡ 점 P의 좌표를 $(\square, b)$라 하면

$\overline{AP}=\overline{BP}$에서 $\overline{AP}^2=\overline{BP}^2$이므로

22 A$(5, 1)$, B$(-1, -3)$

23 A$(1, -2)$, B$(2, -5)$

유형 04 세 변의 길이에 따른 삼각형의 모양

주어진 세 점을 꼭짓점으로 하는 삼각형 ABC의 모양을 판별할 때는 먼저 두 점 사이의 거리 공식을 이용하여 세 변의 길이 $\overline{AB}$, $\overline{BC}$, $\overline{CA}$를 구한 후 다음을 이용한다.

(1) $\overline{AB}=\overline{BC}=\overline{CA}$이면
➡ 삼각형 ABC는 정삼각형이다.

(2) $\overline{AB}^2=\overline{BC}^2+\overline{CA}^2$이면
➡ 삼각형 ABC는 $\angle C=90°$인 직각삼각형이다.

(3) $\overline{AB}=\overline{BC}$ 또는 $\overline{BC}=\overline{CA}$ 또는 $\overline{CA}=\overline{AB}$이면
➡ 삼각형 ABC는 이등변삼각형이다.

[24~29] 다음 세 점 A, B, C를 꼭짓점으로 하는 삼각형 ABC는 어떤 삼각형인지 말하시오.

24 A(1, 2), B(1, −3), C(−2, 1)

❶단계 삼각형 ABC의 세 변의 길이를 구하면

$\overline{AB}=\sqrt{(1-\square)^2+(\square-2)^2}=5$

$\overline{BC}=\sqrt{(-2-1)^2+\{1-(\square)\}^2}=\square$

$\overline{CA}=\sqrt{\{1-(-2)\}^2+(2-1)^2}=\square$

❷단계 $\overline{AB}=\square$이므로
삼각형 ABC는 $\overline{AB}=\square$인 이등변삼각형이다.

25 A(2, 3), B(3, −1), C(−2, 2)

❶단계 두 점 사이의 거리 공식을 이용하여 삼각형 ABC의 세 변의 길이 $\overline{AB}$, $\overline{BC}$, $\overline{CA}$를 구한다.

❷단계 삼각형 ABC의 세 변의 길이 사이의 관계를 이용하여 삼각형의 모양을 판단한다.

26 A(3, −6), B(−2, −1), C(1, 0)

27 A(0, 0), B(1, $\sqrt{3}$), C(2, 0)

28 A(−2, 2), B(−1, 5), C(6, 1)

29 A(0, 2), B(3, 5), C(7, 1)

1+1 연습 129쪽에서 시험에 자주 출제되는 문제를 연습해 보세요.

02 선분의 내분점

① 선분의 내분점

선분 AB 위의 점 P에 대하여

$\overline{\mathrm{AP}} : \overline{\mathrm{PB}} = m : n \ (m>0,\ n>0)$

일 때, 점 P는 선분 AB를 $m : n$으로 내분한다고 하고,
점 P를 선분 AB의 내분점이라 한다.

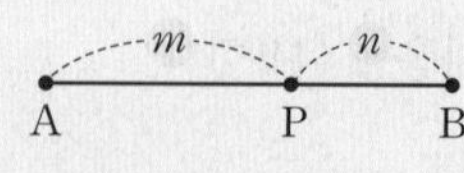

참고 선분 AB의 중점은 선분 AB를 1 : 1로 내분하는 점이다.

② 수직선 위의 선분의 내분점

수직선 위의 두 점 $\mathrm{A}(x_1)$, $\mathrm{B}(x_2)$에 대하여 선분 AB를 $m : n \ (m>0,\ n>0)$으로 내분하는 점 P는

$$\mathrm{P}\left(\frac{mx_2+nx_1}{m+n}\right)$$

한편, 수직선 위의 선분 AB의 중점 M은 $\mathrm{M}\left(\frac{x_1+x_2}{2}\right)$이다.

③ 좌표평면 위의 선분의 내분점

좌표평면 위의 두 점 $\mathrm{A}(x_1,\ y_1)$, $\mathrm{B}(x_2,\ y_2)$에 대하여 선분 AB를 $m : n \ (m>0,\ n>0)$으로 내분하는 점 P는

$$\mathrm{P}\left(\frac{mx_2+nx_1}{m+n},\ \frac{my_2+ny_1}{m+n}\right)$$

한편, 좌표평면 위의 선분 AB의 중점 M은 $\mathrm{M}\left(\frac{x_1+x_2}{2},\ \frac{y_1+y_2}{2}\right)$이다.

$m \neq n$일 때, 선분 AB를 $m : n$으로 내분하는 점과 선분 BA를 $m : n$으로 내분하는 점은 같지 않다.

예

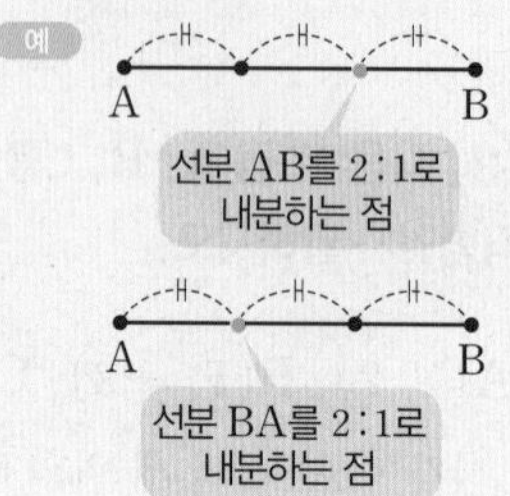

유형 01 수직선 위의 선분의 내분

선분 AB 위의 점 P에 대하여

$\overline{\mathrm{AP}} : \overline{\mathrm{PB}} = m : n \ (m>0,\ n>0)$

일 때, 점 P는 선분 AB를 $m : n$으로 내분한다.
이때 점 P를 선분 AB의 내분점이라 한다.

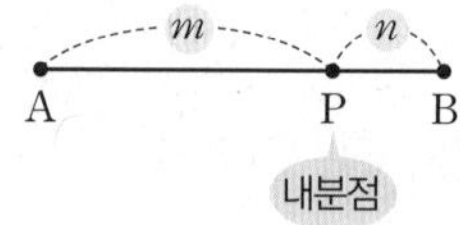

[01~04] 그림과 같이 선분 AB를 4등분 하는 점을 각각 C, D, E라 할 때, □ 안에 알맞은 것을 써넣으시오.

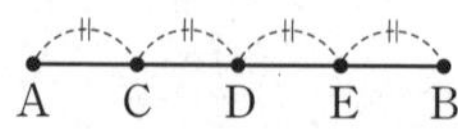

01 선분 AB를 1 : 3으로 내분하는 점은 □이다.

02 선분 CB를 1 : 2로 내분하는 점은 □이다.

03 점 E는 선분 AB를 □ : 1로 내분한다.

04 점 C는 선분 AE를 1 : □로 내분한다.

유형 02 수직선 위의 선분의 내분점

수직선 위의 두 점 $A(x_1)$, $B(x_2)$에 대하여

(1) 선분 AB를 $m:n$ ($m>0$, $n>0$)으로 내분하는 점 P는

$$P\left(\frac{mx_2+nx_1}{m+n}\right)$$

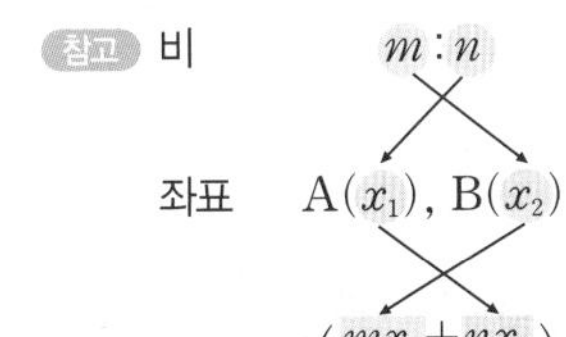

참고 비 $m:n$

좌표 $A(x_1)$, $B(x_2)$

내분점 $P\left(\frac{mx_2+nx_1}{m+n}\right)$ → 엇갈리게 곱하여 더한다.

(2) 선분 AB의 중점 M은

$$M\left(\frac{x_1+x_2}{2}\right)$$ ← 선분 AB를 1 : 1로 내분하는 점

[05~07] 수직선 위의 두 점 $A(-1)$, $B(5)$에 대하여 다음을 구하시오.

05 선분 AB를 1 : 2로 내분하는 점 P의 좌표

➡ $\frac{1\times5+2\times(\square)}{1+2}=\square$

$\therefore P(\square)$

06 선분 AB를 2 : 1로 내분하는 점 Q의 좌표

07 선분 AB의 중점 M의 좌표

[08~10] 수직선 위의 두 점 $A(-11)$, $B(-1)$에 대하여 다음을 구하시오.

08 선분 AB를 2 : 3으로 내분하는 점 P의 좌표

09 선분 AB를 3 : 2로 내분하는 점 Q의 좌표

10 선분 AB의 중점 M의 좌표

유형 03 좌표평면 위의 선분의 내분점

좌표평면 위의 두 점 $A(x_1, y_1)$, $B(x_2, y_2)$에 대하여

(1) 선분 AB를 $m:n$ ($m>0$, $n>0$)으로 내분하는 점 P는

$$P\left(\frac{mx_2+nx_1}{m+n}, \frac{my_2+ny_1}{m+n}\right)$$

(2) 선분 AB의 중점 M은

$$M\left(\frac{x_1+x_2}{2}, \frac{y_1+y_2}{2}\right)$$

[11~15] 좌표평면 위의 두 점 $A(1, 4)$, $B(-5, -2)$에 대하여 다음을 구하시오.

11 선분 AB를 1 : 2로 내분하는 점 P의 좌표

➡ 선분 AB를 1 : 2로 내분하는 점 P의 좌표는

$$\left(\frac{1\times(-5)+2\times\square}{1+2}, \frac{\square\times(-2)+2\times4}{1+2}\right)$$

$\therefore P(\square, \square)$

12 선분 AB를 2 : 1로 내분하는 점 Q의 좌표

13 선분 AB를 2 : 3으로 내분하는 점 R의 좌표

14 선분 AB를 3 : 2로 내분하는 점 S의 좌표

15 선분 AB의 중점 M의 좌표

[16~20] 좌표평면 위의 두 점 $A(-3, 2)$, $B(5, -4)$에 대하여 다음을 구하시오.

16 선분 AB를 1 : 2로 내분하는 점 P의 좌표

17 선분 AB를 2 : 1로 내분하는 점 Q의 좌표

18 선분 AB를 1 : 3으로 내분하는 점 R의 좌표

19 선분 AB를 3 : 1로 내분하는 점 S의 좌표

20 선분 AB의 중점 M의 좌표

유형 04 삼각형의 무게중심

좌표평면 위의 세 점 $A(x_1, y_1)$, $B(x_2, y_2)$, $C(x_3, y_3)$을 꼭짓점으로 하는 삼각형 ABC의 무게중심 G는

$$G\left(\frac{x_1+x_2+x_3}{3}, \frac{y_1+y_2+y_3}{3}\right)$$

참고 **삼각형의 무게중심**

① 삼각형의 세 중선이 만나는 점을 삼각형의 무게중심이라 한다.

② 삼각형의 무게중심은 세 중선을 꼭짓점으로부터 각각 2 : 1로 내분한다.

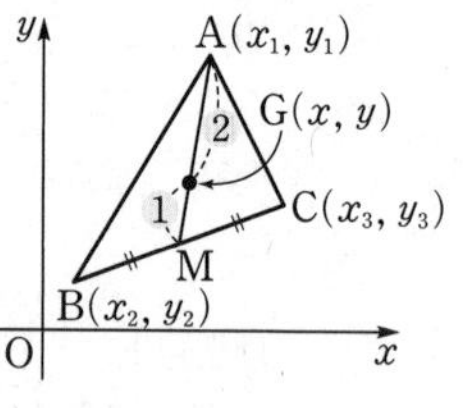

[21~25] 다음 세 점 A, B, C를 꼭짓점으로 하는 삼각형 ABC의 무게중심 G의 좌표를 구하시오.

21 $A(-3, -1)$, $B(-1, 2)$, $C(1, -4)$

➡ 삼각형 ABC의 무게중심 G의 좌표는

$$\left(\frac{-3+(\square)+1}{\square}, \frac{-1+2+(\square)}{\square}\right)$$

$\therefore G(\square, \square)$

22 $A(1, 2)$, $B(4, 5)$, $C(3, -1)$

23 $A(2, -3)$, $B(3, -4)$, $C(4, -2)$

24 $A(2, -4)$, $B(4, -3)$, $C(-3, -2)$

25 $A(1, -1)$, $B(2, 3)$, $C(-3, -2)$

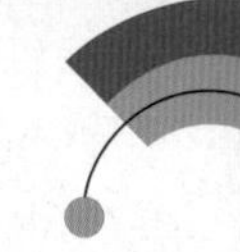

정답 및 해설 04쪽

유형 05 평행사변형과 마름모의 성질

(1) 평행사변형

두 대각선이 서로 다른 것을 이등분한다.

➡ 두 대각선의 중점이 일치한다.

(2) 마름모

① 네 변의 길이가 모두 같다.

② 두 대각선이 서로 다른 것을 수직이등분한다.

➡ 두 대각선의 중점이 일치한다.

[26~28] 다음 네 점 A, B, C, D를 꼭짓점으로 하는 사각형 ABCD가 평행사변형일 때, $a+b$의 값을 구하시오.

26 A$(1, 3)$, B$(0, 0)$, C$(2, 1)$, D(a, b)

1단계 선분 AC의 중점을 구한다.

2단계 선분 BD의 중점을 a, b를 이용하여 나타낸다.

3단계 두 선분 AC, BD가 서로 다른 것을 이등분함을 이용하여 a, b의 값을 구한 후, $a+b$의 값을 구한다.

27 A$(3, 0)$, B$(a, 3)$, C$(-1, 2)$, D$(-2, b)$

28 A$(1, 4)$, B$(-2, a)$, C$(b, 2)$, D$(0, -1)$

[29~31] 다음 네 점 A, B, C, D를 꼭짓점으로 하는 사각형 ABCD가 마름모일 때, ab의 값을 구하시오.

29 A$(a, 0)$, B$(1, 1)$, C$(2, 4)$, D$(b, 3)$ (단, $a<0$)

1단계 두 선분 AC, BD의 중점을 a, b를 이용하여 각각 나타낸다.

2단계 두 선분 AC, BD가 서로 다른 것을 이등분함을 이용하여 a를 b에 대한 식으로 나타낸다.

3단계 마름모의 네 변의 길이가 모두 같음을 이용하여 a, b의 값을 구한 후, ab의 값을 구한다.

30 A$(3, 0)$, B$(a, 2)$, C$(b, 4)$, D$(0, 2)$ (단, $a>0$)

31 A$(0, -2)$, B$(3, 2)$, C$(-2, a)$, D$(-5, b)$ (단, $a>0$)

1+1 연습 130쪽에서 시험에 자주 출제되는 문제를 연습해 보세요.

03 직선의 방정식

1 직선의 방정식

(1) 직선의 방정식

기울기가 m이고 y절편이 n인 직선의 방정식은

$y=mx+n$

(2) 한 점과 기울기가 주어진 직선의 방정식

점 (x_1, y_1)을 지나고 기울기가 m인 직선의 방정식은

$y-y_1=m(x-x_1)$

참고 직선이 x축의 양의 방향과 이루는 각의 크기가 θ일 때, (기울기)$=\tan\theta$이다.

(3) 두 점을 지나는 직선의 방정식

두 점 $\mathrm{A}(x_1, y_1)$, $\mathrm{B}(x_2, y_2)$를 지나는 직선의 방정식은

(i) $x_1\neq x_2$일 때

$$y-y_1=\frac{y_2-y_1}{x_2-x_1}(x-x_1)$$

참고 점 B를 기준으로 직선의 방정식 $y-y_2=\frac{y_2-y_1}{x_2-x_1}(x-x_2)$를 구하여도 결과는 같다.

(ii) $x_1=x_2$일 때

$x=x_1$

(4) x절편과 y절편이 주어진 직선의 방정식

x절편이 a, y절편이 b인 직선의 방정식은

$$\frac{x}{a}+\frac{y}{b}=1 \text{ (단, } a\neq 0,\ b\neq 0)$$

- x절편: 직선이 x축과 만나는 점의 x좌표
  y절편: 직선이 y축과 만나는 점의 y좌표
- $x_1=x_2$이면 직선이 y축에 평행하므로 직선 위의 모든 점의 x좌표가 x_1이다.

2 일차방정식 $ax+by+c=0$이 나타내는 도형

직선의 방정식은 x, y에 대한 일차방정식

$ax+by+c=0$ ($a\neq 0$ 또는 $b\neq 0$)

꼴로 나타낼 수 있다.

또한, x, y에 대한 일차방정식 $ax+by+c=0$ ($a\neq 0$ 또는 $b\neq 0$)이 나타내는 도형은 직선이다.

유형 01 한 점과 기울기가 주어진 직선의 방정식

(1) 점 (x_1, y_1)을 지나고 기울기가 m인 직선의 방정식은

$y-y_1=m(x-x_1)$

(2) 한 점 $\mathrm{P}(a, b)$를 지나고 x축의 양의 방향과 이루는 각의 크기가 θ인 직선의 방정식은 → (기울기)$=\tan\theta$

$y-b=\tan\theta(x-a)$

참고 $y=mx+n$ 꼴을 직선의 방정식의 표준형이라 한다.

[01~06] 다음 직선의 방정식을 구하시오.

01 원점을 지나고 기울기가 2인 직선

02 기울기가 3이고 x절편이 1인 직선

03 기울기가 -2이고 y절편이 4인 직선

04 점 (1, 3)을 지나고 기울기가 2인 직선

05 점 $(-1,\ -3)$을 지나고 기울기가 1인 직선

06 점 $(3,\ -2)$를 지나고 기울기가 $-\frac{1}{3}$인 직선

[07~10] 다음 직선의 방정식을 구하시오.

07 점 $(-\sqrt{3},\ 1)$을 지나고 x축의 양의 방향과 이루는 각의 크기가 $30°$인 직선

❶ 단계 x축의 양의 방향과 이루는 각의 크기가 $30°$이므로 기울기는

$\tan\square=\frac{\sqrt{3}}{3}$

❷ 단계 구하는 직선의 방정식은

$y-1=\square\{x-(\square)\}$에서

$y=\square x+\square$

08 점 $(-2,\ -1)$을 지나고 x축의 양의 방향과 이루는 각의 크기가 $45°$인 직선

❶ 단계 x축의 양의 방향과 직선이 이루는 각의 크기를 이용하여 직선의 기울기를 구한다.

❷ 단계 ❶ 단계에서 구한 기울기를 이용하여 직선의 방정식을 구한다.

09 x절편이 $\sqrt{3}$이고 x축의 양의 방향과 이루는 각의 크기가 $30°$인 직선

10 y절편이 -2이고 x축의 양의 방향과 이루는 각의 크기가 $60°$인 직선

유형 02 좌표축에 평행한 직선의 방정식

(1) 점 $(x_1,\ y_1)$을 지나고 x축에 평행한 직선의 방정식은

$y=y_1$

(2) 점 $(x_1,\ y_1)$을 지나고 y축에 평행한 직선의 방정식은

$x=x_1$

참고 x축에 평행한 직선은 y축에 수직이고, y축에 평행한 직선은 x축에 수직이다.

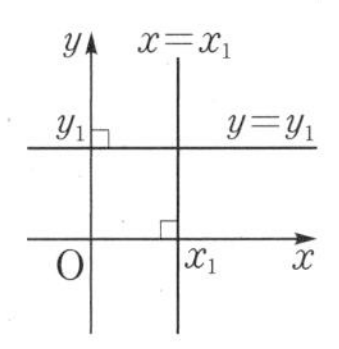

[11~14] 다음 직선의 방정식을 구하시오.

11 점 $(-1,\ 2)$를 지나고 x축에 평행한 직선

12 점 $(2,\ -5)$를 지나고 x축에 수직인 직선

13 점 $(-3,\ -4)$를 지나고 y축에 평행한 직선

14 점 $(5,\ -1)$을 지나고 y축에 수직인 직선

유형 03 두 점을 지나는 직선의 방정식

(1) 두 점 $\mathrm{A}(x_1,\ y_1)$, $\mathrm{B}(x_2,\ y_2)$ $(x_1 \neq x_2)$를 지나는 직선의 방정식은 다음과 같은 순서로 구한다.

❶ 직선의 기울기 $\dfrac{y_2-y_1}{x_2-x_1}$을 구한다.

❷ 직선이 점 A를 지나므로 직선의 방정식은

$y-y_1=\dfrac{y_2-y_1}{x_2-x_1}(x-x_1)$이다.

참고 점 $\mathrm{B}(x_2,\ y_2)$를 기준으로 직선의 방정식을 구하여도 결과는 같다.

(2) 두 점 $\mathrm{A}(x_1,\ y_1)$, $\mathrm{B}(x_2,\ y_2)$ $(x_1=x_2)$를 지나는 직선의 방정식은 $x=x_1$이다.

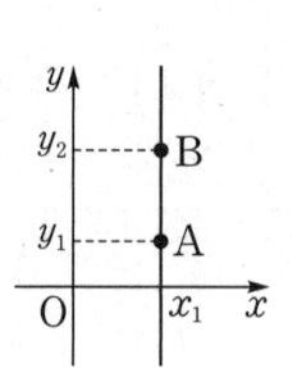

[15~20] 다음 두 점을 지나는 직선의 방정식을 구하시오.

15 $(3,\ 1)$, $(5,\ 3)$

➡ 두 점 $(3,\ 1)$, $(5,\ 3)$을 지나는 직선의 기울기는

$\dfrac{\square-1}{5-\square}=1$이므로 직선의 방정식은

$y-\square=x-3$

$\therefore\ y=x-\square$

16 $(0,\ 3)$, $(2,\ 7)$

17 $(-3,\ 1)$, $(3,\ 4)$

18 $(-4,\ 2)$, $(-2,\ 8)$

19 $(-5,\ 1)$, $(-5,\ 7)$

20 $(1,\ 5)$, $(9,\ 5)$

유형 04 x절편과 y절편이 주어진 직선의 방정식

x절편이 a, y절편이 b인 직선의 방정식은

$\frac{x}{a}+\frac{y}{b}=1$ (단, $a\neq0$, $b\neq0$)

참고 x절편이 a, y절편이 b인 직선은 두 점 $(a, 0)$, $(0, b)$를 지나는 직선과 같다.

[21~24] 다음 직선의 방정식을 구하시오.

21 x절편이 -2, y절편이 3인 직선

22 x절편이 5, y절편이 -4인 직선

23 x절편이 -1, y절편이 -6인 직선

24 두 점 $(3, 0)$, $(0, -7)$을 지나는 직선

유형 05 세 점이 한 직선 위에 있을 조건

세 점 $A(x_1, y_1)$, $B(x_2, y_2)$, $C(x_3, y_3)$이 한 직선 위에 있으려면

(직선 AB의 기울기)=(직선 BC의 기울기)

=(직선 AC의 기울기)

➡ $\frac{y_2-y_1}{x_2-x_1}=\frac{y_3-y_2}{x_3-x_2}=\frac{y_3-y_1}{x_3-x_1}$

(단, $x_1\neq x_2$, $x_2\neq x_3$, $x_3\neq x_1$)

[25~28] 다음 세 점이 한 직선 위에 있도록 하는 k의 값을 구하시오.

25 $A(-1, 1)$, $B(0, 3)$, $C(k, 5)$

➡ 세 점 A, B, C가 한 직선 위에 있으려면

(직선 AB의 기울기)=(직선 BC의 기울기)이어야 하므로

$\frac{3-\square}{\square-(-1)}=\frac{\square-3}{k-\square}$, $2k=\square$ $\quad\therefore k=\square$

26 $A(0, 5)$, $B(1, 4)$, $C(k, 2)$

➡ 세 점 A, B, C가 한 직선 위에 있으려면

(직선 AB의 기울기)=(직선 BC의 기울기)이어야 하므로

27 $A(k, 2)$, $B(1, 3)$, $C(-1, 5)$

28 $A(1, 4)$, $B(-1, k)$, $C(-3, 8)$

정답 및 해설 07쪽

유형 06 일차방정식 $ax+by+c=0$이 나타내는 도형

x, y에 대한 일차방정식 $ax+by+c=0$ ($a\neq0$ 또는 $b\neq0$)은 다음과 같이 변형되므로 직선의 방정식이다.

(1) $a\neq0$, $b\neq0$일 때, $y=-\frac{a}{b}x-\frac{c}{b}$이므로

기울기가 $-\frac{a}{b}$, y절편이 $-\frac{c}{b}$인 직선을 나타낸다.

(2) $a\neq0$, $b=0$일 때, $x=-\frac{c}{a}$이므로

y축에 평행한 직선을 나타낸다.

(3) $a=0$, $b\neq0$일 때, $y=-\frac{c}{b}$이므로

x축에 평행한 직선을 나타낸다.

참고 $ax+by+c=0$ 꼴을 직선의 방정식의 일반형이라 한다.

[29~32] 다음 일차방정식이 나타내는 도형을 좌표평면 위에 그리시오.

29 $2x-3y-6=0$

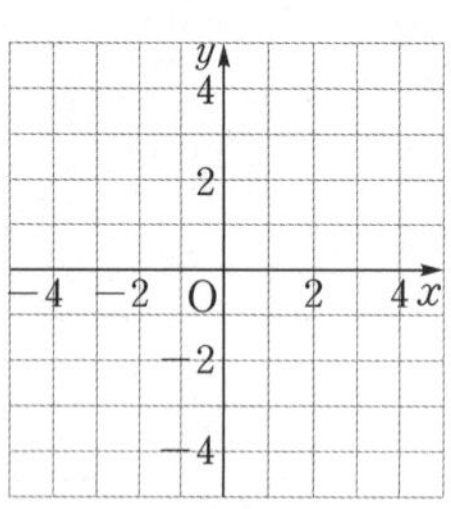

30 $3x+4y+12=0$

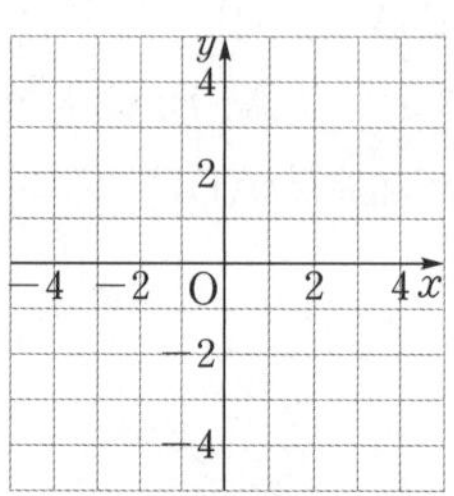

31 $-3x+6=0$

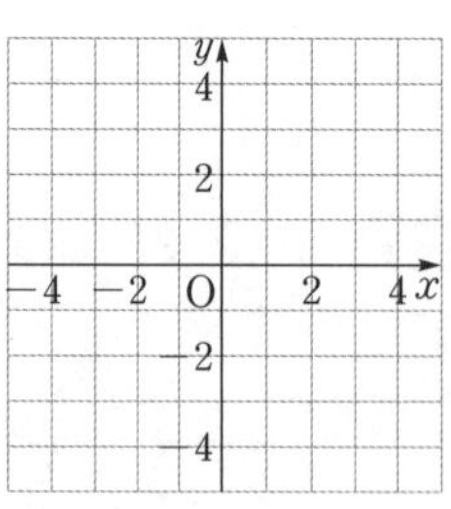

32 $4y-12=0$

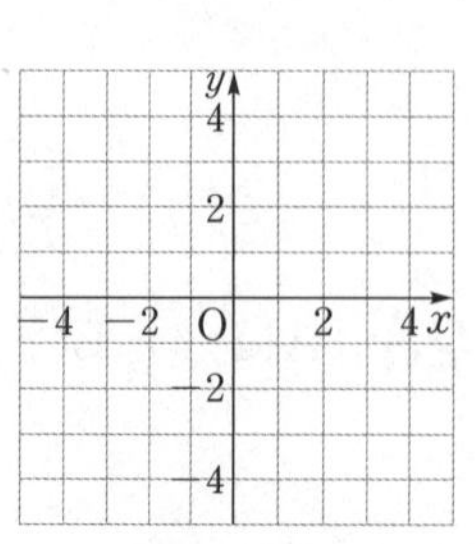

[33~36] 세 실수 a, b, c가 다음 조건을 만족시킬 때, 직선 $ax+by+c=0$의 개형을 그리시오.

33 $a>0$, $b>0$, $c>0$

➡ $ax+by+c=0$에서 $b\neq0$이므로

$y=-\frac{a}{b}x-$□

이때 $a>0$, $b>0$, $c>0$이므로

$-\frac{a}{b}$□0, $-\frac{c}{b}$□0

따라서 직선 $ax+by+c=0$은 기울기가 음수이고 y절편은 □이므로 그 개형은 오른쪽 그림과 같다.

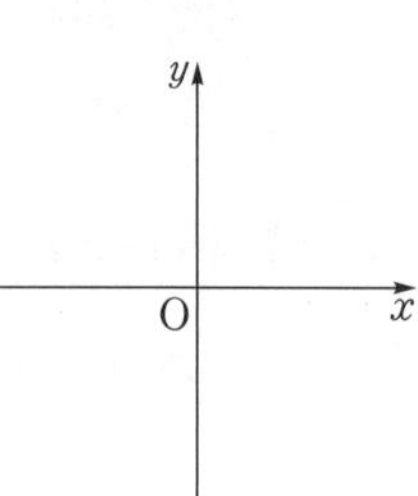

34 $a>0$, $b<0$, $c=0$

➡ $ax+by+c=0$에서 $b\neq0$이므로

$y=-$□$x-\frac{c}{b}$

이때 $a>0$, $b<0$, $c=0$이므로

$-\frac{a}{b}$□0, $-\frac{c}{b}$□0

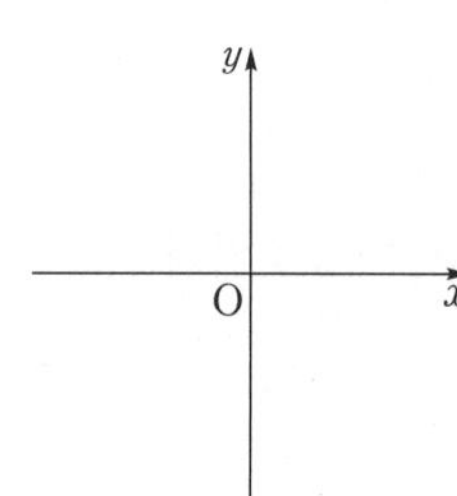

35 $a<0$, $b>0$, $c<0$

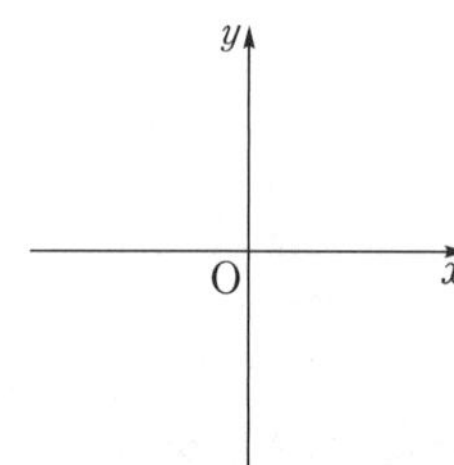

36 $ab>0$, $ac<0$

두 수 a, b의 부호가 같으면 $ab>0$, 다르면 $ab<0$이다.

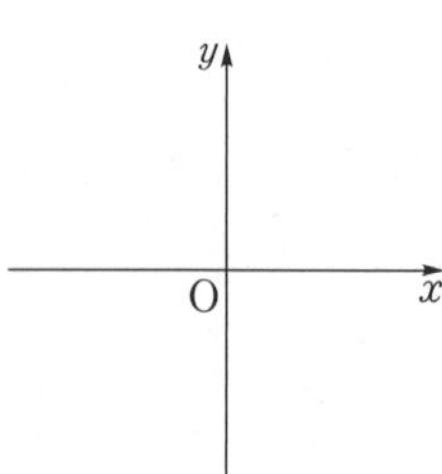

1+1 연습 131쪽에서 시험에 자주 출제되는 문제를 연습해 보세요.

04 두 직선의 평행과 수직

❶ 두 직선의 평행과 수직

(1) 두 직선의 평행 조건

두 직선 $y=mx+n$과 $y=m'x+n'$에서

① 두 직선이 서로 평행하면 $m=m'$, $n\neq n'$이다.

② $m=m'$, $n\neq n'$이면 두 직선은 서로 평행하다.

참고 $m=m'$이고 $n=n'$이면 두 직선은 일치한다.

(2) 두 직선의 수직 조건

두 직선 $y=mx+n$과 $y=m'x+n'$에서

① 두 직선이 서로 수직이면 $mm'=-1$이다.

② $mm'=-1$이면 두 직선은 서로 수직이다.

$m\neq m'$이면 두 직선은 한 점에서 만난다.

두 직선 $ax+by+c=0$, $a'x+b'y+c'=0$이

① 평행하다.

➡ $\frac{a}{a'}=\frac{b}{b'}\neq\frac{c}{c'}$

② 수직이다.

➡ $aa'+bb'=0$

❷ 점과 직선 사이의 거리

(1) 점 $P(x_1, y_1)$과 점 P를 지나지 않는 직선 $ax+by+c=0$ ($a\neq0$ 또는 $b\neq0$) 사이의 거리는

$$\frac{|ax_1+by_1+c|}{\sqrt{a^2+b^2}}$$

특히 원점 O와 직선 $ax+by+c=0$ 사이의 거리는

$$\frac{|c|}{\sqrt{a^2+b^2}}$$

(2) 평행한 두 직선 l, l' 사이의 거리는 직선 l 위의 임의의 점과 직선 l' 사이의 거리와 같다. 따라서 평행한 두 직선 사이의 거리는 한 직선 위의 임의의 점을 택한 후 점과 직선 사이의 거리 공식을 이용하여 구한다.

점과 직선 사이의 거리는 그 점에서 직선에 내린 수선의 발까지의 거리이다.

정답 및 해설 08쪽

유형 01 두 직선의 위치 관계

(1) 두 직선 $y=mx+n$과 $y=m'x+n'$이

① $m=m'$, $n\neq n'$이면 평행하다. (두 직선의 기울기가 같고 y절편이 다르다.)

② $mm'=-1$이면 수직이다. (두 직선의 기울기의 곱이 -1이다.)

참고 ① $m=m'$, $n=n'$이면 일치한다.

② $m\neq m'$이면 한 점에서 만난다.

(2) 두 직선 $ax+by+c=0$과 $a'x+b'y+c'=0$이

① $\frac{a}{a'}=\frac{b}{b'}\neq\frac{c}{c'}$이면 평행하다.

② $aa'+bb'=0$이면 수직이다.

참고 ① $\frac{a}{a'}=\frac{b}{b'}=\frac{c}{c'}$이면 일치한다.

② $\frac{a}{a'}\neq\frac{b}{b'}$이면 한 점에서 만난다.

[01~04] 다음 두 직선의 위치 관계를 말하시오.

01 $y=x+2$, $y=x-7$

02 $y=2x-7$, $y=-\frac{1}{2}x+8$

03 $4x+y-5=0$, $4x+y+8=0$

04 $6x+2y-5=0$, $3x-9y+5=0$

유형 02 두 직선의 평행 조건

(1) 두 직선 $y=mx+n$과 $y=m'x+n'$이 서로 평행하면 두 직선의 기울기는 같고 y절편은 다르므로

$m=m',\ n\neq n'$

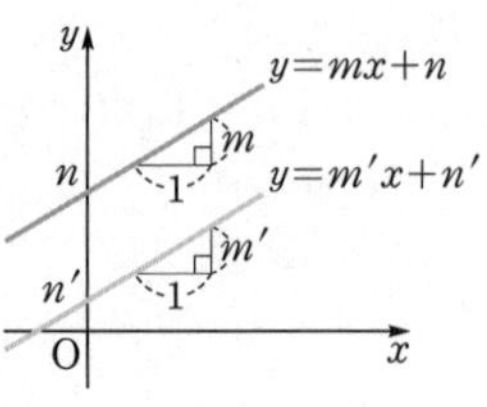

(2) 두 직선 $ax+by+c=0$과 $a'x+b'y+c'=0$이 서로 평행하면

$$\frac{a}{a'}=\frac{b}{b'}\neq\frac{c}{c'}$$

[05~08] 다음 두 직선이 서로 평행하도록 하는 상수 k의 값을 구하시오.

05 $y=2x+1,\ y=kx-3$

06 $y=(k-2)x-7,\ y=-x+5$

07 $5x+6y-4=0,\ -10x+ky+2=0$

08 $(k-7)x-5y-2=0,\ 6x-10y-3=0$

[09~12] 다음 직선 l에 평행하고, 점 P를 지나는 직선의 방정식을 구하시오.

09 l: $y=\frac{1}{2}x-5$, P(4, 1)

➡ 구하는 직선은 기울기가 □이고 점 (4, 1)을 지나는 직선이므로

$y-1=\square(x-4)\qquad \therefore\ y=\square x-1$

10 l: $y=-3x+1$, P(2, -3)

11 l: $x-3y+7=0$, P(3, -2)

직선의 방정식을 $y=mx+n$ 꼴로 변형한다.

12 l: $4x+5y+3=0$, P(-4, 3)

유형 03 두 직선의 수직 조건

(1) 두 직선 $y=mx+n$과 $y=m'x+n'$이 서로 수직이면

$mm'=-1$

(2) 두 직선 $ax+by+c=0$과 $a'x+b'y+c'=0$이 서로 수직이면

$aa'+bb'=0$

[13~16] 다음 두 직선이 서로 수직이 되도록 하는 상수 k의 값을 구하시오.

13 $y=5x+3,\ y=kx-1$

14 $y=-\frac{1}{4}x+1,\ y=(2k-1)x+3$

15 $3x+ky-2=0$, $4x-6y+1=0$

16 $(k-2)x-2y+7=0$, $x+(k+4)y-5=0$

[17~20] 다음 직선 l에 수직이고, 점 P를 지나는 직선의 방정식을 구하시오.

17 l: $y=-3x-5$, P$(6, 4)$

➡ 구하는 직선은 기울기가 □이고 점 $(6, 4)$를 지나는 직선이므로

$y-4=$□$(x-6)$ $\quad\therefore y=$□$x+2$

18 l: $y=\frac{1}{5}x+3$, P$(1, 2)$

19 l: $2x-7y+1=0$, P$(1, -1)$

직선의 방정식을 $y=mx+n$ 꼴로 변형한다.

20 l: $6x+4y-3=0$, P$(3, 1)$

유형 04 선분의 수직이등분선의 방정식

선분 AB의 수직이등분선을 l이라 하면

(1) $l\perp\overline{\text{AB}}$이므로 직선 l과 직선 AB의 기울기의 곱은 -1이다.

(2) 직선 l은 선분 AB의 중점을 지난다.

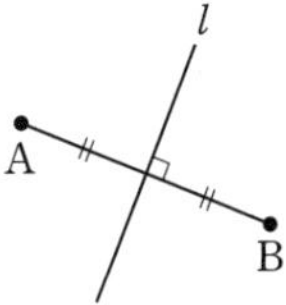

[21~24] 다음 두 점 A, B를 이은 선분 AB의 수직이등분선의 방정식을 구하시오.

21 A$(-1, 3)$, B$(3, 5)$

1단계 두 점 A$(-1, 3)$, B$(3, 5)$를 지나는 직선의 기울기는

$\frac{5-\square}{\square-(-1)}=\frac{1}{2}$

이므로 선분 AB의 수직이등분선의 기울기는 □이다.

2단계 선분 AB의 중점의 좌표는

$\left(\frac{-1+3}{2}, \frac{3+5}{2}\right)$, 즉 (□, □)이므로 선분 AB의 수직이등분선은 점 (□, □)를 지난다.

3단계 선분 AB의 수직이등분선의 방정식은

$y-\square=\square(x-\square)$ $\quad\therefore y=\square x+6$

22 A$(-5, -2)$, B$(1, 4)$

1단계 선분 AB의 수직이등분선의 기울기를 구한다.

2단계 선분 AB의 중점의 좌표를 구한다.

3단계 선분 AB의 수직이등분선의 방정식을 구한다.

23 A$(5, 3)$, B$(7, 9)$

24 A$(-1,\ -5)$, B$(-5,\ -7)$

유형 05 점과 직선 사이의 거리

(1) 점 $(x_1,\ y_1)$과 직선 $ax+by+c=0$ 사이의 거리 d는

$$d=\frac{|ax_1+by_1+c|}{\sqrt{a^2+b^2}}$$

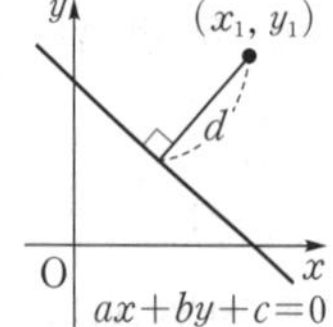

(2) 원점 O$(0,\ 0)$과 직선 $ax+by+c=0$ 사이의 거리 d는

$$d=\frac{|c|}{\sqrt{a^2+b^2}}$$

참고 $y=mx+n$ 꼴의 직선의 방정식은 $mx-y+n=0$으로 변형한 후 점과 직선 사이의 거리를 구한다.

[25~32] 다음 점과 직선 사이의 거리를 구하시오.

25 점 $(0,\ 0)$, 직선 $x+2y-5=0$

26 점 $(0,\ 0)$, 직선 $5x-12y+3=0$

27 점 $(0,\ 0)$, 직선 $y=3x+10$

28 점 $(1,\ 3)$, 직선 $3x-4y+7=0$

29 점 $(-1,\ -6)$, 직선 $x-y-4=0$

30 점 $(3,\ -4)$, 직선 $y=5x+7$

31 점 $(5,\ -1)$, 직선 $x=-1$

32 점 $(-7,\ 3)$, 직선 $y=4$

[33~35] 다음 점과 직선 사이의 거리가 [ ] 안의 수일 때, 상수 k의 값을 구하시오.

33 점 $(1,\ -3)$, 직선 $x-y+k=0$, $[\sqrt{2}]$

➡ $\dfrac{|1\times\square-1\times(\square)+k|}{\sqrt{\square^2+(\square)^2}}=\sqrt{2}$이므로

$|k+4|=\square$에서 $k+4=\pm\square$

$\therefore\ k=\square$ 또는 $k=\square$

34 점 $(2,\ 3)$, 직선 $3x-4y+k=0$, $\left[\dfrac{1}{5}\right]$

➡ $\dfrac{|3\times\square-4\times\square+k|}{\sqrt{\square^2+(\square)^2}}=\square$이므로

35 점 $(-1,\ k)$, 직선 $x-2y-4=0$, $[\sqrt{5}]$

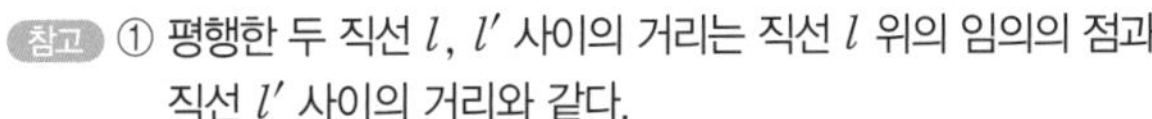

유형 06 평행한 두 직선 사이의 거리

평행한 두 직선 l, l' 사이의 거리는 다음과 같은 순서로 구한다.

❶ 직선 l 위의 한 점을 택한다.

❷ ❶에서 택한 점과 직선 l' 사이의 거리를 구한다.

참고 ① 평행한 두 직선 l, l' 사이의 거리는 직선 l 위의 임의의 점과 직선 l' 사이의 거리와 같다.
② 직선 위의 임의의 점은 좌표축 위의 점이나 x좌표 또는 y좌표가 정수인 점을 택하면 편리하다.

[36~39] 다음 평행한 두 직선 사이의 거리를 구하시오.

36 $x-2y+2=0,\ x-2y-3=0$

❶단계 두 직선 $x-2y+2=0$, $x-2y-3=0$은 평행하므로 두 직선 사이의 거리는 직선 $x-2y+\square=0$ 위의 한 점 $(\square,\ 0)$과 직선 $x-2y-3=0$ 사이의 거리와 같다.

❷단계 주어진 두 직선 사이의 거리는

$\dfrac{|1\times(\square)-2\times\square-3|}{\sqrt{1^2+(-2)^2}}=\square$

37 $3x+4y-6=0,\ 3x+4y-1=0$

❶단계 직선 $3x+4y-6=0$ 위의 한 점을 택한다.

❷단계 ❶단계에서 택한 점과 직선 $3x+4y-1=0$ 사이의 거리를 구한다.

38 $6x-8y+4=0,\ 6x-8y-1=0$

39 $5x-12y+4=0,\ 5x-12y-9=0$

❶+❶ 연습 133쪽에서 시험에 자주 출제되는 문제를 연습해 보세요.

05 원의 방정식

❶ 원의 방정식

중심이 점 (a, b)이고 반지름의 길이가 r인 원의 방정식은

$$(x-a)^2+(y-b)^2=r^2$$

특히 중심이 원점이고 반지름의 길이가 r인 원의 방정식은

$$x^2+y^2=r^2$$

▸ 평면 위의 한 점 O에서 일정한 거리에 있는 모든 점으로 이루어진 도형을 원이라 한다.

❷ 이차방정식 $x^2+y^2+Ax+By+C=0$이 나타내는 도형

x, y에 대한 이차방정식 $x^2+y^2+Ax+By+C=0$ $(A^2+B^2-4C>0)$은

중심이 점 $\left(-\frac{A}{2}, -\frac{B}{2}\right)$, 반지름의 길이가 $\frac{\sqrt{A^2+B^2-4C}}{2}$

인 원을 나타낸다.

참고 이차방정식 $x^2+y^2+Ax+By+C=0$이 나타내는 도형은 $A^2+B^2-4C=0$이면 한 점 $\left(-\frac{A}{2}, -\frac{B}{2}\right)$이고, $A^2+B^2-4C<0$이면 방정식을 만족시키는 실수 x, y가 존재하지 않는다.

▸ 원의 방정식은 x^2과 y^2의 계수가 같고 xy항이 없는 x, y에 대한 이차방정식이다.

❸ x축에 접하는 원의 방정식

중심의 좌표가 (a, b)이고 x축에 접하는 원의 방정식은 $(x-a)^2+(y-b)^2=b^2$

▸ (반지름의 길이)$=|$(중심의 y좌표)$|$
$=|b|$

❹ y축에 접하는 원의 방정식

중심의 좌표가 (a, b)이고 y축에 접하는 원의 방정식은 $(x-a)^2+(y-b)^2=a^2$

▸ (반지름의 길이)$=|$(중심의 x좌표)$|$
$=|a|$

❺ x축과 y축에 동시에 접하는 원의 방정식

반지름의 길이가 r이고 x축과 y축에 동시에 접하는 원 중에서

(1) 중심이 제1사분면 위에 있는 원의 방정식은
$(x-r)^2+(y-r)^2=r^2$

(2) 중심이 제2사분면 위에 있는 원의 방정식은
$(x+r)^2+(y-r)^2=r^2$

(3) 중심이 제3사분면 위에 있는 원의 방정식은
$(x+r)^2+(y+r)^2=r^2$

(4) 중심이 제4사분면 위에 있는 원의 방정식은
$(x-r)^2+(y+r)^2=r^2$

▸ 중심의 좌표가 (a, b)이고 x축과 y축에 동시에 접하는 원의 방정식에서
(반지름의 길이)
$=|$(중심의 x좌표)$|$
$=|$(중심의 y좌표)$|$
$=|a|=|b|$

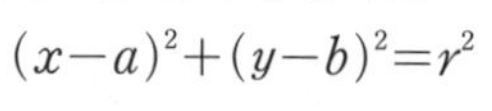

유형 01 원의 방정식

(1) 중심이 점 $C(a, b)$이고 반지름의 길이가 r인 원의 방정식은
$(x-a)^2+(y-b)^2=r^2$

(2) 중심이 원점 $O(0, 0)$이고 반지름의 길이가 r인 원의 방정식은
$x^2+y^2=r^2$

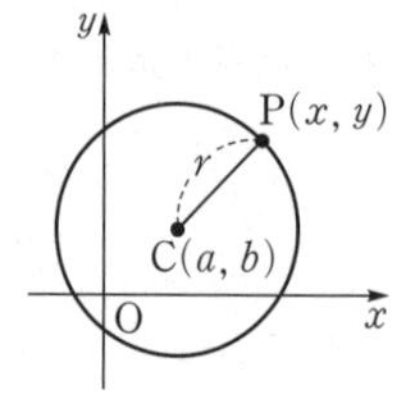

참고 $(x-a)^2+(y-b)^2=r^2$ 꼴과 같이 원의 중심의 좌표와 반지름의 길이를 바로 알 수 있는 방정식을 원의 방정식의 표준형이라 한다.

[01~02] 다음 방정식이 나타내는 원의 중심의 좌표와 반지름의 길이를 각각 구하시오.

01 $x^2+y^2=4$

02 $(x+1)^2+(y-5)^2=16$

[03~06] 다음 원의 방정식을 구하시오.

03 중심이 원점이고 반지름의 길이가 3인 원

04 중심이 점 $(-2,\ 1)$이고 반지름의 길이가 2인 원

05 중심이 점 $(0,\ -5)$이고 반지름의 길이가 5인 원

06 중심이 점 $(-2,\ -3)$이고 반지름의 길이가 $2\sqrt{5}$인 원

유형 02 중심과 한 점이 주어진 원의 방정식

중심이 점 $(a,\ b)$이고 점 $(x_1,\ y_1)$을 지나는 원의 방정식은 다음과 같은 순서로 구한다.

❶ 원의 반지름의 길이를 r라 하고, 원의 방정식을 $(x-a)^2+(y-b)^2=r^2$ 꼴로 나타낸다.

❷ $(x_1-a)^2+(y_1-b)^2=r^2$임을 이용하여 r의 값을 구한다.
→점 $(x_1,\ y_1)$ 대입

[07~11] 다음 원의 방정식을 구하시오.

07 중심이 점 $(2,\ 3)$이고 점 $(-2,\ 6)$을 지나는 원

❶단계 원의 반지름의 길이를 r라 하면
$(x-\square)^2+(y-\square)^2=r^2$

❷단계 이 원이 점 $(-2,\ 6)$을 지나므로
$(-2-\square)^2+(6-\square)^2=r^2$　　$\therefore r^2=\square$
따라서 구하는 원의 방정식은
$(x-\square)^2+(y-\square)^2=\square$

08 중심이 점 $(-1,\ 4)$이고 점 $(2,\ 1)$을 지나는 원

❶단계 원의 반지름의 길이를 r라 하고, 원의 방정식을 $(x-a)^2+(y-b)^2=r^2$ 꼴로 나타낸다.

❷단계 ❶단계에서 얻은 식에 원이 지나는 점의 좌표를 대입하여 r^2의 값을 구한 후, 원의 방정식을 구한다.

09 중심이 점 $(2,\ -4)$이고 점 $(-1,\ -5)$를 지나는 원

10 중심이 점 $(-3,\ -1)$이고 점 $(-6,\ 3)$을 지나는 원

11 중심이 원점이고 점 $(-3,\ 4)$를 지나는 원

유형 03 두 점을 지름의 양 끝 점으로 하는 원의 방정식

두 점 A, B를 지름의 양 끝 점으로 하는 원은 다음을 만족시킨다.

(1) 원의 중심: 선분 AB의 중점 → 점 C

(2) 반지름의 길이: $\frac{1}{2}\overline{AB}$ $(=r)$

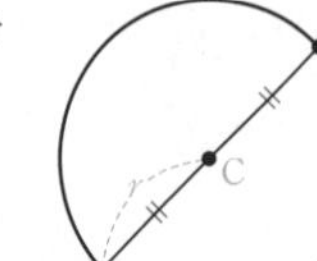

참고 두 점 $A(x_1, y_1)$, $B(x_2, y_2)$를 이은 선분 AB에 대하여

① 중점의 좌표는 $\left(\frac{x_1+x_2}{2}, \frac{y_1+y_2}{2}\right)$

② $\overline{AB}=\sqrt{(x_2-x_1)^2+(y_2-y_1)^2}$

[12~14] 다음 두 점을 지름의 양 끝 점으로 하는 원의 방정식을 구하시오.

12 $A(3, -4)$, $B(-1, 6)$

❶단계 원의 중심을 C라 하면 점 C는 선분 AB의 중점이므로 점 C의 좌표는

$\left(\frac{3+(-1)}{2}, \frac{-4+6}{2}\right)$ $\therefore C(\square, \square)$

❷단계 원의 반지름의 길이는 $\frac{1}{2}\overline{AB}$, 즉 $\overline{AC}$이므로

$\overline{AC}=\sqrt{(\square-3)^2+\{\square-(-4)\}^2}=\square$

❸단계 원의 중심이 점 $C(\square, \square)$이고 반지름의 길이가 $\square$이므로 구하는 원의 방정식은

$(x-\square)^2+(y-\square)^2=\square$

13 $A(-3, -5)$, $B(7, 1)$

❶단계 원의 중심의 좌표를 구한다.

❷단계 원의 반지름의 길이를 구한다.

❸단계 원의 방정식을 구한다.

14 $A(-4, 8)$, $B(2, -4)$

유형 04 이차방정식 $x^2+y^2+Ax+By+C=0$이 나타내는 도형

x, y에 대한 이차방정식

$x^2+y^2+Ax+By+C=0$ $(A^2+B^2-4C>0)$을 변형하면

$$\left(x+\frac{A}{2}\right)^2+\left(y+\frac{B}{2}\right)^2=\frac{A^2+B^2-4C}{4}$$

이므로 이 이차방정식은 중심이 점 $\left(-\frac{A}{2}, -\frac{B}{2}\right)$이고

반지름의 길이가 $\frac{\sqrt{A^2+B^2-4C}}{2}$인 원을 나타낸다.

참고 이차방정식 $x^2+y^2+Ax+By+C=0$ (A, B, C는 실수) 꼴을 원의 방정식의 일반형이라 한다.

[15~19] 다음 방정식이 나타내는 원의 중심의 좌표와 반지름의 길이를 각각 구하시오.

15 $x^2+y^2+4x+2y-4=0$

➡ $x^2+y^2+4x+2y-4=0$에서

$(x^2+4x+4)+(y^2+2y+1)=\square$

$\therefore (x+2)^2+(y+1)^2=\square$

따라서 원의 중심의 좌표는 $(-2, -1)$이고 반지름의 길이는 $\square$이다.

16 $x^2+y^2-2y=0$

➡ $x^2+y^2-2y=0$에서 $x^2+(y^2-2y+1)=\square$

17 $x^2+y^2+6x+5=0$

18 $x^2+y^2+8x-6y=0$

19 $x^2+y^2-10x+4y+4=0$

유형 05 이차방정식 $x^2+y^2+Ax+By+C=0$이 나타내는 도형이 원이 되기 위한 조건

x, y에 대한 이차방정식 $x^2+y^2+Ax+By+C=0$이 나타내는 도형이 원이 되려면 $(x-a)^2+(y-b)^2=c$ 꼴로 변형하였을 때 $c>0$이어야 한다. (반지름의 길이)^2

[20~23] 다음 방정식이 나타내는 도형이 원인 것은 ○표, 원이 될 수 없는 것은 ×표를 ( ) 안에 써넣으시오.

20 $x^2+y^2-2x+6y+13=0$ ( )

21 $x^2+y^2+10x-4y+3=0$ ( )

22 $x^2+y^2+8x-6y+25=0$ ( )

23 $x^2+y^2-4x+2y+11=0$ ( )

[24~26] 다음 방정식이 나타내는 도형이 원이 되도록 하는 실수 k의 값의 범위를 구하시오.

24 $x^2+y^2-6x+k-1=0$

➡ $x^2+y^2-6x+k-1=0$에서

$(x^2-6x+9)+y^2=\square-k$

$\therefore (x-\square)^2+y^2=\square-k$

이 방정식이 나타내는 도형이 원이 되려면

$\square-k>0$ $\quad\therefore k<\square$

25 $x^2+y^2+2y-2k+6=0$

26 $x^2+y^2-4x+2y+k=0$

유형 06 원점과 두 점을 지나는 원의 방정식

원점 O(0, 0)과 두 점 A(x_1, y_1), B(x_2, y_2)를 지나는 원의 방정식은 다음과 같은 순서로 구한다.

❶ 구하는 원의 방정식을 $x^2+y^2+Ax+By+C=0$이라 한다.

❷ 세 점 O, A, B의 좌표를 ❶의 식에 각각 대입하여 A, B, C의 값을 구한다.

[27~31] 다음 세 점 O, A, B를 지나는 원의 방정식을 구하시오.

27 O(0, 0), A(1, 2), B(0, 3)

➡ 구하는 원의 방정식을 $x^2+y^2+Ax+By+C=0$이라 하면

원점 O(0, 0)을 지나므로

$C=\square$

즉, 원의 방정식은 $x^2+y^2+Ax+By=0$이고 이 원이 두 점 A, B를 지나므로

$5+A+\square B=0$, $9+3B=0$

위의 식을 연립하여 풀면

$A=\square$, $B=\square$

따라서 구하는 원의 방정식은

$x^2+y^2+x-\square y=0$

28 O(0, 0), A(1, 1), B(3, −3)

➡ 구하는 원의 방정식을 $x^2+y^2+Ax+By+C=0$이라 하면

원점 O(0, 0)을 지나므로

$C=\square$

29 O(0, 0), A(2, −1), B(−2, −4)

30 O(0, 0), A(−2, −3), B(2, 1)

31 O(0, 0), A(1, 3), B(6, −2)

유형 07 x축에 접하는 원의 방정식

중심의 좌표가 $(a,\ b)$인 원이 x축에 접할 때

(1) (반지름의 길이)$=|$(중심의 y좌표)$|=|b|$

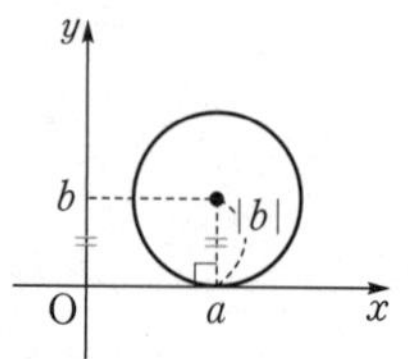

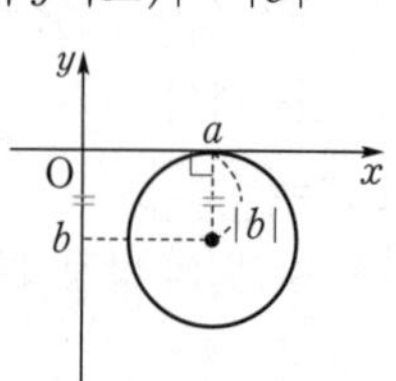

(2) 원의 방정식은 $(x-a)^2+(y-b)^2=b^2$

[32~34] 다음 점을 중심으로 하고, x축에 접하는 원의 방정식을 구하시오.

32 점 $(-3,\ 2)$

➡ 원의 중심의 좌표가 $(-3,\ 2)$이고 x축에 접하므로

(반지름의 길이)$=|$(중심의 ☐좌표)$|=|$☐$|=$☐

따라서 구하는 원의 방정식은

$(x+3)^2+(y-2)^2=$☐

33 점 $(4,\ -5)$

34 점 $(0,\ -5)$

유형 08 y축에 접하는 원의 방정식

중심의 좌표가 $(a,\ b)$인 원이 y축에 접할 때

(1) (반지름의 길이)$=|$(중심의 x좌표)$|=|a|$

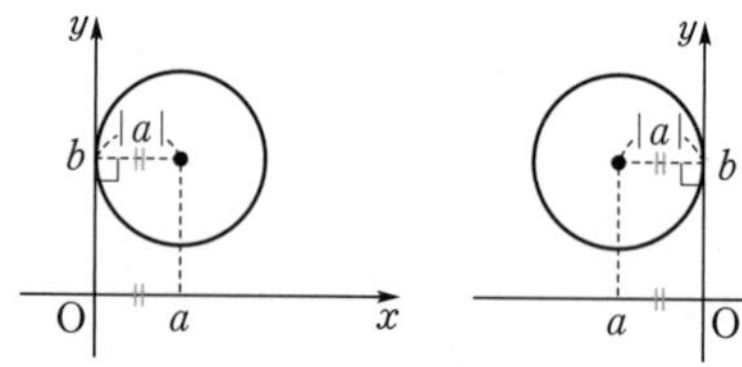

(2) 원의 방정식은 $(x-a)^2+(y-b)^2=a^2$

[35~37] 다음 점을 중심으로 하고, y축에 접하는 원의 방정식을 구하시오.

35 점 $(-2,\ 7)$

➡ 원의 중심의 좌표가 $(-2,\ 7)$이고 y축에 접하므로

(반지름의 길이)$=|$(중심의 ☐좌표)$|=|$☐$|=$☐

따라서 구하는 원의 방정식은

$(x+2)^2+(y-7)^2=$☐

36 점 $(4,\ 9)$

37 점 $(6,\ 0)$

유형 09 x축과 y축에 동시에 접하는 원의 방정식

반지름의 길이가 r인 원이 x축과 y축에 동시에 접할 때

(1) (반지름의 길이)$=|$(중심의 x좌표)$|=|$(중심의 y좌표)$|$

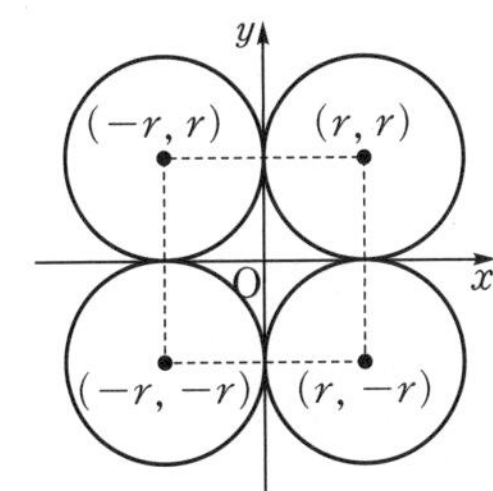

(2) 원의 방정식은 중심이 위치한 사분면에 따라 다음과 같다.

① 중심이 제1사분면 위에 있는 원
➡ $(x-r)^2+(y-r)^2=r^2$

② 중심이 제2사분면 위에 있는 원
➡ $(x+r)^2+(y-r)^2=r^2$

③ 중심이 제3사분면 위에 있는 원
➡ $(x+r)^2+(y+r)^2=r^2$

④ 중심이 제4사분면 위에 있는 원
➡ $(x-r)^2+(y+r)^2=r^2$

[38~40] 다음 점을 중심으로 하고, x축과 y축에 동시에 접하는 원의 방정식을 구하시오.

38 점 $(-1, -1)$

➡ 원의 중심의 좌표가 $(-1, -1)$이고 x축과 y축에 동시에 접하므로

(반지름의 길이)$=|$(중심의 x좌표)$|$

$=|$(중심의 y좌표)$|=\square$

따라서 구하는 원의 방정식은

$(x+1)^2+(y+1)^2=\square$

39 점 $(2, -2)$

40 점 $(-5, 5)$

[41~43] 다음 점 P를 지나고 x축과 y축에 동시에 접하는 모든 원의 반지름의 길이를 구하시오.

41 $\mathrm{P}(-1, 8)$

❶단계 점 $\mathrm{P}(-1, 8)$을 지나면서 x축과 y축에 동시에 접하려면 원의 중심이 제$\square$사분면 위에 있어야 한다.

❷단계 이 원의 반지름의 길이를 $r\ (r>0)$라 하면 중심의 좌표는 $(\square, \square)$이므로 원의 방정식은

$(x+r)^2+(y-r)^2=r^2$

❸단계 이 원이 점 $\mathrm{P}(-1, 8)$을 지나므로

$(-1+r)^2+(8-r)^2=r^2$

$r^2-18r+\square=0$, $(r-\square)(r-13)=0$

$\therefore r=\square$ 또는 $r=13$

42 $\mathrm{P}(1, 2)$

❶단계 원이 점 P를 지남을 이용하여 원의 중심이 위치한 사분면을 안다.

❷단계 원의 반지름의 길이를 $r\ (r>0)$라 하고, 원의 방정식을 구한다.

❸단계 ❷단계에서 구한 원의 방정식에 점 P의 좌표를 대입하여 원의 반지름의 길이를 구한다.

43 $\mathrm{P}(4, -2)$

1+1 연습 135쪽에서 시험에 자주 출제되는 문제를 연습해 보세요.

06 원과 직선의 위치 관계

① 판별식을 이용한 원과 직선의 위치 관계

원의 방정식과 직선의 방정식을 연립하여 얻은 이차방정식의 판별식을 D라 하면

	$D>0$	$D=0$	$D<0$
	서로 다른 두 점에서 만난다.	한 점에서 만난다. (접한다.)	만나지 않는다.
원과 직선의 위치 관계	$D>0$	$D=0$	$D<0$

② 점과 직선 사이의 거리 공식을 이용한 원과 직선의 위치 관계

원의 중심 O와 직선 사이의 거리를 d, 원의 반지름의 길이를 r라 하면

	$d<r$	$d=r$	$d>r$
	서로 다른 두 점에서 만난다.	한 점에서 만난다. (접한다.)	만나지 않는다.
원과 직선의 위치 관계	r, d, O	r, d, O	r, d, O

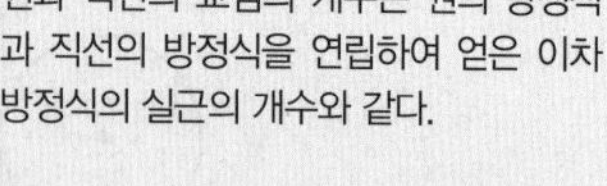

원과 직선의 교점의 개수는 원의 방정식과 직선의 방정식을 연립하여 얻은 이차방정식의 실근의 개수와 같다.

직선 l이 원 C와 한 점에서 만날 때, 직선 l은 원 C에 접한다고 하고, 직선 l을 원 C의 접선, 만나는 점 T를 접점이라 한다.

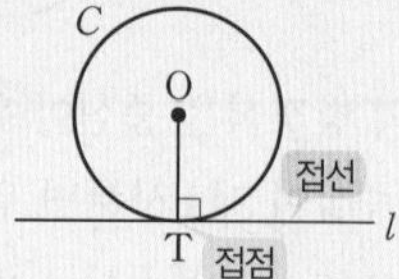

유형 01 원과 직선의 위치 관계: 판별식 이용

원의 방정식과 직선의 방정식을 연립하여 얻은 이차방정식의 판별식을 D라 하면 원과 직선의 위치 관계는 다음과 같다.

(1) $D>0$이면 서로 다른 두 점에서 만난다.

(2) $D=0$이면 한 점에서 만난다. (접한다.)

(3) $D<0$이면 만나지 않는다.

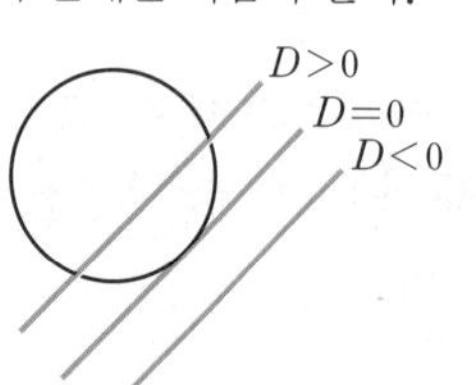

[01~04] 판별식을 이용하여 다음 원 C와 직선 l의 위치 관계를 말하시오.

01 $C: x^2+y^2=4,\ l: y=-x+1$

➡ $y=-x+1$을 $x^2+y^2=4$에 대입하면

$x^2+(-x+1)^2=4 \qquad \therefore 2x^2-2x-3=0$

이 이차방정식의 판별식을 D라 하면

$\frac{D}{4}=(-1)^2-2\times(-3)=7\ \square\ 0$

따라서 원 C와 직선 l은 ________ 에서 만난다.

02 $C: x^2+y^2=2,\ l: y=3x-5$

03 $C: x^2+y^2=5,\ l: y=-2x+5$

04 $C: x^2+y^2=3,\ l: x+y-2=0$

직선의 방정식을 $y=ax+b$ 꼴로 변형한다.

유형 02 원과 직선의 위치 관계; 원의 중심과 직선 사이의 거리 이용

원의 중심과 직선 사이의 거리를 d, 원의 반지름의 길이를 r라 하면 원과 직선의 위치 관계는 다음과 같다.

(1) $d<r$이면 서로 다른 두 점에서 만난다.

(2) $d=r$이면 한 점에서 만난다. (접한다.)

(3) $d>r$이면 만나지 않는다.

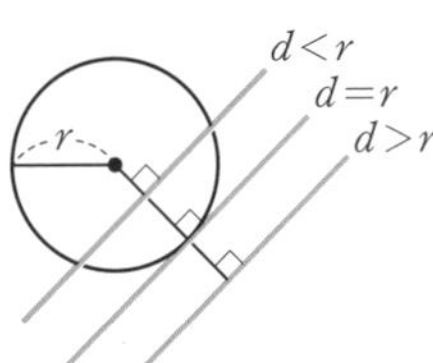

[05~08] 원의 중심과 직선 사이의 거리를 이용하여 다음 원 C와 직선 l의 위치 관계를 말하시오.

05 $C: (x+3)^2+(y-1)^2=16$, $l: 2x-y+2=0$

➡ 원의 중심 (□, □)과 직선 $2x-y+2=0$ 사이의 거리를 d라 하면

$d=\frac{|2\times(-3)-1\times1+2|}{\sqrt{2^2+(-1)^2}}=$□

원의 반지름의 길이를 r라 하면 $r=$□

$\therefore d$ □ r

따라서 원 C와 직선 l은 ____________에서 만난다.

06 $C: (x-1)^2+(y+2)^2=9$, $l: 3x-4y+4=0$

07 $C: x^2+y^2-6x+2y+6=0$, $l: x-2y+5=0$

원의 방정식을 $(x-a)^2+(y-b)^2=r^2$ 꼴로 변형한다.

08 $C: x^2+y^2+2x+4y-5=0$, $l: 3x+y-5=0$

유형 03 원과 직선이 서로 다른 두 점에서 만날 조건

원과 직선이 서로 다른 두 점에서 만나려면

(1) 원의 방정식과 직선의 방정식을 연립하여 얻은 이차방정식의 판별식을 D라 할 때

➡ $D>0$

(2) 원의 중심과 직선 사이의 거리를 d, 원의 반지름의 길이를 r라 할 때

➡ $d<r$

[09~11] 다음 원 C와 직선 l이 서로 다른 두 점에서 만나도록 하는 실수 k의 값의 범위를 구하시오.

09 $C: x^2+y^2=3$, $l: y=2x+k$

➡ [방법 1] 판별식을 이용한 방법

$y=2x+k$를 $x^2+y^2=3$에 대입하면

$x^2+(2x+k)^2=3 \quad \therefore 5x^2+4kx+k^2-3=0$

이 이차방정식의 판별식을 D라 하면

$\frac{D}{4}=(2k)^2-5(k^2-3)=-k^2+15$

이때 D □ 0이어야 하므로

$-k^2+15$ □ 0에서 $(k+\sqrt{15})(k-\sqrt{15})$ □ 0

$\therefore -\sqrt{15}<k<\sqrt{15}$

[방법 2] 원의 중심과 직선 사이의 거리를 이용한 방법

원의 중심 $(0, 0)$과 직선 $y=2x+k$, 즉 $2x-y+k=0$ 사이의 거리를 d라 하면

$d=\frac{|2\times0-1\times0+k|}{\sqrt{2^2+(-1)^2}}=$□

원의 반지름의 길이를 r라 하면 $r=\sqrt{3}$

이때 d □ r이어야 하므로 $\frac{|k|}{\sqrt{5}}$ □ $\sqrt{3}$에서 $|k|$ □ $\sqrt{15}$

$\therefore -\sqrt{15}<k<\sqrt{15}$

10 $C: (x+3)^2+y^2=2$, $l: x-y+k=0$

11 $C: (x+1)^2+(y-2)^2=10$, $l: x-3y+k=0$

유형 04 원과 직선이 접할 조건

원과 직선이 접하려면

(1) 원의 방정식과 직선의 방정식을 연립하여 얻은 이차방정식의 판별식을 D라 할 때
➡ $D=0$

(2) 원의 중심과 직선 사이의 거리를 d, 원의 반지름의 길이를 r라 할 때
➡ $d=r$

[12~14] 다음 원 C와 직선 l이 한 점에서 만나도록 하는 실수 k의 값을 구하시오.

12 $C: x^2+y^2=1,\ l: y=-2x+k$

➡ [방법 1] 판별식을 이용한 방법

$y=-2x+k$를 $x^2+y^2=1$에 대입하면

$x^2+(-2x+k)^2=1$ $\quad\therefore 5x^2-4kx+k^2-1=0$

이 이차방정식의 판별식을 D라 하면

$\frac{D}{4}=(-2k)^2-5(k^2-1)=-k^2+5$

이때 $D\square 0$이어야 하므로 $-k^2+5\square 0$에서 $k^2=5$

$\therefore k=-\sqrt{5}$ 또는 $k=\sqrt{5}$

[방법 2] 원의 중심과 직선 사이의 거리를 이용한 방법

원의 중심 $(0,\ 0)$과 직선 $y=-2x+k$, 즉 $2x+y-k=0$ 사이의 거리를 d라 하면

$d=\frac{|2\times0+1\times0-k|}{\sqrt{2^2+1^2}}=\square$

원의 반지름의 길이를 r라 하면 $r=1$

이때 $d\square r$이어야 하므로 $\frac{|k|}{\sqrt{5}}\square 1$에서 $|k|\square\sqrt{5}$

$\therefore k=-\sqrt{5}$ 또는 $k=\sqrt{5}$

13 $C: x^2+(y-3)^2=5,\ l: y=2x+k$

14 $C: (x-3)^2+(y-4)^2=4,\ l: 3x-4y+k=0$

유형 05 원과 직선이 만나지 않을 조건

원과 직선이 만나지 않으려면

(1) 원의 방정식과 직선의 방정식을 연립하여 얻은 이차방정식의 판별식을 D라 할 때
➡ $D<0$

(2) 원의 중심과 직선 사이의 거리를 d, 원의 반지름의 길이를 r라 할 때
➡ $d>r$

[15~17] 다음 원 C와 직선 l이 만나지 않도록 하는 실수 k의 값의 범위를 구하시오.

15 $C: x^2+y^2=4,\ l: y=x+k$

➡ [방법 1] 판별식을 이용한 방법

$y=x+k$를 $x^2+y^2=4$에 대입하면

$x^2+(x+k)^2=4$ $\quad\therefore 2x^2+2kx+k^2-4=0$

이 이차방정식의 판별식을 D라 하면

$\frac{D}{4}=k^2-2(k^2-4)=-k^2+8$

이때 $D\square 0$이어야 하므로

$-k^2+8\square 0$에서 $(k+2\sqrt{2})(k-2\sqrt{2})\square 0$

$\therefore k<-2\sqrt{2}$ 또는 $k>2\sqrt{2}$

[방법 2] 원의 중심과 직선 사이의 거리를 이용한 방법

원의 중심 $(0,\ 0)$과 직선 $y=x+k$, 즉 $x-y+k=0$ 사이의 거리를 d라 하면

$d=\frac{|1\times0-1\times0+k|}{\sqrt{1^2+(-1)^2}}=\square$

원의 반지름의 길이를 r라 하면 $r=2$

이때 $d\square r$이어야 하므로 $\frac{|k|}{\sqrt{2}}\square 2$에서 $|k|\square 2\sqrt{2}$

$\therefore k<-2\sqrt{2}$ 또는 $k>2\sqrt{2}$

16 $C: x^2+(y-1)^2=10,\ l: 3x+y+k=0$

17 $C: (x-4)^2+(y+1)^2=5,\ l: 2x+4y+k=0$

정답 및 해설 15쪽

유형 06 원 위의 점과 직선 사이의 거리

원의 중심과 직선 사이의 거리를 d, 원의 반지름의 길이를 r라 할 때, 원 위의 한 점과 직선 사이의 거리의 최댓값을 M, 최솟값을 m이라 하면

➡ $M=d+r$, $m=d-r$

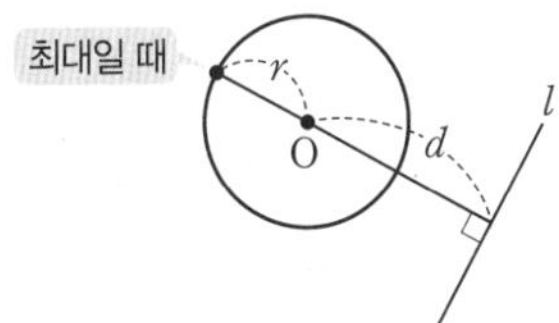

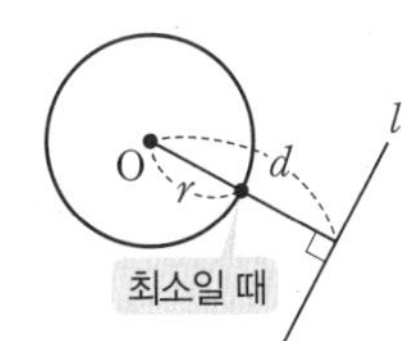

[18~22] 다음 원 C 위의 점과 직선 l 사이의 거리의 최댓값과 최솟값을 각각 구하시오.

18 C: $x^2+y^2=2$, l: $y=x-4$

➡ 원의 중심 (0, 0)과 직선 $y=x-4$, 즉 $x-y-4=0$ 사이의 거리는

$\dfrac{|1\times0-1\times0-4|}{\sqrt{1^2+(-1)^2}}=\square$

원의 반지름의 길이는 $\square$이므로 원 C 위의 점과 직선 l 사이의 거리의 최댓값과 최솟값은

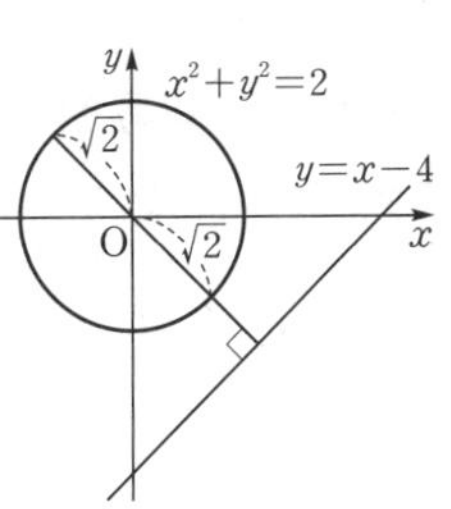

(최댓값)$=2\sqrt{2}+\sqrt{2}=\square$

(최솟값)$=2\sqrt{2}-\sqrt{2}=\square$

19 C: $x^2+y^2=5$, l: $x+2y+10=0$

➡ 원의 중심 (0, 0)과 직선 $x+2y+10=0$ 사이의 거리는

$\dfrac{|1\times0+2\times0+10|}{\sqrt{1^2+2^2}}=\square$

20 C: $(x+1)^2+(y-1)^2=9$, l: $3x+4y+19=0$

21 C: $x^2+y^2-2x-6y+9=0$, l: $3x+4y-5=0$

22 C: $x^2+y^2-2x+2y+1=0$, l: $x+2y+6=0$

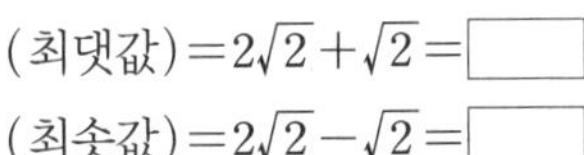

1+1 연습 138쪽에서 시험에 자주 출제되는 문제를 연습해 보세요.

07 원의 접선의 방정식

❶ 기울기가 주어진 원의 접선의 방정식

원 $x^2+y^2=r^2$ $(r>0)$에 접하고 기울기가 m인 접선의 방정식은

$$y=mx\pm r\sqrt{m^2+1}$$

❷ 원 위의 한 점에서의 원의 접선의 방정식

원 $x^2+y^2=r^2$ 위의 점 (x_1, y_1)에서의 접선의 방정식은

$$x_1x+y_1y=r^2$$

❸ 원 밖의 한 점에서 원에 그은 접선의 방정식

원 밖의 한 점에서 원에 그은 접선의 방정식은 다음과 같은 방법으로 구할 수 있다.

(1) 접점의 좌표를 (x_1, y_1)이라 하고 원 위의 점에서의 접선의 방정식을 이용한다.

(2) 접선의 기울기를 m이라 하고, 원의 중심과 접선 사이의 거리가 원의 반지름의 길이와 같음을 이용한다.

참고 (2)의 방법을 사용할 때는 원의 방정식과 접선의 방정식을 연립한 이차방정식의 판별식을 D라 할 때 $D=0$임을 이용할 수도 있다.

▶ 한 원에 대하여 기울기가 같은 접선은 2개이다.

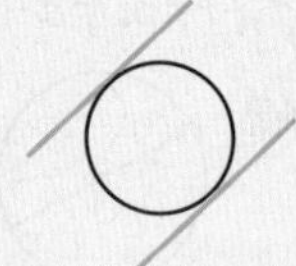

▶ ❶, ❷의 공식은 중심이 원점인 원에 대해서만 성립한다.

▶ 원 밖의 한 점에서 원에 그을 수 있는 접선은 2개이다.

유형 01 기울기가 주어진 원의 접선의 방정식

기울기가 주어진 원의 접선의 방정식은 다음과 같은 방법으로 구할 수 있다.

[방법 1] 공식을 이용한 방법

원 $x^2+y^2=r^2$ $(r>0)$에 접하고 기울기가 m인 접선의 방정식은

➡ $y=mx\pm r\sqrt{m^2+1}$

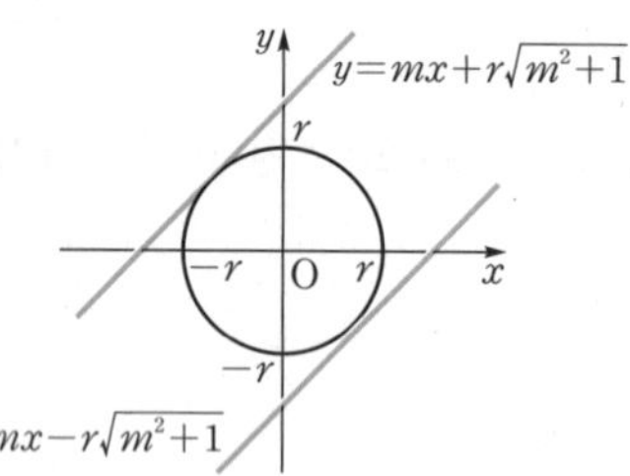

[방법 2] 판별식을 이용한 방법

원 $x^2+y^2=r^2$에 접하면서 기울기가 m인 직선의 방정식을 $y=mx+n$이라 하고, 이 식과 원의 방정식을 연립한 이차방정식의 (판별식)=0임을 이용한다.

[방법 3] 원의 중심과 직선 사이의 거리를 이용한 방법

원 $(x-a)^2+(y-b)^2=r^2$에 접하면서 기울기가 m인 직선의 방정식을 $y=mx+n$이라 하고, 원의 중심과 이 직선 사이의 거리가 원의 반지름의 길이 r와 같음을 이용한다.

참고 [방법 1]은 중심이 원점인 원에 대해서만 성립하지만 [방법 2], [방법 3]은 중심이 원점이 아닌 원에 대해서도 성립한다.

[01~04] 다음 원 C에 접하고 기울기가 m인 직선의 방정식을 구하시오.

01 C: $x^2+y^2=4$, $m=-2$

➡ [방법 1] 공식을 이용한 방법

$y=(\square)\times x\pm\square\sqrt{(\square)^2+1}$

$\therefore y=-2x\pm\square$

[방법 2] 판별식을 이용한 방법

기울기가 -2인 접선의 방정식을 $y=-2x+n$이라 하고 이 식을 원 C의 방정식에 대입하면

$x^2+(-2x+n)^2=4$

$\therefore 5x^2-4nx+n^2-4=0$

이 이차방정식의 판별식을 D라 하면

$\frac{D}{4}=(-2n)^2-5(n^2-4)=-n^2+20\,\square\,0$이어야 하므로

$n^2\,\square\,20$에서 $n=\pm\square$

따라서 구하는 접선의 방정식은 $y=-2x\pm\square$이다.

[방법 3] 원의 중심과 직선 사이의 거리를 이용한 방법

기울기가 -2인 접선의 방정식을 $y=-2x+n$, 즉 $2x+y-n=0$이라 하면 원 C의 중심 $(\square, \square)$과 접선 사이의 거리는 원 C의 반지름의 길이 $\square$와 같다.

즉, $\frac{|2\times0+1\times0-n|}{\sqrt{2^2+1^2}}=\square$에서 $\frac{|n|}{\sqrt{5}}=\square$

$|n|=\square$ $\quad\therefore n=\pm\square$

따라서 구하는 접선의 방정식은 $y=-2x\pm\square$이다.

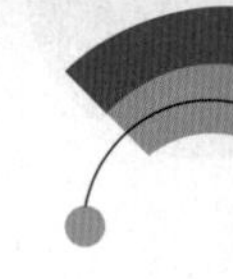

02 $C: x^2+y^2=3,\ m=1$

03 $C: x^2+y^2=10,\ m=-3$

04 $C: x^2+y^2=5,\ m=2$

유형 02 원 위의 점에서의 접선의 방정식

원 위의 점에서의 접선의 방정식은 다음과 같은 방법으로 구할 수 있다.

[방법 1] 공식을 이용한 방법

원 $x^2+y^2=r^2$ 위의 점 $(x_1,\ y_1)$에서의 접선의 방정식은

➡ $x_1x+y_1y=r^2$

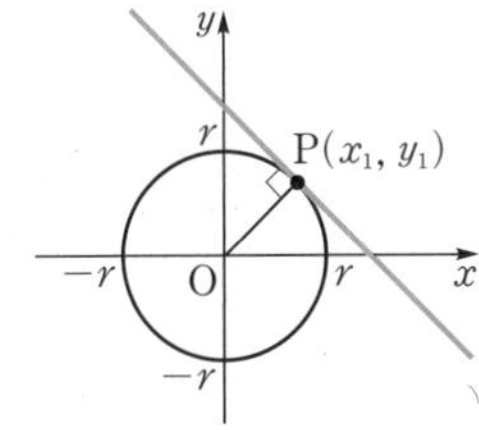

[방법 2] 수직 조건을 이용한 방법

원 $(x-a)^2+(y-b)^2=r^2$ 위의 점 $P(x_1,\ y_1)$에서의 접선을 l이라 하면 원의 중심 $C(a,\ b)$와 점 P를 지나는 직선 CP는 접선 l과 서로 수직이므로

(직선 CP의 기울기)×(직선 l의 기울기)$=-1$

임을 이용하여 직선 l의 기울기를 구한다.

참고 [방법 1]은 중심이 원점인 원에 대해서만 성립하지만 [방법 2]는 중심이 원점이 아닌 원에 대해서도 성립한다.

[05~08] 다음 원 C 위의 점 P에서의 접선의 방정식을 구하시오.

05 $C: x^2+y^2=5,\ \mathrm{P}(-1,\ 2)$

➡ [방법 1] 공식을 이용한 방법

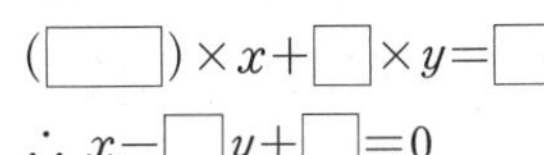

$(\square)\times x+\square\times y=\square$

$\therefore\ x-\square y+\square=0$

[방법 2] 수직 조건을 이용한 방법

원 위의 점 $\mathrm{P}(-1,\ 2)$에서의 접선을 l이라 하면 직선 OP와 접선 l은 서로 수직이므로

(직선 OP의 기울기)×(직선 l의 기울기)$=-1$

즉, $(\square)\times$(직선 l의 기울기)$=-1$ 이므로

(직선 l의 기울기)$=\square$

따라서 구하는 접선은 기울기가 $\square$이고 점 $\mathrm{P}(-1,\ 2)$를 지나므로 접선의 방정식은

$y-2=\square\{x-(-1)\}$

$\therefore\ x-\square y+\square=0$

06 $C: x^2+y^2=13,\ \mathrm{P}(2,\ -3)$

07 $C: x^2+y^2=10,\ \mathrm{P}(-1,\ -3)$

08 $C: x^2+y^2=26,\ \mathrm{P}(5,\ -1)$

유형 03 원 밖의 한 점에서 원에 그은 접선의 방정식; 원 위의 점에서의 접선의 방정식 이용

원 $x^2+y^2=r^2$ 밖의 한 점 (a, b)에서 원에 그은 접선의 방정식은 원 위의 한 점에서의 접선의 방정식을 이용하여 다음과 같은 순서로 구한다.

❶ 접점의 좌표를 (x_1, y_1)이라 하고 원 위의 한 점에서의 접선의 방정식을 구한다.

❷ ❶의 직선이 점 (a, b)를 지나므로 ❶에서 구한 접선의 방정식에 점 (a, b)의 좌표를 대입한다.

❸ 접점 (x_1, y_1)이 원 위의 점이므로 $x_1^2+y_1^2=r^2$이고, 이 식과 ❷에서 얻은 식을 연립하여 접점의 좌표를 구한다.

[09~15] 다음 점 P에서 원 C에 그은 접선의 방정식을 구하시오.

09 P(3, 0), C: $x^2+y^2=3$

❶ 단계 접점의 좌표를 (x_1, y_1)이라 하면 접선의 방정식은

$x_1x+y_1y=\square$

❷ 단계 이 접선이 점 P(3, 0)을 지나므로

$x_1\times\square+y_1\times 0=\square$

$\therefore x_1=\square$ ...... ㉠

❸ 단계 접점 (x_1, y_1)이 원 C 위의 점이므로

$x_1^2+y_1^2=\square$ ...... ㉡

㉠을 ㉡에 대입하면

$\square+y_1^2=\square$

$\therefore y_1=\square$ 또는 $y_1=\square$

따라서 구하는 접선의 방정식은

$x-\sqrt{2}y-\square=0$ 또는 $x+\sqrt{2}y-\square=0$

10 P(1, −3), C: $x^2+y^2=2$

❶ 단계 접점의 좌표를 (x_1, y_1)이라 하고 접선의 방정식을 구한다.

❷ 단계 ❶ 단계에서 구한 접선이 점 P를 지남을 이용하여 식을 세운다.

❸ 단계 접점 (x_1, y_1)이 원 C 위의 점임을 이용하여 구한 식과 ❷ 단계에서 얻은 식을 연립하여 접점의 좌표를 구한다.

11 P(0, 4), C: $x^2+y^2=8$

12 P(−4, 2), C: $x^2+y^2=10$

13 P(−3, −1), C: $x^2+y^2=5$

14 P(2, 4), C: $x^2+y^2=4$

15 P(3, −1), C: $x^2+y^2=1$

유형 04 원 밖의 한 점에서 원에 그은 접선의 방정식; 원의 중심과 접선 사이의 거리 이용

원 $x^2+y^2=r^2$ 밖의 한 점 (a, b)에서 원에 그은 접선의 방정식은 원의 중심과 접선 사이의 거리를 이용하여 다음과 같은 순서로 구한다.

❶ 접선의 기울기를 m이라 하고, 기울기가 m이고 점 (a, b)를 지나는 접선의 방정식을 세운다.

❷ 원의 중심과 ❶에서 얻은 접선 사이의 거리가 원의 반지름의 길이와 같음을 이용하여 기울기를 구한다.

참고 ❷에서 원의 방정식과 접선의 방정식을 연립한 이차방정식의 판별식을 D라 할 때 $D=0$임을 이용할 수도 있다.

[16~20] 다음 점 P에서 원 C에 그은 접선의 방정식을 구하시오.

16 $\mathrm{P}(3, 0)$, C: $x^2+y^2=3$

➡ [방법 1] 원의 중심과 직선 사이의 거리를 이용한 방법

접선의 기울기를 m이라 하면 점 $\mathrm{P}(3, 0)$을 지나므로 접선의 방정식은

$y=m(x-\square)$ $\quad\therefore mx-y-\square=0$

이때 원과 직선이 접하려면 원 C의 중심 $(\square, \square)$과 접선 사이의 거리가 원 C의 반지름의 길이 $\square$과 같아야 한다.

즉, $\dfrac{|m\times0-1\times0-3m|}{\sqrt{m^2+(-1)^2}}=\square$에서 $\dfrac{|\square|}{\sqrt{m^2+1}}=\square$

$9m^2=3m^2+3 \quad\therefore m=\square$ 또는 $m=\square$

따라서 구하는 접선의 방정식은

$\square x-y+\dfrac{3\sqrt{2}}{2}=0$ 또는 $\square x-y-\dfrac{3\sqrt{2}}{2}=0$

$\therefore x+\sqrt{2}y-\square=0$ 또는 $x-\sqrt{2}y-\square=0$

[방법 2] 판별식을 이용한 방법

접선의 기울기를 m이라 하면 기울기가 m이고 점 $\mathrm{P}(3, 0)$을 지나는 직선의 방정식은

$y=m(x-3)$

이 식을 원 C의 방정식에 대입하면

$x^2+m^2(x-3)^2=3 \quad\therefore (m^2+1)x^2-6m^2x+9m^2-3=0$

이 이차방정식의 판별식을 D라 하면

$\dfrac{D}{4}=(-3m^2)^2-(m^2+1)(9m^2-3)=-6m^2+3=0$

이어야 하므로

$m^2=\dfrac{1}{2} \quad\therefore m=\square$ 또는 $m=\square$

따라서 구하는 접선의 방정식은

$y=\square(x-3)$ 또는 $y=\square(x-3)$

$\therefore x+\sqrt{2}y-\square=0$ 또는 $x-\sqrt{2}y-\square=0$

17 $\mathrm{P}(1, -3)$, C: $x^2+y^2=2$

18 $\mathrm{P}(0, 4)$, C: $x^2+y^2=8$

19 $\mathrm{P}(-4, 2)$, C: $x^2+y^2=10$

20 $\mathrm{P}(-3, -1)$, C: $x^2+y^2=5$

1+1 연습 140쪽에서 시험에 자주 출제되는 문제를 연습해 보세요.

08 도형의 평행이동

❶ 점의 평행이동

점 $\mathrm{P}(x, y)$를 x축의 방향으로 a만큼, y축의 방향으로 b만큼 평행이동한 점 P'은

$$\mathrm{P}'(x+a, y+b)$$

참고 x축의 방향으로 a만큼 평행이동한다는 것은 $a>0$일 때는 양의 방향으로, $a<0$일 때는 음의 방향으로 $|a|$만큼 평행이동함을 뜻한다.

평행이동: 도형을 일정한 방향으로 일정한 거리만큼 이동하는 것

❷ 도형의 평행이동

방정식 $f(x, y)=0$이 나타내는 도형을 x축의 방향으로 a만큼, y축의 방향으로 b만큼 평행이동한 도형의 방정식은

$$f(x-a, y-b)=0$$

참고 **점의 평행이동과 도형의 평행이동의 비교**

x축의 방향으로 a만큼, y축의 방향으로 b만큼 평행이동한 경우, 점의 평행이동일 때는 x 대신 $x+a$, y 대신 $y+b$를 대입하고, 도형의 평행이동일 때는 x 대신 $x-a$, y 대신 $y-b$를 대입한다.

x, y에 대한 식을 $f(x, y)$로 나타내면 일반적으로 도형의 방정식은 $f(x, y)=0$ 꼴로 나타낼 수 있다.

유형 01 점의 평행이동

점 $\mathrm{P}(x, y)$를 x축의 방향으로 a만큼, y축의 방향으로 b만큼 평행이동한 점 P'은

$\mathrm{P}'(x+a, y+b)$ → x 대신 $x+a$를, y 대신 $y+b$를 대입

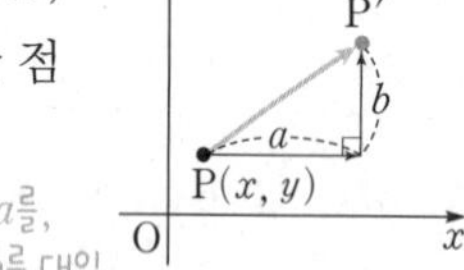

참고 점 (x, y)를 x축의 방향으로 a만큼, y축의 방향으로 b만큼 평행이동하는 것을

$$(x, y) \longrightarrow (x+a, y+b)$$

와 같이 나타낸다.

[01~04] 점 $(1, 3)$을 다음과 같이 평행이동한 점의 좌표를 구하시오.

01 x축의 방향으로 1만큼, y축의 방향으로 -2만큼 평행이동

➡ $(1+\square, 3-\square)$

$\therefore (\square, \square)$

02 x축의 방향으로 2만큼, y축의 방향으로 1만큼 평행이동

03 x축의 방향으로 -3만큼, y축의 방향으로 4만큼 평행이동

04 x축의 방향으로 -4만큼, y축의 방향으로 -7만큼 평행이동

[05~09] 평행이동 $(x, y) \longrightarrow (x-2, y+1)$에 의하여 다음 점이 옮겨지는 점의 좌표를 구하시오.

05 $(2, -5)$

➡ $(2, -5) \longrightarrow (2-\square, -5+\square)$

$\therefore (\square, \square)$

06 $(-3, 6)$

07 $(1, -7)$

08 $(-3,\ -2)$

09 $(1,\ 3)$

[10~13] 평행이동 $(x,\ y) \longrightarrow (x+3,\ y-5)$에 의하여 다음 점이 옮겨지는 점의 좌표를 구하시오.

10 $(-1,\ 2)$

11 $(-5,\ -6)$

12 $(9,\ -3)$

13 $(0,\ 7)$

[14~17] 평행이동 $(x,\ y) \longrightarrow (x-4,\ y-1)$에 의하여 다음 점으로 옮겨지는 점의 좌표를 구하시오.

14 $(5,\ -3)$

➡ 평행이동하기 전 점의 좌표를 $(a,\ b)$라 하면

$a-\square=5$, $b-\square=-3$이므로

$a=\square$, $b=\square$

따라서 구하는 점의 좌표는 $(\square,\ \square)$이다.

15 $(3,\ 1)$

16 $(-1,\ -2)$

17 $(-2,\ 7)$

[18~20] 평행이동 $(x,\ y) \longrightarrow (x+a,\ y+b)$에 의하여 다음과 같이 점이 옮겨질 때, a, b의 값을 각각 구하시오.

18 $(1,\ 2) \longrightarrow (-4,\ 7)$

➡ $(1,\ 2) \longrightarrow (\square+a,\ \square+b)$

따라서 $\square+a=-4$, $\square+b=7$이므로

$a=\square$, $b=\square$

19 $(-5,\ 0) \longrightarrow (3,\ -6)$

20 $(3,\ -1) \longrightarrow (-2,\ -3)$

유형 02 도형의 평행이동

방정식 $f(x,\ y)=0$이 나타내는 도형을 x축의 방향으로 a만큼, y축의 방향으로 b만큼 평행이동한 도형의 방정식은

$f(x-a,\ y-b)=0$ → x 대신 $x-a$를, y 대신 $y-b$를 대입한다.

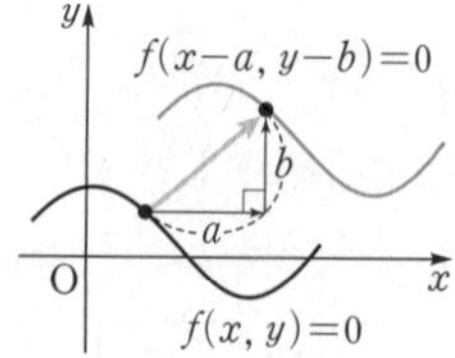

참고 도형을 평행이동하면 점은 점으로, 직선은 기울기가 같은 직선으로, 원은 반지름의 길이가 같은 원으로 옮겨진다. 즉, 위치만 변할 뿐 그 모양과 크기는 변하지 않는다.

[21~24] 직선 $x+2y-5=0$을 다음과 같이 평행이동한 직선의 방정식을 구하시오.

21 x축의 방향으로 -3만큼, y축의 방향으로 1만큼 평행이동

➡ x 대신 $\square$, y 대신 $\square$을 대입하면
$\square+2(\square)-5=0$
$\therefore\ x+2y-\square=0$

22 x축의 방향으로 5만큼, y축의 방향으로 2만큼 평행이동

23 x축의 방향으로 -4만큼, y축의 방향으로 -1만큼 평행이동

24 x축의 방향으로 2만큼, y축의 방향으로 -3만큼 평행이동

[25~28] 원 $(x-1)^2+(y+2)^2=4$를 다음과 같이 평행이동한 원의 방정식을 구하시오.

25 x축의 방향으로 2만큼, y축의 방향으로 -2만큼 평행이동

➡ x 대신 $\square$, y 대신 $\square$를 대입하면
$(\square-1)^2+(\square+2)^2=4$
$\therefore\ (x-\square)^2+(y+\square)^2=4$

26 x축의 방향으로 -1만큼, y축의 방향으로 4만큼 평행이동

27 x축의 방향으로 -4만큼, y축의 방향으로 -3만큼 평행이동

28 x축의 방향으로 4만큼, y축의 방향으로 5만큼 평행이동

[29~32] 포물선 $y=2x^2+3$을 다음과 같이 평행이동한 포물선의 방정식을 구하시오.

29 x축의 방향으로 -3만큼, y축의 방향으로 -1만큼 평행이동

➡ x 대신 $\square$, y 대신 $\square$을 대입하면
$\square=2(\square)^2+3$
$\therefore\ y=2x^2+\square x+\square$

정답 및 해설 20쪽

30 x축의 방향으로 2만큼, y축의 방향으로 1만큼 평행이동

31 x축의 방향으로 5만큼, y축의 방향으로 -2만큼 평행이동

32 x축의 방향으로 -4만큼, y축의 방향으로 5만큼 평행이동

[33~37] 평행이동 $(x, y) \longrightarrow (x-2, y+4)$에 의하여 다음 도형이 옮겨지는 도형의 방정식을 구하시오.

33 $2x+3y-4=0$

➡ 주어진 평행이동은 x축의 방향으로 ☐만큼, y축의 방향으로 ☐만큼 평행이동하는 것이므로 x 대신 ☐, y 대신 ☐를 대입하면

$2(\square)+3(\square)-4=0$

$\therefore 2x+3y-\square=0$

34 $y=-4x+1$

35 $(x+2)^2+(y+1)^2=9$

36 $x^2+y^2+2x-8y-8=0$

37 $y=x^2+4x$

[38~41] 도형 $f(x, y)=0$을 도형 $f(x+1, y-3)=0$으로 옮기는 평행이동에 의하여 다음 도형이 옮겨지는 도형의 방정식을 구하시오.

38 $2x-5y+2=0$

➡ x 대신 ☐, y 대신 $y-3$을 대입하면

$2(\square)-5(y-3)+2=0$

$\therefore 2x-5y+\square=0$

39 $y=-2x+6$

40 $(x-2)^2+(y+1)^2=16$

41 $y=-4x^2+x+1$

1+1 연습 141쪽에서 시험에 자주 출제되는 문제를 연습해 보세요.

09 도형의 대칭이동

❶ 점의 대칭이동

점 (x, y)를

(1) x축에 대하여 대칭이동한 점의 좌표는 $(x, -y)$이다.

(2) y축에 대하여 대칭이동한 점의 좌표는 $(-x, y)$이다.

(3) 원점에 대하여 대칭이동한 점의 좌표는 $(-x, -y)$이다.

(4) 직선 $y=x$에 대하여 대칭이동한 점의 좌표는 (y, x)이다.

참고 점 (x, y)를 직선 $y=-x$에 대하여 대칭이동한 점의 좌표는 $(-y, -x)$이다.

❷ 도형의 대칭이동

방정식 $f(x, y)=0$이 나타내는 도형을

(1) x축에 대하여 대칭이동한 도형의 방정식은 $f(x, -y)=0$이다.

(2) y축에 대하여 대칭이동한 도형의 방정식은 $f(-x, y)=0$이다.

(3) 원점에 대하여 대칭이동한 도형의 방정식은 $f(-x, -y)=0$이다.

(4) 직선 $y=x$에 대하여 대칭이동한 도형의 방정식은 $f(y, x)=0$이다.

참고 방정식 $f(x, y)=0$이 나타내는 도형을 직선 $y=-x$에 대하여 대칭이동한 도형의 방정식은 $f(-y, -x)=0$이다.

- 대칭이동: 도형을 주어진 점 또는 직선에 대하여 대칭인 도형으로 옮기는 것
- 원점에 대하여 대칭이동한 것은 x축에 대하여 대칭이동한 후 y축에 대하여 대칭이동한 것과 같다.

유형 01 x축에 대한 점의 대칭이동

점 (x, y)를 x축에 대하여 대칭이동한 점의 좌표는

$(x, -y)$

➡ $(x, y) \longrightarrow (x, -y)$

y좌표의 부호를 바꾼다.

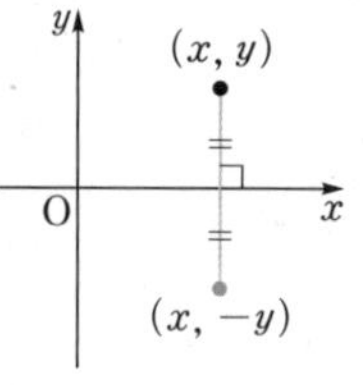

[01~04] 다음 점을 x축에 대하여 대칭이동한 점의 좌표를 구하시오.

01 $(1, 5)$

02 $(-2, 3)$

03 $(0, -7)$

04 $(-2, -6)$

유형 02 y축에 대한 점의 대칭이동

점 (x, y)를 y축에 대하여 대칭이동한 점의 좌표는

$(-x, y)$

➡ $(x, y) \longrightarrow (-x, y)$

x좌표의 부호를 바꾼다.

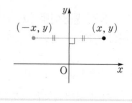

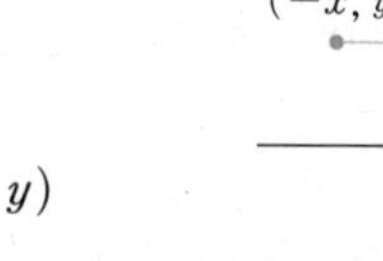

[05~08] 다음 점을 y축에 대하여 대칭이동한 점의 좌표를 구하시오.

05 $(2, -9)$

06 $(8, 0)$

07 $(-3, 7)$

08 $(-1, -6)$

[09~10] 다음 점을 x축에 대하여 대칭이동한 후 다시 y축에 대하여 대칭이동한 점의 좌표를 구하시오.

09 $(-4,\ 3)$

10 $(2,\ -3)$

유형 03 원점에 대한 점의 대칭이동

점 $(x,\ y)$를 원점에 대하여 대칭이동한 점의 좌표는

$(-x,\ -y)$

➡ $(x,\ y) \longrightarrow (-x,\ -y)$

x좌표, y좌표의 부호를 모두 바꾼다.

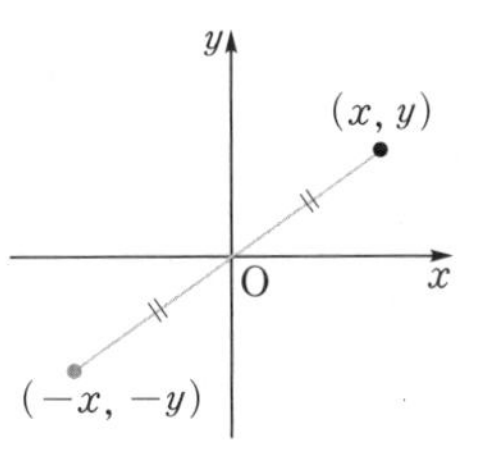

[11~14] 다음 점을 원점에 대하여 대칭이동한 점의 좌표를 구하시오.

11 $(-5,\ 2)$

12 $(3,\ -4)$

13 $(-3,\ -1)$

14 $(5,\ 6)$

[15~16] 다음 점을 y축에 대하여 대칭이동한 후 다시 원점에 대하여 대칭이동한 점의 좌표를 구하시오.

15 $(5,\ 3)$

16 $(-2,\ 7)$

유형 04 직선 $y=x$에 대한 점의 대칭이동

점 $(x,\ y)$를 직선 $y=x$에 대하여 대칭이동한 점의 좌표는

$(y,\ x)$

➡ $(x,\ y) \longrightarrow (y,\ x)$

x좌표, y좌표를 서로 바꾼다.

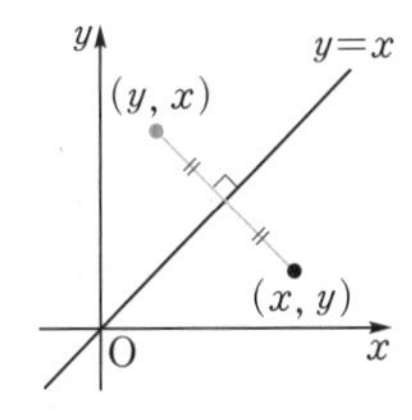

[17~20] 다음 점을 직선 $y=x$에 대하여 대칭이동한 점의 좌표를 구하시오.

17 $(-2,\ -2)$

18 $(2,\ 0)$

19 $(-1,\ 4)$

20 $(3,\ -6)$

[21~22] 다음 점을 원점에 대하여 대칭이동한 후 다시 직선 $y=x$에 대하여 대칭이동한 점의 좌표를 구하시오.

21 $(-4, 5)$

22 $(2, -9)$

유형 05 x축에 대한 도형의 대칭이동

방정식 $f(x, y)=0$이 나타내는 도형을 x축에 대하여 대칭이동한 도형의 방정식은

$f(x, -y)=0$

➡ $f(x, y)=0 \longrightarrow f(x, -y)=0$

y 대신 $-y$를 대입한다.

[23~26] 다음 도형을 x축에 대하여 대칭이동한 도형의 방정식을 구하시오.

23 $y=4x-2$

➡ y 대신 ☐를 대입하면

☐$=4x-2$

$\therefore y=-4x+$☐

24 $x-3y+2=0$

25 $(x-1)^2+(y-2)^2=4$

26 $y=-3x^2+2$

유형 06 y축에 대한 도형의 대칭이동

방정식 $f(x, y)=0$이 나타내는 도형을 y축에 대하여 대칭이동한 도형의 방정식은

$f(-x, y)=0$

➡ $f(x, y)=0 \longrightarrow f(-x, y)=0$

x 대신 $-x$를 대입한다.

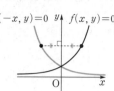

[27~30] 다음 도형을 y축에 대하여 대칭이동한 도형의 방정식을 구하시오.

27 $x+2y+7=0$

➡ x 대신 ☐를 대입하면

☐$+2y+7=0$

$\therefore$ ☐$-2y-$☐$=0$

28 $y=-5x+1$

29 $(x-2)^2+(y+4)^2=5$

30 $y=2x^2+1$

[31~32] 다음 도형을 x축에 대하여 대칭이동한 후 다시 y축에 대하여 대칭이동한 도형의 방정식을 구하시오.

31 $2x+5y+6=0$

32 $(x-1)^2+(y+2)^2=4$

유형 07 원점에 대한 도형의 대칭이동

방정식 $f(x, y)=0$이 나타내는 도형을 원점에 대하여 대칭이동한 도형의 방정식은

$f(-x, -y)=0$

➡ $f(x, y)=0$

$\longrightarrow f(-x, -y)=0$

x 대신 $-x$, y 대신 $-y$를 대입한다.

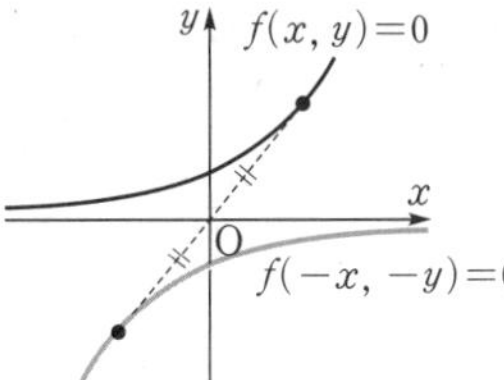

[33~36] 다음 도형을 원점에 대하여 대칭이동한 도형의 방정식을 구하시오.

33 $y=3x-4$

➡ x 대신 $\square$, y 대신 $\square$를 대입하면

$\square=3(\square)-4$

$\therefore y=3x+\square$

34 $2x-5y+1=0$

35 $(x+3)^2+(y-4)^2=9$

36 $y=-2x^2+2x+5$

[37~38] 다음 도형을 y축에 대하여 대칭이동한 후 다시 원점에 대하여 대칭이동한 도형의 방정식을 구하시오.

37 $x-3y+9=0$

38 $(x+5)^2+(y+1)^2=2$

유형 08 직선 $y=x$에 대한 도형의 대칭이동

방정식 $f(x, y)=0$이 나타내는 도형을 직선 $y=x$에 대하여 대칭이동한 도형의 방정식은

$f(y, x)=0$

➡ $f(x, y)=0 \longrightarrow f(y, x)=0$

x 대신 y, y 대신 x를 대입한다.

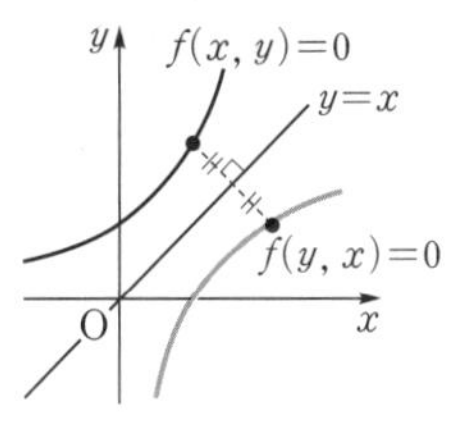

[39~42] 다음 도형을 직선 $y=x$에 대하여 대칭이동한 도형의 방정식을 구하시오.

39 $4x+y+3=0$

➡ x 대신 $\square$, y 대신 $\square$를 대입하면

$4\square+\square+3=0$

$\therefore \square+4\square+3=0$

40 $y=-x+1$

41 $(x-1)^2+(y-2)^2=5$

42 $x^2+y^2-4x+6y-3=0$

[43~44] 다음 도형을 원점에 대하여 대칭이동한 후 다시 직선 $y=x$에 대하여 대칭이동한 도형의 방정식을 구하시오.

43 $x-4y+5=0$

44 $(x-1)^2+(y-4)^2=10$

유형 09 평행이동과 대칭이동

점 또는 도형의 평행이동과 대칭이동을 연달아 할 때, 이동하는 순서에 주의하여 점의 좌표 또는 도형의 방정식을 구한다.

[45~47] 다음 도형을 평행이동 $(x, y) \longrightarrow (x-1, y+3)$에 의하여 옮긴 후 다시 x축에 대하여 대칭이동한 도형의 방정식을 구하시오.

45 $y=3x+5$

➡ 직선 $y=3x+5$를 x축의 방향으로 $\square$만큼, y축의 방향으로 $\square$만큼 평행이동한 직선의 방정식은

$\square=3(\square)+5$ $\quad\therefore y=3x+\square$

이 직선을 다시 x축에 대하여 대칭이동한 직선의 방정식은

$\square=3x+\square$

$\therefore y=-3x-\square$

46 $(x+5)^2+(y-2)^2=9$

47 $y=2x^2+3$

[48~50] 다음 도형을 x축에 대하여 대칭이동한 후 다시 평행이동 $(x, y) \longrightarrow (x-1, y+3)$에 의하여 옮긴 도형의 방정식을 구하시오.

48 $y=3x+5$

49 $(x+5)^2+(y-2)^2=9$

50 $y=2x^2+3$

[51~53] 다음 도형을 평행이동 $(x, y) \longrightarrow (x+5, y-3)$에 의하여 옮긴 후 다시 원점에 대하여 대칭이동한 도형의 방정식을 구하시오.

51 $x+2y-3=0$

52 $(x-7)^2+(y+1)^2=3$

53 $y=-x^2+2x$

[54~55] 다음 도형을 평행이동 $(x, y) \longrightarrow (x+2, y+4)$에 의하여 옮긴 후 다시 직선 $y=x$에 대하여 대칭이동한 도형의 방정식을 구하시오.

54 $4x-3y+5=0$

55 $(x+1)^2+(y+2)^2=1$

1+1 연습 142쪽에서 시험에 자주 출제되는 문제를 연습해 보세요.

Ⅱ

집합과 명제

10 집합의 뜻과 표현

❶ 집합과 원소

(1) 집합: 어떤 기준에 따라 대상을 분명하게 정할 수 있을 때, 그 대상들의 모임

(2) 원소: 집합을 이루는 대상 하나하나

① a가 집합 A의 원소이다. ➡ a는 집합 A에 속한다. ➡ $a\in A$

② b가 집합 A의 원소가 아니다. ➡ b는 집합 A에 속하지 않는다. ➡ $b\notin A$

- 일반적으로 집합은 알파벳 대문자 A, B, C, $\cdots$로, 원소는 알파벳 소문자 a, b, c, $\cdots$로 나타낸다.

❷ 집합의 표현

(1) 원소나열법: 집합에 속하는 모든 원소를 { } 안에 나열하여 집합을 나타내는 방법

(2) 조건제시법: 집합의 원소들이 갖는 공통된 성질을 조건으로 제시하여 집합을 나타내는 방법

(3) 벤 다이어그램: 집합을 나타낸 그림

예 10 이하의 홀수의 집합 A를 나타내는 방법

(1) 원소나열법: $A=\{1, 3, 5, 7, 9\}$

(2) 조건제시법: $A=\{x\mid x$는 10 이하의 홀수$\}$ (원소를 대표하는 문자 / 원소들이 갖는 공통된 성질)

(3) 벤 다이어그램: A: 1, 3, 5, 7, 9

- 집합을 원소나열법으로 나타낼 때
  ① 원소를 나열하는 순서는 생각하지 않는다.
  ② 같은 원소는 중복하여 쓰지 않는다.
  ③ 원소가 많고 원소 사이에 일정한 규칙이 있으면 그 원소 중 일부를 생략하고 '…'을 사용하여 나타낸다.
- 하나의 집합을 조건제시법으로 나타내는 방법은 다양하다.

❸ 집합의 원소의 개수

(1) 원소의 개수에 따른 집합의 분류

① 유한집합: 원소가 유한개인 집합

② 무한집합: 원소가 무수히 많은 집합

③ 공집합: 원소가 하나도 없는 집합을 공집합이라 하고, 기호로 $\varnothing$과 같이 나타낸다.

(2) 유한집합의 원소의 개수

집합 A가 유한집합일 때, 집합 A의 원소의 개수를 기호로 $n(A)$와 같이 나타낸다.

유형 01 집합의 뜻

(1) 대상을 분명하게 정할 수 있으면 ➡ 집합이다.

(2) 대상을 분명하게 정할 수 없으면 ➡ 집합이 아니다.

[01~07] 다음 중 집합인 것은 ○표, 집합이 아닌 것은 ×표를 ( ) 안에 써넣으시오.

01 맛있는 과일의 모임 ( )

02 사물놀이에서 사용되는 전통 악기의 모임 ( )

03 우리 반에서 키가 큰 학생의 모임 ( )

04 12의 약수의 모임 ( )

05 10에 가까운 자연수의 모임 ( )

06 홀수의 모임 ( )

07 0보다 크고 1보다 작은 정수의 모임 ( )

유형 02 집합과 원소 사이의 관계

(1) a가 집합 A에 속한다. ➡ $a \in A$
(2) b가 집합 A에 속하지 않는다. ➡ $b \notin A$

[08~11] 다음 집합의 원소를 구하고, □ 안에 ∈, ∉ 중에서 알맞은 것을 써넣으시오.

08 10 이하의 짝수의 집합 A

(1) 집합 A의 원소

➡ ____________

(2) 2 □ A, 3 □ A, 6 □ A, 10 □ A

09 10보다 작은 소수의 집합 A

(1) 집합 A의 원소

➡ ____________

(2) 1 □ A, 2 □ A, 5 □ A, 9 □ A

10 100 이하의 3의 배수의 집합 A

(1) 집합 A의 원소

➡ ____________

(2) 3 □ A, 15 □ A, 96 □ A, 102 □ A

11 자연수 전체의 집합 A

(1) 집합 A의 원소

➡ ____________

(2) -1 □ A, 0 □ A, 10 □ A, 100 □ A

유형 03 집합의 표현

집합을 나타내는 방법은 원소나열법, 조건제시법, 벤 다이어그램이 있다.

(1) 원소나열법 ➡ { } 안에 집합의 모든 원소를 나열한다.
(2) 조건제시법 ➡ $\{x | x$의 조건$\}$으로 집합을 나타낸다.
(3) 벤 다이어그램 ➡ 원이나 직사각형과 같은 도형 안에 집합의 모든 원소를 나열한다.

[12~17] 다음 집합 A를 원소나열법으로 나타내시오.

12 $A=\{x | x$는 20의 약수$\}$

13 $A=\{x | x$는 50 이하의 홀수$\}$

14 $A=\{x | x$는 5의 배수$\}$

15 $A=\{x | x^2+2x-3=0\}$

16

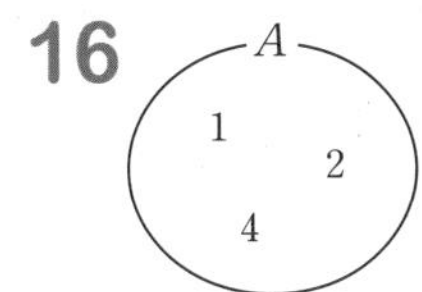

17

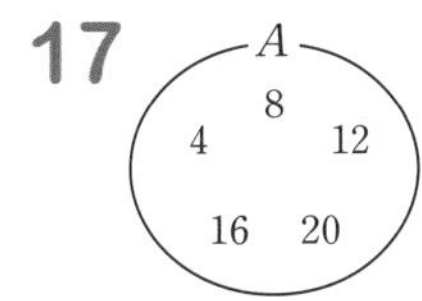

[18~23] 다음 집합 A를 조건제시법으로 나타내시오.

18 $A=\{1, 3, 5, 15\}$

➡ 1, 3, 5, 15는 15의 약수이므로

$A=\{x|x$는 ☐$\}$

19 $A=\{2, 3, 5, 7, 11, 13\}$

20 $A=\{2, 4, 6, \cdots, 20\}$

21 $A=\{5, 7, 9, 11, \cdots\}$

22

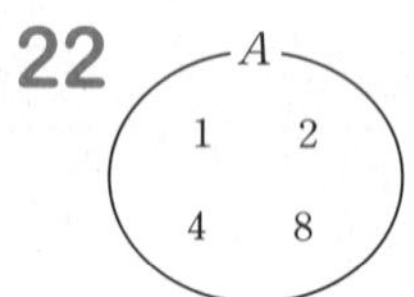

23

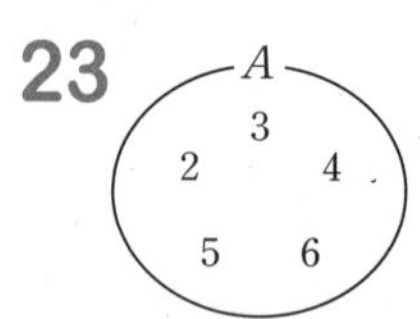

[24~25] 다음 집합 A를 벤 다이어그램으로 나타내시오.

24 $A=\{a, e, i, o, u\}$

25 $A=\{x|x(x-1)(x-2)=0\}$

유형 04 새로 정의된 집합 구하기

두 집합의 원소를 이용하여 조건제시법으로 새로 정의된 집합을 구할 때는 표를 이용하여 모든 원소를 빠짐없이 찾는다.

[26~29] 다음 두 집합 A, B에 대하여 집합 C를 원소나열법으로 나타내시오.

26 $A=\{1, 3\}$, $B=\{2, 4\}$,
$C=\{x+y|x\in A, y\in B\}$

➡

x \ y	2	4
1		
3		

$\therefore C=\{$ ______ $\}$

27 $A=\{0, 1, 2\}$, $B=\{3, 4\}$,
$C=\{x+y|x\in A, y\in B\}$

28 $A=\{-1, 1\}$, $B=\{1, 2\}$,
$C=\{xy|x\in A, y\in B\}$

➡

x \ y	1	2
-1		
1		

$\therefore C=\{$ ______ $\}$

29 $A=\{1, 2\}$, $B=\{1, 3, 5\}$,
$C=\{xy|x\in A, y\in B\}$

정답 및 해설 25쪽

[30~31] 다음 집합 A에 대하여 집합 B를 원소나열법으로 나타내시오.

30 $A=\{1, 2, 3\}$, $B=\{x+y \mid x\in A, y\in A\}$

➡

x \ y	1	2	3
1			
2			
3			

$\therefore B=\{$ ______________ $\}$

31 $A=\{-1, 0, 1\}$, $B=\{xy \mid x\in A, y\in A\}$

유형 05 집합의 분류

(1) 유한집합: 원소가 유한개인 집합
(2) 무한집합: 원소가 무수히 많은 집합
(3) 공집합: 원소가 하나도 없는 집합

참고 공집합은 유한집합이다.

[32~39] 다음 집합이 유한집합이면 '유', 무한집합이면 '무'를 (　) 안에 써넣으시오.

32 $\{1, 2, 3, 4, 5\}$ (　　)

33 $\{1, 2, 3, \cdots, 100\}$ (　　)

34 $\{10, 20, 30, \cdots\}$ (　　)

35 $\varnothing$ (　　)

36 $\{x \mid x$는 유리수$\}$ (　　)

37 $\{x \mid x$는 50 이하의 7의 배수$\}$ (　　)

38 $\{x \mid x$는 5로 나누어떨어지는 자연수$\}$ (　　)

39 $\{x \mid x$는 $0<x<1$인 자연수$\}$ (　　)

유형 06 유한집합의 원소의 개수

(1) $n(A)$: 유한집합 A의 원소의 개수
(2) 집합 A가 조건제시법으로 주어지면 집합 A를 원소나열법으로 나타내어 $n(A)$를 구한다.

[40~44] 다음 집합 A에 대하여 $n(A)$를 구하시오.

40 $A=\{1, 2, 3, 6\}$

41 $A=\{5, 10, 15, \cdots, 100\}$

42 $A=\{x \mid x$는 두 자리의 자연수$\}$

43 $A=\{x \mid x$는 $|x|\le 2$인 정수$\}$

44 $A=\varnothing$

1+1 연습 144쪽에서 시험에 자주 출제되는 문제를 연습해 보세요.

11 집합 사이의 포함 관계

❶ 부분집합

(1) 부분집합

두 집합 A, B에 대하여 A의 모든 원소가 B에 속할 때, A를 B의 부분집합이라 한다.

① 집합 A가 집합 B의 부분집합이다. ➡ $A \subset B$ → $B \supset A$로 나타내기도 한다.

② 집합 A가 집합 B의 부분집합이 아니다. ➡ $A \not\subset B$

(2) 부분집합의 성질

세 집합 A, B, C에 대하여

① 모든 집합은 자기 자신의 부분집합이다. ➡ $A \subset A$

② 공집합은 모든 집합의 부분집합이다. ➡ $\varnothing \subset A$

③ $A \subset B$이고 $B \subset C$이면 $A \subset C$이다.

- 집합 A가 집합 B의 부분집합이다.
  ➡ 집합 A는 집합 B에 포함된다.
  ➡ 집합 B는 집합 A를 포함한다.
- A가 B의 부분집합이 아니면 A의 원소 중에서 B에 속하지 않는 것이 있다.

❷ 서로 같은 집합

(1) 서로 같은 집합

두 집합 A, B에 대하여 $A \subset B$이고 $B \subset A$일 때, A와 B는 서로 같다고 한다.

① 두 집합 A, B가 서로 같다. ➡ $A=B$

② 두 집합 A, B가 서로 같지 않다. ➡ $A \neq B$

(2) 진부분집합

두 집합 A, B에 대하여 $A \subset B$이지만 $A \neq B$일 때, A를 B의 진부분집합이라 한다.

- 두 집합 A, B의 모든 원소가 같을 때, A와 B는 서로 같다고 한다.

❸ 부분집합의 개수

집합 $A=\{a_1, a_2, a_3, \cdots, a_n\}$에 대하여

(1) 집합 A의 부분집합의 개수: 2^n

(2) 집합 A의 진부분집합의 개수: 2^n-1

(3) 집합 A의 특정한 원소 k $(k<n)$개를 반드시 원소로 갖는 부분집합의 개수: 2^{n-k}

(4) 집합 A의 특정한 원소 l $(l<n)$개를 원소로 갖지 않는 부분집합의 개수: 2^{n-l}

유형 01 기호 ∈, ⊂의 사용

(1) 원소와 집합 사이의 관계는 ∈, ∉를 사용하여 나타낸다.

(2) 집합과 집합 사이의 관계는 ⊂, ⊄를 사용하여 나타낸다.

주의 기호 ∈, ⊂는 집합과 원소의 관계인지, 집합과 집합의 관계인지를 구별하여 써야 한다.

[01~06] 집합 $A=\{1, 2, 3, 4, 5\}$에 대하여 다음 □ 안에 기호 ∈, ⊂ 중에서 알맞은 것을 써넣으시오.

01 1 □ A

02 4 □ A

03 $\{1\}$ □ A

04 $\{2, 3, 4\}$ □ A

05 $\{1, 2, 3, 4, 5\}$ □ A

06 $\varnothing$ □ A

[07~12] 다음 □ 안에 기호 $\in$, $\subset$ 중에서 알맞은 것을 써넣으시오.

07 1 □ $\{1, 2, 3\}$

08 $\{2, 5\}$ □ $\{2, 3, 5, 7\}$

09 7 □ $\{x|x$는 10 이하의 홀수$\}$

10 $\{1, 2, 3, 6\}$ □ $\{x|x$는 12의 약수$\}$

11 $\{2, 3, 4, 5, 6\}$ □ $\{x|x$는 $2\le x\le 6$인 자연수$\}$

12 $\varnothing$ □ $\{x|x$는 10보다 작은 소수$\}$

[13~18] 집합 $A=\{0, 1, \{0, 1\}\}$에 대하여 다음 중 옳은 것은 ○표, 옳지 않은 것은 ×표를 ( ) 안에 써넣으시오.

13 $0\in A$ ( )

14 $\{1\}\in A$ ( )

15 $\{0, 1\}\in A$ ( )

16 $\{0, 1\}\subset A$ ( )

17 $\{\{0\}\}\subset A$ ( )

18 $\{\{0, 1\}\}\subset A$ ( )

유형 02 집합 사이의 포함 관계

집합 사이의 포함 관계는 각 집합을 원소나열법으로 나타내어 두 집합의 모든 원소를 비교한 후 판단한다.

➡ 집합 A의 모든 원소가 집합 B에 속하면 $A\subset B$이다.

B
A

[19~22] 다음 두 집합 A, B 사이의 포함 관계를 기호 $\subset$를 사용하여 나타내시오.

19 $A=\{x|x$는 3의 약수$\}$, $B=\{x|x$는 6의 약수$\}$

20 $A=\{x|x$는 5의 배수$\}$, $B=\{x|x$는 10의 배수$\}$

21 $A=\{x|x$는 정사각형$\}$, $B=\{x|x$는 마름모$\}$

22 $A=\{x|x$는 1보다 작은 자연수$\}$,
$B=\{x|x$는 $|x|\le 2$인 정수$\}$

[23~24] 다음 세 집합 A, B, C 사이의 포함 관계를 기호 ⊂를 사용하여 나타내시오.

23 $A=\{x|x$는 정수$\}$,
$B=\{x|x$는 유리수$\}$,
$C=\{x|x$는 실수$\}$

24 $A=\{-1, 0, 1\}$,
$B=\{x|x$는 $-1<x<1$인 정수$\}$,
$C=\{x^2|x\in A\}$

유형 03 부분집합 구하기

원소의 개수가 n인 집합의 부분집합을 모두 구할 때는 부분집합의 원소의 개수에 따라 0개, 1개, 2개, ⋯, n개인 경우로 나누어 구하는 것이 편리하다.

[25~29] 다음 집합의 부분집합을 모두 구하시오.

25 $\{1, 2\}$
➡ 원소가 0개인 경우: ______________
원소가 1개인 경우: ______________
원소가 2개인 경우: ______________

26 $\{1, 3, 5\}$

27 $\{a, b, c\}$

28 $\{x|x^2+x-6=0\}$

29 $\{x|x$는 10의 약수$\}$

유형 04 서로 같은 집합

두 집합 A, B에 대하여 $A\subset B$이고 $B\subset A$이다.
➡ $A=B$
➡ 두 집합 A, B가 서로 같다.
➡ 두 집합 A, B의 모든 원소가 같다.

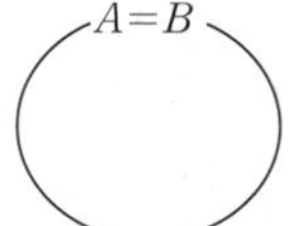

[30~34] 다음 □ 안에 기호 =, ≠ 중에서 알맞은 것을 써넣으시오.

30 0 □ $\{0\}$

31 $\{1, 2\}$ □ $\{2, 1\}$

32 $\{1, 3\}$ □ $\{1, 3, 5\}$

33 $\{1, 2, 3, 4\}$ □ $\{x|x$는 5보다 작은 자연수$\}$

34 $\{0, 1, 2\}$ □ $\{x|x(x-1)(x-2)=0\}$

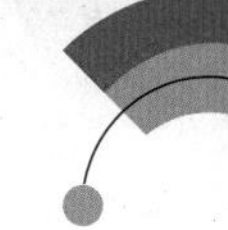

유형 05 진부분집합

(1) 집합 A의 진부분집합은 집합 A의 부분집합 중에서 집합 A를 제외한 모든 집합이다.
(2) 집합 A가 집합 B의 진부분집합이다.
➡ $A \subset B$이고 $A \neq B$이다.
➡ $A \subset B$이고 $B \not\subset A$이다.

참고 $A \subset B$는 집합 A가 집합 B의 진부분집합이거나 $A=B$임을 뜻한다.

[35~37] 다음 집합의 진부분집합을 모두 구하시오.

35 $\{2, 4\}$

36 $\{x, y, z\}$

37 $\{x | x$는 4의 약수$\}$

유형 06 부분집합의 개수

집합 $A=\{a_1, a_2, a_3, \cdots, a_n\}$에 대하여 → 원소의 개수가 n
(1) 집합 A의 부분집합의 개수 ➡ 2^n
(2) 집합 A의 진부분집합의 개수
➡ 부분집합 중에서 자기 자신을 제외한 집합의 개수
➡ 2^n-1

[38~42] 다음 집합 A의 부분집합의 개수를 구하시오.

38 $A=\{1, 2, 3\}$
➡ 집합 A의 원소의 개수가 □이므로 집합 A의 부분집합의 개수는
$2^{\square}=$□

39 $A=\{2, 4, 6, 8\}$

40 $A=\{x | x$는 $|x|<3$인 정수$\}$

41 $A=\{\varnothing, a, b\}$

42 $A=\{1, 2, \{1, 2\}\}$

[43~48] 다음 집합 A의 진부분집합의 개수를 구하시오.

43 $A=\{3, 6, 9\}$
➡ 집합 A의 원소의 개수가 □이므로 집합 A의 진부분집합의 개수는
2^3-□$=$□

44 $A=\{1, 3, 5, 7\}$

45 $A=\{x | x$는 8의 약수$\}$

46 $A=\{x | x^2-2x-3 \leq 0, x$는 정수$\}$

47 $A=\{\varnothing, 0, 1\}$

48 $A=\{a, b, \{c\}\}$

유형 07 특정한 원소를 갖거나 갖지 않는 부분집합의 개수

집합 $A=\{a_1, a_2, a_3, \cdots, a_n\}$에 대하여

(1) 집합 A의 특정한 원소 k개를 반드시 원소로 갖는 부분집합의 개수

➡ 2^{n-k} (단, $k<n$)
- n: 집합 A의 원소의 개수
- k: 부분집합에 반드시 속하는 원소의 개수

(2) 집합 A의 특정한 원소 l개를 원소로 갖지 않는 부분집합의 개수

➡ 2^{n-l} (단, $l<n$)
- n: 집합 A의 원소의 개수
- l: 부분집합에 속하지 않는 원소의 개수

(3) 집합 A의 원소 중에서 k개는 반드시 원소로 갖고, l개는 원소로 갖지 않는 부분집합의 개수

➡ 2^{n-k-l} (단, $k+l<n$)
- n: 집합 A의 원소의 개수
- l: 부분집합에 속하지 않는 원소의 개수
- k: 부분집합에 반드시 속하는 원소의 개수

[49~51] 다음 집합 A에 대하여 [ ] 안의 원소를 반드시 원소로 갖는 집합 A의 부분집합의 개수를 구하시오.

49 $A=\{1, 2, 3, 4\}$ [1]

➡ 집합 A의 원소의 개수가 □이므로 집합 A의 부분집합 중 1을 반드시 원소로 갖는 부분집합의 개수는

$2^{4-\square}=\square$

50 $A=\{x|x$는 18의 약수$\}$ [2, 6, 9]

51 $A=\{0, 1, \{1\}\}$ [0]

[52~54] 다음 집합 A에 대하여 [ ] 안의 원소를 원소로 갖지 않는 집합 A의 부분집합의 개수를 구하시오.

52 $A=\{1, 2, 3, 4\}$ [2, 3]

➡ 집합 A의 원소의 개수가 □이므로 집합 A의 부분집합 중 2, 3을 원소로 갖지 않는 부분집합의 개수는

$2^{4-\square}=\square$

53 $A=\{x|x$는 20보다 작은 4의 배수$\}$ [4]

54 $A=\{0, \varnothing, \{0\}, \{\varnothing\}\}$ [0, $\varnothing$]

[55~57] 집합 $A=\{1, 2, 3, 4, 5\}$에 대하여 다음 조건을 만족시키는 집합 A의 부분집합의 개수를 구하시오.

55 1은 반드시 원소로 갖고, 3은 원소로 갖지 않는다.

➡ 집합 A의 원소의 개수가 □이므로 집합 A의 부분집합 중 1은 반드시 원소로 갖고, 3은 원소로 갖지 않는 부분집합의 개수는

$2^{5-\square-\square}=\square$

56 2, 4는 반드시 원소로 갖고, 5는 원소로 갖지 않는다.

57 5의 약수는 반드시 원소로 갖고, 짝수는 원소로 갖지 않는다.

[58~60] 집합 $A=\{1, 2, 3, 4, 5, 6\}$의 부분집합 중 다음 조건을 만족시키는 집합 X의 개수를 구하시오.

58 $2\in X$, $5\notin X$

59 $1\in X$, $2\notin X$, $3\notin X$

60 $1\in X$, $3\in X$, $4\notin X$, $6\notin X$

1+1 연습 146쪽에서 시험에 자주 출제되는 문제를 연습해 보세요.

12 집합의 연산

❶ 합집합과 교집합

(1) 합집합: 두 집합 A, B에 대하여 A에 속하거나 B에 속하는 모든 원소로 이루어진 집합을 A와 B의 합집합이라 하고, 기호로 $A\cup B$와 같이 나타낸다.

➡ $A\cup B=\{x|x\in A$ 또는 $x\in B\}$

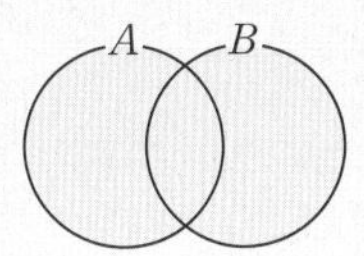

(2) 교집합: 두 집합 A, B에 대하여 A에도 속하고 B에도 속하는 모든 원소로 이루어진 집합을 A와 B의 교집합이라 하고, 기호로 $A\cap B$와 같이 나타낸다.

➡ $A\cap B=\{x|x\in A$ 그리고 $x\in B\}$

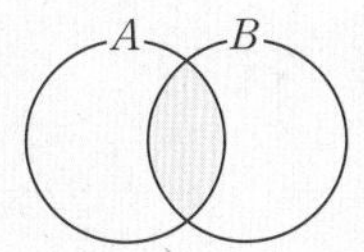

(3) 서로소: 두 집합 A, B에서 공통인 원소가 하나도 없을 때, 즉 $A\cap B=\varnothing$일 때, A와 B는 서로소라 한다.

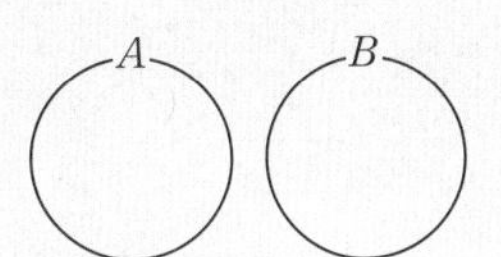

공집합은 모든 집합과 공통인 원소가 없으므로 공집합은 모든 집합과 서로소이다.

❷ 여집합과 차집합

(1) 전체집합: 어떤 집합에 대하여 그 부분집합을 생각할 때, 처음의 집합을 전체집합이라 하고, 기호로 U와 같이 나타낸다.

(2) 여집합: 전체집합 U의 부분집합 A에 대하여 U의 원소 중에서 A에 속하지 않는 모든 원소로 이루어진 집합을 U에 대한 A의 여집합이라 하고, 기호로 A^C과 같이 나타낸다.

➡ $A^C=\{x|x\in U$ 그리고 $x\notin A\}$

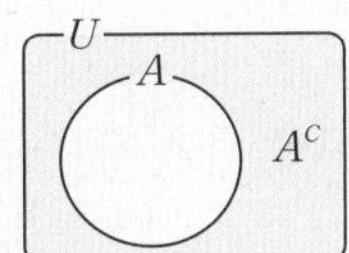

(3) 차집합: 두 집합 A, B에 대하여 A에 속하지만 B에는 속하지 않는 모든 원소로 이루어진 집합을 A에 대한 B의 차집합이라 하고, 기호로 $A-B$와 같이 나타낸다.

➡ $A-B=\{x|x\in A$ 그리고 $x\notin B\}$

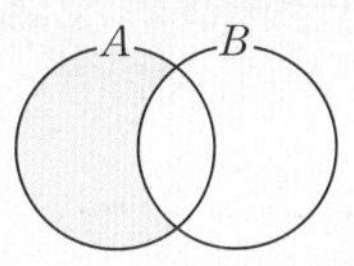

집합 A의 여집합 A^C은 전체집합 U에 대한 집합 A의 차집합으로 생각할 수 있다. 즉,
$A^C=U-A$

정답 및 해설 28쪽

유형 01 합집합

주어진 집합을 원소나열법 또는 벤 다이어그램으로 나타낸 후 합집합을 구한다.
이때 $A\cup B=\{x|x\in A$ 또는 $x\in B\}$이므로 두 집합 A, B 중 적어도 어느 한 쪽에 속하는 원소를 모두 택한다.

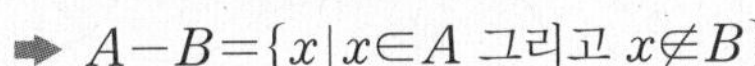

주의 같은 원소는 중복하여 쓰지 않는다.

$A\cup B$는 두 집합 A, B의 모든 원소로 이루어진 집합이다.

[01~04] 다음 두 집합 A, B를 벤 다이어그램으로 나타내고, $A\cup B$를 구하시오.

01 $A=\{1, 2, 3\}$, $B=\{1, 2, 4, 8\}$

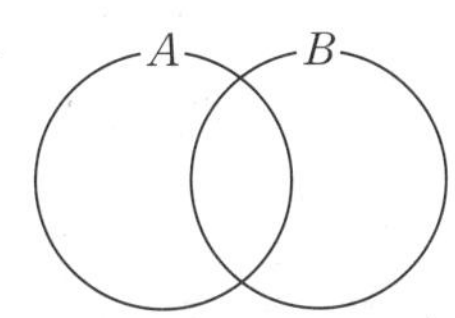

02 $A=\{a, b, c\}$, $B=\{b, d, e\}$

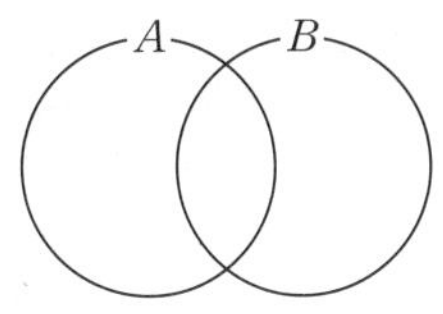

03 $A=\{2, 4, 6, 8\}$,
$B=\{x|x$는 6의 약수$\}$

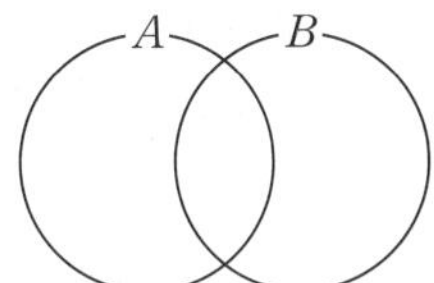

04 $A=\{x|x$는 $-1\le x\le 3$인 정수$\}$,
$B=\{x|x$는 10 이하의 홀수$\}$

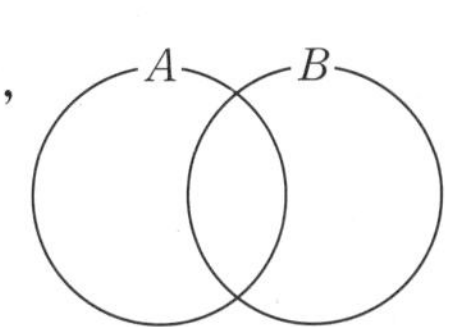

[05~08] 다음 두 집합 A, B에 대하여 $A\cup B$를 구하시오.

05 $A=\{x|x$는 3의 배수$\}$, $B=\{x|x$는 6의 배수$\}$

06 $A=\varnothing$, $B=\{x|x$는 5보다 작은 자연수$\}$

07 $A=\{x|x$는 10보다 작은 자연수$\}$,
$B=\{x|x$는 10 이상의 자연수$\}$

08 $A=\{x|1\le x\le 5\}$, $B=\{x|3\le x\le 8\}$

수직선을 이용하여 해결한다.

유형 02 교집합

주어진 집합을 원소나열법 또는 벤 다이어그램으로 나타낸 후 교집합을 구한다.
이때 $A\cap B=\{x|x\in A$ 그리고 $x\in B\}$이므로 두 집합 A, B에 공통으로 속하는 원소를 모두 택한다.
주의 같은 원소는 중복하여 쓰지 않는다.

[09~12] 다음 두 집합 A, B를 벤 다이어그램으로 나타내고, $A\cap B$를 구하시오.

09 $A=\{1, 3, 5\}$, $B=\{1, 2, 3, 6\}$

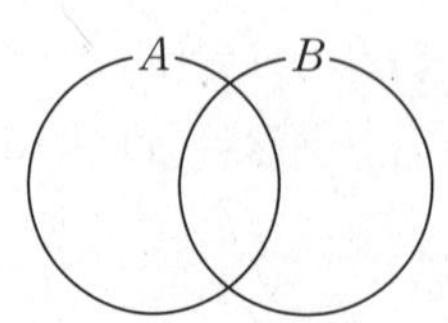

10 $A=\{a, b, c, d\}$,
$B=\{a, b, d, e\}$

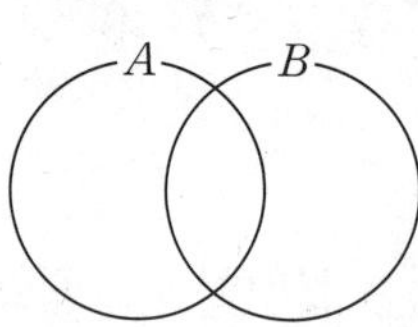

11 $A=\{1, 2, 3, 4\}$,
$B=\{x|x$는 10의 약수$\}$

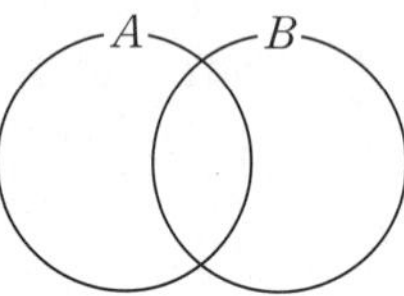

12 $A=\{x|x$는 10보다 작은 소수$\}$,
$B=\{x|x$는 10 이하의 짝수$\}$

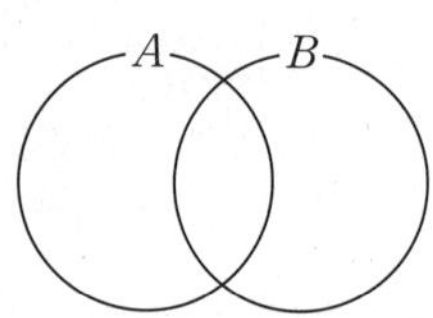

[13~16] 다음 두 집합 A, B에 대하여 $A\cap B$를 구하시오.

13 $A=\{x|x$는 4의 배수$\}$, $B=\{x|x$는 8의 배수$\}$

14 $A=\{a, b, c, d\}$, $B=\{x, y, z\}$

15 $A=\varnothing$, $B=\{x|x$는 두 자리의 자연수$\}$

16 $A=\{x|0<x\le 6\}$, $B=\{x|2\le x<9\}$

수직선을 이용하여 해결한다.

유형 03 서로소인 집합

(1) 두 집합 A, B가 서로소이다.

➡ $A\cap B=\varnothing$

➡ 두 집합 A, B에서 공통인 원소가 하나도 없다.

(2) 공집합 $\varnothing$은 모든 집합과 서로소이다.

[17~25] 다음 중 두 집합 A, B가 서로소인 것은 ○표, 서로소가 아닌 것은 ×표를 ( ) 안에 써넣으시오.

17 $A=\{1, 2, 3\}$, $B=\{a, b, c\}$ ( )

18 $A=\{1, 3, 5, 7\}$, $B=\{2, 4, 6, 8\}$ ( )

19 $A=\{1, 2, 7, 14\}$, $B=\{5, 8, 11, 14\}$ ( )

20 $A=\{4\}$, $B=\{1, 2, 3, 4, 5\}$ ( )

21 $A=\{3, 6, 9\}$, $B=\varnothing$ ( )

22 $A=\{x|x$는 3의 배수$\}$, $B=\{x|x$는 5의 배수$\}$ ( )

23 $A=\{x|-1<x<1\}$, $B=\{x|x^2=1\}$ ( )

24 $A=\{x|x$는 짝수$\}$, $B=\{x|x$는 소수$\}$ ( )

25 $A=\{x|x$는 유리수$\}$, $B=\{x|x$는 무리수$\}$ ( )

[26~29] 다음 집합 A의 부분집합 중에서 집합 B와 서로소인 부분집합의 개수를 구하시오.

26 $A=\{1, 2, 3, 4\}$, $B=\{2, 3\}$

➡ 구하는 부분집합의 개수는 집합 A의 부분집합 중 $\square$, $\square$을 원소로 갖지 않는 부분집합의 개수와 같으므로
$2^{4-\square}=\square$

27 $A=\{1, 2, 3, 4, 5, 6\}$, $B=\{1, 3, 5\}$

28 $A=\{x|x$는 12의 약수$\}$, $B=\{1, 2, 3, 4\}$

29 $A=\{x|x$는 20 이하의 4의 배수$\}$, $B=\{4\}$

유형 04 여집합

주어진 집합을 원소나열법 또는 벤 다이어그램으로 나타낸 후 여집합을 구한다.
이때 $A^C=\{x|x\in U$ 그리고 $x\notin A\}$이므로 전체집합 U에서 집합 A의 원소를 제외한다. ← 여집합을 생각할 때는 반드시 전체집합을 먼저 생각해야 한다.

[30~31] 다음과 같이 벤 다이어그램으로 나타낸 전체집합 U의 두 부분집합 A, B에 대하여 A^C, B^C을 각각 구하시오.

30

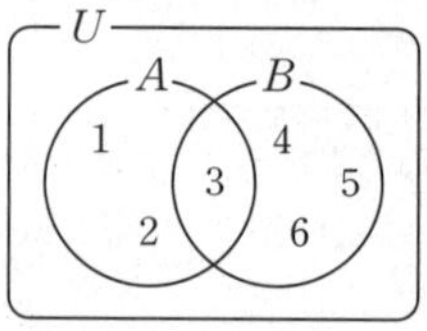

31

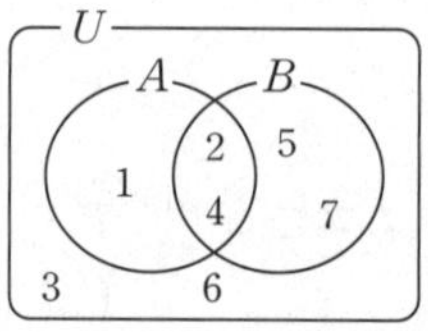

[32~35] 다음 전체집합 U의 부분집합 A에 대하여 A^C을 구하시오.

32 $U=\{1, 2, 3, 4, 5\}$, $A=\{1, 3\}$

33 $U=\{a, e, i, o, u\}$, $A=\{e\}$

34 $U=\{x|x$는 3보다 크고 12보다 작은 자연수$\}$, $A=\{4, 7, 10\}$

35 $U=\{x|x$는 24의 약수$\}$, $A=\{x|x$는 6의 약수$\}$

[36~37] 전체집합 $U=\{x|x$는 10 이하의 자연수$\}$의 두 부분집합 A, B가 다음과 같을 때, A^C, B^C을 각각 구하시오.

36 $A=\{1, 3, 5, 7, 9\}$, $B=\{2, 4, 6, 8, 10\}$

37 $A=\{x|x$는 9의 약수$\}$, $B=\{x|x$는 소수$\}$

유형 05 차집합

주어진 집합을 원소나열법 또는 벤 다이어그램으로 나타낸 후 차집합을 구한다.
이때 $A-B=\{x|x\in A$ 그리고 $x\notin B\}$이므로 집합 A에서 집합 B의 원소를 제외한다.

[38~39] 다음과 같이 벤 다이어그램으로 나타낸 두 집합 A, B에 대하여 $A-B$, $B-A$를 각각 구하시오.

38

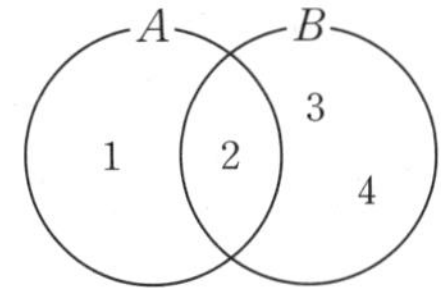

39

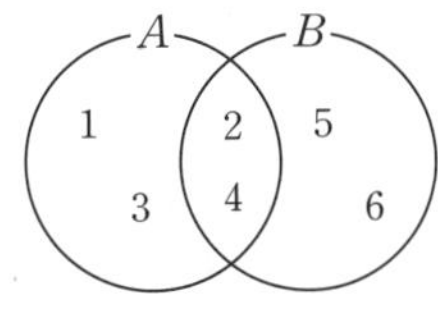

[40~44] 다음 두 집합 A, B에 대하여 $A-B$, $B-A$를 각각 구하시오.

40 $A=\{1, 2, 3\}$, $B=\{2, 3, 4\}$

41 $A=\{x|x$는 5 이하의 자연수$\}$, $B=\{1, 3, 5\}$

42 $A=\{2, 3, 5, 7, 11\}$, $B=\{x|x$는 10 이하의 홀수$\}$

43 $A=\{x|x$는 4의 약수$\}$, $B=\{x|x$는 12의 약수$\}$

44 $A=\{x|x(x-1)(x-2)=0\}$,
$B=\{x|x$는 3 이상의 자연수$\}$

[45~50] 오른쪽 그림과 같이 벤 다이어그램으로 나타낸 전체집합 U의 두 부분집합 A, B에 대하여 다음 집합을 구하시오.

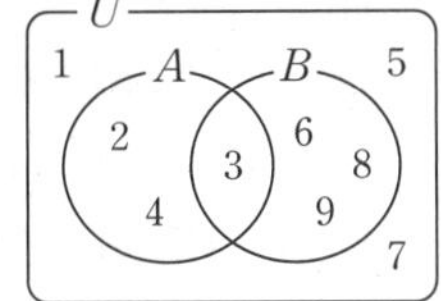

45 A^C

46 B^C

47 $A-B$

48 $B-A$

49 $(A\cup B)^C$

50 $(A\cap B)^C$

1+1 연습 148쪽에서 시험에 자주 출제되는 문제를 연습해 보세요.

13 집합의 연산 법칙

1 집합의 연산 법칙

세 집합 A, B, C에 대하여

(1) 교환법칙: $A\cup B=B\cup A$, $A\cap B=B\cap A$

(2) 결합법칙: $(A\cup B)\cup C=A\cup(B\cup C)$, $(A\cap B)\cap C=A\cap(B\cap C)$

(3) 분배법칙: $A\cap(B\cup C)=(A\cap B)\cup(A\cap C)$, $A\cup(B\cap C)=(A\cup B)\cap(A\cup C)$

세 집합의 연산에서 결합법칙이 성립하므로 보통 괄호를 생략하여

$A\cup B\cup C$, $A\cap B\cap C$

로 나타낸다.

2 집합의 연산의 성질

전체집합 U의 두 부분집합 A, B에 대하여

(1) $A\cup A=A$, $A\cap A=A$

(2) $A\cup\varnothing=A$, $A\cap\varnothing=\varnothing$

(3) $A\cup U=U$, $A\cap U=A$

(4) $A\cup A^C=U$, $A\cap A^C=\varnothing$

(5) $U^C=\varnothing$, $\varnothing^C=U$

(6) $(A^C)^C=A$

(7) $A-B=A\cap B^C$

참고 집합의 여러 가지 표현

• $A\subset B$와 같은 포함 관계의 다른 표현

$A\subset B$ ➡ $A\cap B=A$ ➡ $A\cup B=B$
➡ $A-B=\varnothing$ ➡ $A\cap B^C=\varnothing$
➡ $B^C\subset A^C$ ➡ $B^C-A^C=\varnothing$

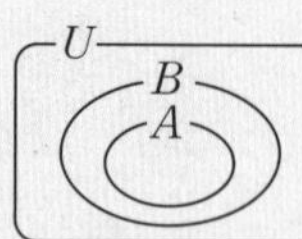

• $A\cap B=\varnothing$과 같은 포함 관계의 다른 표현

$A\cap B=\varnothing$ ➡ $A-B=A$ ➡ $B-A=B$
(서로소) ➡ $A\subset B^C$ ➡ $B\subset A^C$

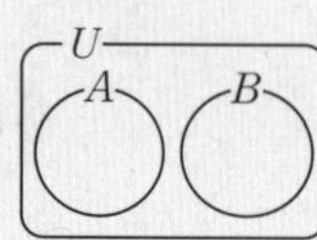

3 드모르간의 법칙

전체집합 U의 두 부분집합 A, B에 대하여

$(A\cup B)^C=A^C\cap B^C$, $(A\cap B)^C=A^C\cup B^C$

유형 01 집합의 연산 법칙

세 집합 A, B, C에 대하여

(1) $A\cup B=B\cup A$, $A\cap B=B\cap A$ ← 교환법칙

(2) $(A\cup B)\cup C=A\cup(B\cup C)$, $(A\cap B)\cap C=A\cap(B\cap C)$ ← 결합법칙

(3) $A\cup(B\cap C)=(A\cup B)\cap(A\cup C)$, $A\cap(B\cup C)=(A\cap B)\cup(A\cap C)$ ← 분배법칙

[01~03] 다음 벤 다이어그램에 각 집합을 색칠하고, 그 결과를 비교하시오.

01

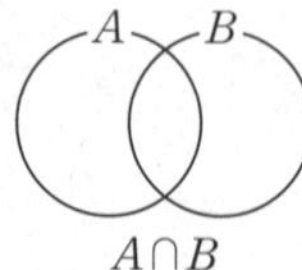

$A\cap B$ $B\cap A$

➡ $A\cap B$ □ $B\cap A$

02

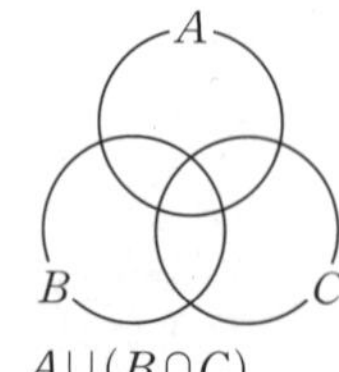

$(A\cap B)\cap C$

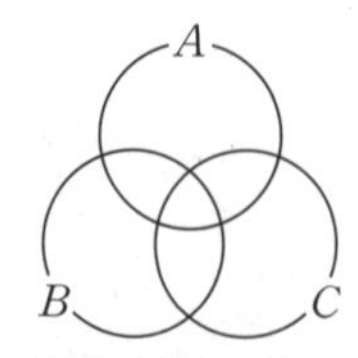

$A\cap(B\cap C)$

➡ $(A\cap B)\cap C$ □ $A\cap(B\cap C)$

03

$A\cup(B\cap C)$ $(A\cup B)\cap(A\cup C)$

➡ $A\cup(B\cap C)$ □ $(A\cup B)\cap(A\cup C)$

[04~06] 세 집합 $A=\{1, 2, 3, 4, 5\}$, $B=\{2, 4, 6\}$, $C=\{1, 2, 4, 8\}$에 대하여 다음을 구하고, 그 결과를 비교하시오.

04 (1) $A\cup B$

(2) $B\cup A$

(3) (1), (2)의 결과를 비교하면
$A\cup B$ □ $B\cup A$

05 (1) $(A\cup B)\cup C$

(2) $A\cup(B\cup C)$

(3) (1), (2)의 결과를 비교하면
$(A\cup B)\cup C$ □ $A\cup(B\cup C)$

06 (1) $A\cap(B\cup C)$

(2) $(A\cap B)\cup(A\cap C)$

(3) (1), (2)의 결과를 비교하면
$A\cap(B\cup C)$ □ $(A\cap B)\cup(A\cap C)$

유형 02 합집합과 교집합의 성질

전체집합 U의 두 부분집합 A, B에 대하여
(1) $A\cup A=A$, $A\cap A=A$
(2) $A\cup\varnothing=A$, $A\cap\varnothing=\varnothing$
(3) $A\cup U=U$, $A\cap U=A$

[07~12] 전체집합 U의 부분집합 A에 대하여 □ 안에 알맞은 집합을 써넣으시오.

07 $A\cap A=$□

08 $A\cup A=$□

09 $A\cap\varnothing=$□

10 $A\cup\varnothing=$□

11 $A\cap U=$□

12 $A\cup U=$□

[13~15] 다음 벤 다이어그램에 각 집합을 색칠하고, □ 안에 알맞은 집합을 써넣으시오.

13

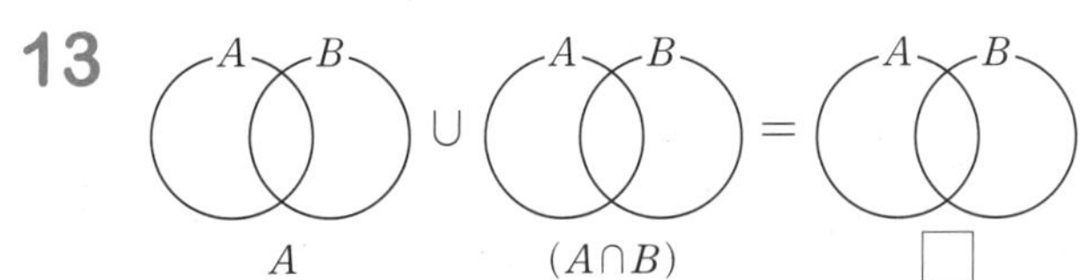

14

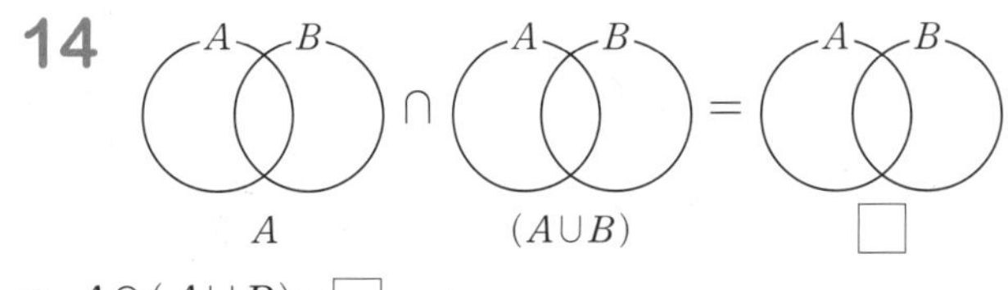

➡ $A\cap(A\cup B)=$□

15 $A\subset B$일 때

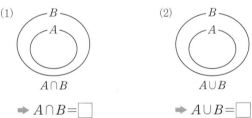

(1)

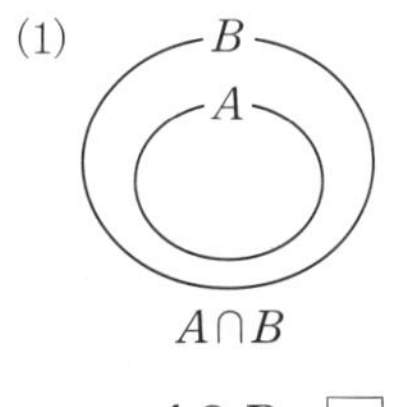

➡ $A\cap B=$□

(2)

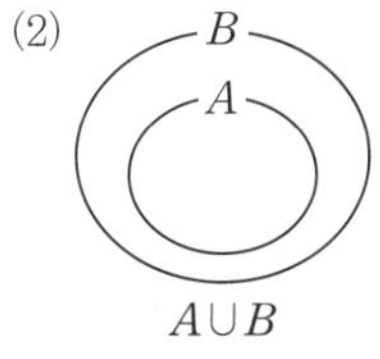

➡ $A\cup B=$□

[16~18] 전체집합 U의 두 부분집합 A, B에 대하여 다음 중 옳은 것은 ○표, 옳지 않은 것은 ×표를 ( ) 안에 써넣으시오.

16 $(A\cap B)\subset(A\cup B)$ ( )

17 $A\cap B=A$이면 $A\cup B=B$이다. ( )

18 $A\cap B=\varnothing$이면 $A\cup B=U$이다. ( )

유형 03 여집합과 차집합의 성질

전체집합 U의 두 부분집합 A, B에 대하여

(1) $U^C=\varnothing$, $\varnothing^C=U$ → $U^C=U-U=\varnothing$, $\varnothing^C=U-\varnothing=U$

(2) $(A^C)^C=A$

(3) $A\cup A^C=U$, $A\cap A^C=\varnothing$

(4) $A-B=A\cap B^C=A-(A\cap B)=(A\cup B)-B$

[19~23] 전체집합 U의 부분집합 A에 대하여 □ 안에 알맞은 집합을 써넣으시오.

19 $U^C=$□

20 $\varnothing^C=$□

21 $A\cap A^C=$□

22 $A\cup A^C=$□

23 $(A^C)^C=$□

24 전체집합 U의 두 부분집합 A, B에 대하여 다음 벤 다이어그램에 각 집합을 색칠하고, 그 결과를 비교하시오.

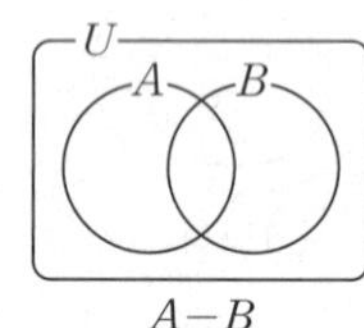

$A-B$

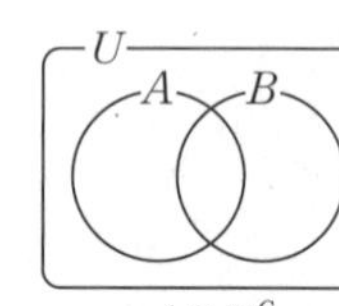

$A\cap B^C$

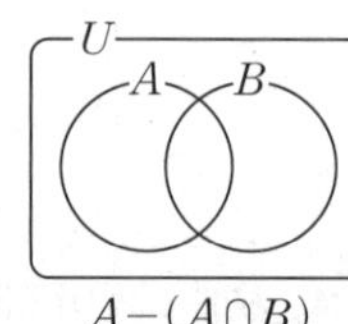

$A-(A\cap B)$

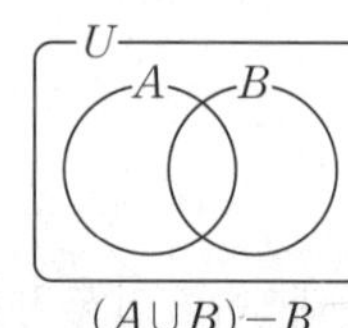

$(A\cup B)-B$

➡ $A-B$ □ $A\cap B^C$ □ $A-(A\cap B)$ □ $(A\cup B)-B$

[25~28] 전체집합 $U=\{1, 2, 3, 4, 5, 6\}$의 두 부분집합 $A=\{1, 2, 3, 6\}$, $B=\{2, 4, 6\}$에 대하여 다음을 구하시오.

25 $A-B$

26 $A\cap B^C$

27 $B-A$

28 $B\cap A^C$

[29~32] 전체집합 U의 두 부분집합 A, B에 대하여 다음 중 옳은 것은 ○표, 옳지 않은 것은 ×표를 ( ) 안에 써넣으시오.

29 $A\cap\varnothing^C=A$ ( )

30 $A-A^C=\varnothing$ ( )

31 $A-B=B^C\cap A$ ( )

32 $A\cap B=\varnothing$이면 $A=B^C$이다. ( )

유형 04 드모르간의 법칙

전체집합 U의 두 부분집합 A, B에 대하여

(1) $(A\cup B)^C=A^C\cap B^C$

(2) $(A\cap B)^C=A^C\cup B^C$

[33~34] 전체집합 U의 두 부분집합 A, B에 대하여 다음 벤 다이어그램에 각 집합을 색칠하고, 그 결과를 비교하시오.

33

$(A\cup B)^C$

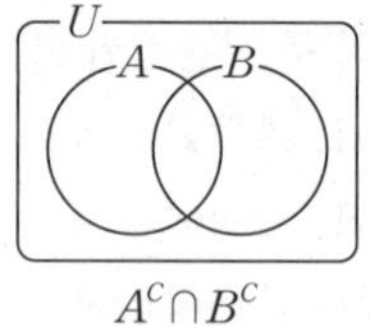

$A^C\cap B^C$

➡ $(A\cup B)^C$ □ $A^C\cap B^C$

34

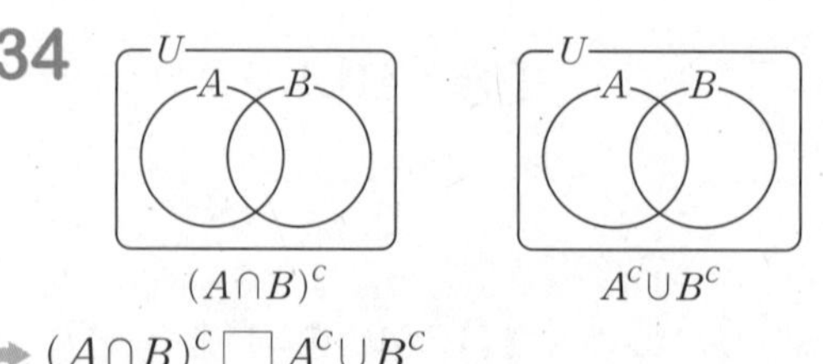

$(A\cap B)^C$ $A^C\cup B^C$

➡ $(A\cap B)^C$ □ $A^C\cup B^C$

[35~36] 전체집합 $U=\{x|x$는 10 이하의 자연수$\}$의 두 부분집합 $A=\{1, 3, 5, 7, 9\}$, $B=\{1, 2, 3, 4\}$에 대하여 다음을 구하고, 그 결과를 비교하시오.

35 (1) $(A\cup B)^C$

(2) $A^C\cap B^C$

(3) (1), (2)의 결과를 비교하면
$(A\cup B)^C \square A^C\cap B^C$

36 (1) $(A\cap B)^C$

(2) $A^C\cup B^C$

(3) (1), (2)의 결과를 비교하면
$(A\cap B)^C \square A^C\cup B^C$

[37~40] 다음 등식이 성립하도록 □ 안에 알맞은 집합을 써넣으시오.

37 $(A\cup B^C)^C=A^C\cap \square$

38 $(A\cap B^C)^C=\square\cup B$

39 $(A^C\cup B)^C=A\cap \square$

40 $(A^C\cap B^C)^C=\square\cup B$

유형 05 집합의 연산 간단히 하기

집합의 연산이 복잡하게 주어지면 집합의 연산 법칙과 집합의 연산의 성질을 이용하여 간단히 한다.
특히 차집합의 꼴이 주어지면 $A-B=A\cap B^C$임을 이용한다.

41 오른쪽은 전체집합 U의 두 부분집합 A, B에 대하여
$A\cup(A\cap B)^C=U$
임을 보이는 과정이다. 〈보기〉 중 (가), (나)에 사용된 법칙을 각각 고르시오.

$A\cup(A\cap B)^C$
$=A\cup(A^C\cup B^C)$ (가)
$=(A\cup A^C)\cup B^C$ (나)
$=U\cup B^C=U$

〈보기〉

ㄱ. 교환법칙	ㄴ. 결합법칙
ㄷ. 분배법칙	ㄹ. 드모르간의 법칙

[42~45] 전체집합 U의 두 부분집합 A, B에 대하여 다음 집합을 간단히 하시오.

42 $(A\cup B)-(A-B)$

➡ $(A\cup B)-(A-B)=(A\cup B)-(A\cap B^C)$
$=(A\cup B)\square(A\cap B^C)^C$
$=(A\cup B)\square(A^C\square B)$ (드모르간의 법칙)
$=(A\square A^C)\cup B$ (분배법칙)
$=\square\cup B=\square$

43 $(A\cup B)\cap(A\cup B^C)$

44 $(B-A^C)\cap B^C$

45 $(A\cap B)\cap(A^C\cap B^C)$

1+1 연습 150쪽에서 시험에 자주 출제되는 문제를 연습해 보세요.

14 유한집합의 원소의 개수

❶ 합집합의 원소의 개수

두 집합 A, B에 대하여

$n(A\cup B)=n(A)+n(B)-n(A\cap B)$

특히 두 집합 A, B가 서로소이면 $A\cap B=\varnothing$, 즉 $n(A\cap B)=0$이므로

$n(A\cup B)=n(A)+n(B)$

참고 세 집합 A, B, C에 대하여

$n(A\cup B\cup C)=n(A)+n(B)+n(C)-n(A\cap B)-n(B\cap C)-n(C\cap A)+n(A\cap B\cap C)$

$n(A)+n(B)$에는 집합 $A\cap B$의 원소의 개수가 두 번 더해지므로 $A\cap B$의 원소의 개수를 한 번 빼 주어야 한다.

❷ 여집합과 차집합의 원소의 개수

전체집합 U의 두 부분집합 A, B에 대하여

(1) $n(A^C)=n(U)-n(A)$

(2) $n(A-B)=n(A)-n(A\cap B)=n(A\cup B)-n(B)$

유형 01 합집합과 교집합의 원소의 개수; 두 집합

두 집합 A, B에 대하여

(1) $n(A\cup B)=n(A)+n(B)-n(A\cap B)$

(2) $n(A\cap B)=n(A)+n(B)-n(A\cup B)$

[01~05] 두 집합 A, B가 다음을 만족시킬 때, $n(A\cup B)$를 구하시오.

01 $n(A)=6$, $n(B)=4$, $n(A\cap B)=1$

➡ $n(A\cup B)=n(A)+n(B)-\square$

$=6+4-\square$

$=\square$

02 $n(A)=3$, $n(B)=5$, $n(A\cap B)=2$

03 $n(A)=10$, $n(B)=7$, $n(A\cap B)=4$

04 $n(A)=5$, $n(B)=2$, $n(A\cap B)=0$

05 $n(A)=4$, $n(B)=6$, $A\cap B=\varnothing$

[06~10] 두 집합 A, B가 다음을 만족시킬 때, $n(A\cap B)$를 구하시오.

06 $n(A)=7$, $n(B)=3$, $n(A\cup B)=9$

➡ $n(A\cap B)=n(A)+n(B)-\square$

$=7+3-\square$

$=\square$

07 $n(A)=5$, $n(B)=8$, $n(A\cup B)=10$

08 $n(A)=12$, $n(B)=9$, $n(A\cup B)=16$

09 $n(A)=15$, $n(B)=22$, $n(A\cup B)=30$

10 $n(A)=4$, $n(B)=2$, $n(A\cup B)=6$

유형 02 합집합과 교집합의 원소의 개수; 세 집합

세 집합 A, B, C에 대하여

(1) $n(A\cup B\cup C)$
$=n(A)+n(B)+n(C)-n(A\cap B)-n(B\cap C)-n(C\cap A)+n(A\cap B\cap C)$

(2) $n(A\cap B\cap C)$
$=n(A\cup B\cup C)-n(A)-n(B)-n(C)+n(A\cap B)+n(B\cap C)+n(C\cap A)$

[11~14] 세 집합 A, B, C가 다음을 만족시킬 때, $n(A\cup B\cup C)$를 구하시오.

11 $n(A)=7$, $n(B)=8$, $n(C)=9$, $n(A\cap B)=3$, $n(B\cap C)=5$, $n(C\cap A)=4$, $n(A\cap B\cap C)=1$

➡ $n(A\cup B\cup C)=n(A)+n(B)+n(C)-n(A\cap B)-n(B\cap C)-n(C\cap A)+\boxed{}$
$=7+8+9-3-5-4+\boxed{}=\boxed{}$

12 $n(A)=12$, $n(B)=8$, $n(C)=10$, $n(A\cap B)=5$, $n(B\cap C)=5$, $n(C\cap A)=6$, $n(A\cap B\cap C)=3$

13 $n(A)=10$, $n(B)=20$, $n(C)=7$, $n(A\cap B)=7$, $n(B\cap C)=3$, $n(C\cap A)=5$, $n(A\cap B\cap C)=2$

14 $n(A)=22$, $n(B)=15$, $n(C)=8$, $n(A\cap B)=4$, $n(B\cap C)=6$, $n(C\cap A)=3$, $n(A\cap B\cap C)=2$

[15~18] 세 집합 A, B, C가 다음을 만족시킬 때, $n(A\cap B\cap C)$를 구하시오.

15 $n(A)=9$, $n(B)=6$, $n(C)=7$, $n(A\cap B)=3$, $n(B\cap C)=2$, $n(C\cap A)=3$, $n(A\cup B\cup C)=15$

➡ $n(A\cap B\cap C)=\boxed{}-n(A)-n(B)-n(C)+n(A\cap B)+n(B\cap C)+n(C\cap A)$
$=\boxed{}-9-6-7+3+2+3=\boxed{}$

16 $n(A)=10$, $n(B)=16$, $n(C)=9$, $n(A\cap B)=8$, $n(B\cap C)=5$, $n(C\cap A)=7$, $n(A\cup B\cup C)=20$

17 $n(A)=13$, $n(B)=12$, $n(C)=18$, $n(A\cap B)=8$, $n(B\cap C)=10$, $n(C\cap A)=6$, $n(A\cup B\cup C)=22$

18 $n(A)=20$, $n(B)=16$, $n(C)=14$, $n(A\cap B)=9$, $n(B\cap C)=6$, $n(C\cap A)=7$, $n(A\cup B\cup C)=30$

유형 03 여집합의 원소의 개수

전체집합 U의 부분집합 A에 대하여
$n(A^C)=n(U)-n(A)$

[19~22] 전체집합 U의 두 부분집합 A, B에 대하여 $n(U)=10$, $n(A)=7$, $n(B)=4$, $n(A\cap B)=2$일 때, 다음을 구하시오.

19 $n(A^C)$

20 $n(B^C)$

21 $n((A\cap B)^C)$

22 $n((A\cup B)^C)$

[23~26] 전체집합 U의 두 부분집합 A, B에 대하여 $n(U)=20$, $n(A)=9$, $n(B)=14$, $n(A\cup B)=17$일 때, 다음을 구하시오.

23 $n(A^C)$

24 $n(B^C)$

25 $n((A\cup B)^C)$

26 $n((A\cap B)^C)$

유형 04 차집합의 원소의 개수

전체집합 U의 두 부분집합 A, B에 대하여

$$n(A-B)=n(A)-n(A\cap B)$$
$$=n(A\cup B)-n(B)$$

주의 일반적으로 $n(A-B)\neq n(A)-n(B)$임에 주의한다.

[27~30] 전체집합 U의 두 부분집합 A, B에 대하여 $n(U)=10$, $n(A)=6$, $n(B)=5$, $n(A\cap B)=2$일 때, 다음을 구하시오.

27 $n(A-B)$

28 $n(A\cap B^C)$

29 $n(B-A)$

30 $n(B\cap A^C)$

[31~34] 전체집합 U의 두 부분집합 A, B에 대하여 $n(U)=30$, $n(A)=12$, $n(B)=17$, $n(A\cup B)=25$일 때, 다음을 구하시오.

31 $n(A-B)$

32 $n(A\cap B^C)$

33 $n(B-A)$

34 $n(B\cap A^C)$

유형 05 유한집합의 원소의 개수의 최댓값과 최솟값

전체집합 U의 두 부분집합 A, B에 대하여 $n(B)<n(A)$일 때

(1) $n(A\cap B)$가 최대인 경우

➡ $n(A\cup B)$가 최소일 때, 즉 $B\subset A$일 때이다.

➡ $n(A\cap B)=n(B)$

(2) $n(A\cap B)$가 최소인 경우

➡ $n(A\cup B)$가 최대일 때, 즉 $A\cup B=U$일 때이다.

[35~38] 전체집합 U의 두 부분집합 A, B가 다음을 만족시킬 때, $n(A\cap B)$의 최댓값과 최솟값을 각각 구하시오.

35 $n(U)=10$, $n(A)=7$, $n(B)=4$

➡ (i) $B\subset A$일 때 $n(A\cap B)$가 최대이므로

$n(A\cap B)=n(B)=4$

(ii) $A\cup B=U$일 때 $n(A\cap B)$가 최소이므로

$n(A\cup B)=n(U)=\square$

이때 $n(A\cap B)=n(A)+n(B)-n(A\cup B)$에서

$n(A\cap B)=7+4-\square=\square$

(i), (ii)에서 $n(A\cap B)$의 최댓값은 $\square$, 최솟값은 $\square$이다.

36 $n(U)=20$, $n(A)=15$, $n(B)=9$

37 $n(U)=30$, $n(A)=18$, $n(B)=22$

38 $n(U)=50$, $n(A)=25$, $n(B)=32$

[39~40] 두 집합 A, B가 다음을 만족시킬 때, $n(A\cup B)$의 최댓값과 최솟값을 각각 구하시오.

39 $n(A)=20$, $n(B)=12$, $n(A\cap B)\geq 5$

➡ $(A\cap B)\subset A$, $(A\cap B)\subset B$이므로
$n(A\cap B)\leq n(A)$, $n(A\cap B)\leq n(B)$이고,
$n(A\cap B)\geq 5$이므로 $5\leq n(A\cap B)\leq 12$

(i) $n(A\cap B)=5$일 때
$n(A\cup B)=n(A)+n(B)-n(A\cap B)$
$=20+12-\square=\square$

(ii) $n(A\cap B)=12$일 때
$n(A\cup B)=n(A)+n(B)-n(A\cap B)$
$=20+12-\square=\square$

(i), (ii)에서 $n(A\cup B)$의 최댓값은 $\square$, 최솟값은 $\square$이다.

40 $n(A)=16$, $n(B)=25$, $n(A\cap B)\geq 7$

유형 06 유한집합의 원소의 개수의 활용

문장으로 복잡하게 조건이 주어진 경우에는 주어진 조건을 전체집합 U와 그 부분집합 A, B로 나타낸 후 다음을 이용하여 구하려는 집합의 원소의 개수를 구한다.

(1) A 또는 B를 만족시키는 ➡ $A\cup B$

(2) A, B를 모두 만족시키는 ➡ $A\cap B$

참고 ① '~이거나', '또는' ➡ 합집합 ② '~이고', '~와' ➡ 교집합

41 어느 반 학생 중에서 빵을 좋아하는 학생은 18명, 과자를 좋아하는 학생은 15명, 빵과 과자를 모두 좋아하는 학생은 7명이다. 이때 빵 또는 과자를 좋아하는 학생 수를 구하시오.

❶단계 빵을 좋아하는 학생의 집합을 A, 과자를 좋아하는 학생의 집합을 B라 하면
$n(A)=18$, $n(B)=15$, $n(\square)=7$

❷단계 빵 또는 과자를 좋아하는 학생의 집합은 $A\cup B$이므로
$n(A\cup B)=n(A)+n(B)-n(A\cap B)$
$=18+15-\square=\square$
따라서 빵 또는 과자를 좋아하는 학생 수는 $\square$이다.

42 어느 반 학생 중에서 체험 학습 장소로 박물관을 희망하는 학생은 14명, 미술관을 희망하는 학생은 20명, 박물관과 미술관을 모두 희망하는 학생은 5명이다. 이때 박물관 또는 미술관을 희망하는 학생 수를 구하시오.

❶단계 주어진 조건을 집합으로 나타낸다.

❷단계 집합의 원소의 개수를 이용하여 학생 수를 구한다.

43 어느 음식점에서 A 메뉴를 주문한 고객은 35명, B 메뉴를 주문한 고객은 23명, A 메뉴 또는 B 메뉴를 주문한 고객은 50명이었다. 이때 A 메뉴와 B 메뉴를 모두 주문한 고객 수를 구하시오.

44 어느 여행 동호회 회원 중에서 울릉도를 가 본 회원은 17명, 제주도를 가 본 회원은 32명, 울릉도나 제주도를 가 본 회원은 40명이다. 이때 울릉도와 제주도를 모두 가 본 회원 수를 구하시오.

❶+❶ 연습 151쪽에서 시험에 자주 출제되는 문제를 연습해 보세요.

15 명제와 조건

❶ 명제

(1) 명제: 참 또는 거짓을 명확하게 판별할 수 있는 문장이나 식
(2) 정의: 용어의 뜻을 명확하게 정한 문장
(3) 증명: 정의나 명제의 가정 또는 이미 옳다고 밝혀진 성질을 이용하여 어떤 명제가 참임을 설명하는 것
(4) 정리: 참임이 증명된 명제 중에서 기본이 되는 것이나 다른 명제를 증명할 때 이용할 수 있는 것

명제는 보통 알파벳 소문자 p, q, r, $\cdots$로 나타낸다.

❷ 조건과 진리집합

(1) 조건: 변수를 포함하는 문장이나 식 중에서 변수의 값에 따라 참, 거짓을 판별할 수 있는 것
(2) 진리집합: 전체집합 U의 원소 중에서 어떤 조건이 참이 되게 하는 모든 원소의 집합

변수 x를 포함하는 조건은 $p(x)$, $q(x)$, $r(x)$, $\cdots$로 나타내고, x를 생략하여 p, q, r, $\cdots$로 나타내기도 한다.

❸ 명제와 조건의 부정

명제 p에 대하여 그 부정 $\sim p$도 명제이다.

조건 또는 명제 p에 대하여 'p가 아니다.'를 p의 부정이라 하고, 기호로 $\sim p$와 같이 나타낸다.
(1) 명제 p가 참이면 $\sim p$는 거짓이고, 명제 p가 거짓이면 $\sim p$는 참이다.
(2) 전체집합 U에 대하여 조건 p의 진리집합을 P라 할 때, $\sim p$의 진리집합은 P^C이다.

참고 전체집합 U에 대하여 두 조건 p, q의 진리집합을 각각 P, Q라 하면 조건 'p 또는 q'와 'p 그리고 q'의 진리집합과 그 부정, 부정의 진리집합은 다음과 같다.

조건	진리집합	부정	부정의 진리집합
p 또는 q	$P\cup Q$	$\sim p$ 그리고 $\sim q$	$(P\cup Q)^C=P^C\cap Q^C$
p 그리고 q	$P\cap Q$	$\sim p$ 또는 $\sim q$	$(P\cap Q)^C=P^C\cup Q^C$

명제 $\sim p$의 부정은 p, 즉 $\sim(\sim p)=p$

유형 01 명제

(1) 참인 문장이나 식 ➡ 명제이다.
(2) 거짓인 문장이나 식 ➡ 명제이다.
(3) 참, 거짓을 판별할 수 없는 문장이나 식 ➡ 명제가 아니다.

[01~10] 다음 중 명제인 것은 ○표, 명제가 아닌 것은 ×표를 (　) 안에 써넣으시오.

01 한라산은 높은 산이다. (　　)

02 1은 홀수이다. (　　)

03 π는 유리수이다. (　　)

04 소수는 모두 홀수이다. (　　)

05 정사각형은 마름모이다. (　　)

06 10^5은 큰 수이다. (　　)

07 $2+3=5$ (　　)

08 $x-1=4$ (　　　)

09 $9<3$ (　　　)

10 $2x+4\geq 6$ (　　　)

유형 02 정의, 증명, 정리

(1) 용어의 뜻을 명확하게 정한 문장 ➡ 정의
(2) 정의나 명제의 가정 또는 이미 옳다고 밝혀진 성질을 이용하여 어떤 명제가 참임을 설명하는 것 ➡ 증명
(3) 참임이 증명된 명제 중에서 기본이 되는 것이나 다른 명제를 증명할 때 이용할 수 있는 것 ➡ 정리

참고 정의와 정리는 참인 명제이다.

[11~14] 다음 명제를 정의와 정리로 구분하시오.

11 정삼각형은 세 변의 길이가 같은 삼각형이다. (　　　)

12 정삼각형의 세 내각의 크기는 모두 같다. (　　　)

13 직사각형의 네 내각의 크기는 모두 같다. (　　　)

14 직사각형의 두 대각선은 길이가 서로 같고, 서로 다른 것을 이등분한다. (　　　)

유형 03 명제와 조건

(1) 참 또는 거짓을 명확하게 판별할 수 있는 문장이나 식
➡ 명제
(2) 변수의 값에 따라 참, 거짓을 판별할 수 있는 문장이나 식
➡ 조건

[15~22] 다음 문장이나 식을 명제와 조건으로 구분하고, 명제인 경우 참, 거짓을 판별하시오.

15 0은 자연수이다. (　　　)

16 3은 12의 약수이다. (　　　)

17 $x+2=8$ (　　　)

18 $4+3=6$ (　　　)

19 x는 2와 5의 공배수이다. (　　　)

20 실수 x에 대하여 $3+x>0$이다. (　　　)

21 이차방정식 $x^2+4x+1=0$은 서로 다른 두 실근을 갖는다. (　　　)

22 $\varnothing\subset\{1, 2\}$ (　　　)

유형 04 진리집합

전체집합 U의 원소 중에서 어떤 조건이 참이 되게 하는 모든 원소의 집합 ➡ 진리집합 ⟵ 조건 p, q, r, …의 진리집합은 보통 각각 P, Q, R, …로 나타낸다.

참고 수에 대한 조건의 진리집합을 구할 때, 특별한 언급이 없으면 전체집합 U는 실수 전체를 뜻한다.

23 전체집합 U가 $U=\{1, 2, 3, 4\}$일 때, 조건

p: $x<3$

에 대하여 다음 물음에 답하시오.

(1) x의 값에 따른 조건 p의 참, 거짓을 판별하여 다음 표를 완성하시오.

$x=1$	$x=2$	$x=3$	$x=4$
참			

(2) 조건 p가 참이 되게 하는 x의 값을 모두 구하시오.

(3) 조건 p의 진리집합을 구하시오.

24 전체집합 U가 $U=\{1, 3, 5, 7\}$일 때, 조건

p: $x^2-8x+15=0$

에 대하여 다음 물음에 답하시오.

(1) x의 값에 따른 조건 p의 참, 거짓을 판별하여 다음 표를 완성하시오.

$x=1$	$x=3$	$x=5$	$x=7$
거짓			

(2) 조건 p가 참이 되게 하는 x의 값을 모두 구하시오.

(3) 조건 p의 진리집합을 구하시오.

[25~32] 전체집합 $U=\{x\,|\,x$는 9 이하의 자연수$\}$에 대하여 다음 조건의 진리집합을 구하시오.

25 $x\geq5$

26 $x-3=5$

27 $-2<x<3$

28 $x^2-9=0$

29 $x^2-5x+4=0$

30 $|x|\leq2$

31 x는 6의 약수이다.

32 x는 10의 배수이다.

유형 05 조건 'p 또는 q'와 'p 그리고 q'의 진리집합

전체집합 U에 대하여 두 조건 p, q의 진리집합을 각각 P, Q라 할 때

(1) 'p 또는 q'의 진리집합 ➡ $P\cup Q$

(2) 'p 그리고 q'의 진리집합 ➡ $P\cap Q$

[33~36] 전체집합 $U=\{x|x$는 10 이하의 자연수$\}$에 대하여 두 조건 p, q가 다음과 같을 때, 조건 'p 또는 q'의 진리집합을 구하시오.

33 p: $x-1=0$, q: $x+2=5$

34 p: $x\leq2$, q: $x>6$

35 p: x는 9의 약수, q: x는 4의 배수

36 p: $x^2-3x-4\leq0$, q: $2<x<8$

[37~40] 전체집합 $U=\{1, 2, 3, \cdots, 9\}$에 대하여 두 조건 p, q가 다음과 같을 때, 조건 'p 그리고 q'의 진리집합을 구하시오.

37 p: $3<x\leq7$, q: $x\geq6$

38 p: $x^2-10x+21=0$, q: $x^2-12x+35=0$

39 p: x는 2의 배수, q: x는 3의 배수

40 p: x는 소수, q: x는 짝수

유형 06 명제와 조건의 부정

(1) '$x=a$'의 부정 ➡ '$x\neq a$'

(2) '$a\leq x\leq b$'의 부정 ➡ '$x<a$ 또는 $x>b$' → '$\geq$'의 부정은 '$<$' '$\leq$'의 부정은 '$>$'

(3) '또는'의 부정 ➡ '그리고'

(4) '그리고'의 부정 ➡ '또는'

[41~44] 다음 명제의 부정을 말하시오.

41 3은 12의 약수가 아니다.

42 $\sqrt{5}$는 유리수가 아니다.

43 $5+7>10$

44 사다리꼴은 평행사변형이다.

[45~48] 다음 조건의 부정을 말하시오.

45 x는 소수이다.

46 $x^2-7x+12=0$

47 $x=-2$ 또는 $x=2$

48 $-1<x\leq3$

정답 및 해설 35쪽

유형 07 명제의 부정의 참, 거짓

명제 p가 참이면 $\sim p$는 거짓이고, 명제 p가 거짓이면 $\sim p$는 참이다.

[49~52] 다음 명제의 참, 거짓과 명제의 부정의 참, 거짓을 판별하시오.

49 명제: 2는 짝수이다. ( )
부정: ________ ( )

50 명제: 4와 10은 서로소이다. ( )
부정: ________ ( )

51 명제: $3+7=10$ ( )
부정: ________ ( )

52 명제: $6+9<12$ ( )
부정: ________ ( )

유형 08 부정의 진리집합

전체집합 U에 대하여 조건 p의 진리집합을 P라 할 때, p의 부정의 진리집합은
P^C → $\sim p$

[53~58] 전체집합 U가 $U=\{1, 2, 3, 4, 5\}$일 때, 다음 조건 p에 대하여 $\sim p$의 진리집합을 구하시오.

53 p: $x>3$

❶단계 조건 p의 진리집합을 P라 하면
$P=\{4, 5\}$

❷단계 $\sim p$의 진리집합은
$P^C=\{$________$\}$

54 p: x는 2의 배수이다.

❶단계 조건 p의 진리집합을 구한다.

❷단계 $\sim p$의 진리집합을 구한다.

55 p: $x^2-4x+3=0$

56 p: $x<2$ 또는 $x\geq 4$

57 p: $x\neq 3$이고 $x\neq 5$

58 p: $|x-2|<1$

[59~60] 전체집합 $U=\{x\,|\,x$는 10 이하의 짝수$\}$에 대하여 조건 p가 다음과 같을 때, 각 조건의 진리집합을 구하시오.

59 p: $3\leq x<9$

(1) $\sim p$

(2) $\sim(\sim p)$

60 p: $x\leq 4$ 또는 $x>6$

(1) $\sim p$

(2) $\sim(\sim p)$

1+1 연습 153쪽에서 시험에 자주 출제되는 문제를 연습해 보세요.

16 명제의 참, 거짓

❶ 명제 $p \longrightarrow q$의 참, 거짓

(1) 명제의 가정과 결론

두 조건 p, q로 이루어진 명제 'p이면 q이다.'를 기호로 $p \longrightarrow q$와 같이 나타내고, p를 이 명제의 가정, q를 이 명제의 결론이라 한다.

가정 ↓ $p \longrightarrow q$ ↑ 결론

(2) 명제 $p \longrightarrow q$의 참, 거짓

두 조건 p, q의 진리집합을 각각 P, Q라 할 때

① $P \subset Q$이면 명제 $p \longrightarrow q$는 참이다.

② $P \not\subset Q$이면 명제 $p \longrightarrow q$는 거짓이다.

(3) 반례: 명제 $p \longrightarrow q$가 거짓임을 보이려면 가정 p는 만족시키지만 결론 q는 만족시키지 않는 예가 하나라도 있음을 보이면 된다. 이와 같은 예를 반례라 한다.

→ 반례가 하나만 존재해도 그 명제는 거짓이다.

❷ '모든'이나 '어떤'을 포함한 명제의 참, 거짓

(1) '모든'이나 '어떤'을 포함한 명제의 참, 거짓

전체집합 U에 대하여 조건 p의 진리집합을 P라 할 때

① '모든 x에 대하여 p이다.' ➡ $P=U$이면 참이고, $P \neq U$이면 거짓이다.

② '어떤 x에 대하여 p이다.' ➡ $P \neq \varnothing$이면 참이고, $P=\varnothing$이면 거짓이다.

참고 일반적으로 조건 p는 명제가 아니지만 전체집합 U에 대하여 조건 p 앞에 '모든'이나 '어떤'이 있으면 참, 거짓을 판별할 수 있으므로 명제가 된다.

(2) '모든'이나 '어떤'을 포함한 명제의 부정

① '모든 x에 대하여 p이다.'의 부정은 '어떤 x에 대하여 $\sim p$이다.'이다.

② '어떤 x에 대하여 p이다.'의 부정은 '모든 x에 대하여 $\sim p$이다.'이다.

조건 p를 만족시키지 않는 원소가 한 개라도 있으면 ①의 명제는 거짓이고, 조건 p를 만족시키는 원소가 한 개라도 있으면 ②의 명제는 참이다.

정답 및 해설 36쪽

유형 01 가정과 결론

p이면 q이다. ➡ $p \longrightarrow q$ ➡ 가정: p, 결론: q

[01~06] 다음 명제에서 가정과 결론을 각각 말하시오.

01 $x=2$이면 $x^2=4$이다.

가정: ____________

결론: ____________

02 $x<3$이면 $2x-1<5$이다.

가정: ____________

결론: ____________

03 x가 4의 약수이면 x는 8의 약수이다.

가정: ____________

결론: ____________

04 x가 실수이면 $x^2 \geq 0$이다.

가정: ____________

결론: ____________

05 a, b가 홀수이면 ab는 홀수이다.

가정: ____________

결론: ____________

06 두 직선의 기울기가 같으면 두 직선은 평행하다.

가정: ____________

결론: ____________

유형 02 명제 $p \longrightarrow q$의 참, 거짓

두 조건 p, q의 진리집합을 각각 P, Q라 할 때
(1) $P \subset Q$이면 명제 $p \longrightarrow q$는 참이고,
명제 $p \longrightarrow q$가 참이면 $P \subset Q$이다.
(2) $P \not\subset Q$이면 명제 $p \longrightarrow q$는 거짓이고,
명제 $p \longrightarrow q$가 거짓이면 $P \not\subset Q$이다.

[07~09] 실수 전체의 집합에서 두 조건 p, q의 진리집합을 각각 P, Q라 할 때, 다음 물음에 답하시오.

07 p: $x=2$, q: $x^2=2x$
(1) 두 집합 P, Q를 각각 구하시오.

(2) 두 집합 P, Q 사이의 포함 관계를 나타내시오.

(3) 명제 $p \longrightarrow q$의 참, 거짓을 판별하시오.

08 p: x는 12의 약수, q: x는 6의 약수
(1) 두 집합 P, Q를 각각 구하시오.

(2) 두 집합 P, Q 사이의 포함 관계를 나타내시오.

(3) 명제 $p \longrightarrow q$의 참, 거짓을 판별하시오.

09 p: x는 4의 배수, q: x는 짝수
(1) 두 집합 P, Q를 각각 구하시오.

(2) 두 집합 P, Q 사이의 포함 관계를 나타내시오.

(3) 명제 $p \longrightarrow q$의 참, 거짓을 판별하시오.

[10~13] 실수 전체의 집합에서 다음 두 조건 p, q에 대하여 명제 $p \longrightarrow q$의 참, 거짓을 판별하시오.

10 p: $x=3$, q: $2x+1=7$

11 p: $x^2+x-2=0$, q: $-2<x\le 3$

12 p: $x<1$, q: $|x|<1$

13 p: $x\ge 1$, q: $x^2\ge 1$

[14~17] 다음 명제의 참, 거짓을 판별하시오.

14 $x=-1$이면 $|x|=1$이다.

15 소수는 홀수이다.

16 x가 3의 배수이면 x는 12의 배수이다.

17 정삼각형은 이등변삼각형이다.

유형 03 거짓인 명제의 반례

전체집합 U에 대하여 두 조건 p, q의 진리집합을 각각 P, Q라 할 때, 명제 $p \longrightarrow q$가 거짓임을 보이는 반례는 오른쪽 벤 다이어그램에서 색칠한 부분, 즉 $P-Q=P\cap Q^C$의 원소이다.

참고 명제 $p \longrightarrow q$가 거짓이면 반례가 있다.
즉, 두 조건 p, q의 진리집합을 각각 P, Q라 할 때, $x\in P$이지만 $x\notin Q$인 x가 존재한다.
이때 두 집합 P, Q 사이의 포함 관계는 다음 세 가지 중 한 가지 경우이다.

(i) 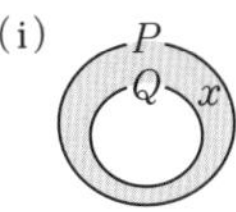

(ii) 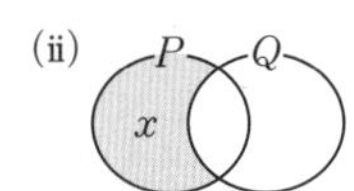

(iii) 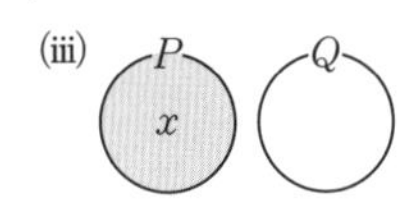

[18~21] 전체집합 $U=\{1, 2, 3, 4, 5, 6\}$에 대하여 두 조건 p, q의 진리집합 P, Q가 다음과 같을 때, 명제 $p \longrightarrow q$가 거짓임을 보이는 반례를 구하시오.

18 $P=\{1, 2, 3\}$, $Q=\{2, 3\}$

➡ $P-Q=\{\square\}$이므로 명제 $p \longrightarrow q$가 거짓임을 보이는 반례는 $\square$이다.

19 $P=\{1, 4\}$, $Q=\{1, 3, 6\}$

20 $P=\{x\,|\,x$는 4의 약수$\}$, $Q=\{x\,|\,x$는 짝수$\}$

21 $P=\{x\,|\,x$는 소수$\}$, $Q=\{x\,|\,x$는 홀수$\}$

유형 04 명제의 참, 거짓과 진리집합의 포함 관계

두 조건 p, q의 진리집합을 각각 P, Q라 할 때

(1) $P\subset Q$ ➡ 명제 $p \longrightarrow q$는 참이다.
(2) $P\not\subset Q$ ➡ 명제 $p \longrightarrow q$는 거짓이다.

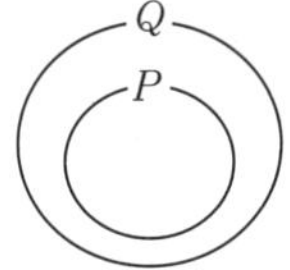

[22~27] 전체집합 U에 대하여 세 조건 p, q, r의 진리집합 P, Q, R의 포함 관계를 벤 다이어그램으로 나타내면 오른쪽 그림과 같을 때, 다음 명제의 참, 거짓을 판별하시오.

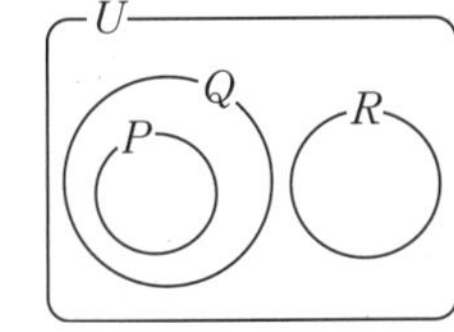

22 $p \longrightarrow q$

23 $p \longrightarrow \sim r$

24 $q \longrightarrow p$

25 $q \longrightarrow \sim r$

26 $r \longrightarrow p$

27 $r \longrightarrow \sim q$

유형 05 '모든'이나 '어떤'을 포함한 명제의 참, 거짓

(1) '모든 x에 대하여 p이다.'
➡ 전체집합의 모든 원소 x가 p를 만족시키면 참이다.
➡ 전체집합의 원소 중 p를 만족시키지 않는 x가 하나라도 존재하면 거짓이다.

(2) '어떤 x에 대하여 p이다.'
➡ 전체집합의 원소 중 p를 만족시키는 x가 하나라도 존재하면 참이다.

[28~33] 전체집합 $U=\{1, 2, 3, 4, 5\}$에 대하여 다음 명제의 참, 거짓을 판별하시오.

28 모든 x에 대하여 $x>0$이다.

조건을 만족시키지 않는 x가 전체집합 U에 존재하는지 확인한다.

29 모든 x는 홀수이다.

정답 및 해설 37쪽

30 모든 x에 대하여 $x^2-1>0$이다.

31 어떤 x에 대하여 $x<2$이다.

조건을 만족시키는 x가 전체집합 U에 존재하는지 확인한다.

32 어떤 x에 대하여 x^2은 짝수이다.

33 어떤 x에 대하여 $x^2+x=0$이다.

[34~37] 다음 명제의 참, 거짓을 판별하시오.

34 모든 실수 x에 대하여 $x^2+1>0$이다.

35 어떤 실수 x에 대하여 $x^2<0$이다.

36 모든 자연수 x의 약수는 2개 이상이다.

37 어떤 자연수 x는 소수이다.

유형 06 '모든'이나 '어떤'을 포함한 명제의 부정

(1) '모든 x에 대하여 p이다.'의 부정
➡ '어떤 x에 대하여 $\sim p$이다.'

(2) '어떤 x에 대하여 p이다.'의 부정
➡ '모든 x에 대하여 $\sim p$이다.'

[38~41] 다음 명제의 부정을 말하시오.

38 모든 실수 x에 대하여 $x^2+x+1>0$이다.

39 어떤 실수 x는 20의 약수이다.

40 모든 실수 x에 대하여 $0\le x<2$이다.

41 어떤 실수 x에 대하여 $x=1$ 또는 $x=2$이다.

[42~45] 다음 명제의 부정의 참, 거짓을 판별하시오.

42 모든 사다리꼴은 평행사변형이다.

43 어떤 실수 x에 대하여 $x^2+x-6\le 0$이다.

44 모든 자연수 x에 대하여 $x-1\ge 0$이다.

45 어떤 자연수 x에 대하여 $x<\frac{1}{x}$이다.

1+1 연습 155쪽에서 시험에 자주 출제되는 문제를 연습해 보세요.

17 명제 사이의 관계

❶ 명제의 역과 대우

(1) 명제의 역과 대우

① 명제 $p \longrightarrow q$에서 가정과 결론을 서로 바꾸어 놓은 명제 $q \longrightarrow p$를 명제 $p \longrightarrow q$의 역이라 한다.

② 명제 $p \longrightarrow q$에서 가정과 결론을 각각 부정하여 서로 바꾸어 놓은 명제 $\sim q \longrightarrow \sim p$를 명제 $p \longrightarrow q$의 대우라 한다.

(2) 명제와 그 대우의 참, 거짓

① 명제 $p \longrightarrow q$가 참이면 그 대우 $\sim q \longrightarrow \sim p$도 참이다.

② 명제 $p \longrightarrow q$가 거짓이면 그 대우 $\sim q \longrightarrow \sim p$도 거짓이다.

명제 $p \longrightarrow q$가 참일 때, 그 명제의 역 $q \longrightarrow p$가 반드시 참인 것은 아니다.

❷ 충분조건과 필요조건

(1) 명제 $p \longrightarrow q$가 참일 때, 이것을 기호로 $p \Longrightarrow q$와 같이 나타내고

p는 q이기 위한 충분조건, q는 p이기 위한 필요조건

이라 한다.

q이기 위한 충분조건
$p \Longrightarrow q$
p이기 위한 필요조건

(2) 명제 $p \longrightarrow q$에 대하여 $p \Longrightarrow q$이고 $q \Longrightarrow p$일 때, 기호로 $p \Longleftrightarrow q$와 같이 나타내고

p는 q이기 위한 필요충분조건

이라 한다.

(3) 두 조건 p, q의 진리집합을 각각 P, Q라 할 때

① $p \Longrightarrow q$이면 $P \subset Q$ ② $p \Longleftrightarrow q$이면 $P = Q$

$p \Longleftrightarrow q$이면 $P \subset Q$이고 $Q \subset P$이므로 $P = Q$이다.

p가 q이기 위한 필요충분조건이면 q도 p이기 위한 필요충분조건이다.

정답 및 해설 38쪽

유형 01 명제의 역과 대우

(1) 명제 $p \longrightarrow q$의 역은 $q \longrightarrow p$이다.
➡ 역: 가정과 결론을 서로 바꾼 것

(2) 명제 $p \longrightarrow q$의 대우는 $\sim q \longrightarrow \sim p$이다.
➡ 대우: 가정과 결론을 각각 부정하여 서로 바꾼 것

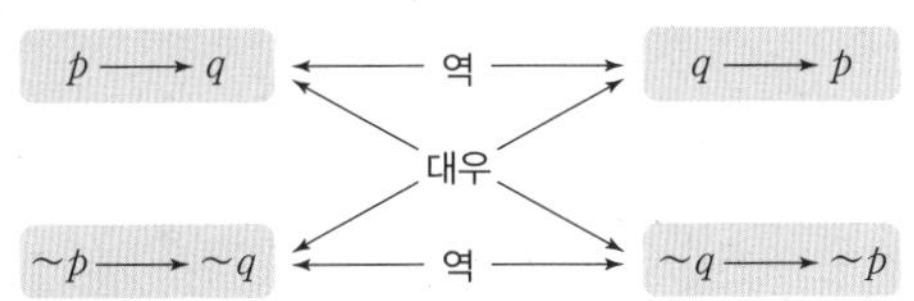

[01~06] 다음 ☐ 안에 역, 대우 중에서 알맞은 것을 써넣으시오.

01 명제 $q \longrightarrow p$는 명제 $p \longrightarrow q$의 ☐이다.

02 명제 $\sim q \longrightarrow \sim p$는 명제 $p \longrightarrow q$의 ☐이다.

03 명제 $\sim q \longrightarrow p$는 명제 $\sim p \longrightarrow q$의 ☐이다.

04 명제 $p \longrightarrow \sim q$는 명제 $\sim q \longrightarrow p$의 ☐이다.

05 명제 $q \longrightarrow \sim p$는 명제 $p \longrightarrow \sim q$의 ☐이다.

06 명제 $\sim p \longrightarrow \sim q$는 명제 $\sim q \longrightarrow \sim p$의 ☐이다.

유형 02 명제의 역과 대우의 참, 거짓

(1) 명제가 참이면 그 대우도 참이고, 명제가 거짓이면 그 대우도 거짓이다. ⟶ 명제와 그 대우의 참, 거짓은 일치한다.

(2) 명제가 참이라고 해서 그 역이 반드시 참인 것은 아니다.

[07~12] 다음 명제의 참, 거짓과 명제의 역과 대우의 참, 거짓을 각각 판별하시오.

07 $x=1$이면 $x^2=1$이다. ( )

역: ________ ( )

대우: ________ ( )

08 $x^2>4$이면 $x>2$이다. ( )

역: ________ ( )

대우: ________ ( )

09 x가 3의 배수이면 x는 9의 배수이다. ( )

역: ________ ( )

대우: ________ ( )

10 x가 2의 약수이면 x는 6의 약수이다. ( )

역: ________ ( )

대우: ________ ( )

11 x가 소수이면 x는 홀수이다. ( )

역: ________ ( )

대우: ________ ( )

12 $x=0$ 또는 $y=0$이면 $xy=0$이다. ( )

역: ________ ( )

대우: ________ ( )

[13~16] 두 조건 p, q에 대하여 주어진 명제가 참일 때, 반드시 참인 명제를 〈보기〉에서 고르시오. (단, 주어진 명제는 제외한다.)

〈보기〉

ㄱ. $p \longrightarrow q$	ㄴ. $p \longrightarrow \sim q$
ㄷ. $\sim p \longrightarrow q$	ㄹ. $\sim p \longrightarrow \sim q$
ㅁ. $q \longrightarrow p$	ㅂ. $q \longrightarrow \sim p$
ㅅ. $\sim q \longrightarrow p$	ㅇ. $\sim q \longrightarrow \sim p$

13 $p \longrightarrow \sim q$

14 $\sim p \longrightarrow q$

15 $q \longrightarrow p$

16 $\sim q \longrightarrow \sim p$

유형 03 삼단논법

세 조건 p, q, r에 대하여 두 명제 $p \longrightarrow q$, $q \longrightarrow r$가 모두 참이면 명제 $p \longrightarrow r$도 참이다.

참고 세 조건 p, q, r의 진리집합을 각각 P, Q, R라 하면 $P \subset Q$, $Q \subset R$이므로 $P \subset R$이다.

[17~18] 세 조건 p, q, r에 대하여 다음 명제 중 반드시 참인 것은 ○표, 참이 아닌 것은 ×표를 ( ) 안에 써넣으시오.

17 두 명제 $p \longrightarrow \sim q$, $\sim q \longrightarrow r$가 모두 참

(1) $p \longrightarrow r$ ( )

(2) $p \longrightarrow \sim r$ ( )

(3) $\sim r \longrightarrow \sim p$ ( )

18 두 명제 $p \longrightarrow q$, $r \longrightarrow \sim q$가 모두 참

(1) $p \longrightarrow r$ ( )

(2) $p \longrightarrow \sim r$ ( )

(3) $r \longrightarrow \sim p$ ( )

정답 및 해설 38쪽

유형 04 충분조건과 필요조건

(1) $p \underset{\times}{\overset{\circ}{\rightleftarrows}} q$

➡ p는 q이기 위한 충분조건이지만 필요조건은 아니다.

(2) $p \underset{\circ}{\overset{\times}{\rightleftarrows}} q$

➡ p는 q이기 위한 필요조건이지만 충분조건은 아니다.

(3) $p \underset{\circ}{\overset{\circ}{\rightleftarrows}} q$

➡ p는 q이기 위한 필요충분조건이다.

[19~22] 두 조건 p, q가 다음과 같을 때, 물음에 답하시오.

19 p: $x=1$, q: $|x|=1$

(1) 명제 $p \longrightarrow q$의 참, 거짓을 판별하시오.

(2) 명제 $q \longrightarrow p$의 참, 거짓을 판별하시오.

(3) p는 q이기 위한 어떤 조건인지 말하시오.

20 p: $x^2-x-2=0$, q: $x=2$

(1) 명제 $p \longrightarrow q$의 참, 거짓을 판별하시오.

(2) 명제 $q \longrightarrow p$의 참, 거짓을 판별하시오.

(3) p는 q이기 위한 어떤 조건인지 말하시오.

21 p: $x>1$, q: $x>2$

(1) 명제 $p \longrightarrow q$의 참, 거짓을 판별하시오.

(2) 명제 $q \longrightarrow p$의 참, 거짓을 판별하시오.

(3) p는 q이기 위한 어떤 조건인지 말하시오.

22 p: $x=0$, $y=0$, q: $x^2+y^2=0$ (단, x, y는 실수)

(1) 명제 $p \longrightarrow q$의 참, 거짓을 판별하시오.

(2) 명제 $q \longrightarrow p$의 참, 거짓을 판별하시오.

(3) p는 q이기 위한 어떤 조건인지 말하시오.

유형 05 충분조건, 필요조건과 진리집합의 포함 관계

두 조건 p, q의 진리집합을 각각 P, Q라 할 때

(1) $P \subset Q$ ➡ $p \Longrightarrow q$ ➡ p는 q이기 위한 충분조건이다.

(2) $Q \subset P$ ➡ $q \Longrightarrow p$ ➡ p는 q이기 위한 필요조건이다.

(3) $P=Q$ ➡ $p \Longleftrightarrow q$ ➡ p는 q이기 위한 필요충분조건이다.

[23~26] 실수 전체의 집합에서 두 조건 p, q의 진리집합을 각각 P, Q라 할 때, 다음 물음에 답하시오.

23 p: $x=2$, q: $x^2=4$

(1) 두 집합 P, Q를 각각 구하시오.

(2) 두 집합 P, Q 사이의 포함 관계를 나타내시오.

(3) p는 q이기 위한 어떤 조건인지 말하시오.

24 p: x는 한 자리의 자연수, q: x는 10 미만의 자연수

(1) 두 집합 P, Q를 각각 구하시오.

(2) 두 집합 P, Q 사이의 포함 관계를 나타내시오.

(3) p는 q이기 위한 어떤 조건인지 말하시오.

25 p: $|x|=x$, q: $x>0$

(1) 두 집합 P, Q를 각각 구하시오.

(2) 두 집합 P, Q 사이의 포함 관계를 나타내시오.

(3) p는 q이기 위한 어떤 조건인지 말하시오.

26 p: x는 12의 배수, q: x는 4의 배수

(1) 두 집합 P, Q를 각각 구하시오.

(2) 두 집합 P, Q 사이의 포함 관계를 나타내시오.

(3) p는 q이기 위한 어떤 조건인지 말하시오.

정답 및 해설 38쪽

[27~32] 두 조건 p, q가 다음과 같을 때, p는 q이기 위한 어떤 조건인지 말하시오.

27 p: $x>3$, q: $3<x\le 5$

28 p: $x^2-6x+9=0$, q: $x=3$

29 p: $x=4$, q: $x^2=4x$

30 p: $a<b$, q: $a+c<b+c$ (단, a, b, c는 실수)

31 p: x는 36의 약수, q: x는 9의 약수

32 p: □ABCD는 직사각형, q: □ABCD는 평행사변형

유형 06 충분조건 또는 필요조건이 되도록 하는 미지수 구하기

두 조건 p, q의 진리집합을 각각 P, Q라 할 때

(1) p가 q이기 위한 충분조건 ➡ $P\subset Q$

(2) p가 q이기 위한 필요조건 ➡ $Q\subset P$

임을 이용하여 조건을 만족시키는 미지수를 구한다.

참고 부등식으로 주어진 두 조건에 대하여 필요조건, 충분조건을 만족시키는 미지수를 구할 때는 각각의 부등식의 해를 수직선 위에 나타낸 후 진리집합의 포함 관계를 이용한다.

[33~35] 주어진 두 조건 p, q에 대하여 p가 q이기 위한 충분조건일 때, 다음을 구하시오.

33 p: $0\le x\le 2$, q: $-2\le x\le a$일 때, 실수 a의 최솟값

➡ 두 조건 p, q의 진리집합을 각각 P, Q라 하면

$P=\{x|0\le x\le 2\}$, $Q=\{x|-2\le x\le a\}$

p가 q이기 위한 충분조건이면 P□Q이므로 다음 그림과 같다.

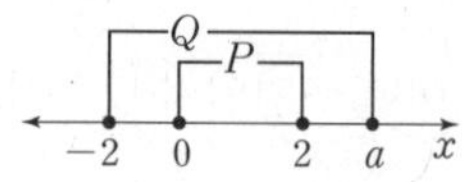

따라서 $a\ge$□이므로 실수 a의 최솟값은 □이다.

34 p: $-1\le x\le 5$, q: $-3\le x\le a$일 때, 실수 a의 최솟값

35 p: $1\le x\le 3$, q: $0<x<a$일 때, 정수 a의 최솟값

[36~38] 주어진 두 조건 p, q에 대하여 p가 q이기 위한 필요조건일 때, 다음을 구하시오.

36 p: $0\le x\le a$, q: $2\le x\le 4$일 때, 실수 a의 최솟값

p가 q이기 위한 필요조건이므로 $q \Longrightarrow p$이다.

37 p: $-5\le x\le 2$, q: $-2\le x\le a$일 때, 실수 a의 최댓값

38 p: $a<x<7$, q: $1\le x\le 5$일 때, 정수 a의 최댓값

1+1 연습 157쪽에서 시험에 자주 출제되는 문제를 연습해 보세요.

18 명제의 증명과 절대부등식

1 명제의 증명

(1) 대우를 이용한 명제의 증명: 명제 $p \longrightarrow q$가 참이면 그 대우 $\sim q \longrightarrow \sim p$도 참이므로 주어진 명제의 대우가 참임을 보임으로써 그 명제가 참임을 증명하는 방법

(2) 귀류법: 명제 또는 명제의 결론을 부정한 다음 가정한 사실 또는 이미 알려진 사실에 모순이 생기는 것을 보임으로써 그 명제가 참임을 증명하는 방법

명제가 참임을 직접 증명하는 것이 복잡한 경우 명제의 대우를 이용하거나 귀류법을 이용하여 증명한다.

2 절대부등식

(1) 절대부등식: 주어진 집합의 모든 원소에 대하여 항상 성립하는 부등식

주어진 부등식이 절대부등식임을 증명할 때는 그 부등식이 주어진 집합의 모든 원소에 대하여 항상 성립함을 보여야 한다.

(2) 절대부등식의 증명에 이용되는 실수의 성질

a, b가 실수일 때

① $a>b \Longleftrightarrow a-b>0$

② $a^2 \geq 0$, $a^2+b^2 \geq 0$

③ $a^2+b^2=0 \Longleftrightarrow a=b=0$

④ $|a|^2=a^2$, $|ab|=|a||b|$

⑤ $a \geq b \Longleftrightarrow a^2 \geq b^2$ (단, $a \geq 0$, $b \geq 0$)

(3) 여러 가지 절대부등식

① a, b가 실수일 때, $a^2 \pm ab+b^2 \geq 0$ (단, 등호는 $a=b=0$일 때 성립)

② a, b가 실수일 때, $|a|+|b| \geq |a+b|$ (단, 등호는 $ab \geq 0$일 때 성립)

③ 산술평균과 기하평균의 관계

$a>0$, $b>0$일 때

$$\frac{a+b}{2} \geq \sqrt{ab} \text{ (단, 등호는 } a=b\text{일 때 성립)}$$

a와 b의 산술평균 / a와 b의 기하평균

등호가 포함된 절대부등식을 증명할 때는 특별한 말이 없더라도 등호가 성립하는 조건을 찾는다.

정답 및 해설 39쪽

유형 01 대우를 이용한 명제의 증명

명제 'p이면 q이다.'가 참임을 직접 증명하기 어려울 때는 명제의 대우인 '$\sim q$이면 $\sim p$이다.'가 참임을 증명한다.

[01~04] 대우를 이용하여 다음 명제가 참임을 증명하시오.

01 자연수 n에 대하여 n^2이 짝수이면 n도 짝수이다.

➡ 주어진 명제의 대우는

'자연수 n에 대하여 n이 ☐이면 n^2도 ☐이다.'

n이 홀수이면

$n=2k-1$ (k는 자연수)

로 나타낼 수 있으므로

$n^2=(2k-1)^2$

$=4k^2-4k+1$

$=2(2k^2-2k)+1$

즉, n^2도 ☐이다.

따라서 주어진 명제의 대우가 ☐이므로 주어진 명제도 ☐이다.

02 자연수 n에 대하여 n^2이 3의 배수이면 n도 3의 배수이다.

➡ 주어진 명제의 대우는

'자연수 n에 대하여 n이 3의 배수가 아니면 n^2도 3의 배수가 아니다.'

n이 3의 배수가 아니면

$n=3k-2$ 또는 $n=$☐ (k는 자연수)

로 나타낼 수 있으므로

(ⅰ) $n=3k-2$일 때

$n^2=(3k-2)^2$

$=9k^2-12k+4$

$=3(3k^2-4k+1)+1$

(ⅱ) $n=$☐일 때

$n^2=($☐$)^2$

$=9k^2-6k+1$

$=3(3k^2-2k)+1$

(ⅰ), (ⅱ)에서 n^2도 3의 배수가 아니다.

따라서 주어진 명제의 대우가 ☐이므로 주어진 명제도 ☐이다.

03 $xy\neq0$이면 $x\neq0$이고 $y\neq0$이다.

➡ 주어진 명제의 대우는

'$x=0$ $\square$ $y=0$이면 $xy=0$이다.'

$x=0$이면 y의 값에 관계없이 $xy=\square$이고,

$y=0$이면 x의 값에 관계없이 $xy=\square$이다.

따라서 주어진 명제의 대우가 $\square$이므로 주어진 명제도 $\square$이다.

04 두 자연수 m, n에 대하여 mn이 짝수이면 m 또는 n이 짝수이다.

➡ 주어진 명제의 대우는

'두 자연수 m, n에 대하여 m, n이 모두 $\square$이면 mn도 $\square$이다.'

m, n이 모두 홀수이면

$m=2k-1$, $n=2l-1$ (k, l은 자연수)

로 나타낼 수 있으므로

$$mn=(2k-1)(2l-1)$$
$$=4kl-2k-2l+1$$
$$=2(\square)+1$$

즉, mn도 $\square$이다.

따라서 주어진 명제의 대우가 $\square$이므로 주어진 명제도 $\square$이다.

유형 02 귀류법

명제가 참임을 직접 증명하기 어려울 때는 명제의 결론을 부정하여 가정 또는 이미 알려진 사실에 모순이 생김을 보인다.

참고 **직접증명법과 간접증명법**

① 직접증명법: 명제를 가정과 결론의 순서로 증명하는 방법

② 간접증명법: 직접증명이 어려울 경우 이용하는 방법으로 대우를 이용한 명제의 증명과 귀류법이 있다.

[05~08] 귀류법을 이용하여 다음 명제가 참임을 증명하시오.

05 두 실수 x, y에 대하여 $x+y<0$이면 $x<0$ 또는 $y<0$이다.

➡ $x\square0$이고 $y\square0$이라 가정하면

$x+y\square0$

따라서 $x+y<0$이라는 가정에 모순이므로

$x+y<0$이면 $x<0$ 또는 $y<0$이다.

06 $\sqrt{2}$는 무리수이다.

➡ $\sqrt{2}$가 무리수가 아니라고 가정하면 $\sqrt{2}$는 유리수이므로

$\sqrt{2}=\dfrac{n}{m}$ (m, n은 서로소인 자연수)

으로 나타낼 수 있다.

즉, $\sqrt{2}m=n$이므로 양변을 제곱하면

$2m^2=n^2$ …… ㉠

이때 n^2이 짝수이므로 n도 $\square$이다.

$n=2k$ (k는 자연수)라 하면 ㉠에서

$2m^2=4k^2$ $\quad\therefore m^2=2k^2$

이때 m^2이 짝수이므로 m도 $\square$이다.

그런데 m, n이 모두 $\square$이므로 m, n이 서로소라는 가정에 모순이다.

따라서 $\sqrt{2}$는 무리수이다.

07 $\sqrt{3}$은 무리수이다.

➡ $\sqrt{3}$이 무리수가 아니라고 가정하면 $\sqrt{3}$은 $\square$이므로

$\sqrt{3}=\dfrac{n}{m}$ (m, n은 $\square$인 자연수)

으로 나타낼 수 있다.

즉, $\sqrt{3}m=n$이므로 양변을 제곱하면

$3m^2=n^2$ …… ㉠

이때 n^2이 3의 배수이므로 n도 $\square$이다.

$n=3k$ (k는 자연수)라 하면 ㉠에서

$3m^2=9k^2$ $\quad\therefore m^2=3k^2$

이때 m^2이 3의 배수이므로 m도 $\square$이다.

그런데 m, n이 모두 $\square$이므로 m, n이 $\square$라는 가정에 모순이다.

따라서 $\sqrt{3}$은 무리수이다.

08 $1+\sqrt{2}$는 무리수이다.

➡ $1+\sqrt{2}$가 무리수가 아니라고 가정하면 $1+\sqrt{2}$는 $\square$이므로

$1+\sqrt{2}=a$ (a는 유리수)

로 나타낼 수 있다.

즉, $\sqrt{2}=a-1$이고 유리수끼리의 뺄셈은 $\square$이므로 $a-1$은 $\square$이다.

그런데 $\sqrt{2}$는 $\square$이므로 모순이다.

따라서 $1+\sqrt{2}$는 무리수이다.

유형 03 절대부등식

(1) 주어진 집합의 모든 원소에 대하여 항상 성립하면
➡ 절대부등식이다.
(2) 주어진 집합의 모든 원소에 대하여 성립하지 않는 원소가 하나라도 있으면
➡ 절대부등식이 아니다.

[09~13] 실수 x에 대하여 다음 중 절대부등식인 것은 ○표, 절대부등식이 아닌 것은 ×표를 (　　) 안에 써넣으시오.

09 $x+1>0$ (　　　)

10 $|x|+3>0$ (　　　)

11 $2x^2>0$ (　　　)

12 $x^2-2x+1\geq 0$ (　　　)

13 $x^2+6x+7\geq 0$ (　　　)

유형 04 절대부등식의 증명

절대부등식은 두 실수 A, B에 대하여 다음이 성립함을 이용하여 증명한다.

(1) $A\geq B \Longleftrightarrow A-B\geq 0$ ← 부등식을 증명하는 가장 기본적인 방법은 양변의 차를 이용하는 것이다.

(2) $A^2\geq 0$, $A^2+B^2\geq 0$

(3) $A^2\geq B^2 \Longleftrightarrow A\geq B \Longleftrightarrow \sqrt{A}\geq\sqrt{B}$
(단, $A\geq 0$, $B\geq 0$)

[14~18] a, b가 실수일 때, 다음 부등식이 성립함을 증명하시오.

14 $a^2+b^2\geq ab$

➡ $a^2-ab+b^2=a^2-ab+\frac{b^2}{4}+\frac{3}{4}b^2$
$=\left(a-\frac{b}{2}\right)^2+\frac{3}{4}b^2$

이때 $\left(a-\frac{b}{2}\right)^2$ □ 0, $\frac{3}{4}b^2$ □ 0이므로

$\left(a-\frac{b}{2}\right)^2+\frac{3}{4}b^2$ □ 0

따라서 a^2-ab+b^2 □ 0이므로

$a^2+b^2\geq ab$

여기서 등호는 $a-\frac{b}{2}=0$이고 $b=0$, 즉 $a=b=0$일 때 성립한다.

15 $a^2+ab+b^2\geq 0$

16 $\frac{a+b}{2}\geq\sqrt{ab}$ (단, $a>0$, $b>0$)

17 $|a|+|b|\geq|a+b|$

➡ $(|a|+|b|)^2-|a+b|^2$
$=|a|^2+2|a||b|+|b|^2-(a+b)^2$
$=a^2+2|ab|+b^2-a^2-2ab-b^2$
$=2(|ab|-ab)$

그런데 $|ab|$ □ ab이므로

$2(|ab|-ab)$ □ 0

따라서 $(|a|+|b|)^2$ □ $|a+b|^2$이므로

$|a|+|b|\geq|a+b|$

여기서 등호는 $|ab|=ab$, 즉 $ab\geq 0$일 때 성립한다.

18 $|a|+|b|\geq|a-b|$

유형 05 산술평균과 기하평균의 관계

$a>0$, $b>0$일 때

$$\frac{a+b}{2} \geq \sqrt{ab} \text{ (단, 등호는 } a=b\text{일 때 성립)}$$

참고 산술평균과 기하평균의 관계는 다음과 같은 경우에 자주 이용된다.

① 두 양수의 곱이 일정할 때 두 수의 합의 최솟값을 구하는 경우

② 두 양수의 합이 일정할 때 두 수의 곱의 최댓값을 구하는 경우

[19~22] $a>0$, $b>0$일 때, 다음 식의 최솟값을 구하시오.

19 $a+\frac{4}{a}$

20 $2a+\frac{1}{2a}$

21 $\frac{a}{b}+\frac{b}{a}$

22 $a+1+\frac{16}{a+1}$

[23~25] $a>0$, $b>0$일 때, 다음 식의 최솟값을 구하시오.

23 $(a+b)\left(\frac{1}{a}+\frac{1}{b}\right)$

➡ $a>0$, $b>0$이므로 산술평균과 기하평균의 관계에 의하여

$(a+b)\left(\frac{1}{a}+\frac{1}{b}\right)=1+\frac{a}{b}+\frac{b}{a}+1$

$=2+\frac{a}{b}+\frac{b}{a}$

$\geq 2+\square\sqrt{\frac{a}{b}\times\frac{b}{a}}$

$=\square$ (단, 등호는 $\square$일 때 성립)

따라서 $(a+b)\left(\frac{1}{a}+\frac{1}{b}\right)$의 최솟값은 $\square$이다.

24 $\left(a+\frac{1}{b}\right)\left(\frac{4}{a}+b\right)$

25 $\left(2a+\frac{3}{b}\right)\left(\frac{2}{a}+3b\right)$

[26~29] 두 양수 a, b에 대하여 다음을 구하시오.

26 $a+b=2$일 때, ab의 최댓값

➡ $a>0$, $b>0$이므로 산술평균과 기하평균의 관계에 의하여

$a+b\geq 2\sqrt{ab}$

그런데 $a+b=2$이므로

$\square \geq 2\sqrt{ab}$, $\sqrt{ab}\leq\square$

$\therefore ab\leq\square$ (단, 등호는 $a=b=1$일 때 성립)

따라서 ab의 최댓값은 $\square$이다.

27 $a+b=4$일 때, ab의 최댓값

28 $a+2b=8$일 때, ab의 최댓값

29 $a^2+b^2=12$일 때, ab의 최댓값

[30~33] 두 양수 a, b에 대하여 다음을 구하시오.

30 $ab=1$일 때, $a+b$의 최솟값

➡ $a>0$, $b>0$이므로 산술평균과 기하평균의 관계에 의하여

$a+b\geq 2\sqrt{ab}$

그런데 $ab=1$이므로

$a+b\geq\square$ (단, 등호는 $a=b=1$일 때 성립)

따라서 $a+b$의 최솟값은 $\square$이다.

31 $ab=16$일 때, $a+b$의 최솟값

32 $ab=2$일 때, $2a+b$의 최솟값

33 $ab=4$일 때, a^2+b^2의 최솟값

1+1 연습 159쪽에서 시험에 자주 출제되는 문제를 연습해 보세요.

Ⅲ

함수와 그래프

19 함수

1 함수

(1) 대응

공집합이 아닌 두 집합 X, Y에 대하여 X의 원소에 Y의 원소를 짝 짓는 것을 X에서 Y로의 대응이라 한다. 이때 X의 원소 x에 Y의 원소 y가 짝 지어지면 x에 y가 대응한다고 하고, 기호로 $x \longrightarrow y$와 같이 나타낸다.

(2) 함수

두 집합 X, Y에 대하여 X의 각 원소에 Y의 원소가 오직 하나씩 대응할 때, 이 대응을 X에서 Y로의 함수라 하고, 기호로 $f : X \longrightarrow Y$와 같이 나타낸다.

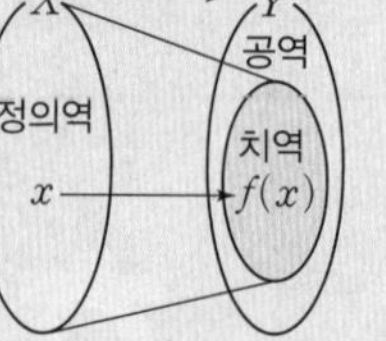

① 정의역: 집합 X

② 공역: 집합 Y

③ 치역: 함숫값 전체의 집합, 즉 $\{f(x) | x \in X\}$

치역은 공역의 부분집합이다.

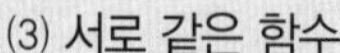 참고 함수 $y=f(x)$의 정의역이나 공역이 주어져 있지 않을 때, 정의역은 함수 $f(x)$가 정의되는 모든 실수 x의 집합으로, 공역은 실수 전체의 집합으로 생각한다.

(3) 서로 같은 함수

두 함수 f, g에 대하여 정의역과 공역이 각각 같고 정의역의 모든 원소 x에 대하여 $f(x)=g(x)$일 때, 두 함수 f와 g는 서로 같다고 하고, 기호로 $f=g$와 같이 나타낸다.

두 함수 f, g가 서로 같지 않을 때, 기호로 $f \neq g$와 같이 나타낸다.

(4) 함수의 그래프

함수 $f : X \longrightarrow Y$에서 정의역 X의 원소 x와 이에 대응하는 함숫값 $f(x)$의 순서쌍 $(x, f(x))$ 전체의 집합 $\{(x, f(x)) | x \in X\}$를 함수 f의 그래프라 한다.

유형 01 대응

집합 X의 원소 x에 집합 Y의 원소 y가 짝 지어지면 x에 y가 대응한다고 하고, 기호로 $x \longrightarrow y$와 같이 나타낸다.

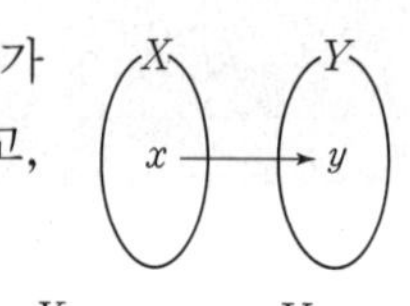

예 아시아의 여러 나라의 집합 X, 세계유산의 집합 Y에 대하여 X에서 Y로의 대응을 그림으로 나타내면 오른쪽과 같다.

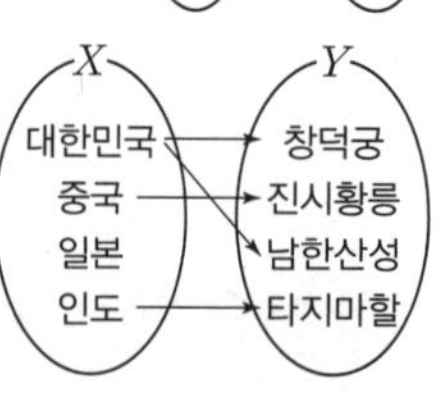

[01~03] 두 집합 X, Y에 대하여 집합 X의 원소 x에 집합 Y의 원소 y가 다음의 관계로 대응할 때, 이 대응을 그림으로 나타내시오.

01 $X=\{1, 2, 3\}$, $Y=\{2, 4, 6\}$, $y=2x$

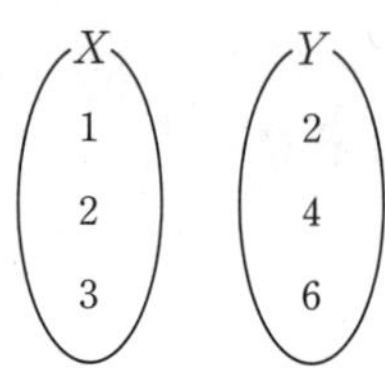

02 $X=\{2, 3, 4, 5\}$, $Y=\{1, 2, 3, 4\}$,
$y=$(x의 약수의 개수)

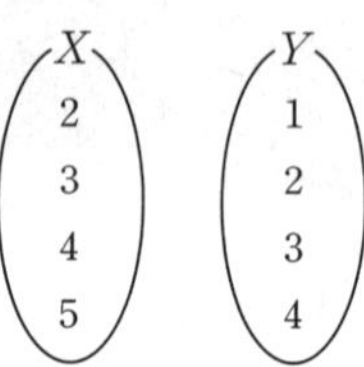

03 $X=\{12, 14, 16, 18\}$, $Y=\{0, 1, 2, 3, 4\}$,
$y=$(x를 5로 나눈 나머지)

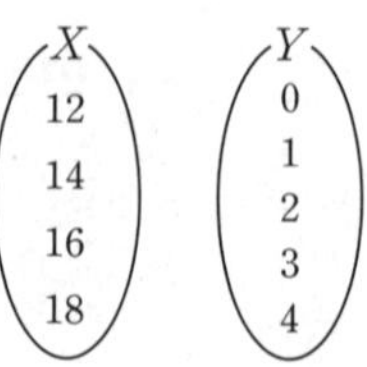

정답 및 해설 42쪽

유형 02 함수의 뜻

집합 X에서 집합 Y로의 대응이 함수이면
X의 각 원소에 Y의 원소가 오직 하나씩 대응해야 한다.

[04~11] 다음 대응 중 집합 X에서 집합 Y로의 함수인 것은 ○표, 함수가 아닌 것은 ×표를 ( ) 안에 써넣으시오.

04
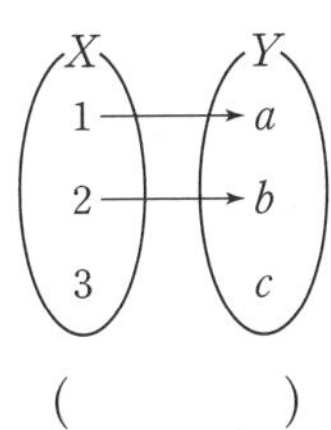
( )

05
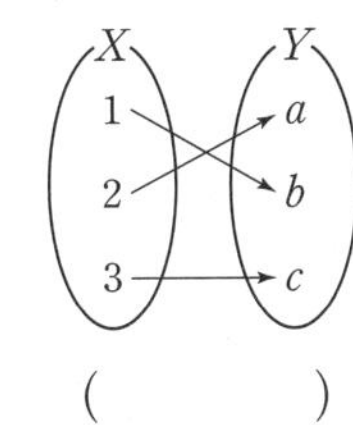
( )

06
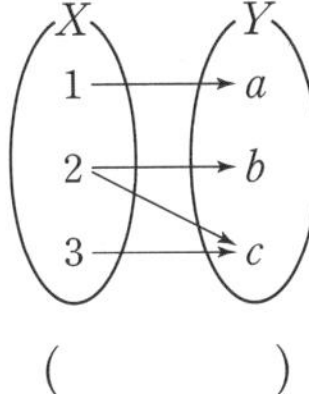
( )

07
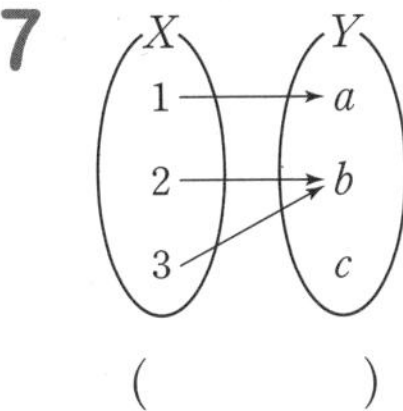
( )

08
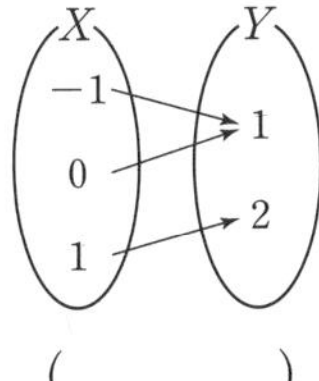
( )

09
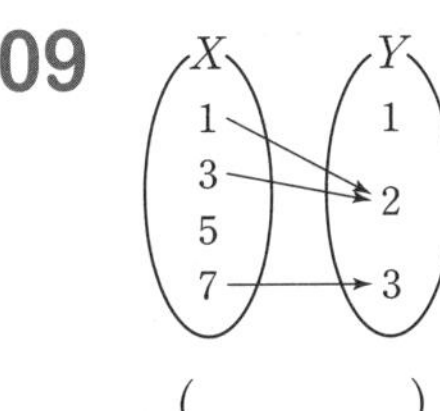
( )

10
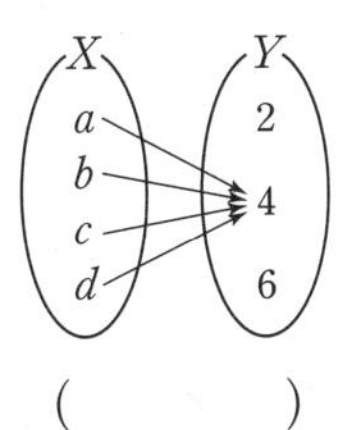
( )

11
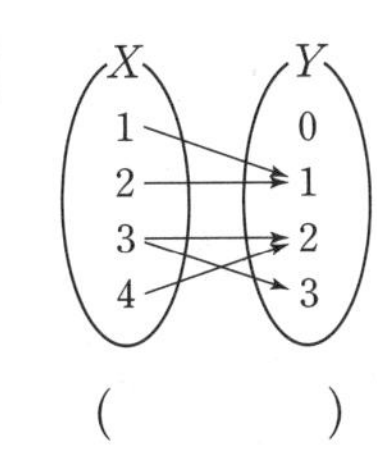
( )

유형 03 함수의 정의역, 공역, 치역

함수 $f: X \longrightarrow Y$에서
(1) 정의역: 집합 X
(2) 공역: 집합 Y
(3) 치역: $\{f(x) | x \in X\}$ → (치역) ⊂ (공역)

[12~15] 다음 주어진 대응이 집합 X에서 집합 Y로의 함수인지 함수가 아닌지 말하고, 함수인 것은 정의역, 공역, 치역을 각각 구하시오.

12
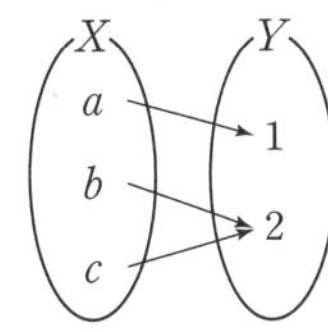

13
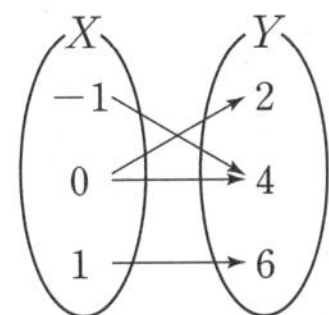

14
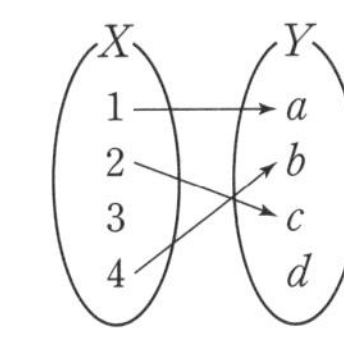

15
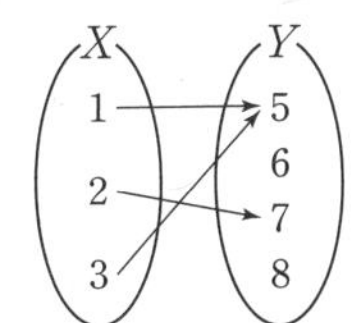

[16~18] 다음 함수의 정의역은 $\{-2, -1, 0, 1, 2\}$이고 공역은 실수 전체의 집합일 때, 치역을 구하시오.

16 $y=x+1$

정의역의 원소를 차례대로 대입하여 함숫값을 모두 구한 후 집합으로 나타낸다.

17 $y=x^2$

18 $y=3x-2$

[19~22] 다음 함수의 정의역과 치역을 각각 구하시오.

19 $y=x-2$

20 $y=x^2+1$

21 $y=\frac{1}{x}$

22 $y=|x|$

유형 04 함숫값 구하기

(1) 함수 $f(x)$에서 $f(k)$의 값 구하기
➡ x 대신 k를 대입한다.
(2) 함수 $f(ax+b)$에서 $f(k)$의 값 구하기
➡ $ax+b=k$를 만족시키는 x의 값을 구하여 x 대신 그 수를 대입한다.

[23~26] 실수 전체의 집합에서 정의된 함수 $f(x)$에 대하여

$$f(x)=\begin{cases} 3x & (x\geq 0) \\ x+1 & (x<0) \end{cases}$$

일 때, 다음 값을 구하시오.

23 $f(2)$

24 $f(0)$

25 $f(\sqrt{3})$

26 $f(-5)$

[27~30] 실수 전체의 집합에서 정의된 함수 $f(x)$에 대하여

$$f(x)=\begin{cases} 5-x & (x\text{는 유리수}) \\ x^2 & (x\text{는 무리수}) \end{cases}$$

일 때, 다음 값을 구하시오.

27 $f(3)$

28 $f(\sqrt{5})$

29 $f(0)$

30 $f(1+\sqrt{2})$

[31~34] 실수 전체의 집합에서 정의된 함수 f에 대하여 다음 등식이 성립할 때, $f(x)$를 구하시오.

31 $f(x-1)=2x+3$

➡ $f(x-1)=2x+3$에서 $x-1=t$라 하면
$x=t+\square$
따라서 $f(t)=2(t+\square)+3=2t+\square$이므로
$f(x)=\square$

32 $f(x+2)=4x-1$

33 $f(1-x)=x^2+x$

34 $f\left(\frac{x+1}{2}\right)=x-3$

정답 및 해설 43쪽

[35~37] 실수 전체의 집합에서 정의된 함수 f에 대하여 다음 등식이 성립할 때, $f(3)$의 값을 구하시오.

35 $f(x+1)=3x-2$

➡ $x+1=3$에서 $x=\square$

$f(x+1)=3x-2$에 $x=\square$를 대입하면

$f(3)=3\times\square-2=\square$

36 $f(2x-5)=x^2-x$

37 $f\left(\frac{1-x}{3}\right)=-2x+5$

유형 05 서로 같은 함수

두 함수 f, g가 서로 같은 함수이면

(1) 두 함수의 정의역과 공역이 각각 같다.

(2) 정의역의 모든 원소 x에 대하여 $f(x)=g(x)$이다. (→ 함숫값이 서로 같다.)

[38~41] 정의역이 $X=\{-1, 0, 1\}$인 다음 두 함수 f, g에 대하여 두 함수 f, g의 관계를 기호 $=$ 또는 $\neq$를 사용하여 나타내시오.

38 $f(x)=x$, $g(x)=x^2$

39 $f(x)=x^3$, $g(x)=x$

40 $f(x)=2x-1$, $g(x)=-x+2$

41 $f(x)=x^2+1$, $g(x)=|x|+1$

[42~44] 집합 X를 정의역으로 하는 두 함수 f, g가 다음과 같을 때, $f=g$가 되도록 하는 두 상수 a, b의 값을 각각 구하시오.

42 $X=\{1, 2\}$, $f(x)=x^2+3$, $g(x)=ax+b$

➡ $f=g$가 성립하려면 $f(1)=g(1)$, $f(2)=g(2)$이어야 한다.

$f(1)=g(1)$에서 $\square=a+b$ …… ㉠

$f(2)=g(2)$에서 $\square=2a+b$ …… ㉡

㉠, ㉡을 연립하여 풀면 $a=\square$, $b=\square$

43 $X=\{0, 1\}$, $f(x)=x^2-1$, $g(x)=ax+b$

44 $X=\{-1, 1\}$, $f(x)=x^2-2x+3$, $g(x)=ax+b$

유형 06 함수의 그래프

함수의 그래프는 정의역의 각 원소 a에 대하여 y축에 평행한 직선 $x=a$와 오직 한 점에서 만난다.

[45~48] 다음 중 함수의 그래프인 것은 ○표, 함수의 그래프가 아닌 것은 ×표를 (　　) 안에 써넣으시오.

45

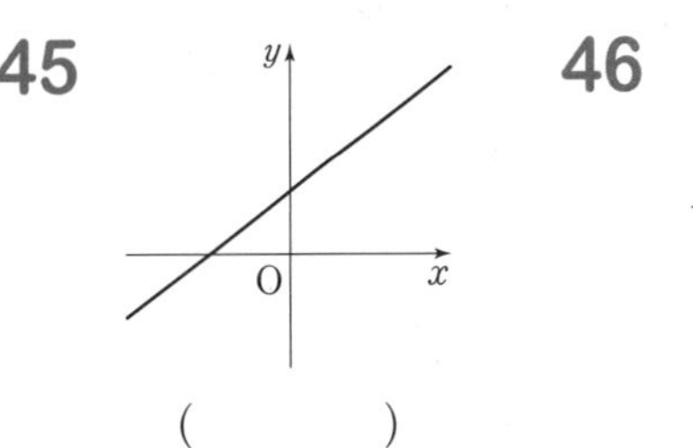

(　　)

46

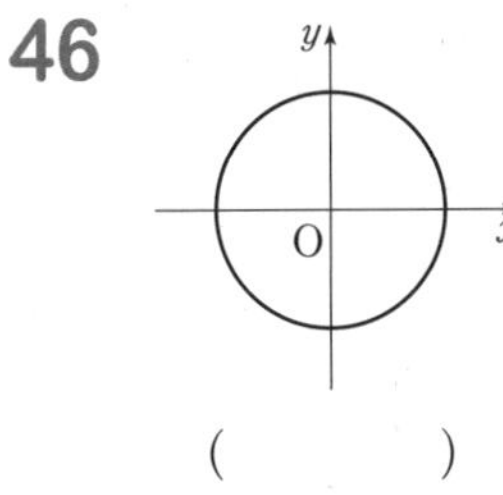

(　　)

47 **48**

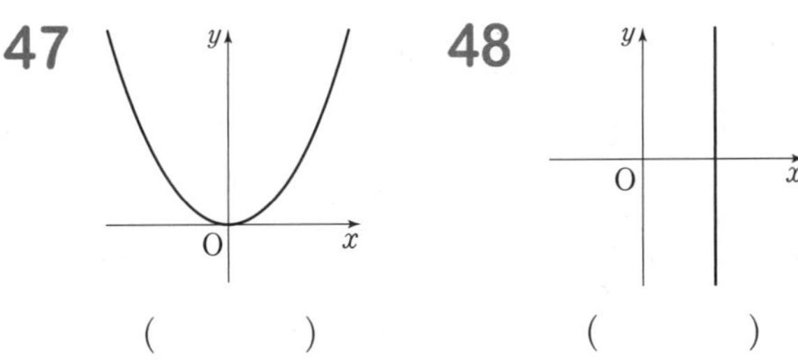

(　　) (　　)

1+1 연습 160쪽에서 시험에 자주 출제되는 문제를 연습해 보세요.

20 여러 가지 함수

❶ 여러 가지 함수

(1) 일대일함수

함수 $f: X \longrightarrow Y$에서 정의역 X의 두 원소 x_1, x_2에 대하여

$x_1 \neq x_2$이면 $f(x_1) \neq f(x_2)$ → 대우 '$f(x_1)=f(x_2)$이면 $x_1=x_2$'가 성립해도 함수 f는 일대일함수이다.

인 함수

(2) 일대일대응

함수 $f: X \longrightarrow Y$가 일대일함수이고 치역과 공역이 같은 함수

(3) 항등함수

함수 $f: X \longrightarrow X$에서 정의역 X의 각 원소 x에 그 자신인 x가 대응하는 함수, 즉 $f(x)=x$인 함수

(4) 상수함수

함수 $f: X \longrightarrow Y$에서 정의역 X의 모든 원소 x에 공역 Y의 단 하나의 원소 c가 대응하는 함수, 즉 $f(x)=c$인 함수

예 (1) 일대일함수

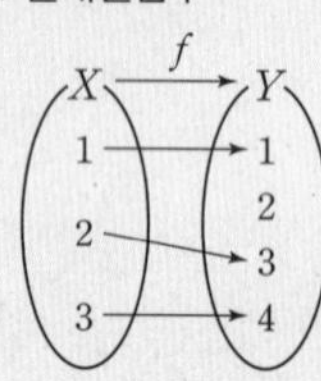

(2) 일대일대응

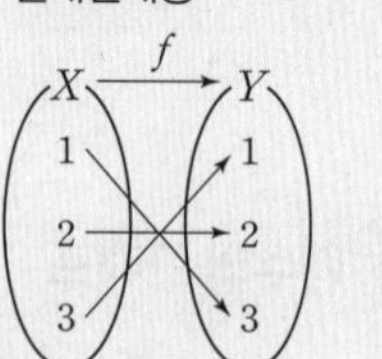

(3) 항등함수

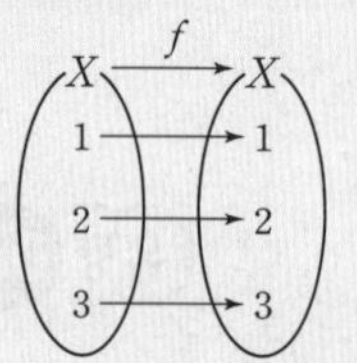

(4) 상수함수

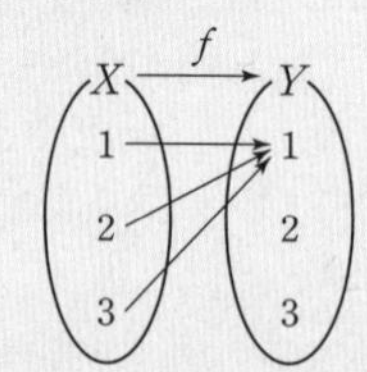

▸ 일대일대응이면 일대일함수이지만 일대일함수라고 해서 모두 일대일대응인 것은 아니다.

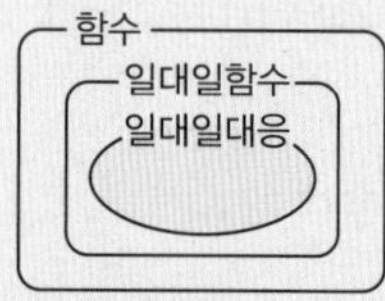

▸ 항등함수는 일대일대응이다.

▸ 상수함수의 치역은 원소가 한 개인 집합이다.

유형 01 일대일함수와 일대일대응

(1) 함수 $f: X \longrightarrow Y$가 일대일함수이다.

➡ $x_1 \neq x_2$이면 $f(x_1) \neq f(x_2)$ $(x_1 \in X,\ x_2 \in X)$

➡ $f(x_1)=f(x_2)$이면 $x_1=x_2$ $(x_1 \in X,\ x_2 \in X)$

(2) 함수 $f: X \longrightarrow Y$가 일대일대응이다.

➡ 일대일함수이고 $\{f(x) \mid x \in X\}=Y$

[01~02] 〈보기〉의 집합 X에서 집합 Y로의 함수 중 다음에 해당하는 것을 모두 고르시오.

〈보기〉

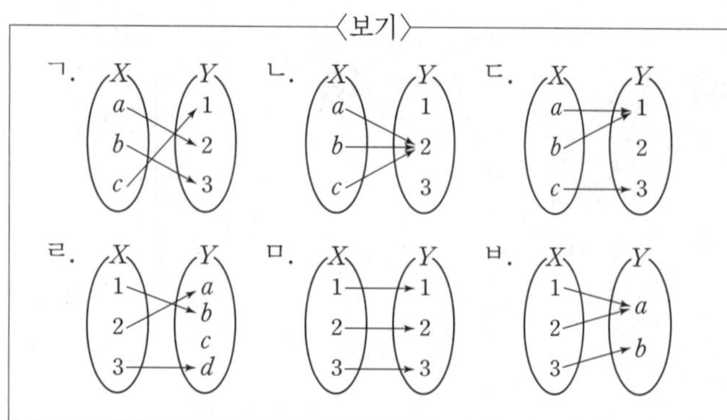

01 일대일함수

02 일대일대응

[03~04] 정의역과 공역이 실수 전체의 집합인 〈보기〉의 함수의 그래프 중 다음에 해당하는 것을 모두 고르시오.

〈보기〉

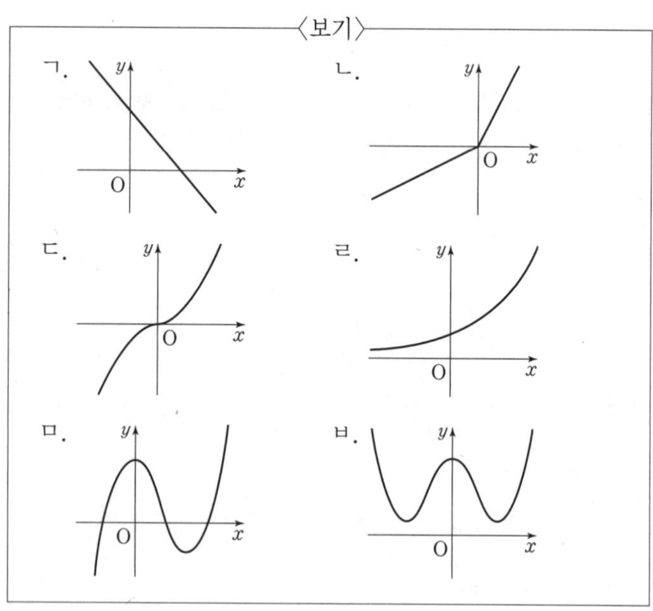

03 일대일함수

04 일대일대응

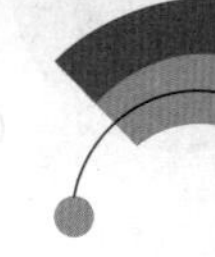
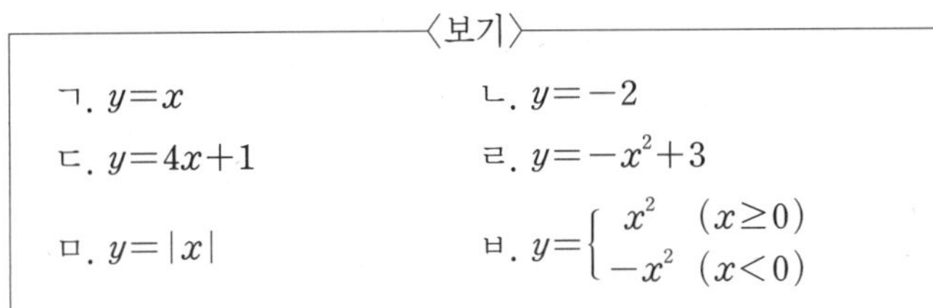

정답 및 해설 44쪽

05 정의역과 공역이 실수 전체의 집합인 〈보기〉의 함수 중 일대일대응인 것을 모두 고르시오.

〈보기〉

ㄱ. $y=x$　　ㄴ. $y=-2$

ㄷ. $y=4x+1$　　ㄹ. $y=-x^2+3$

ㅁ. $y=|x|$　　ㅂ. $y=\begin{cases} x^2 & (x\geq 0) \\ -x^2 & (x<0) \end{cases}$

[06~10] 다음 함수가 일대일대응인지를 판단하고, 그 이유를 말하시오.

06 $f(x)=x+1$

➡ 함수 $f(x)=x+1$은 임의의 두 실수 x_1, x_2에 대하여 $f(x_1)=f(x_2)$, 즉 $x_1+1=x_2+1$이면 $x_1=$□이다.
또한, 치역과 공역이 모두 실수 전체의 집합이다.
따라서 이 함수는 □이다.

07 $f(x)=2x-3$

08 $f(x)=x^2-1$

➡ 함수 $f(x)=x^2-1$은 $x_1=-1$, $x_2=1$일 때
$f(x_1)=f(-1)=$□, $f(x_2)=f(1)=$□
이므로 $x_1\neq x_2$이지만 $f(x_1)$ □ $f(x_2)$인 두 실수 x_1, x_2가 존재한다.
따라서 이 함수는 일대일대응이 아니다.

09 $f(x)=5$

10 $f(x)=-(x-1)^2+2$

유형 02 일대일대응이 되기 위한 조건

실수 전체의 집합에서 정의된 함수 $f(x)$가 일대일대응이 되려면 다음 두 가지를 모두 만족시켜야 한다.
(1) x의 값이 증가할 때 $f(x)$의 값은 증가하거나 감소해야 한다.
(2) (치역)=(공역)

[11~14] 실수 전체의 집합에서 정의된 다음 함수가 일대일대응이 되도록 하는 실수 a의 값의 범위를 구하시오.

11 $f(x)=\begin{cases} 2x+1 & (x\geq 0) \\ ax+1 & (x<0) \end{cases}$

➡ 함수 $f(x)$가 일대일대응이 되려면 $x\geq 0$에서 x의 값이 증가할 때 $f(x)$의 값이 증가하므로 $x<0$에서도 x의 값이 증가할 때 $f(x)$의 값이 □해야 한다.　$\therefore a$ □ 0

12 $f(x)=\begin{cases} -x+4 & (x\geq 0) \\ (a-1)x+4 & (x<0) \end{cases}$

13 $f(x)=\begin{cases} 3x-1 & (x\geq 2) \\ ax+5-2a & (x<2) \end{cases}$

14 $f(x)=\begin{cases} (a+2)x+a+7 & (x\geq -1) \\ -2x+3 & (x<-1) \end{cases}$

[15~16] 다음 두 집합 X, Y에 대하여 집합 X에서 집합 Y로의 함수 $f(x)=ax+b$가 일대일대응이 되도록 하는 두 상수 a, b의 값을 각각 구하시오.

15 $X=\{x|-1\le x\le 2\}$, $Y=\{y|2\le y\le 8\}$

(1) $a>0$일 때

➡ $a>0$이므로 x의 값이 증가할 때 $f(x)$의 값도 증가한다.

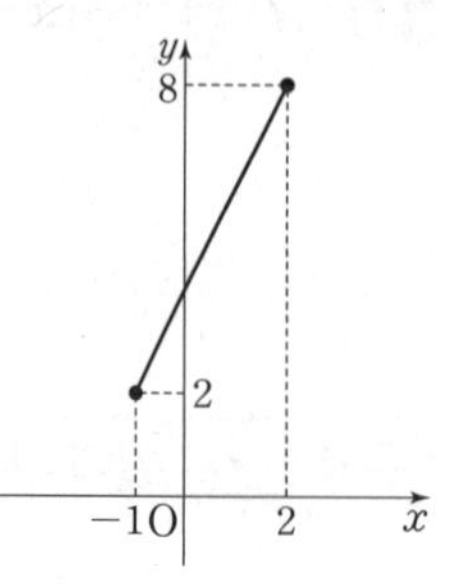

$f(-1)=2$에서

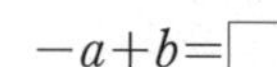

$-a+b=\square$ ⋯⋯ ㉠

$f(2)=\square$에서

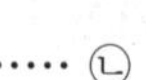

$2a+b=\square$ ⋯⋯ ㉡

㉠, ㉡을 연립하여 풀면

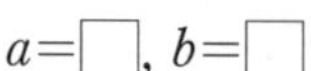

$a=\square$, $b=\square$

(2) $a<0$일 때

$a<0$이므로 x의 값이 증가할 때 $f(x)$의 값은 감소한다.

16 $X=\{x|1\le x\le 3\}$, $Y=\{y|-4\le y\le 4\}$

(1) $a>0$일 때

(2) $a<0$일 때

[17~20] 다음 두 집합 X, Y에 대하여 집합 X에서 집합 Y로의 함수 $f(x)$가 일대일대응이 되도록 하는 상수 k의 값을 구하시오.

17 $X=\{x|x\ge 2\}$, $Y=\{y|y\ge 4\}$, $f(x)=x^2-4x+k$

➡ $f(x)=x^2-4x+k=(x-2)^2+k-4$

이므로 $x\ge 2$일 때 x의 값이 증가하면 $f(x)$의 값도 증가한다.

따라서 함수 f가 일대일대응이 되려면 $f(2)=\square$이어야 하므로

$k-4=\square$ $\quad\therefore k=\square$

18 $X=\{x|x\ge 3\}$, $Y=\{y|y\ge 2\}$, $f(x)=x^2-2x+k$

19 $X=\{x|x\ge 1\}$, $Y=\{y|y\le -1\}$, $f(x)=-x^2-2x+k$

20 $X=\{x|x\le 1\}$, $Y=\{y|y\le 0\}$, $f(x)=-x^2+6x+k$

유형 03 항등함수와 상수함수

(1) 함수 $f: X \longrightarrow X$가 항등함수이다.
➡ $f(x)=x\ (x\in X)$

(2) 함수 $f: X \longrightarrow Y$가 상수함수이다.
➡ $f(x)=c\ (x\in X,\ c\in Y)$

[21~25] 집합 $X=\{-1, 1\}$에 대하여 집합 X에서 집합 X로의 함수 $f(x)$가 항등함수이면 '항등', 상수함수이면 '상수'를 ( ) 안에 써넣으시오.

21 $f(x)=x$ ( )

22 $f(x)=x^2-2$ ( )

➡ $f(-1)=\square$, $f(1)=\square$이므로 이 함수는 $\square$함수이다.

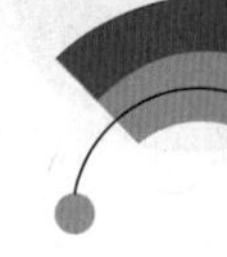

23 $f(x)=x^3$ ( )

24 $f(x)=x^2+x-1$ ( )

25 $f(x)=\sqrt{x^2}$ ( )

[26~27] 집합 X를 정의역으로 하는 함수 $f(x)$에 대하여 함수 f가 항등함수가 되도록 하는 집합 X를 모두 구하시오. (단, $X\neq\varnothing$)

26 $f(x)=x^2-6$

➡ 함수 $f(x)$가 항등함수이어야 하므로 $f(x)=\square$에서
$x^2-6=x$, $x^2-x-6=0$, $(x+2)(x-3)=0$
$\therefore x=-2$ 또는 $x=\square$
따라서 구하는 집합 X는 $\{-2\}$, $\{\square\}$, $\{\square, \square\}$이다.

27 $f(x)=x^2-6x+10$

[28~30] 실수 전체의 집합에서 정의된 두 함수 f, g가 각각 항등함수, 상수함수일 때, 다음을 구하시오.

28 $f(3)=g(3)$일 때, $f(1)+g(2)$의 값

➡ $f(x)$가 항등함수이므로
$f(1)=1$, $f(3)=3$
즉, $f(3)=g(3)$에서
$g(3)=f(3)=\square$
이때 $g(x)$는 상수함수이므로
$g(x)=\square$
$\therefore f(1)+g(2)=\square+3=\square$

29 $f(2)=g(4)$일 때, $f(4)+g(6)$의 값

30 $f(0)=g(2)$일 때, $f(2)+g(1)$의 값

유형 04 함수의 개수 구하기

집합 X의 원소의 개수가 m, 집합 Y의 원소의 개수가 n일 때

(1) X에서 Y로의 함수의 개수
➡ n^m

(2) X에서 Y로의 일대일함수의 개수
➡ $n\times(n-1)\times(n-2)\times\cdots\times(n-m+1)$
(단, $n\geq m$)

(3) X에서 Y로의 일대일대응의 개수
➡ $n\times(n-1)\times(n-2)\times\cdots\times2\times1$ (단, $n=m$)

(4) X에서 Y로의 상수함수의 개수
➡ n

[31~33] 다음 두 집합 X, Y에 대하여 집합 X에서 집합 Y로의 함수의 개수를 구하시오.

31 $X=\{1, 2\}$, $Y=\{a, b, c\}$

➡ 1의 함숫값이 될 수 있는 것은 a, b, c의 $\square$개
2의 함숫값이 될 수 있는 것은 a, b, c의 $\square$개
따라서 함수의 개수는
$3\times3=3^2=\square$

32 $X=\{a, b, c\}$, $Y=\{1, 2, 3, 4\}$

33 $X=\{1, 2, 3, 4\}$, $Y=\{1, 2, 3\}$

[34~37] 다음 두 집합 X, Y에 대하여 집합 X에서 집합 Y로의 일대일함수의 개수를 구하시오.

34 $X=\{1, 2\}$, $Y=\{a, b, c\}$

➡ 1의 함숫값이 될 수 있는 것은 a, b, c의 □개
2의 함숫값이 될 수 있는 것은 1의 함숫값을 제외한 □개
따라서 일대일함수의 개수는 $3\times$□$=$□

35 $X=\{1, 2\}$, $Y=\{3, 4, 5, 6\}$

36 $X=\{a, b, c\}$, $Y=\{-1, 0, 1, 2\}$

37 $X=\{1, 2, 3\}$, $Y=\{a, b, c, d, e\}$

[38~40] 다음 두 집합 X, Y에 대하여 집합 X에서 집합 Y로의 일대일대응의 개수를 구하시오.

38 $X=\{1, 2, 3\}$, $Y=\{a, b, c\}$

39 $X=\{1, 2, 3, 4\}$, $Y=\{2, 4, 6, 8\}$

40 $X=\{a, b, c, d, e\}$, $Y=\{1, 3, 5, 7, 9\}$

[41~43] 다음 두 집합 X, Y에 대하여 집합 X에서 집합 Y로의 상수함수의 개수를 구하시오.

41 $X=\{a, b\}$, $Y=\{-1, 0, 1\}$

42 $X=\{2, 4, 6\}$, $Y=\{1, 3, 5, 7\}$

43 $X=\{1, 2, 3, 4\}$, $Y=\{a, b\}$

1+1 연습 162쪽에서 시험에 자주 출제되는 문제를 연습해 보세요.

21 합성함수

❶ 합성함수

(1) 합성함수

두 함수 $f: X \longrightarrow Y$, $g: Y \longrightarrow Z$가 주어질 때, 집합 X의 각 원소 x에 집합 Z의 원소 $g(f(x))$를 대응시키는 함수를 f와 g의 합성함수라 하고, 기호로 $g \circ f$와 같이 나타낸다. 즉,

$$g \circ f: X \longrightarrow Z,\ (g \circ f)(x)=g(f(x))$$

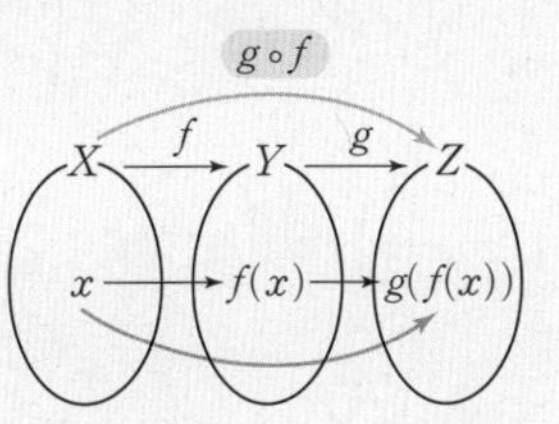

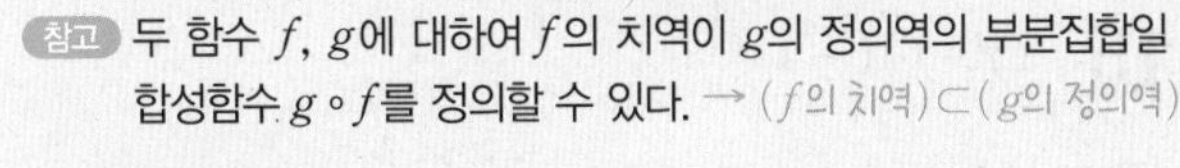

참고 두 함수 f, g에 대하여 f의 치역이 g의 정의역의 부분집합일 때 합성함수 $g \circ f$를 정의할 수 있다. → (f의 치역)$\subset$(g의 정의역)

(2) 합성함수의 성질

세 함수 f, g, h에 대하여

① $g \circ f \neq f \circ g$ ➡ 교환법칙이 성립하지 않는다.

② $(f \circ g) \circ h = f \circ (g \circ h)$ ➡ 결합법칙이 성립한다.

③ $f: X \longrightarrow X$일 때

$f \circ I = I \circ f = f$ (단, I는 X에서의 항등함수이다.)

결합법칙이 성립하므로 괄호를 생략하여 $f \circ g \circ h$로 쓰기도 한다.

정답 및 해설 47쪽

유형 01 합성함수의 함숫값 구하기

두 함수 f, g에 대하여 $(g \circ f)(a)$, 즉 $g(f(a))$의 값은 다음과 같은 순서로 구한다.

❶ $f(a)$의 값을 구한다.

❷ ❶에서 구한 값을 $g(x)$의 x에 대입한다.

[01~03] 두 함수 f, g가 아래 그림과 같을 때, 다음을 구하시오.

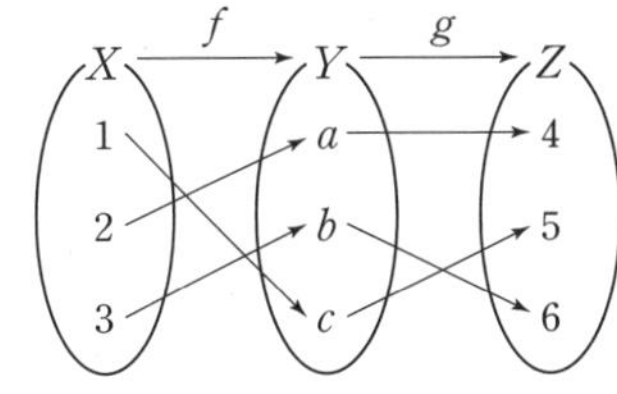

01 $(g \circ f)(1)$

02 $(g \circ f)(2)$

03 $(g \circ f)(3)$

[04~07] 두 함수 $f: X \longrightarrow Y$, $g: Y \longrightarrow X$가 아래 그림과 같을 때, 다음을 구하시오.

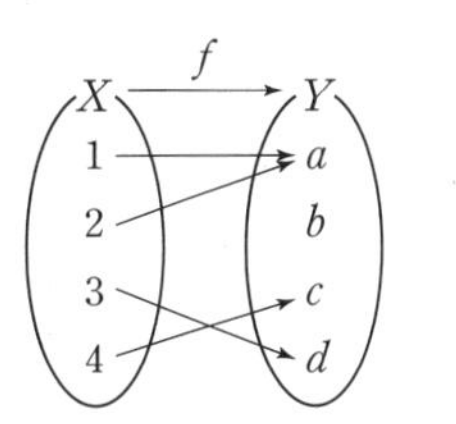

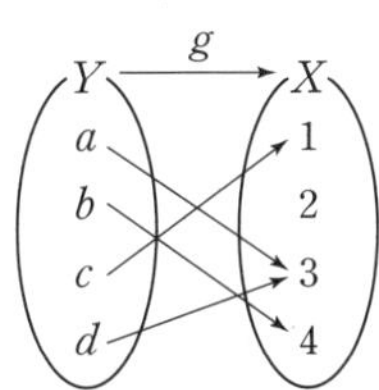

04 $(g \circ f)(2)$

05 $(g \circ f)(3)$

06 $(f \circ g)(a)$

07 $(f \circ g)(c)$

[08~13] 두 함수 $f(x)=2x+3$, $g(x)=x^2-1$에 대하여 다음의 값을 구하시오.

08 $(g\circ f)(1)$

➡ $f(1)=2\times1+3=\square$이므로

$(g\circ f)(1)=g(f(1))=g(\square)$

$=\square^2-1=\square$

09 $(g\circ f)(-2)$

10 $(f\circ g)(0)$

11 $(f\circ g)(3)$

12 $(f\circ f)\left(\frac{1}{2}\right)$

13 $(g\circ g)(-1)$

[14~16] 함수 $f(x)=\begin{cases} x+5 & (x\geq0) \\ -x^2+5 & (x<0) \end{cases}$에 대하여 다음의 값을 구하시오.

14 $(f\circ f)(2)$

15 $(f\circ f)(-1)$

16 $(f\circ f)(-3)$

[17~20] 함수 $f(x)=\begin{cases} 3x-1 & (x\text{는 유리수}) \\ x^2 & (x\text{는 무리수}) \end{cases}$에 대하여 다음의 값을 구하시오.

17 $(f\circ f)(\sqrt{2})$

➡ $\sqrt{2}$는 $\square$이므로 $f(\sqrt{2})=\square$

$\therefore (f\circ f)(\sqrt{2})=f(f(\sqrt{2}))=f(\square)$

$=\square$ ($\because$ $\square$는 유리수)

18 $(f\circ f)(0)$

19 $(f\circ f)(-\sqrt{3})$

20 $(f\circ f)\left(\frac{\sqrt{2}}{2}\right)$

유형 02 합성함수 구하기

두 함수 f, g에 대하여
(1) $(g\circ f)(x)=g(f(x))$ ➡ $f(x)$를 $g(x)$의 x에 대입한다.
(2) $(f\circ g)(x)=f(g(x))$ ➡ $g(x)$를 $f(x)$의 x에 대입한다.

[21~24] 두 함수 $f(x)$, $g(x)$가 다음과 같을 때, 합성함수 $(g\circ f)(x)$, $(f\circ g)(x)$를 각각 구하시오.

21 $f(x)=x+6$, $g(x)=2x-1$

22 $f(x)=x-2$, $g(x)=-4x+3$

23 $f(x)=3x+2$, $g(x)=-x^2$

24 $f(x)=(x-1)^2$, $g(x)=3x$

유형 03 합성함수의 성질

세 함수 f, g, h에 대하여
(1) $g\circ f\neq f\circ g$ → 교환법칙이 성립하지 않는다.
(2) $(f\circ g)\circ h=f\circ(g\circ h)$ → 결합법칙이 성립한다.
(3) $f : X \longrightarrow X$일 때
$f\circ I=I\circ f=f$ (단, I는 X에서의 항등함수이다.)

25 두 함수 $f(x)=x-3$, $g(x)=x^2+x$에 대하여 다음을 구하고, 그 결과를 비교하시오.

(1) $(g\circ f)(x)$

(2) $(f\circ g)(x)$

(3) (1), (2)의 결과를 비교하면
$(g\circ f)(x)$ □ $(f\circ g)(x)$

26 세 함수 $f(x)=x+1$, $g(x)=3x-1$, $h(x)=x^2-2$에 대하여 다음을 구하고, 그 결과를 비교하시오.

(1) $((f\circ g)\circ h)(x)$

❶단계 $(f\circ g)(x)$를 구한다.

❷단계 $((f\circ g)\circ h)(x)$를 구한다.

(2) $(f\circ(g\circ h))(x)$

❶단계 $(g\circ h)(x)$를 구한다.

❷단계 $(f\circ(g\circ h))(x)$를 구한다.

(3) (1), (2)의 결과를 비교하면
$((f\circ g)\circ h)(x)$ □ $(f\circ(g\circ h))(x)$

27 세 함수 $f(x)=x^2$, $g(x)=-x+2$, $h(x)=2x+1$에 대하여 다음을 구하고, 그 결과를 비교하시오.

(1) $((f\circ g)\circ h)(x)$

(2) $(f\circ(g\circ h))(x)$

(3) (1), (2)의 결과를 비교하면
$((f\circ g)\circ h)(x)$ □ $(f\circ(g\circ h))(x)$

[28~31] 다음 두 함수 f, g에 대하여 $f \circ g = g \circ f$가 성립할 때, 상수 a의 값을 구하시오.

28 $f(x)=2x+1$, $g(x)=-x+a$

➡ $(f \circ g)(x)=f(g(x))=f(\square)$

$=2(\square)+1=-2x+2a+1$

$(g \circ f)(x)=g(f(x))=g(\square)$

$=-(\square)+a=-2x-1+a$

$f \circ g=g \circ f$이므로 $-2x+2a+1=-2x-1+a$

$2a+1=-1+a \quad \therefore a=\square$

29 $f(x)=3x+a$, $g(x)=\frac{1}{3}x-1$

30 $f(x)=5x+2$, $g(x)=ax+1$

31 $f(x)=ax-1$, $g(x)=-x+2$

유형 04 $f \circ g=h$를 만족시키는 함수 f 또는 g 구하기

(1) 두 함수 $f(x)$, $h(x)$가 주어진 경우

➡ $f(g(x))=h(x)$임을 이용하여 $g(x)$를 구한다.

(2) 두 함수 $g(x)$, $h(x)$가 주어진 경우

➡ $f(g(x))=h(x)$이므로 $g(x)=t$로 치환하여 $f(t)$를 구한다.

[32~35] 다음 두 함수 f, g에 대하여 $f \circ h=g$를 만족시키는 함수 $h(x)$를 구하시오.

32 $f(x)=x-4$, $g(x)=3x+1$

➡ $(f \circ h)(x)=g(x)$에서 $f(h(x))=g(x)$이므로

$\square-4=3x+1$

$\therefore h(x)=\square$

33 $f(x)=-x+2$, $g(x)=2x+6$

34 $f(x)=2x+3$, $g(x)=3x+5$

35 $f(x)=\frac{1}{2}x+1$, $g(x)=-4x+1$

정답 및 해설 **49쪽**

[36~39] 다음 두 함수 f, g에 대하여 $h\circ f=g$를 만족시키는 함수 $h(x)$를 구하시오.

36 $f(x)=x-2$, $g(x)=2x-3$

➡ $(h\circ f)(x)=g(x)$에서 $h(f(x))=g(x)$이므로

$h(x-2)=2x-3$

$x-2=t$라 하면 $x=$☐

따라서 $h(t)=2($☐$)-3=$☐이므로

$h(x)=$☐

37 $f(x)=-x+4$, $g(x)=3x+2$

38 $f(x)=2x-1$, $g(x)=x+2$

39 $f(x)=\frac{1}{3}x+1$, $g(x)=3x-1$

유형 05 합성함수의 추정

함수 f에 대하여 $f^1=f$, $f^{n+1}=f\circ f^n$ (n은 자연수)일 때, $f^n(a)$의 값은 다음과 같은 방법으로 구한다.

[방법 1] $f^2(x)$, $f^3(x)$, $f^4(x)$, $\cdots$를 직접 구하여 $f^n(x)$를 추정한 다음 x 대신 a를 대입한다.

[방법 2] $f(a)$, $f^2(a)$, $f^3(a)$, $\cdots$에서 규칙을 찾아 $f^n(a)$의 값을 구한다.

[40~41] $f^1=f$, $f^{n+1}=f\circ f^n$ (n은 자연수)이라 할 때, 주어진 함수 $f(x)$에 대하여 다음을 구하시오.

40 $f(x)=x+2$

(1) $f^2(x)$

(2) $f^3(x)$

(3) $f^4(x)$

(4) $f^n(x)$

(5) $f^{50}(2)$

41 $f(x)=2x$

(1) $f(1)$

(2) $f^2(1)$

(3) $f^3(1)$

(4) $f^n(1)$

(5) $f^{10}(1)$

1+1 연습 164쪽에서 시험에 자주 출제되는 문제를 연습해 보세요.

22 역함수

❶ 역함수

(1) 역함수

함수 $f: X \longrightarrow Y$가 일대일대응일 때, 집합 Y의 각 원소 y에 대하여 $f(x)=y$인 집합 X의 원소 x를 대응시키는 함수를 f의 역함수라 하고, 기호로 f^{-1}와 같이 나타낸다. 즉,

$$f^{-1}: Y \longrightarrow X,\ x=f^{-1}(y)$$

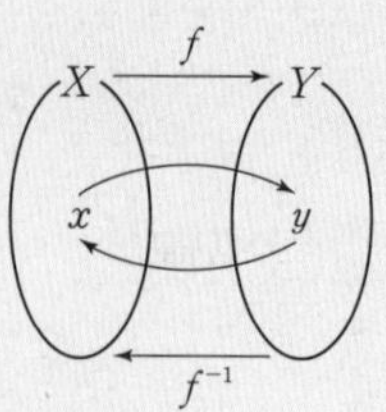

참고 함수 $y=f(x)$의 역함수가 존재하기 위한 필요충분조건은 함수 $y=f(x)$가 일대일대응인 것이다.

> 함수 $y=f(x)$의 역함수 $x=f^{-1}(y)$에서 x와 y를 서로 바꾸어 $y=f^{-1}(x)$와 같이 나타낸다.

(2) 역함수의 성질

함수 $f: X \longrightarrow Y$가 일대일대응일 때, 그 역함수 $f^{-1}: Y \longrightarrow X$에 대하여

① $y=f(x) \Longleftrightarrow x=f^{-1}(y)$

② $(f^{-1}\circ f)(x)=x\ (x\in X)$, $(f\circ f^{-1})(y)=y\ (y\in Y)$

③ $(f^{-1})^{-1}=f$ → 함수 f의 역함수의 역함수는 f이다.

④ 함수 $g: Y \longrightarrow Z$가 일대일대응이고 그 역함수가 g^{-1}일 때

$$(g\circ f)^{-1}=f^{-1}\circ g^{-1}$$

> $f^{-1}\circ f$는 정의역이 X인 항등함수이고, $f\circ f^{-1}$는 정의역이 Y인 항등함수이므로 일반적으로 두 함수는 같은 함수가 아니다.

(3) 역함수 구하기

일대일대응인 함수 $y=f(x)$의 역함수 $y=f^{-1}(x)$는 다음과 같은 순서로 구한다.

❶ $y=f(x)$에서 x를 y에 대한 식으로 나타낸다. 즉, $x=f^{-1}(y)$ 꼴로 나타낸다.

❷ $x=f^{-1}(y)$의 x와 y를 서로 바꾸어 $y=f^{-1}(x)$ 꼴로 나타낸다.

> 함수 f의 치역이 역함수 f^{-1}의 정의역이 되고, 함수 f의 정의역이 역함수 f^{-1}의 치역이 된다.

❷ 함수와 그 역함수의 그래프

함수 $y=f(x)$의 그래프와 그 역함수 $y=f^{-1}(x)$의 그래프는 직선 $y=x$에 대하여 대칭이다.

유형 01 역함수의 함숫값 구하기

함수 f의 역함수 f^{-1}에 대하여

$$f(a)=b \Longleftrightarrow f^{-1}(b)=a$$

참고 역함수의 함숫값을 구하는 문제는 역함수를 직접 구하지 않아도 역함수의 대응 관계를 이용하면 쉽게 해결할 수 있다.

[01~05] 오른쪽 그림과 같은 함수 $f: X \longrightarrow Y$에 대하여 다음을 구하시오.

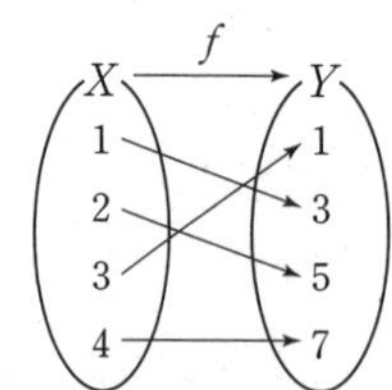

01 역함수 f^{-1}의 대응 관계

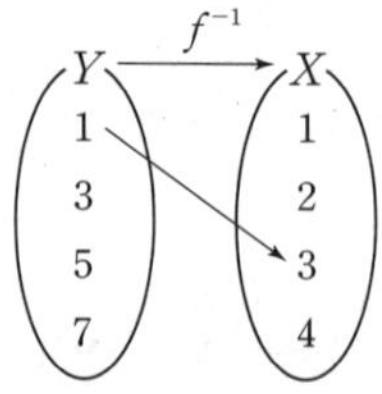

02 $f^{-1}(1)$

03 $f^{-1}(3)$

04 $f^{-1}(5)$

05 $f^{-1}(7)$

정답 및 해설 50쪽

[06~11] 함수 $f(x)=2x+3$에 대하여 다음 등식을 만족시키는 상수 a의 값을 구하시오.

06 $f^{-1}(1)=a$

➡ $f^{-1}(1)=a$에서 $f(a)=\square$이므로

$2a+3=\square$ $\quad\therefore a=\square$

07 $f^{-1}(7)=a$

08 $f^{-1}(a)=-1$

09 $f^{-1}(a)=2$

10 $f^{-1}(5)=a+1$

11 $f^{-1}(a-2)=-4$

유형 02 역함수가 존재하기 위한 조건

함수 f의 역함수 f^{-1}가 존재한다.

➡ f가 일대일대응이다.

➡ 정의역의 임의의 두 원소 x_1, x_2에 대하여 $x_1 \neq x_2$이면 $f(x_1) \neq f(x_2)$이고, 치역과 공역이 서로 같다.

[12~15] 다음 집합 X에서 집합 Y로의 함수 중 역함수가 존재하는 것은 ○표, 존재하지 않는 것은 ×표를 ( ) 안에 써넣으시오.

12

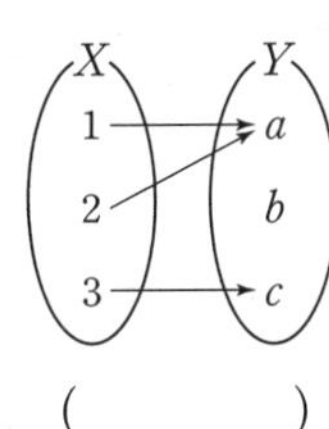

( )

13

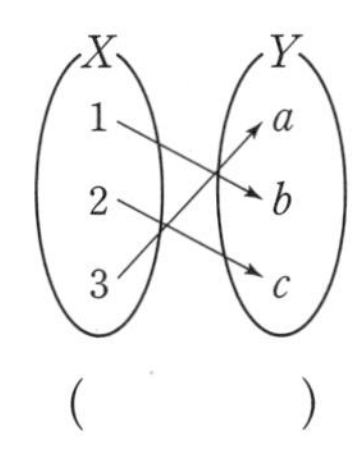

( )

14

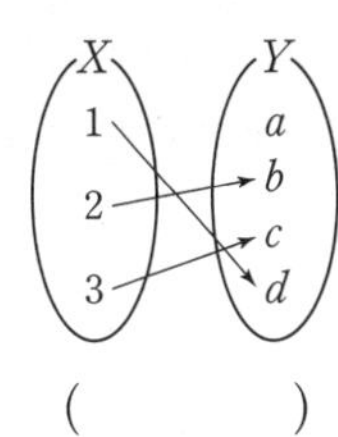

( )

15

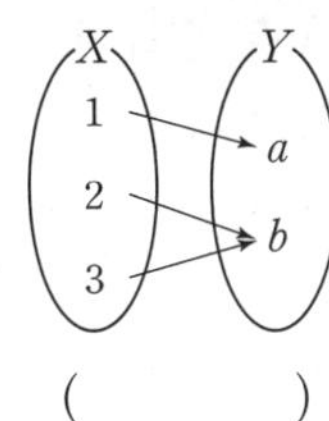

( )

[16~19] 다음 함수 $f(x)$의 역함수가 존재하기 위한 상수 a의 값 또는 그 값의 범위를 구하시오.

16 $f(x)=\begin{cases} 3x+1 & (x\geq 1) \\ x+a & (x<1) \end{cases}$

➡ 함수 $f(x)$의 역함수가 존재하려면 함수 $f(x)$가 $\square$이어야 하므로 $x=1$에서 함숫값이 같아야 한다.

$\square=1+a$ $\quad\therefore a=\square$

17 $f(x)=\begin{cases} x-a & (x\geq 4) \\ 2x+a & (x<4) \end{cases}$

18 $f(x)=\begin{cases} ax+2 & (x\geq 0) \\ (1-a)x+2 & (x<0) \end{cases}$

➡ 함수 $f(x)$의 역함수가 존재하려면 함수 $f(x)$가 $\square$이어야 하므로 $x\geq 0$일 때와 $x<0$일 때의 직선의 기울기의 부호가 서로 같아야 한다.

$a(1-a)\square 0$, $a(a-1)<0$

$\therefore 0<a<\square$

19 $f(x)=\begin{cases} (1+a)x-1 & (x\geq 0) \\ (2-a)x-1 & (x<0) \end{cases}$

[20~21] 두 집합 $X=\{x|1\le x\le 5\}$, $Y=\{y|a\le y\le b\}$에 대하여 집합 X에서 집합 Y로의 함수 $f(x)$의 역함수가 존재하도록 하는 두 상수 a, b의 값을 각각 구하시오.

20 $f(x)=2x-3$

21 $f(x)=-x+7$

[22~23] 집합 $X=\{x|x\ge a\}$에 대하여 집합 X에서 집합 X로의 함수 $f(x)$의 역함수가 존재할 때, 상수 a의 값을 구하시오.

22 $f(x)=x^2-2x$

➡ $f(x)=x^2-2x=(x-1)^2-1$

함수 f의 역함수가 존재하면 f는 일대일대응이므로

$a\ge\square$, $f(a)=\square$

$f(a)=a$에서 $a^2-2a=a$, $a^2-3a=0$

$a(a-3)=0$ $\quad\therefore a=\square$ $(\because a\ge 1)$

23 $f(x)=2x^2+8x-4$

유형 03 역함수의 성질

두 함수 f, g의 역함수가 각각 f^{-1}, g^{-1}일 때

(1) $(f^{-1}\circ f)(x)=x$, $(f\circ f^{-1})(y)=y$

(2) $(f^{-1})^{-1}=f$

(3) $(g\circ f)^{-1}=f^{-1}\circ g^{-1}$

[24~26] 두 함수 f, g에 대하여 다음을 구하시오.

24 $f(x)=x-1$, $g(x)=3x+2$일 때, $(f\circ(f\circ g)^{-1}\circ f)(2)$의 값

➡ $(f\circ(f\circ g)^{-1}\circ f)(2)=(f\circ g^{-1}\circ f^{-1}\circ f)(2)$

$=(f\circ g^{-1})(2)$

$=f(g^{-1}(2))$

이때 $g^{-1}(2)=k$라 하면 $g(k)=\square$이므로

$3k+2=2$ $\quad\therefore k=\square$

$\therefore (f\circ(f\circ g)^{-1}\circ f)(2)=f(\square)=\square-1=\square$

25 $f(x)=4x-3$, $g(x)=-x+1$일 때, $(f\circ(f\circ g)^{-1}\circ f)(-1)$의 값

26 $f(x)=-2x+9$, $g(x)=x^2-1$ $(x\ge 0)$일 때, $(f\circ(g\circ f)^{-1}\circ f)(3)$의 값

유형 04 $(g\circ f)(x)=x$를 만족시키는 함수 $g(x)$

일대일대응인 두 함수 f, g에 대하여 $(g\circ f)(x)=x$를 만족시키는 함수 $g(x)$는 $f(x)$의 역함수이다.

$(g\circ f)(x)=x \Longleftrightarrow g=f^{-1}$ → 합성함수가 항등함수이면 두 함수는 서로 역함수 관계이다.

[27~29] 일대일대응인 두 함수 f, g에 대하여 $f(x)=2x+1$, $(g\circ f)(x)=x$일 때, 다음의 값을 구하시오.

27 $(f\circ g^{-1}\circ f^{-1})(2)$

➡ $(g\circ f)(x)=x$에서 g는 f의 역함수, 즉 $g=f^{-1}$이므로

$(f\circ g^{-1}\circ f^{-1})(2)=(f\circ g^{-1}\circ\square)(2)$

$=f(\square)=\square$

28 $(g^{-1}\circ f^{-1}\circ g)(-3)$

29 $(f\circ(f\circ g)^{-1}\circ f)(1)$

유형 05 역함수 구하기

일차함수 $y=ax+b$의 역함수는 다음과 같은 순서로 구한다.

❶ x를 y에 대한 식으로 나타낸다.

➡ $x=\frac{1}{a}y-\frac{b}{a}$

❷ x와 y를 서로 바꾼다.

➡ $y=\frac{1}{a}x-\frac{b}{a}$

주의 역함수를 구하기 전에 주어진 함수가 일대일대응인지 먼저 확인해야 한다.

[30~33] 다음 함수의 역함수를 구하시오.

30 $y=4x-8$

➡ 주어진 함수는 일대일대응이므로 역함수가 존재한다.

$y=4x-8$에서 x를 y에 대한 식으로 나타내면

$4x=y+\square$ $\quad\therefore\ x=\frac{1}{4}y+\square$

x와 y를 서로 바꾸면 구하는 역함수는

$y=$

31 $y=-2x+3$

32 $y=\frac{1}{3}x+2$

33 $2x-4y-1=0$

유형 06 역함수의 그래프

함수 f와 그 역함수 f^{-1}에 대하여

➡ $y=f(x)$의 그래프가 점 $(a,\ b)$를 지나면 $y=f^{-1}(x)$의 그래프는 점 $(b,\ a)$를 지난다. (점 $(a,\ b)$와 점 $(b,\ a)$는 직선 $y=x$에 대하여 대칭이다.)

➡ $y=f(x)$의 그래프와 $y=f^{-1}(x)$의 그래프는 직선 $y=x$에 대하여 대칭이다.

참고 $y=f(x)$의 그래프와 직선 $y=x$의 교점은 $y=f(x)$의 그래프와 $y=f^{-1}(x)$의 그래프의 교점이다.

[34~38] 함수 $y=f(x)$의 그래프와 직선 $y=x$가 오른쪽 그림과 같을 때, 다음을 구하시오.

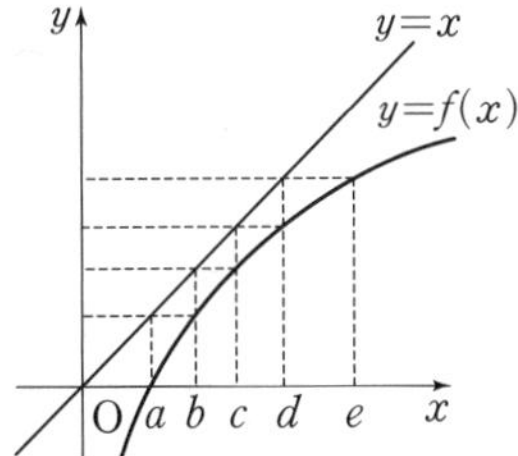

34 $f^{-1}(d)$

➡ $f^{-1}(d)=k$라 하면

$f(k)=\square$ $\quad\therefore\ k=\square$

35 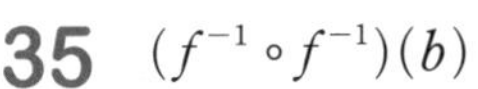 $(f^{-1}\circ f^{-1})(b)$

36 $(f\circ f)^{-1}(c)$

37 $(f^{-1}\circ f^{-1}\circ f^{-1})(a)$

38 $((f\circ f)^{-1}\circ f)(b)$

[39~42] 다음 함수 $y=f(x)$의 그래프와 그 역함수 $y=f^{-1}(x)$의 그래프의 교점의 좌표를 구하시오.

39 $f(x)=3x-4$

➡ 함수 $y=f(x)$의 그래프와 그 역함수 $y=f^{-1}(x)$의 그래프는 직선 $y=x$에 대하여 대칭이므로 오른쪽 그림과 같다.

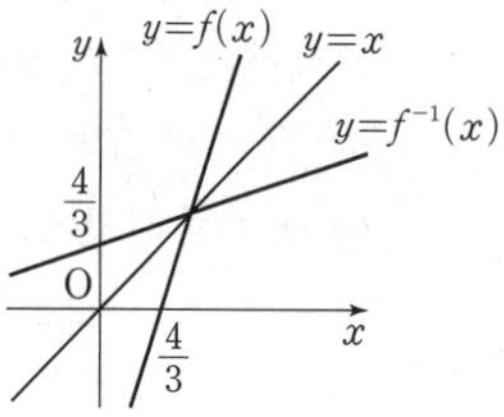

함수 $y=f(x)$의 그래프와 그 역함수 $y=f^{-1}(x)$의 그래프의 교점은 함수 $y=f(x)$의 그래프와 직선 $y=x$의 교점과 같으므로

$3x-4=\square \qquad \therefore x=\square$

따라서 구하는 교점의 좌표는 $(\square, \square)$이다.

40 $f(x)=\frac{1}{2}x+3$

41 $f(x)=-4x-5$

42 $f(x)=-\frac{1}{3}x+4$

[43~46] 함수 $f(x)=ax+b$에 대하여 그 역함수 $y=f^{-1}(x)$의 그래프가 다음 두 점 P, Q를 지날 때, 두 상수 a, b의 값을 각각 구하시오.

43 $\mathrm{P}(2, -1)$, $\mathrm{Q}(4, 1)$

➡ 함수 $y=f^{-1}(x)$의 그래프가 두 점 P, Q를 지나므로

$f^{-1}(2)=-1$, $f^{-1}(4)=\square$

즉, $f(-1)=2$, $f(1)=\square$이므로 $-a+b=2$, $a+b=\square$

위의 두 식을 연립하여 풀면 $a=\square$, $b=\square$

44 $\mathrm{P}(2, 1)$, $\mathrm{Q}(-8, -1)$

45 $\mathrm{P}(4, -2)$, $\mathrm{Q}(-3, 5)$

46 $\mathrm{P}(6, -1)$, $\mathrm{Q}(-2, 1)$

1:1 연습 166쪽에서 시험에 자주 출제되는 문제를 연습해 보세요.

23 유리함수 $y=\frac{k}{x-p}+q$의 그래프

❶ 유리식

(1) 유리식: 두 다항식 A, B $(B\neq0)$에 대하여 $\frac{A}{B}$ 꼴로 나타낼 수 있는 식

참고 B가 0이 아닌 상수이면 $\frac{A}{B}$는 다항식이 되므로 다항식도 유리식이다.

(2) 유리식의 성질
세 다항식 A, B, C $(B\neq0,\ C\neq0)$에 대하여

① $\frac{A}{B}=\frac{A\times C}{B\times C}$　② $\frac{A}{B}=\frac{A\div C}{B\div C}$

(3) 유리식의 사칙연산
네 다항식 A, B, C, D $(C\neq0,\ D\neq0)$에 대하여

① $\frac{A}{C}\pm\frac{B}{C}=\frac{A\pm B}{C}$ (복부호동순)　② $\frac{A}{C}\pm\frac{B}{D}=\frac{AD\pm BC}{CD}$ (복부호동순)

③ $\frac{A}{C}\times\frac{B}{D}=\frac{AB}{CD}$　④ $\frac{A}{C}\div\frac{B}{D}=\frac{A}{C}\times\frac{D}{B}=\frac{AD}{BC}$ (단, $B\neq0$)

$\frac{\frac{A}{C}}{\frac{B}{D}}=\frac{AD}{BC}$

(4) 부분분수로의 변형

$\frac{1}{AB}=\frac{1}{B-A}\left(\frac{1}{A}-\frac{1}{B}\right)$ (단, $AB\neq0$, $A\neq B$)

다항식이 아닌 유리식을 분수식이라 한다.

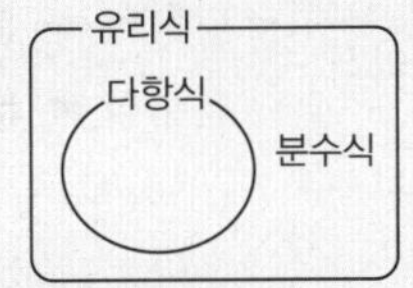

유리식의 덧셈과 곱셈에 대하여 교환법칙, 결합법칙이 성립한다.

❷ 유리함수

(1) 유리함수
① 유리함수: 함수 $y=f(x)$에서 $f(x)$가 x에 대한 유리식인 함수
② 다항함수: 함수 $y=f(x)$에서 $f(x)$가 x에 대한 다항식인 함수

(2) 유리함수에서 정의역이 주어져 있지 않은 경우에는 분모가 0이 되지 않도록 하는 실수 전체의 집합을 정의역으로 한다.

참고 다항함수의 정의역은 실수 전체의 집합이다.

함수 $y=f(x)$에서 $f(x)$가 x에 대한 분수식인 함수를 분수함수라 한다.

❸ 유리함수의 그래프

(1) 유리함수 $y=\frac{k}{x}$ $(k\neq0)$의 그래프
① 정의역과 치역은 모두 0이 아닌 실수 전체의 집합이다.
② $k>0$이면 그래프는 제1사분면과 제3사분면 위에 있고, $k<0$이면 그래프는 제2사분면과 제4사분면 위에 있다.
③ 원점에 대하여 대칭이다.
④ 점근선은 x축, y축이다.

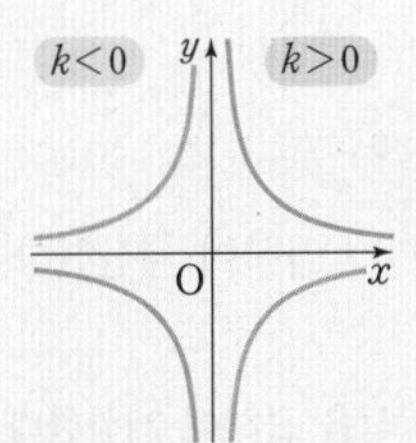

함수 $y=\frac{k}{x}$ $(k\neq0)$의 그래프는 k의 절댓값이 커질수록 원점으로부터 멀어진다.

곡선이 어떤 직선에 한없이 가까워질 때, 이 직선을 그 곡선의 점근선이라 한다.

(2) 유리함수 $y=\frac{k}{x-p}+q$ $(k\neq0)$의 그래프
① 유리함수 $y=\frac{k}{x}$의 그래프를 x축의 방향으로 p만큼, y축의 방향으로 q만큼 평행이동한 것이다.
② 정의역은 $\{x|x\neq p$인 실수$\}$, 치역은 $\{y|y\neq q$인 실수$\}$이다.
③ 점 $(p,\ q)$에 대하여 대칭이다.
④ 점근선은 두 직선 $x=p$, $y=q$이다.

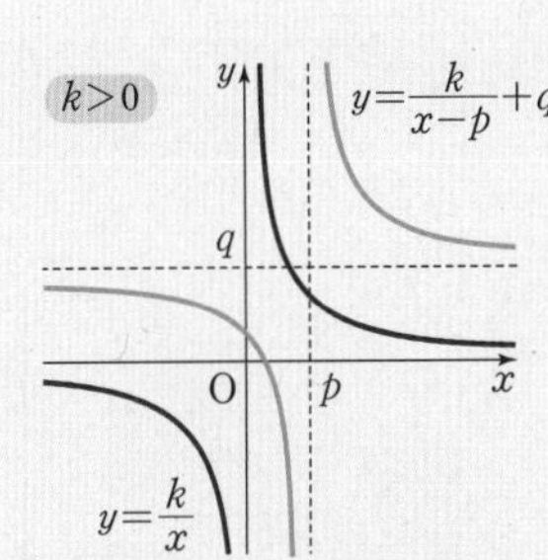

점 $(p,\ q)$는 두 점근선의 교점이다.

유형 01 유리식

(1) 유리식 ➡ 두 다항식 A, B $(B\neq0)$에 대하여 $\frac{A}{B}$ 꼴로 나타낼 수 있는 식

(2) 유리식 ┌ 다항식 ➡ 분모에 문자가 없는 식
└ 분수식 ➡ 분모에 문자가 있는 식

[01~04] 다음 유리식 중 다항식인 것은 '다항', 분수식인 것은 '분수'를 ( ) 안에 써넣으시오.

01 $\frac{1}{x}$ ( )

02 $\frac{x}{2}+\frac{1}{5}$ ( )

03 $\frac{2x+1}{x}$ ( )

04 $\frac{x^2-x}{3}$ ( )

유형 02 유리식의 사칙연산

(1) 유리식의 덧셈과 뺄셈
➡ 분모를 통분하여 계산한다.
(통분: 두 개 이상의 유리식을 분모가 같은 유리식으로 고치는 것)

(2) 유리식의 곱셈
➡ 분모는 분모끼리, 분자는 분자끼리 곱하여 계산한다.

(3) 유리식의 나눗셈
➡ 나누는 식의 분자와 분모를 바꾼 식을 곱하여 계산한다.

[05~08] 다음 식을 계산하시오.

05 $\frac{1}{x-1}+\frac{2}{x+1}$

➡ $\frac{1}{x-1}+\frac{2}{x+1}=\frac{(x+1)+\square(x-1)}{(x-1)(x+1)}$

$=\frac{\square}{(x+1)(x-1)}$

06 $\frac{3}{x}+\frac{1}{x+3}$

07 $\frac{3}{x+2}-1$

08 $\frac{2}{x+1}-\frac{1}{x^2+x}$

[09~13] 다음 식을 계산하시오.

09 $\frac{x-1}{x}\times\frac{2x}{x^2-1}$

10 $\frac{2x+6}{x^2-4}\times\frac{x+2}{x^2+6x+9}$

11 $\frac{x-1}{x+2}\div\frac{x-1}{x+3}$

12 $\frac{x}{x+3} \div \frac{x+1}{x^2-9}$

13 $\frac{x^2-x}{x^2-5x+6} \div \frac{x^2-1}{x-2}$

유형 03 유리식과 항등식

주어진 유리식이 항등식일 때는 분모를 통분한 후 분자의 다항식에 대하여 항등식의 성질을 이용하여 미지수를 구한다.

참고 **항등식의 성질**

① $ax^2+bx+c=0$이 x에 대한 항등식

➡ $a=b=c=0$

② $ax^2+bx+c=a'x^2+b'x+c'$이 x에 대한 항등식

➡ $a=a'$, $b=b'$, $c=c'$ ← 동류항의 계수를 비교한다.

[14~17] 분모가 0이 되지 않도록 하는 모든 실수 x에 대하여 다음 등식이 성립할 때, 두 상수 a, b의 값을 각각 구하시오.

14 $\frac{2}{x-1}+\frac{1}{x+1}=\frac{ax+b}{x^2-1}$

➡ $\frac{2}{x-1}+\frac{1}{x+1}=\frac{2(\square)+(x-1)}{(x-1)(x+1)}=\frac{3x+\square}{x^2-1}$

즉, $\frac{3x+\square}{x^2-1}=\frac{ax+b}{x^2-1}$이므로

$a=\square$, $b=\square$

15 $\frac{a}{x+1}-\frac{b}{x+2}=\frac{5}{x^2+3x+2}$

16 $\frac{a}{x+2}+\frac{bx+1}{x^2-4}=\frac{x+3}{x^2-4}$

17 $\frac{a}{x-1}+\frac{x+b}{x^2+x+1}=\frac{x-4}{x^3-1}$

유형 04 부분분수로의 변형

분모가 두 인수의 곱으로 되어 있을 때

➡ $\frac{1}{AB}=\frac{1}{B-A}\left(\frac{1}{A}-\frac{1}{B}\right)$ (단, $AB\neq0$, $A\neq B$)

참고 $\frac{1}{B-A}\left(\frac{1}{A}-\frac{1}{B}\right)=\frac{1}{B-A}\times\frac{B-A}{AB}=\frac{1}{AB}$

[18~21] 분모를 0으로 만들지 않는 모든 실수 x에 대하여 다음 등식이 성립하도록 하는 두 상수 a, b의 값을 각각 구하시오.

18 $\frac{1}{x(x+2)}=\frac{1}{a}\left(\frac{1}{x}-\frac{1}{x+b}\right)$

19 $\frac{1}{(x-2)(x+1)}=\frac{1}{a}\left(\frac{1}{x-2}-\frac{1}{x+b}\right)$

20 $\frac{1}{x(x+1)}=\frac{1}{x}+\frac{a}{x+b}$

21 $\frac{1}{(x+1)(x+3)}=\frac{a}{x+1}+\frac{b}{x+3}$

유형 05 유리함수

(1) 유리함수

➡ 함수 $y=f(x)$에서 $f(x)$가 x에 대한 유리식인 함수

(2) 유리함수 ─ 다항함수 ➡ $y=$(다항식)
　　　　　　 └ 분수함수 ➡ $y=$(분수식)

(3) 유리함수의 정의역

➡ 분모가 0이 되지 않도록 하는 실수 전체의 집합

[22~25] 다음 유리함수 중 다항함수인 것은 '다항', 분수함수인 것은 '분수'를 (　) 안에 써넣으시오.

22 $y=\frac{2}{x}$ (　　　)

23 $y=1-\frac{3x}{2}$ (　　　)

24 $y=\frac{1}{2}x^2+1$ (　　　)

25 $y=\frac{x+1}{2x-1}$ (　　　)

[26~29] 다음 유리함수의 정의역을 구하시오.

26 $y=\frac{1}{x-3}$

27 $y=\frac{1-2x}{x+5}$

28 $y=\frac{3x}{x^2+1}$

29 $y=\frac{2x+3}{x^2-4}$

유형 06 유리함수 $y=\frac{k}{x}\ (k\neq0)$의 그래프

(1) 정의역과 치역은 모두 0이 아닌 실수 전체의 집합이다.

(2) $k>0$이면 그래프는 제1, 3사분면 위에 있고,
$k<0$이면 그래프는 제2, 4사분면 위에 있다.

(3) 원점에 대하여 대칭이다.

(4) 점근선은 x축, y축이다. (x축 → 직선 $y=0$, y축 → 직선 $x=0$)

[30~32] 다음 유리함수의 그래프를 그리시오.

30 $y=\frac{4}{x}$

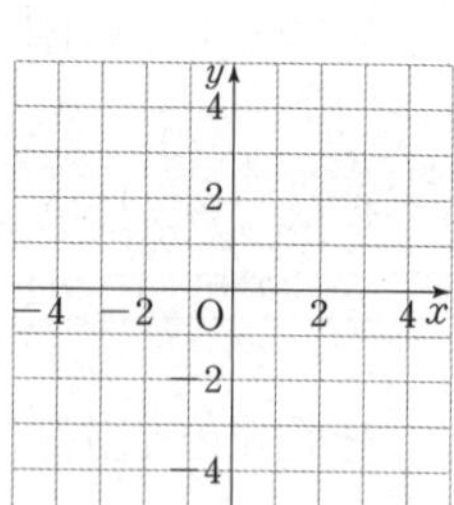

31 $y=-\frac{2}{x}$

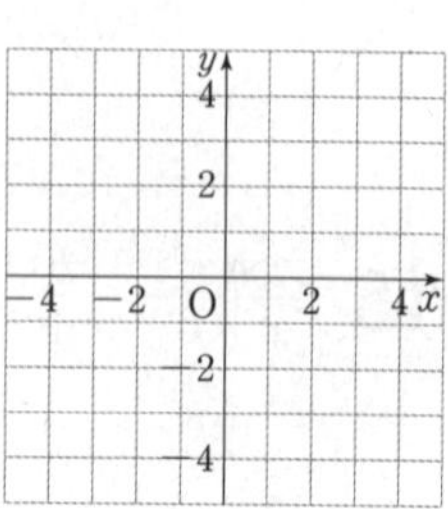

32 $y=-\frac{1}{2x}$

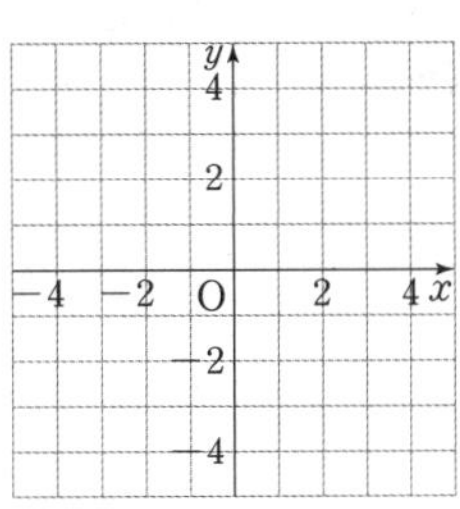

유형 07 유리함수 $y=\frac{k}{x-p}+q\ (k\neq0)$의 그래프

(1) 유리함수 $y=\frac{k}{x}$의 그래프를 x축의 방향으로 p만큼, y축의 방향으로 q만큼 평행이동한 것이다.
(2) 정의역은 $\{x|x\neq p$인 실수$\}$, 치역은 $\{y|y\neq q$인 실수$\}$이다.
(3) 점근선은 두 직선 $x=p$, $y=q$이다. (그래프가 평행이동한 만큼 점근선도 평행이동한다.)

[33~35] 다음 함수의 그래프를 x축의 방향으로 [ ] 안의 p만큼, y축의 방향으로 [ ] 안의 q만큼 평행이동한 그래프의 방정식을 구하시오.

33 $y=\frac{1}{x}$ $[p=1,\ q=2]$

➡ 함수 $y=\frac{1}{x}$의 그래프를 x축의 방향으로 1만큼, y축의 방향으로 2만큼 평행이동하면

$y-\square=\frac{1}{x-\square}$ $\therefore\ y=\frac{1}{x-\square}+\square$

34 $y=\frac{3}{x}$ $[p=2,\ q=-1]$

35 $y=-\frac{2}{x}$ $[p=-1,\ q=-3]$

[36~39] 주어진 함수에 대하여 다음 물음에 답하시오.

36 $y=\frac{1}{x}+2$

(1) 그래프의 점근선의 방정식을 구하시오.

(2) 정의역과 치역을 각각 구하시오.

(3) 그래프를 그리시오.

37 $y=-\frac{2}{x+1}$

(1) 그래프의 점근선의 방정식을 구하시오.

(2) 정의역과 치역을 각각 구하시오.

(3) 그래프를 그리시오.

38 $y=\frac{5}{x-2}+3$

(1) 그래프의 점근선의 방정식을 구하시오.

(2) 정의역과 치역을 각각 구하시오.

(3) 그래프를 그리시오.

39 $y=-\frac{4}{x+3}-1$

(1) 그래프의 점근선의 방정식을 구하시오.

(2) 정의역과 치역을 각각 구하시오.

(3) 그래프를 그리시오.

유형 08 유리함수의 그래프의 대칭성

유리함수 $y=\frac{k}{x-p}+q\ (k\neq0)$의 그래프는

(1) 두 점근선의 교점 $(p,\ q)$에 대하여 대칭이다.

(2) 점 $(p,\ q)$를 지나고 기울기가 ±1인 직선에 대하여 대칭이다. → $y=\pm(x-p)+q$

참고 유리함수 $y=\frac{k}{x}$의 그래프는 두 직선 $y=\pm x$에 대하여 대칭이므로 $y=\frac{k}{x-p}+q$의 그래프는 두 직선 $y=\pm x$를 x축의 방향으로 p만큼, y축의 방향으로 q만큼 평행이동한 두 직선 $y=\pm(x-p)+q$에 대하여 대칭이다.

[40~42] 다음 함수의 그래프가 점 $(a,\ b)$에 대하여 대칭일 때, a, b의 값을 각각 구하시오.

40 $y=\frac{1}{x+3}$

41 $y=\frac{4}{x-1}-2$

42 $y=-\frac{3}{x+2}+5$

[43~45] 다음 함수의 그래프가 주어진 직선에 대하여 대칭일 때, 상수 k의 값을 구하시오.

43 함수 $y=-\frac{2}{x}+1$, 직선 $y=x+k$

➡ 함수 $y=-\frac{2}{x}+1$의 그래프의 점근선의 방정식이 $x=\square$, $y=\square$이므로 직선 $y=x+k$는 점 $(0,\ 1)$을 지난다.

$\therefore k=\square$

44 함수 $y=\frac{1}{x-4}+3$, 직선 $y=x+k$

45 함수 $y=-\frac{7}{x+2}-2$, 직선 $y=-x+k$

1+1 연습 168쪽에서 시험에 자주 출제되는 문제를 연습해 보세요.

24 유리함수 $y=\dfrac{ax+b}{cx+d}$의 그래프

Ⅲ. 함수와 그래프

❶ 유리함수 $y=\dfrac{ax+b}{cx+d}$ $(ad-bc\neq0,\ c\neq0)$의 그래프

(1) $y=\dfrac{k}{x-p}+q$ 꼴로 변형하여 그린다.

(2) 점근선은 두 직선 $x=-\dfrac{d}{c}$, $y=\dfrac{a}{c}$이다.

$$y=\frac{ax+b}{cx+d}=\frac{\frac{a}{c}(cx+d)-\frac{ad}{c}+b}{cx+d}=\frac{b-\frac{ad}{c}}{cx+d}+\frac{a}{c}=\frac{b-\frac{ad}{c}}{c\left(x+\frac{d}{c}\right)}+\frac{a}{c}$$

❷ 유리함수의 최대·최소

정의역이 주어진 유리함수 $y=\dfrac{ax+b}{cx+d}$ $(ad-bc\neq0,\ c\neq0)$의 최댓값과 최솟값은 다음과 같은 순서로 구한다.

❶ $y=\dfrac{k}{x-p}+q$ 꼴로 변형한다.

❷ 주어진 정의역에서 그래프를 그려 최댓값과 최솟값을 구한다.

❸ 유리함수의 역함수

유리함수 $y=\dfrac{ax+b}{cx+d}$ $(ad-bc\neq0,\ c\neq0)$의 역함수는 다음과 같은 순서로 구한다.

❶ x를 y에 대한 식으로 나타낸다. ➡ $x=\dfrac{-dy+b}{cy-a}$

❷ x와 y를 서로 바꾼다. ➡ $y=\dfrac{-dx+b}{cx-a}$

$ad-bc=0$, $c\neq0$이면

$\dfrac{ax+b}{cx+d}=$(상수)

$c=0$, $d\neq0$이면

$\dfrac{ax+b}{cx+d}=\dfrac{a}{d}x+\dfrac{b}{d}$

정답 및 해설 55쪽

유형 01 유리함수 $y=\dfrac{ax+b}{cx+d}$ $(ad-bc\neq0,\ c\neq0)$의 그래프

유리함수 $y=\dfrac{ax+b}{cx+d}$ $(ad-bc\neq0,\ c\neq0)$의 그래프는 $y=\dfrac{k}{x-p}+q$ 꼴로 변형하여 그린다.

[01~06] 다음 유리함수를 $y=\dfrac{k}{x-p}+q$ $(k\neq0)$ 꼴로 변형하시오.

01 $y=\dfrac{4x}{x-1}$

➡ $y=\dfrac{4x}{x-1}=\dfrac{\square(x-1)+4}{x-1}=\dfrac{\square}{x-1}+4$

02 $y=\dfrac{2x+1}{x+1}$

03 $y=\dfrac{-3x+5}{x-2}$

04 $y=\dfrac{x-6}{3-x}$

05 $y=\dfrac{2x+3}{2x-1}$

06 $y=\dfrac{-6x+1}{3x+1}$

[07~10] 주어진 함수에 대하여 다음 물음에 답하시오.

07 $y=\frac{3x+7}{x+2}$

(1) 함수를 $y=\frac{k}{x-p}+q\ (k\neq0)$ 꼴로 변형하시오.

(2) 그래프의 점근선의 방정식을 구하시오.

(3) 정의역과 치역을 각각 구하시오.

(4) 그래프를 그리시오.

08 $y=\frac{2x-5}{x-1}$

(1) 함수를 $y=\frac{k}{x-p}+q\ (k\neq0)$ 꼴로 변형하시오.

(2) 그래프의 점근선의 방정식을 구하시오.

(3) 정의역과 치역을 각각 구하시오.

(4) 그래프를 그리시오.

09 $y=\frac{-5x+17}{x-3}$

(1) 함수를 $y=\frac{k}{x-p}+q\ (k\neq0)$ 꼴로 변형하시오.

(2) 그래프의 점근선의 방정식을 구하시오.

(3) 정의역과 치역을 각각 구하시오.

(4) 그래프를 그리시오.

10 $y=\frac{-4x-6}{x+1}$

(1) 함수를 $y=\frac{k}{x-p}+q\ (k\neq0)$ 꼴로 변형하시오.

(2) 그래프의 점근선의 방정식을 구하시오.

(3) 정의역과 치역을 각각 구하시오.

(4) 그래프를 그리시오.

유형 02 유리함수의 그래프의 평행이동

두 유리함수 $y=\frac{k_1}{x-p}+q$, $y=\frac{k_2}{x-m}+n$의 그래프가 평행이동하여 겹쳐지려면

➡ $k_1=k_2$

[11~15] 다음 함수의 그래프 중 함수 $y=\frac{1}{x}$의 그래프를 평행이동하여 겹쳐질 수 있는 것은 ○표, 겹쳐질 수 없는 것은 ×표를 ( ) 안에 써넣으시오.

11 $y=\frac{2x+3}{x+1}$ ( )

➡ $y=\frac{2x+3}{x+1}=\frac{2(x+1)+\square}{x+1}=\frac{\square}{x+1}+2$

즉, 함수 $y=\frac{1}{x}$의 그래프를 x축의 방향으로 $\square$만큼, y축의 방향으로 $\square$만큼 평행이동한 것이므로 겹쳐질 수 있다.

12 $y=\frac{x+2}{x}$ ( )

13 $y=\frac{x-2}{x-1}$ (　　)

14 $y=\frac{-2x-7}{x+4}$ (　　)

15 $y=\frac{4x+1}{2x-1}$ (　　)

[16~21] 다음 함수의 그래프 중 함수 $y=\frac{x-1}{x+2}$의 그래프를 평행이동하여 겹쳐질 수 있는 것은 ○표, 겹쳐질 수 없는 것은 ×표를 ( ) 안에 써넣으시오.

16 $y=\frac{x+1}{x-2}$ (　　)

17 $y=\frac{3x}{x+1}$ (　　)

18 $y=\frac{-2x+5}{2x+4}$ (　　)

19 $y=\frac{x+2}{1-x}$ (　　)

20 $y=\frac{-9x-6}{3x+1}$ (　　)

21 $y=\frac{3x-6}{2x}$ (　　)

유형 03 그래프를 이용하여 유리함수의 식 구하기

주어진 그래프를 이용하여 유리함수의 식을 구할 때는 다음과 같은 순서로 구한다.

❶ 점근선의 방정식 $x=p$, $y=q$를 구한다.

❷ 함수의 식을 $y=\frac{k}{x-p}+q$ $(k\neq0)$로 놓는다.

❸ 그래프가 지나는 점의 좌표를 ❷의 식에 대입하여 k의 값을 구한다.

[22~24] 함수 $y=\frac{k}{x-p}+q$의 그래프가 다음 그림과 같을 때, 세 상수 k, p, q의 값을 각각 구하시오.

22

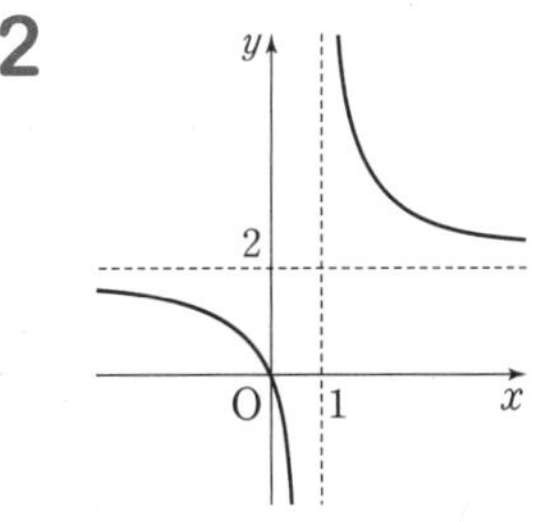

➡ 점근선의 방정식이 $x=1$, $y=2$이므로

$y=\frac{k}{x-1}+2$ $(k>0)$라 하면 $p=\square$, $q=\square$

이 함수의 그래프가 점 $(0, 0)$을 지나므로

$0=\frac{k}{-1}+2$　　$\therefore k=\square$

23

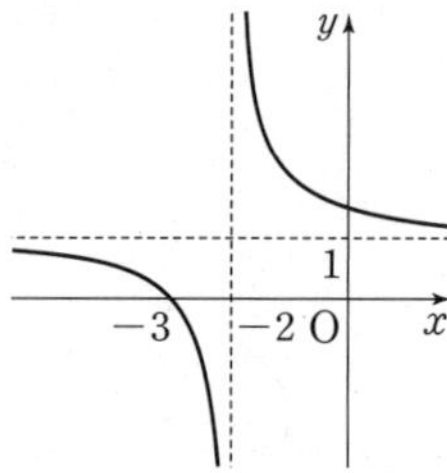

24

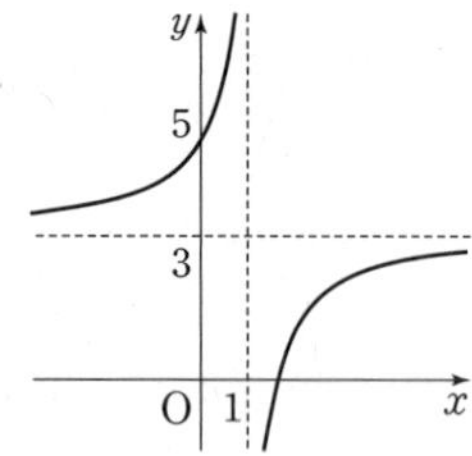

[25~26] 함수 $y=\frac{ax+b}{x+c}$의 그래프가 다음 그림과 같을 때, 세 상수 a, b, c의 값을 각각 구하시오.

25

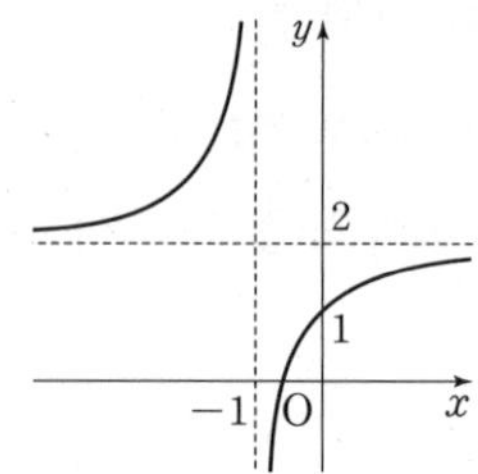

22번과 같은 방법으로 $y=\frac{k}{x-p}+q$ 꼴로 구한 후 $y=\frac{ax+b}{x+c}$ 꼴로 정리한다.

26

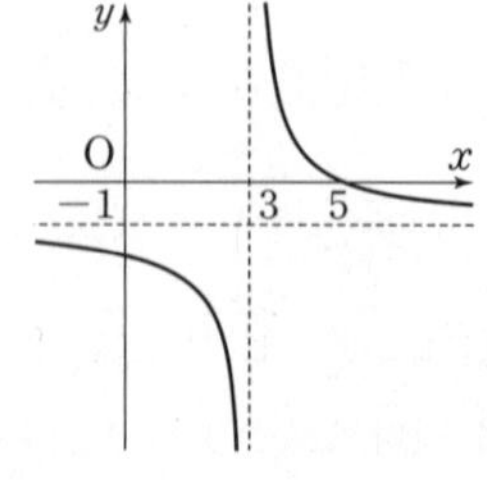

유형 04 유리함수의 최대·최소

함수 $y=f(x)$의 정의역이 주어졌을 때
➡ 주어진 정의역에서 함수 $y=f(x)$의 그래프를 그리고, y의 최댓값과 최솟값을 구한다.

[27~31] 다음 [ ] 안에 주어진 범위에서 함수의 최댓값과 최솟값을 각각 구하시오.

27 $y=\frac{2x+1}{x-2}$ $[3\le x\le 7]$

❶단계 $y=\frac{2x+1}{x-2}=\frac{2(x-2)+5}{x-2}=\frac{5}{x-2}+\square$

❷단계 주어진 함수의 그래프는 함수 $y=\frac{5}{x}$의 그래프를 x축의 방향으로 $\square$만큼, y축의 방향으로 $\square$만큼 평행이동한 것이므로 $3\le x\le 7$에서 함수 $y=\frac{2x+1}{x-2}$의 그래프는 오른쪽 그림과 같다.

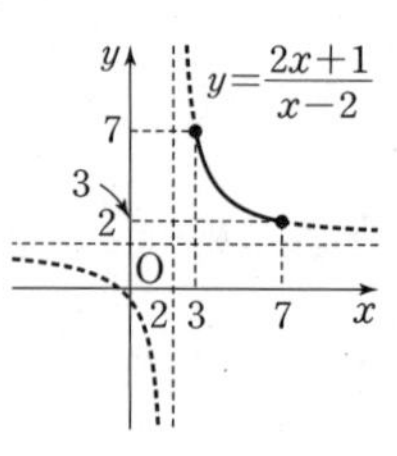

❸단계 $x=\square$일 때 최댓값 $\square$, $x=\square$일 때 최솟값 $\square$을 갖는다.

28 $y=\frac{3x+5}{x+1}$ $[-3\le x\le -2]$

❶단계 $y=\frac{k}{x-p}+q$의 꼴로 변형한다.

❷단계 주어진 정의역에서 그래프를 그린다.

❸단계 최댓값과 최솟값을 구한다.

29 $y=\frac{x-6}{x+2}$ $[0\le x\le 6]$

30 $y=\frac{-2x+2}{x-3}$ $[-1\leq x\leq 2]$

31 $y=\frac{2x-8}{2-x}$ $[3\leq x\leq 4]$

유형 05 유리함수의 역함수

유리함수 $y=\frac{ax+b}{cx+d}$ $(ad-bc\neq 0,\ c\neq 0)$의 역함수는 다음과 같은 순서로 구한다.

❶ x를 y에 대한 식으로 나타낸다.

➡ $x=\frac{-dy+b}{cy-a}$

❷ x와 y를 서로 바꾼다.

➡ $y=\frac{-dx+b}{cx-a}$

참고 유리함수 $y=\frac{ax+b}{cx+d}$의 역함수 $y=\frac{-dx+b}{cx-a}$는 원래 함수에서 a, d의 부호와 위치가 바뀐다.

[32~37] 다음 유리함수의 역함수를 구하시오.

32 $y=\frac{3x+1}{x-1}$

➡ $y=\frac{3x+1}{x-1}$에서 x를 y에 대한 식으로 나타내면

$y(x-1)=3x+1$, $(y-\square)x=y+1$

$\therefore x=\frac{y+1}{y-\square}$

x와 y를 서로 바꾸면 구하는 역함수는

$y=\square$

33 $y=\frac{2x+3}{x+1}$

34 $y=\frac{-x-4}{x-2}$

35 $y=\frac{1-x}{3+x}$

36 $y=\frac{-3x+2}{2x-1}$

37 $y=\frac{2x-5}{3x+4}$

1+1 연습 170쪽에서 시험에 자주 출제되는 문제를 연습해 보세요.

25 무리함수 $y=\sqrt{a(x-p)}+q$의 그래프

1 무리식

(1) 무리식: 근호 안에 문자가 포함되어 있는 식 중에서 유리식으로 나타낼 수 없는 식

(2) 무리식의 값이 실수가 되기 위한 조건

무리식의 값이 실수가 되려면 근호 안의 식의 값이 양수 또는 0이어야 하므로 무리식을 계산할 때는

(근호 안의 식의 값)≥ 0, (분모)$\neq 0$

이 되는 문자의 값의 범위에서만 생각한다.

(3) 무리식의 계산

무리식의 계산은 무리수의 계산과 같은 방법으로 한다. 특히 분모에 무리식이 포함되어 있을 때는 분모를 유리화하여 간단히 할 수 있다.

참고 • 제곱근의 성질

① $(\sqrt{a})^2=a\ (a\geq 0)$

② $\sqrt{a^2}=|a|=\begin{cases} a & (a\geq 0) \\ -a & (a<0) \end{cases}$

③ $\sqrt{a}\sqrt{b}=\sqrt{ab}\ (a>0,\ b>0)$

④ $\dfrac{\sqrt{a}}{\sqrt{b}}=\sqrt{\dfrac{a}{b}}\ (a>0,\ b>0)$

• 음수의 제곱근의 성질

① $a<0,\ b<0$이면 $\sqrt{a}\sqrt{b}=-\sqrt{ab}$

② $a>0,\ b<0$이면 $\dfrac{\sqrt{a}}{\sqrt{b}}=-\sqrt{\dfrac{a}{b}}$

> 분모에 근호가 포함된 식의 분자, 분모에 적당한 수 또는 식을 곱하여 분모에 근호가 포함되지 않도록 변형하는 것을 분모의 유리화라 한다.

2 무리함수

(1) 무리함수: 함수 $y=f(x)$에서 $f(x)$가 x에 대한 무리식인 함수

(2) 무리함수에서 정의역이 주어져 있지 않은 경우에는 근호 안의 식의 값이 0 이상이 되도록 하는 실수 전체의 집합을 정의역으로 한다.

3 무리함수의 그래프

(1) 무리함수 $y=\sqrt{ax}\ (a\neq 0)$의 그래프

① $a>0$일 때, 정의역은 $\{x|x\geq 0\}$, 치역은 $\{y|y\geq 0\}$이고,
$a<0$일 때, 정의역은 $\{x|x\leq 0\}$, 치역은 $\{y|y\geq 0\}$이다.

② 함수 $y=\dfrac{x^2}{a}\ (x\geq 0)$의 그래프와 직선 $y=x$에 대하여 대칭이다. ⟶ 함수 $y=\sqrt{ax}$의 역함수는 $y=\dfrac{x^2}{a}\ (x\geq 0)$이다.

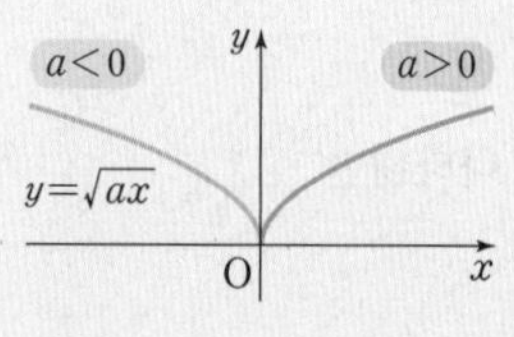

> 함수 $y=\sqrt{ax}\ (a\neq 0)$의 그래프는 a의 절댓값이 커질수록 x축으로부터 멀어진다.

참고 **무리함수 $y=-\sqrt{ax}\ (a\neq 0)$의 그래프**

① $a>0$일 때, 정의역은 $\{x|x\geq 0\}$, 치역은 $\{y|y\leq 0\}$이고,
$a<0$일 때, 정의역은 $\{x|x\leq 0\}$, 치역은 $\{y|y\leq 0\}$이다.

② 함수 $y=\sqrt{ax}$의 그래프와 x축에 대하여 대칭이다.

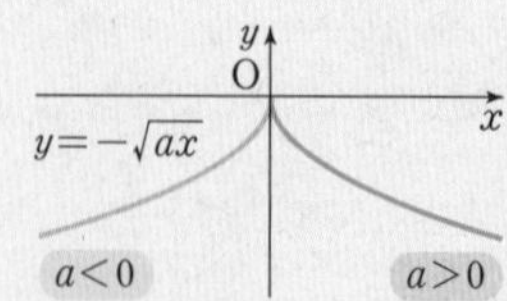

> 세 함수 $y=-\sqrt{ax}$, $y=\sqrt{-ax}$, $y=-\sqrt{-ax}$의 그래프는 함수 $y=\sqrt{ax}$의 그래프를 각각 x축, y축, 원점에 대하여 대칭이동한 것이다.

(2) 무리함수 $y=\sqrt{a(x-p)}+q\ (a\neq 0)$의 그래프

① 무리함수 $y=\sqrt{ax}$의 그래프를 x축의 방향으로 p만큼, y축의 방향으로 q만큼 평행이동한 것이다.

② $a>0$일 때, 정의역은 $\{x|x\geq p\}$, 치역은 $\{y|y\geq q\}$이고,
$a<0$일 때, 정의역은 $\{x|x\leq p\}$, 치역은 $\{y|y\geq q\}$이다.

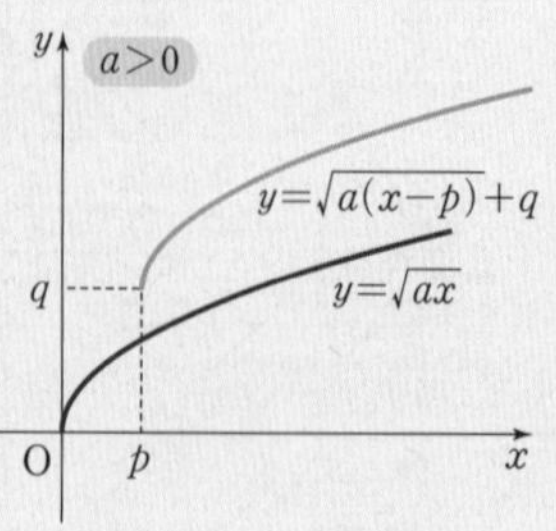

참고 **무리함수 $y=-\sqrt{a(x-p)}+q\ (a\neq 0)$의 그래프**

$a>0$일 때, 정의역은 $\{x|x\geq p\}$, 치역은 $\{y|y\leq q\}$이고,
$a<0$일 때, 정의역은 $\{x|x\leq p\}$, 치역은 $\{y|y\leq q\}$이다.

정답 및 해설 58쪽

유형 01 무리식

(1) 무리식 ➡ 근호 안에 문자가 포함되어 있는 식 중에서 유리식으로 나타낼 수 없는 식

(2) 식 ─ 유리식 ─ 다항식 / 분수식
　　　 └ 무리식

(3) 무리식의 값이 실수가 되기 위한 조건

① $\sqrt{A}$가 실수이려면 ➡ $A \geq 0$

② $\frac{1}{\sqrt{A}}$이 실수이려면 ➡ $A > 0$

[01~04] 다음 중 무리식인 것은 '무', 유리식인 것은 '유'를 (　　) 안에 써넣으시오.

01 $\sqrt{x}+1$ (　　　)

02 $\sqrt{2}x-1$ (　　　)

03 $\frac{1}{\sqrt{x+1}-\sqrt{x}}$ (　　　)

04 $1+\frac{\sqrt{2}}{x}$ (　　　)

[05~08] 다음 무리식의 값이 실수가 되도록 하는 실수 x의 값의 범위를 구하시오.

05 $\sqrt{2x-4}$

06 $\frac{1}{\sqrt{x+1}}$

07 $\sqrt{x-1}+\sqrt{x+4}$

08 $\sqrt{x-3}-\frac{1}{\sqrt{5-x}}$

유형 02 무리식의 계산

(1) 무리식의 계산은 무리수의 계산과 같은 방법으로 한다.

(2) 분모에 무리식이 포함된 식은 분모를 유리화하여 간단히 한 다음 계산한다.

➡ $a>0$, $b>0$일 때

$$\frac{c}{\sqrt{a}+\sqrt{b}}=\frac{c(\sqrt{a}-\sqrt{b})}{(\sqrt{a}+\sqrt{b})(\sqrt{a}-\sqrt{b})}=\frac{c(\sqrt{a}-\sqrt{b})}{a-b} \text{ (단, } a\neq b)$$

[09~10] 다음 식의 분모를 유리화하시오.

09 $\frac{2}{\sqrt{x+1}-\sqrt{x-1}}$

10 $\frac{\sqrt{x+1}-\sqrt{x}}{\sqrt{x+1}+\sqrt{x}}$

[11~13] 다음 식을 간단히 하시오.

11 $(\sqrt{x+2}+\sqrt{x})(\sqrt{x+2}-\sqrt{x})$

12 $\frac{1}{2+\sqrt{x}}+\frac{1}{2-\sqrt{x}}$

13 $\sqrt{x^2+1}-\dfrac{1}{x+\sqrt{x^2+1}}$

유형 03 무리식의 값 구하기

(1) 식을 간단히 할 수 있으면
➡ 식을 간단히 한 다음 수를 대입한다.
(2) 식을 간단히 할 수 없으면
➡ 수를 먼저 대입한다.

[14~17] 다음 식의 값을 구하시오.

14 $x=\sqrt{2}$일 때, $\dfrac{\sqrt{x+1}}{\sqrt{x-1}}$

15 $x=\sqrt{5}$일 때, $\dfrac{\sqrt{x}-1}{\sqrt{x}+1}+\dfrac{\sqrt{x}+1}{\sqrt{x}-1}$

16 $x=\sqrt{3}-1$일 때, $\dfrac{1}{\sqrt{x+3}-1}-\dfrac{1}{\sqrt{x+3}+1}$

17 $x=\dfrac{\sqrt{2}}{2}$일 때, $\dfrac{1}{x+\sqrt{x^2-1}}+\dfrac{1}{x-\sqrt{x^2-1}}$

유형 04 무리함수

(1) 무리함수
➡ 함수 $y=f(x)$에서 $f(x)$가 x에 대한 무리식인 함수 (→ $y=$(무리식))
(2) 무리함수의 정의역
➡ (근호 안의 식의 값)≥ 0이 되도록 하는 실수 전체의 집합

[18~21] 다음 중 무리함수인 것은 '무', 유리함수인 것은 '유'를 (　) 안에 써넣으시오.

18 $y=\sqrt{2x}$ (　　)

19 $y=-\sqrt{5}x$ (　　)

20 $y=\sqrt{(x+1)^2}$ (　　)

21 $y=\dfrac{x-1}{\sqrt{x}+1}$ (　　)

[22~25] 다음 무리함수의 정의역을 구하시오.

22 $y=\sqrt{x+2}$

23 $y=\sqrt{3-x}$

24 $y=\sqrt{2x-1}+5$

25 $y=-\sqrt{4-2x}+1$

유형 05 무리함수 $y=\pm\sqrt{ax}\,(a\neq0)$의 그래프

(1) 무리함수 $y=\sqrt{ax}\,(a\neq0)$의 그래프
$a>0$이면 정의역은 $\{x|x\geq0\}$, 치역은 $\{y|y\geq0\}$이고,
$a<0$이면 정의역은 $\{x|x\leq0\}$, 치역은 $\{y|y\geq0\}$이다.
(2) 무리함수 $y=-\sqrt{ax}\,(a\neq0)$의 그래프
$a>0$이면 정의역은 $\{x|x\geq0\}$, 치역은 $\{y|y\leq0\}$이고,
$a<0$이면 정의역은 $\{x|x\leq0\}$, 치역은 $\{y|y\leq0\}$이다.

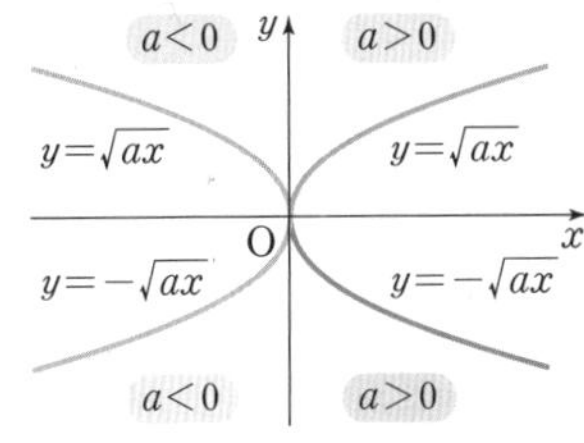

[26~29] 주어진 함수에 대하여 다음 물음에 답하시오.

26 $y=\sqrt{x}$
(1) 그래프를 그리시오.

(2) 정의역과 치역을 각각 구하시오.

27 $y=\sqrt{-x}$
(1) 그래프를 그리시오.

(2) 정의역과 치역을 각각 구하시오.

28 $y=-\sqrt{x}$
(1) 그래프를 그리시오.

(2) 정의역과 치역을 각각 구하시오.

29 $y=-\sqrt{-x}$
(1) 그래프를 그리시오.

(2) 정의역과 치역을 각각 구하시오.

30 무리함수 $y=\sqrt{2x}$의 그래프를 x축, y축, 원점에 대하여 대칭이동한 함수의 그래프를 그리고, 그 그래프의 방정식을 차례대로 구하시오.

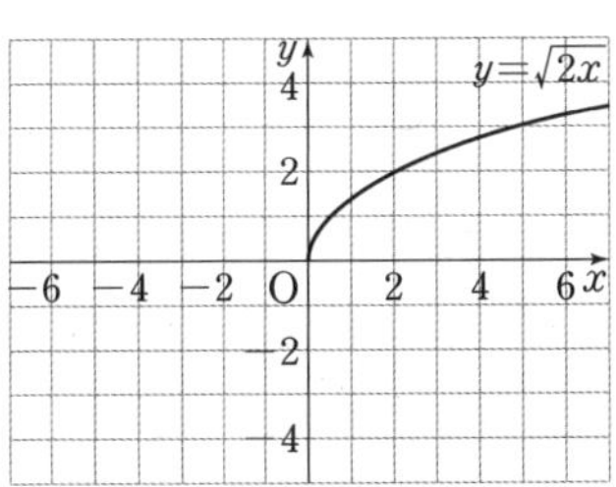

31 무리함수 $y=\sqrt{-3x}$의 그래프를 x축, y축, 원점에 대하여 대칭이동한 함수의 그래프를 그리고, 그 그래프의 방정식을 차례대로 구하시오.

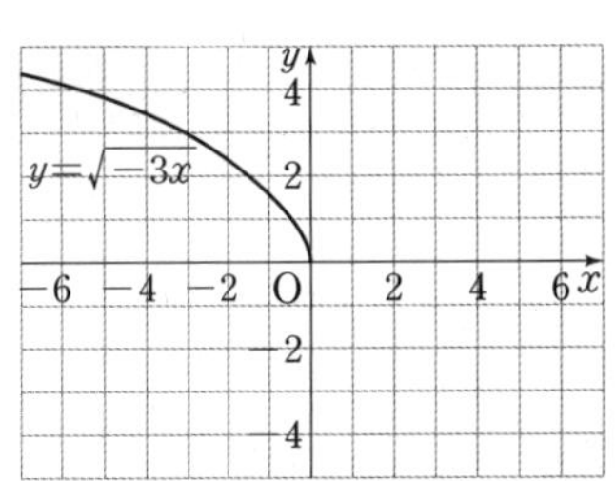

25 무리함수 $y=\sqrt{a(x-p)}+q$의 그래프

유형 06 무리함수 $y=\sqrt{a(x-p)}+q\ (a\neq0)$의 그래프

(1) 무리함수 $y=\sqrt{ax}$의 그래프를 x축의 방향으로 p만큼, y축의 방향으로 q만큼 평행이동한 것이다.

(2) 정의역은 → 점 (p, q)가 그래프의 시작점이다.

$a>0$이면 $\{x|x\geq p\}$, $a<0$이면 $\{x|x\leq p\}$

이고, 치역은 $\{y|y\geq q\}$이다.

[32~35] 다음 함수의 그래프를 x축의 방향으로 [　] 안의 p만큼, y축의 방향으로 [　] 안의 q만큼 평행이동한 그래프의 방정식을 구하시오.

32 $y=\sqrt{x}$　　$[p=1, q=2]$

➡ 함수 $y=\sqrt{x}$의 그래프를 x축의 방향으로 1만큼, y축의 방향으로 2만큼 평행이동하면

$y-\square=\sqrt{x-\square}$　　$\therefore y=\sqrt{x-\square}+\square$

33 $y=-\sqrt{2x}$　　$[p=3, q=-1]$

34 $y=\sqrt{-x}$　　$[p=-2, q=-3]$

35 $y=-\sqrt{-3x}$　　$[p=-1, q=5]$

[36~40] 주어진 함수에 대하여 다음 물음에 답하시오.

36 $y=\sqrt{x+1}$

(1) 그래프를 그리시오.

(2) 정의역과 치역을 각각 구하시오.

37 $y=\sqrt{2(x-1)}-4$

(1) 그래프를 그리시오.

(2) 정의역과 치역을 각각 구하시오.

38 $y=\sqrt{-(x+3)}+1$

(1) 그래프를 그리시오.

(2) 정의역과 치역을 각각 구하시오.

39 $y=-\sqrt{3(x+2)}-2$

(1) 그래프를 그리시오.

(2) 정의역과 치역을 각각 구하시오.

40 $y=-\sqrt{-2(x-4)}+1$

(1) 그래프를 그리시오.

(2) 정의역과 치역을 각각 구하시오.

1+1 연습 172쪽에서 시험에 자주 출제되는 문제를 연습해 보세요.

26 무리함수 $y=\sqrt{ax+b}+c$의 그래프

❶ 무리함수 $y=\sqrt{ax+b}+c\ (a\neq0)$의 그래프

(1) $y=\sqrt{a(x-p)}+q$의 꼴로 변형하여 그린다.

(2) $a>0$일 때, 정의역은 $\left\{x \,\middle|\, x\geq-\frac{b}{a}\right\}$, 치역은 $\{y|y\geq c\}$이고,

$a<0$일 때, 정의역은 $\left\{x \,\middle|\, x\leq-\frac{b}{a}\right\}$, 치역은 $\{y|y\geq c\}$이다.

$y=\sqrt{ax+b}+c$

$=\sqrt{a\left(x+\frac{b}{a}\right)}+c$

함수 $y=\sqrt{ax}$의 그래프를 x축의 방향으로 $-\frac{b}{a}$만큼, y축의 방향으로 c만큼 평행이동한 것이다.

❷ 무리함수의 최대·최소

정의역이 주어진 무리함수 $y=\sqrt{ax+b}+c\ (a\neq0)$의 최댓값과 최솟값은 다음과 같은 순서로 구한다.

❶ $y=\sqrt{a(x-p)}+q$의 꼴로 변형한다.

❷ 주어진 정의역에서 그래프를 그려 최댓값과 최솟값을 구한다.

❸ 무리함수의 역함수

무리함수 $y=\sqrt{ax+b}+c\ (a\neq0)$의 역함수는 다음과 같은 순서로 구한다.

❶ x를 y에 대한 식으로 나타낸다. ➡ $x=\frac{1}{a}\{(y-c)^2-b\}$

❷ x와 y를 서로 바꾼다. ➡ $y=\frac{1}{a}\{(x-c)^2-b\}$

❸ 함수 $y=\sqrt{ax+b}+c$의 치역이 $\{y|y\geq c\}$이므로 역함수의 정의역은 $\{x|x\geq c\}$이다.

참고 함수 f의 정의역은 역함수 f^{-1}의 치역이고, 함수 f의 치역은 역함수 f^{-1}의 정의역이다.

정답 및 해설 60쪽

유형 01 무리함수 $y=\sqrt{ax+b}+c\ (a\neq0)$의 그래프

무리함수 $y=\sqrt{ax+b}+c\ (a\neq0)$의 그래프는 $y=\sqrt{a(x-p)}+q$의 꼴로 변형하여 그린다.

참고 **유리함수와 무리함수의 그래프**

- 유리함수의 그래프 ➡ 점근선을 이용하여 그린다.
- 무리함수의 그래프 ➡ 그래프의 시작점을 이용하여 그린다.

[01~04] 주어진 함수에 대하여 다음 물음에 답하시오.

01 $y=\sqrt{2x-4}+1$

➡ $y=\sqrt{2x-4}+1=\sqrt{2(x-2)}+1$

이므로 함수 $y=\sqrt{2x}$의 그래프를 x축의 방향으로 ☐만큼, y축의 방향으로 ☐만큼 평행이동한 것이다.

(1) 그래프를 그리시오.

(2) 정의역과 치역을 각각 구하시오.

02 $y=\sqrt{1-x}-2$

(1) 그래프를 그리시오.

(2) 정의역과 치역을 각각 구하시오.

03 $y=-\sqrt{3x-3}+5$

(1) 그래프를 그리시오.

(2) 정의역과 치역을 각각 구하시오.

04 $y=-\sqrt{6-2x}+2$

(1) 그래프를 그리시오.

(2) 정의역과 치역을 각각 구하시오.

유형 02 그래프를 이용하여 무리함수의 식 구하기

주어진 그래프를 이용하여 무리함수의 식을 구할 때는 다음과 같은 순서로 구한다.

❶ 그래프가 시작하는 점의 좌표 (p, q)를 구한다.

❷ 함수의 식을 $y=\pm\sqrt{a(x-p)}+q\ (a\neq0)$로 놓는다.

❸ 그래프가 지나는 점의 좌표를 ❷의 식에 대입하여 a의 값을 구한다.

[05~08] 주어진 무리함수의 그래프가 다음 그림과 같을 때, 세 상수 a, b, c의 값을 각각 구하시오.

05 $y=\sqrt{ax+b}+c$

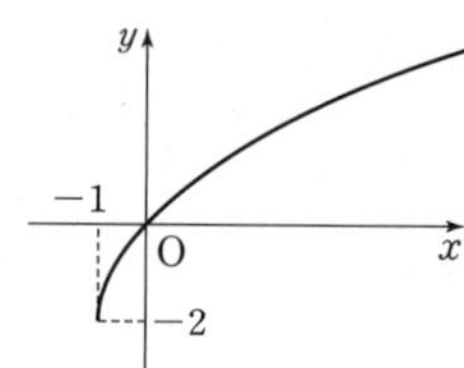

➡ 주어진 무리함수의 그래프는 함수 $y=\sqrt{ax}\ (a>0)$의 그래프를 x축의 방향으로 ☐만큼, y축의 방향으로 -2만큼 평행이동한 것이므로

$y=\sqrt{a(x+☐)}-2$

이 함수의 그래프가 점 $(0, 0)$을 지나므로

$0=\sqrt{a}-2\quad\therefore a=☐$

따라서 $y=\sqrt{4x+☐}-2$이므로

$b=☐$, $c=☐$

06 $y=\sqrt{ax+b}+c$

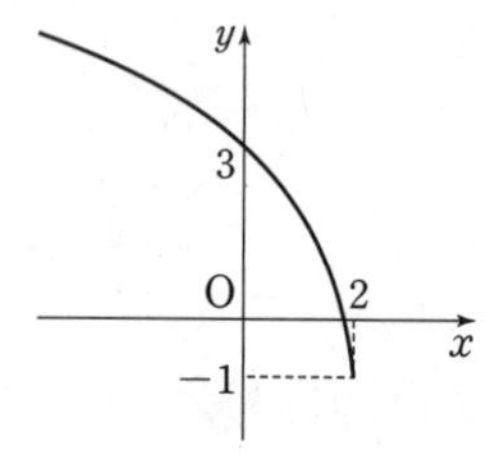

07 $y=-\sqrt{ax+b}+c$

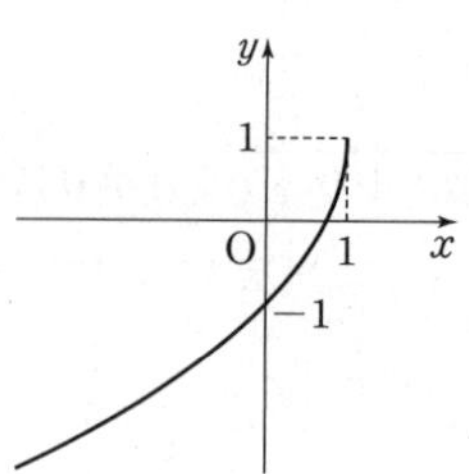

08 $y=-\sqrt{ax+b}+c$

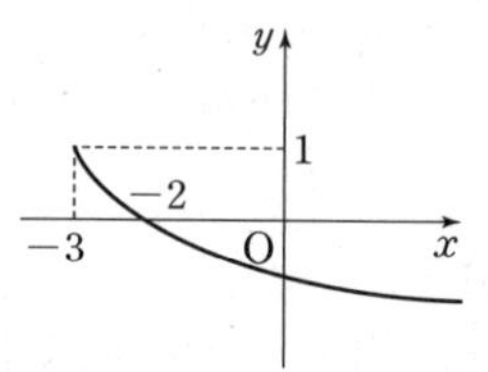

유형 03 무리함수의 최대·최소

함수 $y=f(x)$의 정의역이 주어졌을 때

➡ 주어진 정의역에서 함수 $y=f(x)$의 그래프를 그리고, y의 최댓값과 최솟값을 구한다.

참고 정의역이 $\{x|p\le x\le q\}$인 무리함수 $y=\sqrt{ax+b}+c$의 최대·최소

➡ $a>0$이면 최댓값은 $f(q)$, 최솟값은 $f(p)$이고, $a<0$이면 최댓값은 $f(p)$, 최솟값은 $f(q)$이다.

[09~13] 다음 [ ] 안에 주어진 범위에서 함수의 최댓값과 최솟값을 각각 구하시오.

09 $y=\sqrt{2x-2}+3\qquad[3\le x\le 9]$

❶단계 $y=\sqrt{2x-2}+3=\sqrt{2(x-☐)}+3$

❷단계 주어진 함수의 그래프는 함수 $y=\sqrt{2x}$의 그래프를 x축의 방향으로 ☐만큼, y축의 방향으로 ☐만큼 평행이동한 것이므로 $3\le x\le 9$에서 함수 $y=\sqrt{2x-2}+3$의 그래프는 오른쪽 그림과 같다.

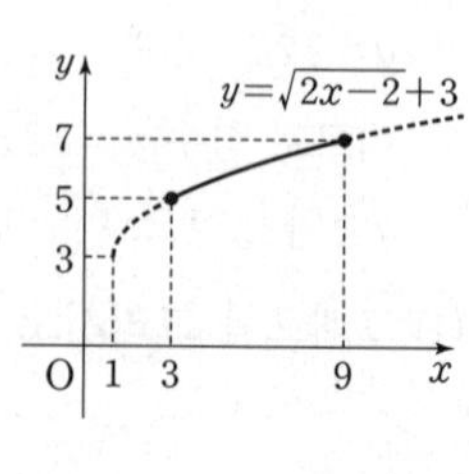

❸단계 $x=☐$일 때 최댓값 ☐, $x=☐$일 때 최솟값 ☐를 갖는다.

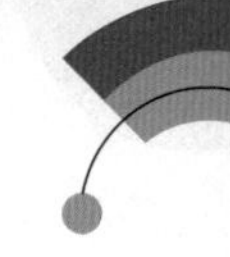

10 $y=\sqrt{1-4x}+5$ $[-2\le x\le 0]$

❶단계 $y=\sqrt{a(x-p)}+q$ 꼴로 변형한다.

❷단계 주어진 정의역에서 그래프를 그린다.

❸단계 최댓값과 최솟값을 구한다.

11 $y=\sqrt{2x+10}-3$ $[-3\le x\le 3]$

12 $y=-\sqrt{2x-3}+1$ $[2\le x\le 6]$

13 $y=-\sqrt{12-3x}-1$ $[-8\le x\le 1]$

유형 04 무리함수의 그래프와 직선의 위치 관계

(1) 무리함수 $y=f(x)$의 그래프와 직선 $y=g(x)$의 위치 관계
➡ 그래프를 직접 그려서 확인한다.

(2) 무리함수 $y=f(x)$의 그래프와 직선 $y=g(x)$가 접할 때
➡ 이차방정식 $\{f(x)\}^2=\{g(x)\}^2$의 판별식을 D라 하면 $D=0$임을 이용한다.

[14~16] 주어진 무리함수의 그래프와 직선의 위치 관계가 다음과 같을 때, 실수 k의 값 또는 그 값의 범위를 구하시오.

14 $y=\sqrt{x}$, $y=x+k$

(1) 만나지 않는다.

(2) 한 점에서 만난다.

(3) 서로 다른 두 점에서 만난다.

15 $y=\sqrt{x+1}$, $y=x+k$

(1) 만나지 않는다.

(2) 한 점에서 만난다.

(3) 서로 다른 두 점에서 만난다.

16 $y=\sqrt{4-2x}$, $y=-x+k$

(1) 만나지 않는다.

(2) 한 점에서 만난다.

(3) 서로 다른 두 점에서 만난다.

정답 및 해설 62쪽

유형 05 무리함수의 역함수

무리함수 $y=\sqrt{ax+b}+c$ $(a\neq0)$의 역함수는 다음과 같은 순서로 구한다.

❶ x를 y에 대한 식으로 나타낸다.

➡ $x=\frac{1}{a}\{(y-c)^2-b\}$

❷ x와 y를 서로 바꾼다.

➡ $y=\frac{1}{a}\{(x-c)^2-b\}$

❸ 함수 $y=\sqrt{ax+b}+c$의 치역이 $\{y|y\geq c\}$이므로 역함수의 정의역은 $\{x|x\geq c\}$이다.

주의 무리함수의 역함수를 구할 때는 역함수의 정의역을 반드시 표시해야 한다.

[17~20] 다음 무리함수의 역함수를 구하시오.

17 $y=\sqrt{x-2}+1$

➡ 함수 $y=\sqrt{x-2}+1$의 치역이 $\{y|y\geq\square\}$이므로 역함수의 정의역은 $\{x|x\geq\square\}$이다.

$y=\sqrt{x-2}+1$에서 x를 y에 대한 식으로 나타내면

$\sqrt{x-2}=y-1$, $x-2=(y-1)^2$

$\therefore x=(y-1)^2+\square$

x와 y를 서로 바꾸면 구하는 역함수는

$y=\square$ $(x\geq\square)$

18 $y=\sqrt{3-x}-2$

19 $y=-\sqrt{2x+2}-1$

20 $y=-\sqrt{4-x}+3$

유형 06 무리함수와 그 역함수의 그래프의 교점

무리함수 $y=f(x)$의 그래프와 그 역함수 $y=f^{-1}(x)$의 그래프는 직선 $y=x$에 대하여 대칭이다.

[21~25] 다음 무리함수의 그래프와 그 역함수의 그래프의 교점의 좌표를 구하시오.

21 $y=\sqrt{x+1}-1$

➡ 함수 $y=\sqrt{x+1}-1$의 그래프와 그 역함수의 그래프는 직선 $y=x$에 대하여 대칭이므로 오른쪽 그림과 같다.

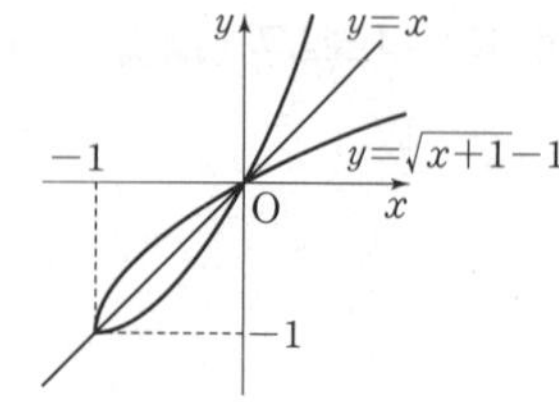

함수 $y=\sqrt{x+1}-1$의 그래프와 그 역함수의 그래프의 교점은 함수 $y=\sqrt{x+1}-1$의 그래프와 직선 $y=x$의 교점과 같으므로

$\sqrt{x+1}-1=\square$, $\sqrt{x+1}=\square+1$

양변을 제곱하면 $x+1=x^2+2x+1$, $x^2+x=0$

$x(x+\square)=0$ $\therefore x=\square$ 또는 $x=\square$

따라서 교점의 좌표는 $(\square, \square)$, $(\square, \square)$이다.

22 $y=\sqrt{3x-5}+1$

23 $y=\sqrt{2x+3}-2$

24 $y=-\sqrt{4-2x}+2$

25 $y=-\sqrt{12-4x}+3$

1+1 연습 174쪽에서 시험에 자주 출제되는 문제를 연습해 보세요.

수학이 쉬워지는 완벽한 솔루션

완쏠

유형 입문

공통수학 2

시험에 자주 출제되는 문제만을 모아
2번씩 풀어 보는

1 + 1 연습

수학이 쉬워지는 완벽한 솔루션
완쏠
유형 입문

01 두 점 사이의 거리

1 좌표평면 위의 두 점 사이의 거리

두 점 $A(1, -1)$, $B(-1, a)$ 사이의 거리가 $2\sqrt{5}$일 때, 양수 a의 값은?

① 1 ② 2 ③ 3
④ 4 ⑤ 5

1-1

두 점 $A(-1, a)$, $B(a, 2)$ 사이의 거리가 $\sqrt{5}$일 때, 모든 a의 값의 합은?

① -2 ② -1 ③ 0
④ 1 ⑤ 2

2 같은 거리에 있는 점

두 점 $A(-1, 2)$, $B(6, -1)$에서 같은 거리에 있는 직선 $y=x$ 위의 점 P의 x좌표는?

① 2 ② 4 ③ 6
④ 8 ⑤ 10

2-1

두 점 $A(-5, 4)$, $B(3, 2)$로부터 같은 거리에 있는 점 $P(a, b)$가 직선 $y=x+1$ 위의 점일 때, $a+b$의 값은?

① -3 ② -1 ③ 1
④ 3 ⑤ 5

3 세 변의 길이에 따른 삼각형의 모양

세 점 $A(-2, 1)$, $B(1, -1)$, $C(3, a)$를 꼭짓점으로 하는 삼각형 ABC가 $\angle B=90°$인 직각삼각형일 때, a의 값은?

① -2 ② -1 ③ 0
④ 1 ⑤ 2

3-1

세 점 $A(-1, a)$, $B(4, -2)$, $C(a, 5)$를 꼭짓점으로 하는 삼각형 ABC가 $\overline{AB}=\overline{BC}$인 이등변삼각형일 때, a의 값은?

① 1 ② 2 ③ 3
④ 4 ⑤ 5

02 선분의 내분점

1 좌표평면 위의 선분의 내분점

두 점 A$(2, -4)$, B$(-5, a)$를 이은 선분 AB를 $3:4$로 내분하는 점의 좌표가 $(b, -1)$일 때, $a+b$의 값은?

① 1 ② 2 ③ 3 ④ 4 ⑤ 5

1-1

두 점 A$(a, -3)$, B$(-1, 7)$을 이은 선분 AB를 $2:3$으로 내분하는 점의 좌표가 $(-4, b)$일 때, ab의 값은?

① -6 ② -2 ③ 2 ④ 6 ⑤ 10

2 삼각형의 무게중심

세 점 A$(-2, 7)$, B(a, b), C$(5, -2)$를 꼭짓점으로 하는 삼각형 ABC의 무게중심이 원점과 일치할 때, ab의 값은?

① 3 ② 9 ③ 15 ④ 21 ⑤ 27

2-1

세 점 A$(1, a)$, B$(5, 2)$, C$(b, -5)$를 꼭짓점으로 하는 삼각형 ABC의 무게중심의 좌표가 $(1, -2)$일 때, ab의 값은?

① -3 ② 0 ③ 3 ④ 6 ⑤ 9

3 삼각형의 무게중심 + 선분의 내분점

세 점 A$(-5, 6)$, B$(-3, 2)$, C$(1, 4)$를 꼭짓점으로 하는 삼각형 ABC의 세 변 AB, BC, CA의 중점을 차례대로 D, E, F라 할 때, 삼각형 DEF의 무게중심의 좌표가 (x, y)이다. $x+y$의 값은?

① $\frac{5}{3}$ ② 2 ③ $\frac{7}{3}$ ④ $\frac{8}{3}$ ⑤ 3

3-1

세 점 A$(-1, 5)$, B$(3, 1)$, C$(7, 9)$를 꼭짓점으로 하는 삼각형 ABC의 세 변 AB, BC, CA를 각각 $1:3$으로 내분하는 점을 차례대로 D, E, F라 할 때, 삼각형 DEF의 무게중심의 좌표가 (x, y)이다. $x+y$의 값은?

① 5 ② 6 ③ 7 ④ 8 ⑤ 9

03 직선의 방정식

1 한 점과 기울기가 주어진 직선의 방정식

기울기가 5이고 x절편이 -2인 직선의 방정식이 $y=ax+b$일 때, 두 상수 a, b에 대하여 $a+b$의 값은?

① 5 ② 10 ③ 15
④ 20 ⑤ 25

1-1

점 $\left(\frac{1}{3},\ 2\right)$를 지나고 기울기가 -3인 직선의 방정식이 $y=ax-b$일 때, 두 상수 a, b에 대하여 ab의 값은?

① 5 ② 6 ③ 7
④ 8 ⑤ 9

2 두 점을 지나는 직선의 방정식 + 선분의 내분점

두 점 A$(-3,\ -2)$, B$(0,\ 1)$을 이은 선분 AB를 $1:2$로 내분하는 점과 점 $(2,\ 7)$을 지나는 직선의 방정식이 $y=ax+b$일 때, $a+b$의 값을 구하시오. (단, a, b는 상수이다.)

2-1

두 점 A$(-4,\ 1)$, B$(8,\ -3)$을 이은 선분 AB를 $3:1$로 내분하는 점과 점 $(3,\ -6)$을 지나는 직선의 방정식이 $y=ax+b$일 때, $a-b$의 값을 구하시오.
(단, a, b는 상수이다.)

3 x절편과 y절편이 주어진 직선의 방정식

x절편이 3이고 y절편이 -5인 직선이 점 $(6,\ a)$를 지날 때, a의 값은?

① 4 ② 5 ③ 6
④ 7 ⑤ 8

3-1

x절편이 -2이고 y절편이 1인 직선이 점 $(a,\ 3)$을 지날 때, a의 값은?

① 1 ② 2 ③ 3
④ 4 ⑤ 5

4 세 점이 한 직선 위에 있을 조건

세 점 A$(-2,\ k+1)$, B$(4,\ 7)$, C$(k-1,\ 6)$이 한 직선 위에 있도록 하는 모든 실수 k의 값의 합은?

① 9 ② 10 ③ 11
④ 12 ⑤ 13

4-1

세 점 A$(1,\ 4k-1)$, B$(k+3,\ -3)$, C$(-2,\ 9)$가 한 직선 위에 있도록 하는 정수 k의 값은?

① 1 ② 2 ③ 3
④ 4 ⑤ 5

5 일차방정식 $ax+by+c=0$이 나타내는 도형

세 실수 a, b, c가 $ab>0$, $bc>0$을 만족시킬 때, 직선 $ax+by+c=0$이 지나지 않는 사분면은?

① 제1사분면 ② 제2사분면 ③ 제3사분면
④ 제1, 2사분면 ⑤ 제1, 3사분면

5-1

세 실수 a, b, c가 $ac>0$, $bc<0$을 만족시킬 때, 직선 $ax+by+c=0$이 지나지 않는 사분면은?

① 제1사분면 ② 제2사분면 ③ 제4사분면
④ 제1, 4사분면 ⑤ 제2, 4사분면

6 일차방정식 $ax+by+c=0$이 나타내는 도형 + 항등식의 성질

직선 $2x-y+2+k(x+2y-1)=0$이 실수 k의 값에 관계없이 항상 점 $(a,\ b)$를 지날 때, $a+b$의 값은?

① $\frac{1}{5}$ ② $\frac{2}{5}$ ③ $\frac{3}{5}$
④ $\frac{4}{5}$ ⑤ 1

6-1

직선 $(2+3k)x+(1+k)y+4+2k=0$이 실수 k의 값에 관계없이 항상 점 $(a,\ b)$를 지날 때, $a+b$의 값은?

① -8 ② -6 ③ -4
④ -2 ⑤ 0

04 두 직선의 평행과 수직

1 두 직선의 평행 조건

두 직선 $ax+y+2=0$, $8x+(a+2)y-7=0$의 교점이 존재하지 않을 때, 양수 a의 값은?

① 2　② 4　③ 6　④ 8　⑤ 10

1-1

직선 $ax-y+1=0$이 두 점 $\mathrm{A}(-1,\ 3)$, $\mathrm{B}(1,\ 7)$을 지나는 직선 AB와 만나지 않도록 하는 정수 a의 값은?

① -4　② -2　③ 0　④ 2　⑤ 4

2 두 직선의 수직 조건

두 점 $\mathrm{A}(-5,\ -4)$, $\mathrm{B}(-2,\ 2)$를 지나는 직선에 수직이고 선분 AB를 1 : 2로 내분하는 점을 지나는 직선의 방정식은?

① $y=-2x+4$　② $y=-\frac{1}{2}x-4$　③ $y=-\frac{1}{2}x+4$　④ $y=\frac{1}{2}x-4$　⑤ $y=\frac{1}{2}x+4$

2-1

점 $(3,\ 0)$을 지나고 직선 $(k+1)x-y+1=0$에 수직인 직선이 점 $(5,\ -1)$을 지날 때, 상수 k의 값은?

① 1　② 2　③ 3　④ 4　⑤ 5

3 두 직선의 평행과 수직

직선 $y=ax+3$이 직선 $y=-\frac{1}{4}x+1$에 수직이고, 직선 $y=(b+3)x-5$에 평행할 때, 두 상수 a, b에 대하여 ab의 값을 구하시오.

3-1

직선 $x-ay+4=0$이 직선 $4x-by-3=0$에 수직이고, 직선 $x+(b+3)y+1=0$에 평행할 때, 두 상수 a, b에 대하여 a^2+b^2의 값은?

① 15　② 17　③ 19　④ 21　⑤ 23

4 점과 직선 사이의 거리 ⊕ 두 직선의 평행과 수직

직선 $2x-3y+1=0$에 평행하고 원점에서의 거리가 $\sqrt{13}$인 직선 중 y절편이 음수인 직선의 방정식은?

① $2x-3y-2=0$ ② $2x-3y-4=0$
③ $2x-3y-9=0$ ④ $2x-3y-13=0$
⑤ $2x-3y-26=0$

4-1

직선 $3x-4y+9=0$에 수직이고 원점에서의 거리가 2인 직선 중 y절편이 양수인 직선의 방정식은?

① $4x+3y-2=0$ ② $4x+3y-9=0$
③ $4x+3y-10=0$ ④ $4x+3y-12=0$
⑤ $4x+3y-16=0$

5 점과 직선 사이의 거리 ⊕ 두 점을 지나는 직선의 방정식

오른쪽 그림과 같이 세 점 A(1, 2), B(2, 0), C(5, 4)를 꼭짓점으로 하는 삼각형 ABC의 넓이는?

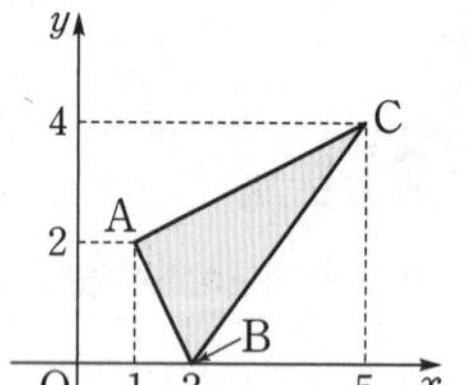

① 1 ② 2
③ 3 ④ 4
⑤ 5

5-1

오른쪽 그림과 같이 세 점 A(0, −2), B(1, 1), C(8, −3)을 꼭짓점으로 하는 삼각형 ABC의 넓이는?

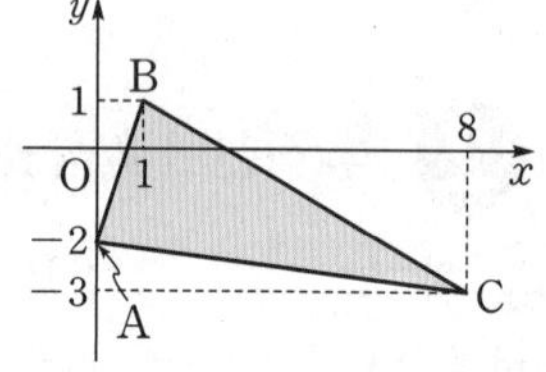

① $\frac{25}{8}$ ② $\frac{25}{4}$
③ $\frac{25}{2}$ ④ $\frac{25\sqrt{10}}{4}$
⑤ $\frac{25\sqrt{10}}{2}$

6 평행한 두 직선 사이의 거리 ⊕ 두 직선의 평행 조건

평행한 두 직선 $2x-(k-1)y+2=0$, $kx-y+7=0$ 사이의 거리는? (단, k는 양수이다.)

① $\sqrt{2}$ ② 2 ③ $\sqrt{5}$
④ 3 ⑤ $\sqrt{10}$

6-1

평행한 두 직선 $3x+(k+1)y+12=0$, $kx+4y+12=0$ 사이의 거리는? (단, k는 음수이다.)

① $\frac{5}{2}$ ② $\frac{7}{2}$ ③ $\frac{5\sqrt{2}}{2}$
④ $\frac{7\sqrt{2}}{2}$ ⑤ $\frac{9\sqrt{2}}{2}$

정답 및 해설 68쪽

05 원의 방정식

1 원의 방정식

중심이 x축 위에 있고 두 점 $(-1,\ 2)$, $(4,\ -3)$을 지나는 원의 방정식이 $(x-a)^2+(y-b)^2=c$일 때, 세 상수 a, b, c에 대하여 $a+b+c$의 값은?

① 11　② 13　③ 15　④ 17　⑤ 19

1-1

중심이 y축 위에 있고 두 점 $(-2,\ 4)$, $(3,\ -1)$을 지나는 원의 방정식이 $(x-a)^2+(y-b)^2=c$일 때, 세 상수 a, b, c에 대하여 $a+b+c$의 값을 구하시오.

1-2

중심이 직선 $y=x$ 위에 있고 두 점 $(-3,\ -1)$, $(5,\ 3)$을 지나는 원의 반지름의 길이를 r라 할 때, r^2의 값은?

① 10　② 15　③ 20　④ 25　⑤ 30

2 중심과 한 점이 주어진 원의 방정식

다음 중 원 $(x-3)^2+(y+1)^2=4$와 중심이 같고 점 $(4,\ 2)$를 지나는 원 위의 점의 좌표인 것은?

① $(-1,\ 3)$　② $(0,\ -2)$　③ $(1,\ -1)$　④ $(3,\ -4)$　⑤ $(5,\ -2)$

2-1

원 $(x+2)^2+(y-4)^2=9$와 중심이 같고 점 $(1,\ 8)$을 지나는 원이 점 $(a,\ 1)$을 지날 때, 모든 a의 값의 합은?

① -5　② -4　③ -3　④ -2　⑤ -1

3 두 점을 지름의 양 끝 점으로 하는 원의 방정식

두 점 $\mathrm{A}(-2,\ -4)$, $\mathrm{B}(6,\ 2)$를 지름의 양 끝 점으로 하는 원의 중심의 좌표가 $(a,\ b)$이고 반지름의 길이가 r일 때, $a+b+r$의 값을 구하시오.

3-1

다음 중 두 점 $\mathrm{A}(5,\ 3)$, $\mathrm{B}(3,\ -1)$을 지름의 양 끝 점으로 하는 원 위의 점의 좌표인 것은?

① $(2,\ -1)$　② $(2,\ 2)$　③ $(3,\ 4)$　④ $(4,\ -1)$　⑤ $(5,\ 0)$

4 이차방정식 $x^2+y^2+Ax+By+C=0$이 나타내는 도형

원 $x^2+y^2-2x-6y-15=0$의 중심의 좌표를 $(a,\ b)$, 반지름의 길이를 r라 할 때, $a+b+r$의 값은?

① 9 ② 10 ③ 11
④ 12 ⑤ 13

4-1

중심이 점 $(1,\ 5)$이고 원 $x^2+y^2-4x+2y-4=0$과 반지름의 길이가 같은 원의 방정식은?

① $x^2+y^2-2x-10y+13=0$
② $x^2+y^2-2x-10y+17=0$
③ $x^2+y^2+2x-10y+13=0$
④ $x^2+y^2+2x-10y+17=0$
⑤ $x^2+y^2+2x+10y+17=0$

5 이차방정식 $x^2+y^2+Ax+By+C=0$이 나타내는 도형이 원이 되기 위한 조건

방정식 $x^2+y^2+2kx-8y+5k+22=0$이 나타내는 도형이 원이 되도록 하는 자연수 k의 최솟값은?

① 6 ② 7 ③ 8
④ 9 ⑤ 10

5-1

방정식 $x^2+y^2+2x-4ky+5k^2-3=0$이 나타내는 도형이 원이 되도록 하는 정수 k의 개수는?

① 1 ② 2 ③ 3
④ 4 ⑤ 5

6 원점과 두 점을 지나는 원의 방정식

세 점 O(0, 0), A(−3, 1), B(−4, −2)를 지나는 원의 넓이는?

① 5π ② 10π ③ 15π
④ 20π ⑤ 25π

6-1

세 점 O(0, 0), A(−1, 3), B(1, 7)을 지나는 원의 둘레의 길이는?

① 2π ② 4π ③ 6π
④ 8π ⑤ 10π

7 x축에 접하는 원의 방정식

원 $x^2+y^2-8x+4y-5=0$과 중심이 같고 x축에 접하는 원의 반지름의 길이는?

① 2　② 4　③ 6　④ 7　⑤ 8

7-1

원 $(x-2)^2+(y+3)^2=10$과 중심이 같고 x축에 접하는 원의 넓이는?

① π　② 4π　③ 9π　④ 16π　⑤ 25π

7-2

중심의 좌표가 $(-4,\ a)$이고 x축에 접하는 원이 점 $(-1,\ 3)$을 지날 때, a의 값은?

① 1　② 3　③ 5　④ 7　⑤ 9

8 y축에 접하는 원의 방정식

원 $x^2+y^2+6x-4y+k-1=0$이 y축에 접하도록 하는 상수 k의 값은?

① 1　② 2　③ 3　④ 4　⑤ 5

8-1

원 $x^2+y^2+4kx+2y-2k-3=0$이 y축에 접하도록 하는 상수 k의 값은?

① -6　② -4　③ -2　④ 0　⑤ 2

9 x축과 y축에 동시에 접하는 원의 방정식

중심이 직선 $3x-2y-5=0$ 위에 있고 x축과 y축에 동시에 접하는 원의 넓이는? (단, 원의 중심은 제1사분면 위에 있다.)

① 5π　② 10π　③ 15π　④ 20π　⑤ 25π

9-1

다음 중 중심이 직선 $x+3y-6=0$ 위에 있고 x축과 y축에 동시에 접하는 원 위의 점의 좌표인 것은?

(단, 원의 중심은 제2사분면 위에 있다.)

① $(-3,\ 1)$　② $(-2,\ 3)$　③ $(-1,\ 2)$　④ $(0,\ 3)$　⑤ $(0,\ 5)$

06 원과 직선의 위치 관계

1 원과 직선이 서로 다른 두 점에서 만날 조건

원 $x^2+y^2=20$과 직선 $x+2y+k=0$이 서로 다른 두 점에서 만나도록 하는 정수 k의 최솟값은?

① -10　② -9　③ -8　④ -7　⑤ -6

1-1

원 $x^2+y^2=9$와 직선 $y=kx+5$가 서로 다른 두 점에서 만나도록 하는 자연수 k의 최솟값을 구하시오.

2 원과 직선이 접할 조건

중심의 좌표가 $(2,\ 1)$이고 직선 $3x-4y+k=0$에 접하는 원의 둘레의 길이가 4π일 때, 모든 실수 k의 값의 합은?

① -4　② -2　③ 2　④ 4　⑤ 6

2-1

중심의 좌표가 $(3,\ -2)$이고 직선 $x-3y+k=0$에 접하는 원의 넓이가 10π일 때, 모든 실수 k의 값의 합은?

① -18　② -9　③ 0　④ 9　⑤ 18

3 원과 직선이 만나지 않을 조건

원 $x^2+y^2=5$와 직선 $y=2x-k$가 만나지 않도록 하는 실수 k의 값의 범위가 $k<\alpha$ 또는 $k>\beta$일 때, $\alpha^2+\beta^2$의 값을 구하시오.

3-1

원 $x^2+y^2-6x+8=0$과 직선 $x+ky-1=0$이 만나지 않도록 하는 정수 k의 최솟값은?

① -2　② -1　③ 0　④ 1　⑤ 2

4 원과 직선의 위치 관계 ⊕ 점과 직선 사이의 거리

직선 $x-y+2=0$이 원 $x^2+y^2=8$과 서로 다른 두 점 A, B에서 만날 때, 선분 AB의 길이는?

① $\sqrt{6}$ ② $2\sqrt{6}$ ③ $3\sqrt{6}$
④ $4\sqrt{6}$ ⑤ $5\sqrt{6}$

4-1

직선 $x-2y=0$이 원 $(x-1)^2+(y+2)^2=9$와 서로 다른 두 점 A, B에서 만날 때, 선분 AB의 길이를 구하시오.

5 원과 직선의 위치 관계 ⊕ 두 점 사이의 거리

점 P$(-2,\ -1)$에서 원 $(x-2)^2+(y+1)^2=8$에 그은 접선의 접점을 Q라 할 때, 선분 PQ의 길이는?

① 2 ② $\sqrt{5}$ ③ $\sqrt{6}$
④ $\sqrt{7}$ ⑤ $2\sqrt{2}$

5-1

점 P$(-5,\ 3)$에서 원 $(x-1)^2+(y-5)^2=32$에 그은 접선의 접점을 Q라 할 때, 선분 PQ의 길이는?

① $2\sqrt{2}$ ② 3 ③ $\sqrt{10}$
④ $\sqrt{11}$ ⑤ $2\sqrt{3}$

6 원 위의 점과 직선 사이의 거리

원 $(x-2)^2+(y+1)^2=4$ 위의 점 P와 직선 $3x-4y+5=0$ 사이의 거리의 최댓값을 M, 최솟값을 m이라 할 때, Mm의 값은?

① 1 ② 2 ③ 3
④ 4 ⑤ 5

6-1

원 $x^2+y^2-6x-2y+5=0$ 위의 점 P와 직선 $x-2y+9=0$ 사이의 거리의 최댓값을 M, 최솟값을 m이라 할 때, Mm의 값은?

① 5 ② 10 ③ 15
④ 20 ⑤ 25

07 원의 접선의 방정식

1 기울기가 주어진 원의 접선의 방정식

원 $x^2+y^2=5$에 접하고 직선 $x+2y+5=0$에 수직인 두 직선이 y축과 만나는 점을 각각 P, Q라 할 때, 선분 PQ의 길이는?

① 2 ② 4 ③ 6 ④ 8 ⑤ 10

1-1

원 $x^2+y^2=9$에 접하고 직선 $3x-y+4=0$에 평행한 두 직선이 x축과 만나는 점을 각각 P, Q라 할 때, 선분 PQ의 길이는?

① $2\sqrt{5}$ ② $\sqrt{30}$ ③ $2\sqrt{10}$ ④ $5\sqrt{2}$ ⑤ $2\sqrt{15}$

2 원 위의 점에서의 접선의 방정식

원 $x^2+y^2=41$ 위의 점 $(-4, 5)$에서의 접선이 점 $(6, k)$를 지날 때, k의 값은?

① 7 ② 9 ③ 11 ④ 13 ⑤ 15

2-1

원 $x^2+y^2=34$ 위의 점 $(3, -5)$에서의 접선이 원 $x^2+y^2-10x-6y+8+k=0$에 접할 때, 실수 k의 값은?

① -10 ② -8 ③ -6 ④ -4 ⑤ -2

3 원 밖의 한 점에서 원에 그은 접선의 방정식

점 $(2, 0)$에서 원 $(x-5)^2+(y-1)^2=5$에 그은 두 접선의 기울기의 곱은?

① -2 ② -1 ③ 1 ④ 2 ⑤ 4

3-1

점 $(4, -2)$에서 원 $(x+1)^2+(y+3)^2=9$에 그은 두 접선의 기울기의 합은?

① $\frac{1}{4}$ ② $\frac{3}{8}$ ③ $\frac{1}{2}$ ④ $\frac{5}{8}$ ⑤ $\frac{3}{4}$

08 도형의 평행이동

1 점의 평행이동

점 $(1,\ -2)$를 x축의 방향으로 a만큼, y축의 방향으로 b만큼 평행이동한 점의 좌표가 $(3,\ 5)$일 때, $a+b$의 값은?

① 1 ② 3 ③ 5
④ 7 ⑤ 9

1-1

평행이동 $(x,\ y) \longrightarrow (x+a,\ y+b)$에 의하여 점 $(1,\ 5)$가 점 $(-2,\ 9)$로 옮겨질 때, $a+b$의 값을 구하시오.

1-2

점 $(2,\ -3)$을 점 $(-3,\ 4)$로 옮기는 평행이동에 의하여 점 $(-1,\ -2)$를 평행이동한 점의 좌표는?

① $(-6,\ 5)$ ② $(-5,\ 7)$ ③ $(-3,\ 4)$
④ $(1,\ 2)$ ⑤ $(6,\ -7)$

2 도형의 평행이동

직선 $y=4x-1$을 x축의 방향으로 a만큼, y축의 방향으로 4만큼 평행이동한 직선이 원래의 직선과 일치하였다. a의 값은?

① 1 ② 2 ③ 3
④ 4 ⑤ 5

2-1

원 $(x-a)^2+(y-b)^2=c$를 x축의 방향으로 5만큼, y축의 방향으로 -1만큼 평행이동한 원이 원 $x^2+y^2=8$과 일치하였다. 세 상수 a, b, c에 대하여 $a+b+c$의 값은?

① -6 ② -4 ③ -2
④ 2 ⑤ 4

3 점의 평행이동 + 도형의 평행이동

점 $(1,\ -5)$를 점 $(3,\ 2)$로 옮기는 평행이동에 의하여 원 $(x+3)^2+(y+1)^2=4$가 원 $(x+a)^2+(y-b)^2=4$로 옮겨졌을 때, 두 상수 a, b에 대하여 $a+b$의 값은?

① 1 ② 3 ③ 5
④ 7 ⑤ 9

3-1

점 $(1,\ 2)$를 점 $(-2,\ 1)$로 옮기는 평행이동에 의하여 직선 $ax+2y+b=0$이 직선 $x+2y+2=0$으로 옮겨졌을 때, 두 상수 a, b에 대하여 $a-b$의 값을 구하시오.

09 도형의 대칭이동

1 점의 대칭이동

점 $(a,\ b)$를 y축에 대하여 대칭이동한 후 다시 직선 $y=x$에 대하여 대칭이동한 점의 좌표가 $(2,\ 6)$일 때, $a+b$의 값은?

① -5 ② -4 ③ -3
④ -2 ⑤ -1

1-1

점 $(a,\ b)$를 원점에 대하여 대칭이동한 후 다시 x축에 대하여 대칭이동한 점의 좌표가 $(-1,\ 5)$일 때, $a+b$의 값을 구하시오.

1-2

점 $(1,\ -3)$을 x축에 대하여 대칭이동한 점을 P, 직선 $y=x$에 대하여 대칭이동한 점을 Q라 할 때, 두 점 P, Q를 지나는 직선의 y절편은?

① 1 ② $\frac{3}{2}$ ③ 2
④ $\frac{5}{2}$ ⑤ 3

2 도형의 대칭이동; 직선

직선 $y=2x+a$를 원점에 대하여 대칭이동한 직선이 점 $(2,\ -4)$를 지날 때, 상수 a의 값은?

① 1 ② 2 ③ 4
④ 6 ⑤ 8

2-1

다음 중 점 $(1,\ 5)$를 점 $(5,\ 1)$로 옮기는 대칭이동에 의하여 직선 $x-2y-3=0$이 옮겨지는 직선이 지나는 점의 좌표인 것은?

① $(-5,\ 1)$ ② $(-1,\ 5)$ ③ $(1,\ -5)$
④ $(1,\ 5)$ ⑤ $(5,\ -1)$

3 도형의 대칭이동; 원

원 $(x+2)^2+(y-1)^2=5$를 직선 $y=x$에 대하여 대칭이동한 원의 중심이 직선 $y=-3x+a$ 위에 있을 때, 상수 a의 값을 구하시오.

3-1

원 $(x+2)^2+(y+3)^2=9$를 y축에 대하여 대칭이동한 원의 넓이를 직선 $y=-3x+a$가 이등분할 때, 상수 a의 값은?

① 1 ② 2 ③ 3
④ 4 ⑤ 5

4 도형의 대칭이동; 포물선

포물선 $y=x^2+ax+b$를 x축에 대하여 대칭이동한 포물선의 꼭짓점의 좌표가 $(3, 1)$일 때, 두 상수 a, b에 대하여 $a+b$의 값은?

① 2　② 4　③ 6　④ 8　⑤ 10

4-1

포물선 $y=x^2+ax+b$를 원점에 대하여 대칭이동한 포물선의 꼭짓점의 좌표가 $(-2, 4)$일 때, 두 상수 a, b에 대하여 $a+b$의 값은?

① -6　② -4　③ -2　④ 0　⑤ 2

5 평행이동과 대칭이동

원 $(x-3)^2+(y+2)^2=2$를 x축의 방향으로 -2만큼, y축의 방향으로 a만큼 평행이동한 후 y축에 대하여 대칭이동한 원의 중심의 좌표가 $(-1, 3)$일 때, a의 값은?

① 3　② 5　③ 7　④ 9　⑤ 11

5-1

직선 $x+2y-1=0$을 직선 $y=x$에 대하여 대칭이동한 후 x축의 방향으로 a만큼, y축의 방향으로 -1만큼 평행이동한 직선이 원 $(x-1)^2+(y-2)^2=4$의 넓이를 이등분할 때, a의 값을 구하시오.

6 점의 대칭이동 ⊕ 두 점 사이의 거리

오른쪽 그림과 같이 두 점 $A(-2, 3)$, $B(2, 1)$과 x축 위를 움직이는 점 P에 대하여 $\overline{AP}+\overline{BP}$의 최솟값은?

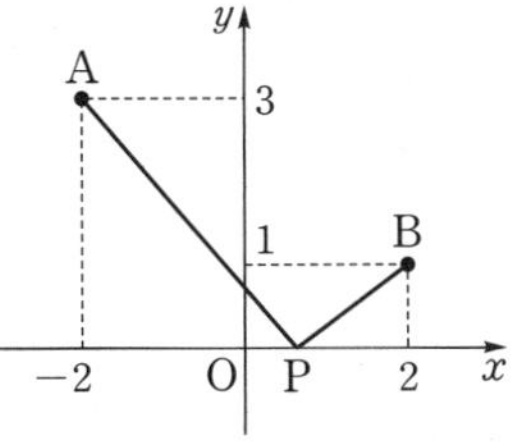

① $2\sqrt{7}$　② $4\sqrt{2}$　③ $\sqrt{34}$　④ 6　⑤ $\sqrt{38}$

6-1

오른쪽 그림과 같이 두 점 $A(3, 4)$, $B(1, -2)$와 y축 위를 움직이는 점 P에 대하여 $\overline{AP}+\overline{BP}$의 최솟값은?

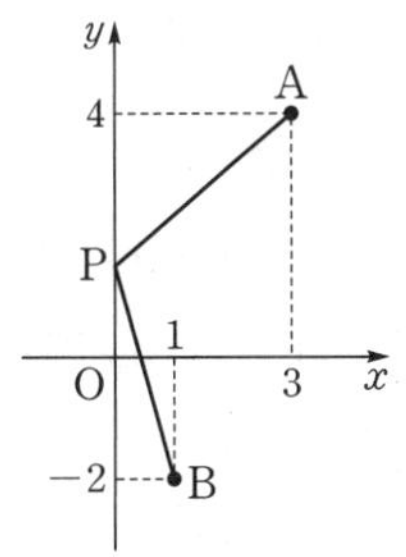

① $2\sqrt{11}$　② $\sqrt{46}$　③ $4\sqrt{3}$　④ $5\sqrt{2}$　⑤ $2\sqrt{13}$

10 집합의 뜻과 표현

1 집합의 뜻

다음 중 집합인 것은?

① 작은 자연수의 모임
② 예쁜 꽃의 모임
③ 노래를 잘하는 사람의 모임
④ 키가 160 cm 이상인 사람의 모임
⑤ 성격이 착한 사람의 모임

1-1

다음 중 집합이 아닌 것은?

① 태양계 행성의 모임
② 아주 큰 수의 모임
③ 우리나라 국경일의 모임
④ 0보다 작은 자연수의 모임
⑤ 세계에서 가장 높은 건물의 모임

2 집합과 원소 사이의 관계

10의 약수의 집합을 A, 10의 배수의 집합을 B라 할 때, 다음 중 옳지 않은 것은?

① $1\in A$ ② $4\notin A$ ③ $10\in A$
④ $10\notin B$ ⑤ $100\in B$

2-1

3보다 크고 10보다 작은 자연수의 집합을 A라 할 때, 〈보기〉 중 옳은 것을 모두 고르시오.

〈보기〉

ㄱ. $3\in A$ ㄴ. $4\in A$ ㄷ. $6\notin A$
ㄹ. $8\in A$ ㅁ. $10\in A$ ㅂ. $11\notin A$

3 집합의 표현

오른쪽 그림과 같이 벤 다이어그램으로 표현된 집합 A를 조건제시법으로 바르게 나타낸 것은?

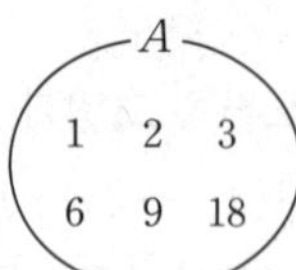

① $A=\{x|x$는 6의 약수$\}$
② $A=\{x|x$는 12의 약수$\}$
③ $A=\{x|x$는 18의 약수$\}$
④ $A=\{x|x$는 12 이하의 3의 배수$\}$
⑤ $A=\{x|x$는 18 이하의 3의 배수$\}$

3-1

다음 집합 중 나머지 넷과 다른 하나는?

① $\{1, 2, 3, \cdots, 9\}$
② $\{x|x$는 한 자리의 자연수$\}$
③ $\{x|0<x<10, x$는 정수$\}$
④ $\{x|x$는 9 이하의 정수$\}$
⑤ $\{x|x$는 10보다 작은 자연수$\}$

4 집합의 분류

다음 중 유한집합인 것은?

① $\{2, 4, 6, 8, 10, \cdots\}$
② $\{x \mid x$는 자연수$\}$
③ $\{x \mid x$는 10보다 큰 홀수$\}$
④ $\{x \mid x^2=1\}$
⑤ $\{x \mid x^2<2$인 유리수$\}$

4-1

다음 중 공집합인 것은?

① $\{0\}$
② $\{\varnothing\}$
③ $\{x \mid x$는 2보다 작은 소수$\}$
④ $\{x \mid x$는 가장 작은 자연수$\}$
⑤ $\{x \mid x^2-1<0\}$

5 유한집합의 원소의 개수

다음 중 옳지 않은 것은?

① $n(\{0\})=1$
② $n(\{1, 2, 3\})=3$
③ $n(\{\varnothing\})=0$
④ $n(\{x \mid x$는 3의 약수$\})=2$
⑤ $n(\{1\})=n(\{5\})$

5-1

두 집합 A, B에 대하여

$A=\{x \mid x$는 20 이하의 짝수$\}$,
$B=\{x \mid x$는 20 이하의 3의 배수$\}$

일 때, $n(A)-n(B)$의 값은?

① 0 ② 2 ③ 4 ④ 6 ⑤ 8

6 새롭게 정의된 집합 구하기 + 유한집합의 원소의 개수

두 집합

$A=\{1, 2, 3\}$, $B=\{x \mid x$는 10보다 작은 소수$\}$

에 대하여 집합 $C=\{x+y \mid x\in A,\ y\in B\}$일 때, $n(C)$를 구하시오.

6-1

집합 $A=\{-2, -1, 0, 1, 2\}$에 대하여

$B=\{x^2 \mid x\in A\}$

일 때, $n(B)$는?

① 1 ② 2 ③ 3 ④ 4 ⑤ 5

0+0 연습

11 집합 사이의 포함 관계

1 기호 $\in$, $\subset$의 사용

집합 $A=\{x \mid x$는 16의 약수$\}$에 대하여 다음 중 옳지 않은 것은?

① $2\in A$　② $3\notin A$　③ $\{4\}\subset A$
④ $\{1, 6\}\not\subset A$　⑤ $\{2, 8, 12\}\subset A$

1-1

집합 $A=\{0, 1, 2, 3, 4\}$에 대하여 〈보기〉 중 옳은 것을 모두 고르시오.

〈보기〉

ㄱ. $0\in A$　ㄴ. $\varnothing\in A$
ㄷ. $\{3\}\in A$　ㄹ. $\varnothing\subset A$
ㅁ. $A\subset\{0, 4\}$　ㅂ. $\{0, 1, 2, 3, 4\}\subset A$

2 집합 사이의 포함 관계

다음 중 두 집합 A, B 사이의 포함 관계가 오른쪽 벤 다이어그램과 같은 것은?

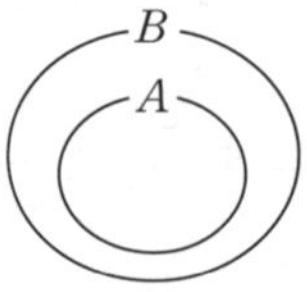

B
A

① $A=\{1, 3, 5\}$, $B=\{1, 4, 5\}$
② $A=\{a, b, c, d\}$, $B=\{a, b, c\}$
③ $A=\varnothing$, $B=\{0, 1, 2\}$
④ $A=\{x \mid x$는 10 이하의 자연수$\}$,
　$B=\{x \mid x$는 10보다 작은 자연수$\}$
⑤ $A=\{x \mid x$는 8의 약수$\}$, $B=\{x \mid x$는 짝수$\}$

2-1

두 집합

$A=\{x \mid x$는 20의 약수$\}$,
$B=\{x \mid x$는 k의 약수$\}$

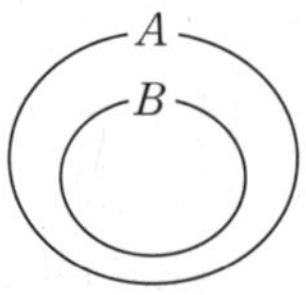

A
B

사이의 포함 관계를 벤 다이어그램으로 나타내면 오른쪽 그림과 같을 때, 이를 만족시키는 한 자리의 자연수 k의 개수를 구하시오.

3 부분집합 구하기

집합 $A=\{x \mid x$는 20 이하의 5의 배수$\}$에 대하여 원소가 3개인 부분집합의 개수는?

① 1　② 2　③ 3
④ 4　⑤ 5

3-1

집합 $A=\{1, 2, 3, 4\}$에 대하여 $B\subset A$이고 $n(B)=2$를 만족시키는 집합 B의 개수는?

① 2　② 4　③ 6
④ 8　⑤ 10

4 서로 같은 집합

두 집합 $A=\{1, 4, 2a\}$, $B=\{b, a-1, 10\}$에 대하여 $A=B$일 때, $a+b$의 값은? (단, a, b는 상수이다.)

① 3 ② 4 ③ 5 ④ 6 ⑤ 7

4-1

두 집합 $A=\{x|x^2+3x-a=0\}$, $B=\{1, b\}$에 대하여 $A\subset B$이고 $B\subset A$일 때, $a-b$의 값은? (단, a, b는 상수이다.)

① 0 ② 2 ③ 4 ④ 6 ⑤ 8

5 부분집합의 개수

다음 중 부분집합의 개수가 32인 집합은?

① $\{-1, 0, 1\}$
② $\{x|x$는 5보다 작은 자연수$\}$
③ $\{x|x$는 10보다 작은 소수$\}$
④ $\{x|x$는 32 이하의 자연수$\}$
⑤ $\{x|x$는 $0\le x\le 4$인 정수$\}$

5-1

집합 A의 부분집합의 개수가 16이고, 집합 B의 진부분집합의 개수가 63일 때, $n(A)+n(B)$의 값은?

① 10 ② 11 ③ 12 ④ 13 ⑤ 14

6 특정한 원소를 갖거나 갖지 않는 부분집합의 개수

$\{1, 2\}\subset X\subset\{1, 2, 3, 4, 5, 6\}$을 만족시키는 집합 X의 개수를 구하시오.

6-1

두 집합

$A=\{1, 2, 3, 4\}$, $B=\{x|x$는 12의 약수$\}$

에 대하여 $A\subset X\subset B$를 만족시키는 집합 X의 개수는?

① 2 ② 4 ③ 8 ④ 16 ⑤ 32

12 집합의 연산

① 교집합

오른쪽 벤 다이어그램과 같이

$A=\{1, 2, 3, 4\}$,

$A\cap B=\{2, 4\}$

일 때, 다음 중 집합 B가 될 수 있는 것은?

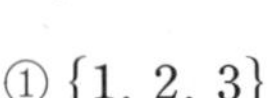

① $\{1, 2, 3\}$ ② $\{1, 2, 4\}$ ③ $\{2, 3, 5\}$
④ $\{2, 4\}$ ⑤ $\{4, 5\}$

①-1

두 집합 A, B에 대하여

$A=\{a, b, c, d\}$, $A\cap B=\{b, c\}$

일 때, 다음 중 집합 B가 될 수 있는 것은?

① $\{a, b, c\}$ ② $\{a, c, d\}$ ③ $\{b, c, d\}$
④ $\{b, c, e\}$ ⑤ $\{b, d, e\}$

② 합집합 ⊕ 교집합

세 집합

$A=\{1, 3, 5, 7, 9\}$, $B=\{1, 2, 4\}$,

$C=\{1, 2, 5, 10\}$

에 대하여 $(A\cup B)\cap C$를 구하시오.

②-1

세 집합

$A=\{x|x$는 2의 배수$\}$, $B=\{x|x$는 9의 약수$\}$,

$C=\{x|x$는 6의 약수$\}$

에 대하여 $(A\cup C)\cap B$를 구하시오.

②-2

두 집합 $A=\{1, 2, a+4\}$, $B=\{5, a-1\}$에서 $A\cap B=\{1\}$일 때, $A\cup B$를 구하시오. (단, a는 상수이다.)

③ 서로소인 집합

다음 중 두 집합 A, B가 서로소인 것은?

① $A=\{1, 2, 3\}$, $B=\{2, 4, 6\}$
② $A=\{1, 3, 5, 7\}$, $B=\{x|x$는 8의 약수$\}$
③ $A=\{x|x+2=0\}$, $B=\{x|x^2-4=0\}$
④ $A=\{x|x>5\}$, $B=\{x|x^2=16\}$
⑤ $A=\{x|x$는 짝수$\}$, $B=\{x|x$는 약수가 2개인 자연수$\}$

③-1

다음 〈보기〉의 집합 중 집합 $\{1, 2, 3, 6\}$과 서로소인 집합의 개수는?

〈보기〉

ㄱ. $\{x|x$는 홀수$\}$ ㄴ. $\{x|x$는 짝수$\}$
ㄷ. $\{x|x$는 5의 약수$\}$ ㄹ. $\{x|x$는 4의 배수$\}$
ㅁ. $\{x|x^2+x=0\}$ ㅂ. $\{x|x$는 1보다 작은 자연수$\}$

① 1 ② 2 ③ 3
④ 4 ⑤ 5

4 차집합

두 집합 $A=\{1, 3, a\}$, $B=\{a-1, 4, 5\}$에 대하여 $B-A=\{5\}$일 때, $A-B$를 구하시오. (단, a는 상수이다.)

4-1

두 집합 $A=\{2, 3, 5, 2a-b\}$, $B=\{5, 9, a+2b\}$에 대하여 $A-B=\{3\}$일 때, $a+b$의 값은? (단, a, b는 상수이다.)

① 1　② 3　③ 5　④ 7　⑤ 9

5 여집합 + 차집합

전체집합 $U=\{1, 2, 3, 4, 5, 6\}$의 두 부분집합

$A=\{1, 2, 4, 5\}$, $B=\{2, 3, 5\}$

에 대하여 $A-B^C$의 모든 원소의 합은?

① 5　② 6　③ 7　④ 8　⑤ 9

5-1

전체집합 $U=\{1, 2, 3, 4, 5, 6, 7, 8\}$의 두 부분집합

$A=\{x|x\text{는 8의 약수}\}$, $B=\{x|x\text{는 4의 배수}\}$

에 대하여 $(A-B)^C$은?

① $\{1, 2\}$　② $\{3, 5, 6, 7\}$　③ $\{1, 2, 3, 5, 6, 7\}$　④ $\{3, 4, 5, 6, 7, 8\}$　⑤ $\{1, 2, 3, 4, 5, 6, 7, 8\}$

6 합집합 + 교집합 + 여집합 + 차집합

다음 중 오른쪽 벤 다이어그램의 색칠한 부분을 나타내는 집합과 항상 같은 집합은?

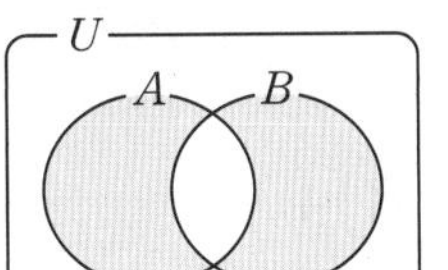

① $A-B$　② $A^C\cap B$　③ $A\cup B^C$　④ $U-(A\cap B)$　⑤ $(A\cap B^C)\cup(B-A)$

6-1

다음 중 오른쪽 벤 다이어그램의 색칠한 부분을 나타내는 집합과 항상 같은 집합은?

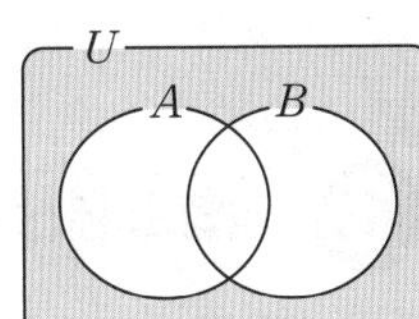

① $A^C\cap B^C$　② $A\cup B^C$　③ $(A-B)^C$　④ $(B-A)^C$　⑤ $(A\cap B)^C$

13 집합의 연산 법칙

1 집합의 연산 법칙

세 집합

$A=\{1, 2, 3\}$, $B=\{1, 4, 5\}$, $C=\{3, 5\}$

에 대하여 $(A\cup B)\cap(A\cup C)$를 구하시오.

1-1

세 집합

$A=\{1, 2\}$, $B=\{1, 3, 5\}$, $C=\{4, 5\}$

에 대하여 $(A\cap B)\cup(A\cap C)$를 구하시오.

1-2

세 집합 A, B, C에 대하여

$A\cap B=\{2, 4\}$, $A\cap C=\{2, 6\}$

일 때, $A\cap(B\cup C)$를 구하시오.

2 합집합과 교집합의 성질 + 여집합과 차집합의 성질

전체집합 U의 서로 다른 두 부분집합 A, B에 대하여 다음 중 옳지 않은 것은?

① $A\subset U^C$
② $A^C\cap A=\varnothing$
③ $U-A^C=A$
④ $A\cap(A\cup B)=A$
⑤ $(A\cap B)\subset(A\cup B)$

2-1

전체집합 U의 서로 다른 두 부분집합 A, B에 대하여 $A\subset B$일 때, 다음 중 옳지 않은 것은?

① $A\cup B=B$
② $A\cap B=A$
③ $B^C\subset A^C$
④ $(A\cap B^C)\subset B$
⑤ $(B\cap A^C)\subset A$

3 집합의 연산 간단히 하기

전체집합 U의 두 부분집합 A, B에 대하여

$(A-B^C)\cup(A^C\cup B)^C$

을 간단히 하시오.

3-1

전체집합 U의 두 부분집합 A, B에 대하여 $B\subset A$일 때, $A\cap(B\cup A^C)$을 간단히 하시오.

14 유한집합의 원소의 개수

1 합집합과 교집합의 원소의 개수; 두 집합

두 집합 A, B에 대하여

$n(A)=17$, $n(B)=23$, $n(A\cap B)=10$

일 때, $n(A\cup B)$는?

① 20 ② 25 ③ 30 ④ 35 ⑤ 40

1-1

두 집합 A, B에 대하여

$n(A)=20$, $n(B)=15$, $n(A\cup B)=26$

일 때, $n(A\cap B)$는?

① 3 ② 5 ③ 7 ④ 9 ⑤ 11

2 합집합과 교집합의 원소의 개수; 세 집합

세 집합 A, B, C에 대하여

$n(A)=14$, $n(B)=16$, $n(C)=10$,

$n(A\cap B)=8$, $n(B\cap C)=5$, $n(C\cap A)=0$

일 때, $n(A\cup B\cup C)$는?

① 21 ② 23 ③ 25 ④ 27 ⑤ 29

2-1

세 집합 A, B, C에 대하여 B와 C가 서로소이고

$n(A)=13$, $n(B)=5$, $n(C)=7$,

$n(A\cap B)=2$, $n(C\cap A)=4$

일 때, $n(A\cup B\cup C)$는?

① 15 ② 16 ③ 17 ④ 18 ⑤ 19

3 여집합의 원소의 개수

전체집합 U의 두 부분집합 A, B에 대하여

$n(U)=40$, $n(A)=27$, $n(B)=12$,

$n(A^C\cap B^C)=3$

일 때, $n(A\cap B)$는?

① 2 ② 3 ③ 4 ④ 5 ⑤ 6

3-1

전체집합 U의 두 부분집합 A, B에 대하여

$n(U)=50$, $n(A)=22$, $n(A\cap B)=14$,

$n(A^C\cap B^C)=8$

일 때, $n(B)$는?

① 30 ② 32 ③ 34 ④ 36 ⑤ 38

4 차집합의 원소의 개수

두 집합 A, B에 대하여

$$n(A)=16,\ n(B)=21,\ n(A\cup B)=30$$

일 때, $n(A-B)+n(B-A)$의 값은?

① 21 ② 23 ③ 25
④ 27 ⑤ 29

4-1

두 집합 A, B에 대하여

$$n(A)=18,\ n(B)=12,\ n(A\cup B)=25$$

일 때, $n((A-B)\cup(B-A))$는?

① 12 ② 14 ③ 16
④ 18 ⑤ 20

5 유한집합의 원소의 개수의 최댓값과 최솟값

전체집합 U의 두 부분집합 A, B에 대하여

$$n(U)=25,\ n(A)=19,\ n(B)=14$$

일 때, $n(A\cap B)$의 최댓값을 M, 최솟값을 m이라 하자. 이때 $M+m$의 값은?

① 20 ② 21 ③ 22
④ 23 ⑤ 24

5-1

전체집합 U의 두 부분집합 A, B에 대하여

$$n(U)=30,\ n(A)=17,\ n(B)=21$$

일 때, $n(A-B)$의 최댓값은?

① 5 ② 7 ③ 9
④ 11 ⑤ 13

6 유한집합의 원소의 개수의 활용

어느 영화 동호회 회원 중에서 A 영화를 선택한 회원은 12명, B 영화를 선택한 회원은 8명, A 영화와 B 영화를 모두 선택한 회원은 5명이었다. 이때 A 영화 또는 B 영화를 선택한 회원 수는?

① 14명 ② 15명 ③ 16명
④ 17명 ⑤ 18명

6-1

어느 반 28명의 학생 중에서 영어를 좋아하는 학생은 11명, 수학을 좋아하는 학생은 15명, 영어와 수학을 모두 좋아하는 학생은 3명이다. 이때 영어와 수학 중에서 어느 한 과목도 좋아하지 않는 학생 수를 구하시오.

15 명제와 조건

1 명제

다음 중 명제가 아닌 것은?

① -1은 자연수이다.
② 4는 12의 약수이다.
③ $x-2=x+5$
④ $2x-3>x+1$
⑤ $x=3$이면 $x+3=6$이다.

1-1

다음 〈보기〉 중 명제인 것을 모두 고른 것은?

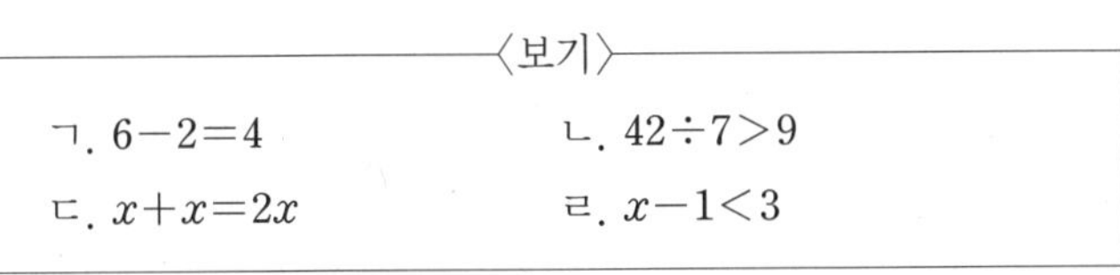

〈보기〉

ㄱ. $6-2=4$　　ㄴ. $42\div7>9$
ㄷ. $x+x=2x$　　ㄹ. $x-1<3$

① ㄱ, ㄴ　② ㄴ, ㄹ　③ ㄱ, ㄴ, ㄷ
④ ㄱ, ㄷ, ㄹ　⑤ ㄴ, ㄷ, ㄹ

2 정의, 증명, 정리

다음 중 정의인 것을 모두 고르면? (정답 2개)

① 삼각형의 세 내각의 크기의 합은 $180°$이다.
② 한 쌍의 대변이 평행한 사각형은 사다리꼴이다.
③ 실수 a에 대하여 $a^2\geq0$이다.
④ 약수가 1과 자기 자신뿐인 수는 소수이다.
⑤ 두 직선이 평행할 때, 엇각의 크기는 서로 같다.

2-1

다음 중 정리인 것을 모두 고르면? (정답 2개)

① 참, 거짓을 판별할 수 있는 문장이나 식은 명제이다.
② 이등변삼각형은 두 밑각의 크기가 같다.
③ 삼각형의 세 변으로부터 같은 거리에 있는 점은 내심이다.
④ 삼각형의 세 중선의 교점은 무게중심이다.
⑤ 네 변의 길이가 모두 같은 사각형은 마름모이다.

3 진리집합

전체집합 $U=\{x\,|\,x$는 한 자리의 자연수$\}$에 대하여 조건 p가

p: $x^2-4>0$

일 때, 조건 p의 진리집합의 원소의 개수는?

① 1　② 3　③ 5
④ 7　⑤ 9

3-1

전체집합 $U=\{x\,|\,x$는 5 이하의 자연수$\}$에 대하여 조건 p가

p: $x^2-x-6\leq0$

일 때, 조건 p의 진리집합의 모든 원소의 합을 구하시오.

4 조건 'p 또는 q'와 'p 그리고 q'의 진리집합

전체집합 $U=\{x|x$는 20 이하의 자연수$\}$에 대하여 두 조건 p, q가

p: x는 4의 배수, q: x는 16의 약수

일 때, 조건 'p 그리고 q'의 진리집합을 구하시오.

4-1

전체집합 $U=\{1, 3, 5, 7, 9\}$에 대하여 두 조건 p, q가

p: $x^2-6x+9=0$, q: $x^2-8x+12<0$

일 때, 조건 'p 또는 q'의 진리집합의 원소의 개수는?

① 1 ② 2 ③ 3 ④ 4 ⑤ 5

5 명제와 조건의 부정

임의의 두 실수 a, b에 대하여 조건

'$a^2+b^2=0$'

의 부정과 서로 같은 것은?

① $a=0$이고 $b=0$
② $ab>0$
③ $ab<0$
④ $a\neq0$ 또는 $b\neq0$
⑤ $a\neq0$이고 $b\neq0$

5-1

다음 〈보기〉 중 조건 p의 부정 $\sim p$가 옳은 것을 모두 고르시오.

〈보기〉

ㄱ. p: $x^2=y^2$
$\sim p$: $x\neq y$ 또는 $x\neq -y$

ㄴ. p: $x=y=z$
$\sim p$: $x\neq y$ 또는 $y\neq z$ 또는 $z\neq x$

ㄷ. p: $3\leq x<5$
$\sim p$: $x<3$ 또는 $x\geq5$

6 부정의 진리집합

전체집합 $U=\{x|x$는 12의 약수$\}$에 대하여 조건 p가

p: $x\leq2$ 또는 $x>8$

일 때, $\sim p$의 진리집합의 모든 원소의 합은?

① 11 ② 13 ③ 15 ④ 17 ⑤ 19

6-1

전체집합 U에 대하여 두 조건 p: $x<0$, q: $x<5$의 진리집합을 각각 P, Q라 할 때, 다음 중 조건 '$0\leq x<5$'의 진리집합을 나타낸 것은?

① $P\cup Q$ ② $P^C\cup Q$ ③ $P\cup Q^C$ ④ $P\cap Q^C$ ⑤ $P^C\cap Q$

16 명제의 참, 거짓

1 명제 $p \longrightarrow q$의 참, 거짓

다음 중 참인 명제는?

① 두 홀수의 합은 홀수이다.
② $x=2$이면 $3x-2=7$이다.
③ $2x-3=3$이면 $x^2-x-6=0$이다.
④ x가 4의 배수이면 x는 8의 배수이다.
⑤ 자연수 n이 소수이면 n^2은 홀수이다.

1-1

x, y가 실수일 때, 〈보기〉 중 참인 명제를 모두 고른 것은?

〈보기〉

ㄱ. $x>y$이면 $-x<-y$이다.
ㄴ. $x>y$이면 $x^2>y^2$이다.
ㄷ. $x\le 1$, $y\le 1$이면 $x+y\le 2$이다.

① ㄱ ② ㄴ ③ ㄷ
④ ㄱ, ㄷ ⑤ ㄴ, ㄷ

2 명제 $p \longrightarrow q$의 참, 거짓

두 조건 p: $0\le x\le a$, q: $-1\le x\le 5$에 대하여 명제 $p \longrightarrow q$가 참이 되도록 하는 자연수 a의 개수는?

① 2 ② 3 ③ 4
④ 5 ⑤ 6

2-1

명제

'$-2\le x\le 3$이면 $x\ge a$이다.'

가 참이 되도록 하는 실수 a의 값의 범위를 구하시오.

3 거짓인 명제의 반례

전체집합 U에 대하여 두 조건 p, q의 진리집합을 각각 P, Q라 하자. 두 집합 P, Q가 오른쪽 벤 다이어그램과 같을 때, 명제 $q \longrightarrow p$가 거짓임을 보이는 원소는?

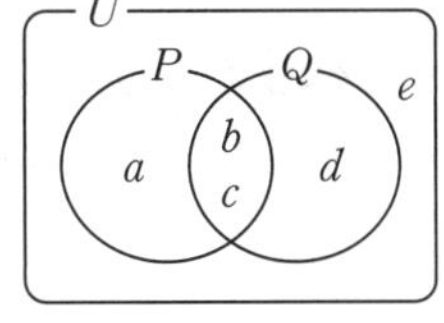

① a ② b ③ c
④ d ⑤ e

3-1

전체집합 $U=\{x|x$는 20보다 작은 자연수$\}$에 대하여 명제

'x가 3의 배수이면 x는 6의 배수이다.'

가 거짓임을 보이는 반례를 모두 구하시오.

4 명제의 참, 거짓과 진리집합의 포함 관계

전체집합 U에 대하여 세 조건 p, q, r의 진리집합을 각각 P, Q, R라 할 때, 세 집합 P, Q, R 사이의 포함 관계는 오른쪽 그림과 같다. 다음 중 참인 명제는?

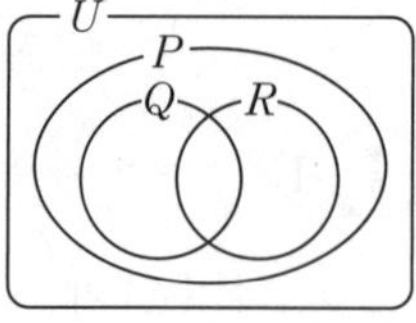

① $p \longrightarrow q$ ② $q \longrightarrow r$ ③ $\sim p \longrightarrow \sim r$
④ $\sim q \longrightarrow r$ ⑤ $\sim r \longrightarrow p$

4-1

전체집합 U에 대하여 두 조건 p, q의 진리집합을 각각 P, Q라 하자. $P \cap Q = \varnothing$일 때, 다음 중 항상 참인 명제는?

① $p \longrightarrow q$ ② $p \longrightarrow \sim q$ ③ $q \longrightarrow p$
④ $\sim p \longrightarrow q$ ⑤ $\sim q \longrightarrow p$

5 '모든'이나 '어떤'을 포함한 명제의 참, 거짓

전체집합 $U=\{-1, 0, 1\}$에 대하여 〈보기〉 중 참인 명제를 모두 고른 것은?

〈보기〉

ㄱ. 모든 x에 대하여 $2x \in U$이다.
ㄴ. 모든 x에 대하여 $x^2=1$이다.
ㄷ. 어떤 x에 대하여 $x-1>0$이다.
ㄹ. 어떤 x에 대하여 $x^2=x$이다.

① ㄱ ② ㄹ ③ ㄱ, ㄴ
④ ㄴ, ㄷ ⑤ ㄷ, ㄹ

5-1

다음 중 거짓인 명제는?

① 어떤 소수는 짝수이다.
② 모든 8의 약수는 24의 약수이다.
③ 어떤 실수 x에 대하여 $x^2 \le 0$이다.
④ 어떤 정수 x에 대하여 $\frac{1}{x}$은 정수이다.
⑤ 모든 실수 x에 대하여 $|x|>0$이다.

6 '모든'이나 '어떤'을 포함한 명제의 부정

명제 '모든 실수 x에 대하여 $x^2+2x-3>0$이다.'의 부정은?

① 어떤 실수 x에 대하여 $x^2+2x-3<0$이다.
② 모든 실수 x에 대하여 $x^2+2x-3\le 0$이다.
③ 어떤 실수 x에 대하여 $x^2+2x-3\le 0$이다.
④ $x^2+2x-3\le 0$인 실수 x가 존재하지 않는다.
⑤ $x^2+2x-3<0$인 실수 x가 존재한다.

6-1

전체집합 $U=\{0, 1, 2, 3, 4\}$에 대하여 $x \in U$일 때, 다음 〈보기〉 중 명제의 부정이 참인 것을 모두 고르시오.

〈보기〉

ㄱ. 모든 x에 대하여 $x+3<7$이다.
ㄴ. 어떤 x에 대하여 $x^2+1>0$이다.
ㄷ. 모든 x에 대하여 $x^2-1>0$이다.

17 명제 사이의 관계

1 명제의 역과 대우의 참, 거짓

다음 중 그 역이 참인 명제는?

① $x=1$이면 $x^2+x-2=0$이다.
② $x<1$이면 $|x|<1$이다.
③ $x=0$이면 $xy=0$이다.
④ $x=y$이면 $x^2=y^2$이다.
⑤ x, y가 짝수이면 xy는 짝수이다.

1-1

다음 〈보기〉 중 그 역과 대우가 모두 참인 명제를 모두 고른 것은? (단, x, y는 실수이고 A, B는 집합이다.)

〈보기〉
ㄱ. $x=2$이면 $x^2=2x$이다.
ㄴ. $x>0$이고 $y>0$이면 $xy>0$이다.
ㄷ. $A\cap B=A$이면 $A\subset B$이다.

① ㄱ ② ㄴ ③ ㄷ
④ ㄱ, ㄷ ⑤ ㄴ, ㄷ

2 명제의 역과 대우의 참, 거짓

명제 '$x^2+ax+2\neq0$이면 $x\neq1$이다.'가 참일 때, 상수 a의 값은?

① -3 ② -1 ③ 1
④ 3 ⑤ 5

2-1

명제 '$x^2+ax-6\neq0$이면 $x-2\neq0$이다.'가 참일 때, 상수 a의 값은?

① -2 ② -1 ③ 0
④ 1 ⑤ 2

3 삼단논법

세 조건 p, q, r에 대하여 두 명제 $p\longrightarrow\sim q$, $r\longrightarrow q$가 모두 참일 때, 다음 명제 중 반드시 참이라고 할 수 없는 것은?

① $p\longrightarrow\sim r$ ② $q\longrightarrow\sim p$ ③ $\sim q\longrightarrow\sim r$
④ $r\longrightarrow\sim p$ ⑤ $\sim r\longrightarrow p$

3-1

세 조건 p, q, r에 대하여 두 명제 $q\longrightarrow p$, $\sim q\longrightarrow\sim r$가 모두 참일 때, 〈보기〉 중 항상 참인 명제를 모두 고르시오.

〈보기〉
ㄱ. $p\longrightarrow\sim r$ ㄴ. $q\longrightarrow r$ ㄷ. $r\longrightarrow p$

4 충분조건과 필요조건

두 조건 p, q에 대하여 다음 중 p가 q이기 위한 충분조건이지만 필요조건은 아닌 것은?

(단, x, y, z는 실수이고, $z>0$이다.)

① p: $|x|=1$ q: $x^2=1$
② p: $-5<x<3$ q: $|x|<3$
③ p: $x>0$, $y>0$ q: $xy=|xy|$
④ p: $x>y$ q: $x+z>y+z$
⑤ p: $xz>yz$ q: $x>y$

4-1

다음 〈보기〉 중 '$x=0$이고 $y=0$'이기 위한 필요충분조건인 것의 개수는? (단, x, y는 실수이다.)

〈보기〉

ㄱ. $x+y=0$ ㄴ. $xy=0$
ㄷ. $|x|+|y|=0$ ㄹ. $x^2+y^2=0$

① 0 ② 1 ③ 2
④ 3 ⑤ 4

5 충분조건과 필요조건 + 삼단논법

세 조건 p, q, r에 대하여 p는 q이기 위한 필요조건이고, r는 q이기 위한 충분조건일 때, 다음 명제 중 반드시 참인 것은?

① $p \longrightarrow r$ ② $q \longrightarrow \sim r$ ③ $r \longrightarrow p$
④ $\sim q \longrightarrow \sim p$ ⑤ $\sim r \longrightarrow \sim p$

5-1

세 조건 p, q, r에 대하여 두 명제 $q \longrightarrow p$, $\sim r \longrightarrow \sim p$가 모두 참일 때, 〈보기〉 중 항상 옳은 것을 모두 고른 것은?

〈보기〉

ㄱ. p는 r이기 위한 충분조건이다.
ㄴ. q는 p이기 위한 필요조건이다.
ㄷ. r는 q이기 위한 필요조건이다.

① ㄱ ② ㄴ ③ ㄱ, ㄷ
④ ㄴ, ㄷ ⑤ ㄱ, ㄴ, ㄷ

6 충분조건 또는 필요조건이 되도록 하는 미지수 구하기

두 조건 p: $a\le x\le 4$, q: $-1<x<5$에 대하여 p가 q이기 위한 충분조건이 되도록 하는 정수 a의 최솟값은?

① -1 ② 0 ③ 1
④ 2 ⑤ 3

6-1

$-a<x<a$가 $x^2-7x+10<0$이기 위한 필요조건이 되도록 하는 양수 a의 최솟값을 구하시오.

18 명제의 증명과 절대부등식

1 대우를 이용한 명제의 증명

다음은 x, y가 실수일 때, 명제

'$xy<0$이면 $x>0$ 또는 $y>0$이다.'

가 참임을 그 대우를 이용하여 증명하는 과정이다. (가), (나), (다)에 알맞은 것을 써넣으시오.

> 주어진 명제의 대우는
>
> '[(가)]'
>
> 이때 $x<0$이고 $y<0$이면 xy[(나)]0이고, x, y 중 적어도 하나가 [(다)]이면 $xy=0$이므로 주어진 명제의 대우는 참이다.
>
> 따라서 주어진 명제도 참이다.

1-1

x가 실수일 때, 명제

'x^2이 무리수이면 x도 무리수이다.'

에 대하여 다음 물음에 답하시오.

(1) 명제의 대우를 구하시오.

(2) (1)을 이용하여 주어진 명제가 참임을 증명하시오.

2 귀류법

명제 '$\sqrt{5}$는 무리수이다.'가 참임을 증명하시오.

2-1

$\sqrt{3}$은 무리수임을 이용하여 명제

'$1+\sqrt{3}$은 무리수이다.'

가 참임을 증명하시오.

3 절대부등식의 증명

a, b, x, y가 실수일 때, 다음 부등식이 성립함을 증명하시오.

$$(a^2+b^2)(x^2+y^2)\geq(ax+by)^2$$

3-1

$a\geq0$, $b\geq0$일 때, 다음 부등식이 성립함을 증명하시오.

$$\sqrt{a}+\sqrt{b}\geq\sqrt{a+b}$$

4 산술평균과 기하평균의 관계

$x>0$일 때, $4x+\frac{9}{x}$는 $x=a$에서 최솟값 b를 갖는다. 이때 두 상수 a, b에 대하여 ab의 값을 구하시오.

4-1

$x>2$일 때, $x+\frac{16}{x-2}$은 $x=a$에서 최솟값 b를 갖는다. 이때 두 상수 a, b에 대하여 $a+b$의 값을 구하시오.

19 함수

❶ 함수의 뜻

두 집합 $X=\{-1, 0, 1\}$, $Y=\{0, 1, 2, 3\}$에 대하여 다음 중 집합 X에서 집합 Y로의 함수가 아닌 것은?

① $f(x)=-x+2$
② $f(x)=2x+1$
③ $f(x)=x^2$
④ $f(x)=|x-1|$
⑤ $f(x)=\begin{cases} 3x & (x\geq 0) \\ 1-x & (x<0) \end{cases}$

❶-1

두 집합 $X=\{1, 2, 3\}$, $Y=\{1, 2, 3, 4, 5\}$에 대하여 〈보기〉 중 집합 X에서 집합 Y로의 함수인 것을 모두 고른 것은?

〈보기〉

ㄱ. $y=-x+4$　　ㄴ. $y=3|x-2|+1$

ㄷ. $y=\frac{1}{2}(x^2-1)$　　ㄹ. $y=x^2-x+1$

① ㄱ, ㄴ　② ㄴ, ㄹ　③ ㄱ, ㄴ, ㄷ
④ ㄱ, ㄷ, ㄹ　⑤ ㄴ, ㄷ, ㄹ

❷ 함수의 정의역, 공역, 치역

정의역이 $\{-1, a, 4, b\}$인 함수 $y=x^2-5x+2$의 치역이 $\{-2, 8\}$일 때, 두 상수 a, b에 대하여 $a+b$의 값은?

① 1　② 3　③ 5
④ 7　⑤ 9

❷-1

집합 $X=\{-1, 0, 1\}$을 정의역으로 하는 함수 $f(x)=ax^2-2$의 치역의 모든 원소의 합이 10일 때, 상수 a의 값을 구하시오.

❸ 함숫값 구하기

자연수 전체의 집합에서 정의된 함수 $f(x)$에 대하여

$$f(x)=\begin{cases} x+1 & (0<x\leq 4) \\ f(x-4) & (x>4) \end{cases}$$

일 때, $f(2)+f(31)$의 값은?

① 3　② 4　③ 5
④ 6　⑤ 7

❸-1

자연수 전체의 집합에서 정의된 함수 $f(x)$에 대하여

$$f(x)=\begin{cases} 2x & (0<x\leq 6) \\ x-1 & (x>6) \end{cases}$$

일 때, $f(k)=10$을 만족시키는 모든 k의 값의 합은?

① 10　② 12　③ 14
④ 16　⑤ 18

4 함숫값 구하기

함수 f에 대하여

$$f\left(\frac{x-1}{2}\right)=3x+2$$

일 때, $f(-2)$의 값은?

① -9 ② -7 ③ -5
④ -3 ⑤ -1

4-1

두 함수 f, g에 대하여

$$f(x)=x^2-3x+1,\ g(2x+1)=f(x-1)$$

이 성립할 때, $g(5)$의 값은?

① -2 ② -1 ③ 0
④ 1 ⑤ 2

5 서로 같은 함수

집합 $X=\{0, 1\}$을 정의역으로 하는 두 함수

$$f(x)=ax+2,\ g(x)=x^2-4x+b$$

에 대하여 $f=g$일 때, ab의 값은? (단, a, b는 상수이다.)

① -6 ② -3 ③ 0
④ 3 ⑤ 6

5-1

공집합이 아닌 집합 X를 정의역으로 하는 두 함수

$$f(x)=x^2,\ g(x)=4x-3$$

에 대하여 $f=g$가 되도록 하는 집합 X를 모두 구하시오.

6 함수의 그래프

다음 〈보기〉 중 함수의 그래프인 것을 모두 고르시오.

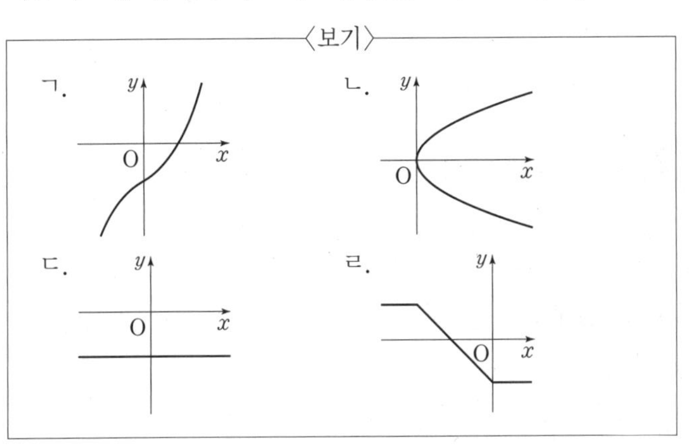

6-1

다음 중 함수의 그래프가 아닌 것은?

①
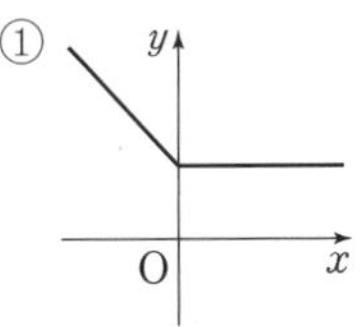

②
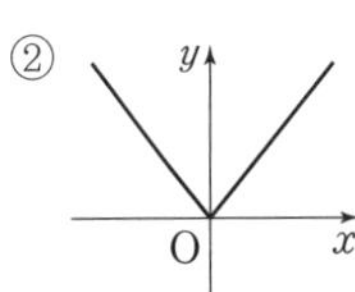

③
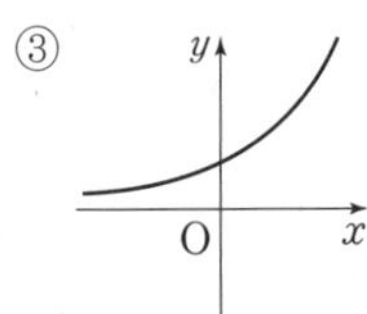

④
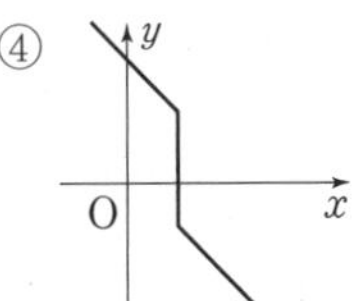

⑤
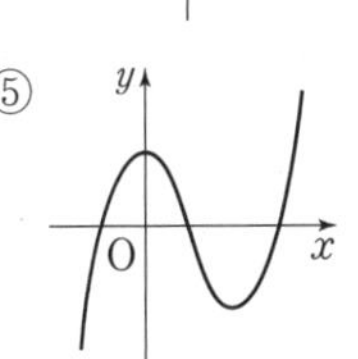

1:1 연습

20 여러 가지 함수

1 일대일함수와 일대일대응

다음 〈보기〉 중 일대일대응의 그래프인 것을 모두 고른 것은?
(단, 정의역과 공역은 모두 실수 전체의 집합이다.)

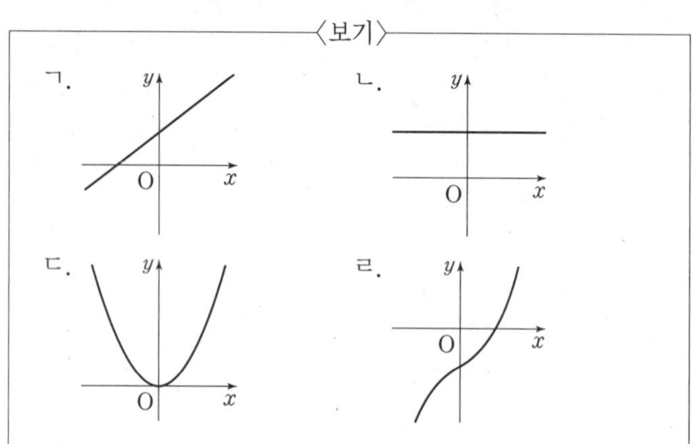

① ㄱ ② ㄱ, ㄴ ③ ㄱ, ㄹ
④ ㄴ, ㄹ ⑤ ㄱ, ㄷ, ㄹ

1-1

다음 〈보기〉의 함수 중 일대일대응인 것을 모두 고른 것은?

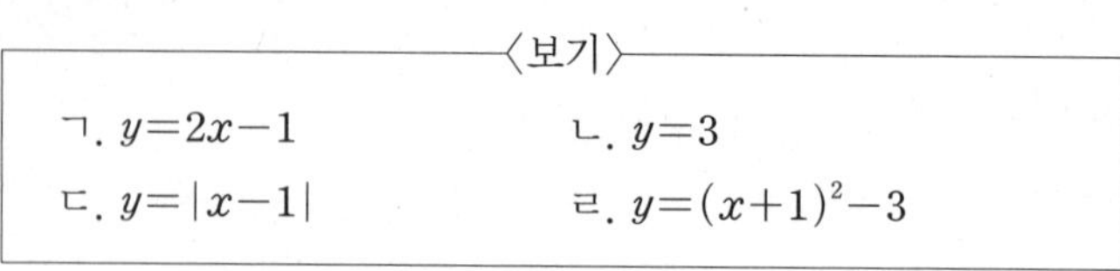

〈보기〉
ㄱ. $y=2x-1$ ㄴ. $y=3$
ㄷ. $y=|x-1|$ ㄹ. $y=(x+1)^2-3$

① ㄱ ② ㄴ ③ ㄱ, ㄷ
④ ㄴ, ㄹ ⑤ ㄱ, ㄴ, ㄹ

2 일대일대응이 되기 위한 조건

정의역과 공역이 모두 실수 전체의 집합인 함수

$$f(x)=\begin{cases} x^2+1 & (x\geq 0) \\ (a-3)x+1 & (x<0) \end{cases}$$

이 일대일대응이 되도록 하는 실수 a의 값의 범위를 구하시오.

2-1

정의역과 공역이 모두 실수 전체의 집합인 함수

$$f(x)=\begin{cases} x+3 & (x\geq 1) \\ 2x+a & (x<1) \end{cases}$$

가 일대일대응이 되도록 하는 상수 a의 값은?

① -2 ② -1 ③ 0
④ 1 ⑤ 2

2-2

실수 전체의 집합에서 정의된 함수

$$f(x)=|x-1|+ax+2$$

가 일대일대응이 되도록 하는 상수 a의 값이 아닌 것은?

① -5 ② -2 ③ 1
④ 4 ⑤ 7

3 일대일대응이 되기 위한 조건

두 집합 $X=\{x|1\le x\le a\}$, $Y=\{y|-1\le y\le 5\}$에 대하여 집합 X에서 집합 Y로의 함수 $f(x)=2x+b$가 일대일대응일 때, $a+b$의 값은? (단, a, b는 상수이다.)

① 1 ② 3 ③ 5
④ 7 ⑤ 9

3-1

집합 $X=\{x|x\ge a\}$에 대하여 집합 X에서 집합 X로의 함수

$$f(x)=x^2-2x-18$$

이 일대일대응이 되도록 하는 상수 a의 값은?

① -3 ② -1 ③ 2
④ 4 ⑤ 6

4 일대일함수와 일대일대응 + 항등함수와 상수함수

집합 X가 $X=\{2, 4, 8\}$일 때, 집합 X에서 집합 X로의 세 함수 f, g, h가 각각 일대일대응, 항등함수, 상수함수이고 다음 조건을 모두 만족시킨다. $f(2)+g(2)+h(2)$의 값은?

(가) $f(8)=g(4)=h(2)$
(나) $f(8)f(2)=f(4)$

① 6 ② 8 ③ 10
④ 12 ⑤ 14

4-1

집합 $X=\{1, 2, 3, 4\}$에 대하여 집합 X에서 집합 X로의 세 함수 f, g, h가 각각 일대일대응, 항등함수, 상수함수이고

$$f(2)=4,\ h(1)=2$$

이다. $f(4)+g(4)+h(4)$의 최댓값은?

① 8 ② 9 ③ 10
④ 11 ⑤ 12

5 함수의 개수 구하기

집합 $X=\{1, 2, 3\}$에 대하여 집합 X에서 집합 X로의 함수 중 일대일대응의 개수를 a, 항등함수의 개수를 b, 상수함수의 개수를 c라 할 때, $a+b+c$의 값은?

① 10 ② 11 ③ 12
④ 13 ⑤ 14

5-1

두 집합 $X=\{1, 2, 3, 4, 5\}$, $Y=\{6, 7, 8, 9, 10\}$에 대하여 집합 X에서 집합 Y로의 일대일대응 중 $f(1)=6$, $f(2)=8$을 만족시키는 함수 f의 개수를 구하시오.

21 합성함수

1 합성함수의 함숫값 구하기

자연수 전체의 집합에서 정의된 함수 $f(x)$가

$$f(x)=\begin{cases} x+1 & (x\text{는 홀수}) \\ \dfrac{x}{2}+3 & (x\text{는 짝수}) \end{cases}$$

일 때, $(f\circ f)(3)$의 값은?

① 2 ② 3 ③ 4
④ 5 ⑤ 6

1-1

함수 $f: X \longrightarrow X$가 오른쪽 그림과 같을 때, $(f\circ f)(1)+(f\circ f\circ f)(1)$의 값은?

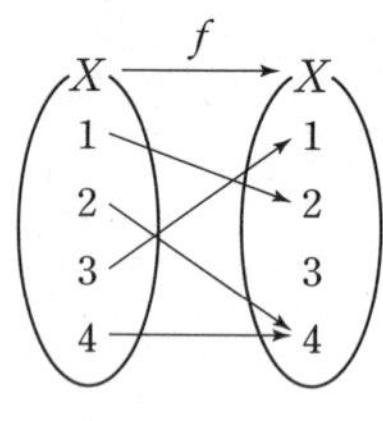

① 4 ② 5
③ 6 ④ 7
⑤ 8

1-2

두 함수 $f(x)=3x-2$, $g(x)=ax+1$에 대하여 $(f\circ g)(1)=7$일 때, $g(4)$의 값을 구하시오.
(단, a는 상수이다.)

2 합성함수 구하기

두 함수 $f(x)=ax+b$, $g(x)=x+c$에 대하여
$(g\circ f)(x)=2x+5$, $f(-1)=1$
일 때, abc의 값은? (단, a, b, c는 상수이다.)

① 8 ② 10 ③ 12
④ 14 ⑤ 16

2-1

함수 $f(x)=ax+b$ $(a>0)$가
$(f\circ f)(x)=9x+4$
를 만족시킬 때, $f(2)$의 값은? (단, a, b는 상수이다.)

① 5 ② 7 ③ 9
④ 11 ⑤ 13

3 합성함수의 성질

두 함수 $f(x)=3x+1$, $g(x)=ax+2$에 대하여 $f\circ g=g\circ f$가 항상 성립하도록 하는 상수 a의 값은?

① -3 ② -1 ③ 1
④ 3 ⑤ 5

3-1

두 함수 $f(x)=ax-2$, $g(x)=bx+1$에 대하여 $f(2)=6$이고 $f\circ g=g\circ f$가 성립한다. 이때 두 상수 a, b에 대하여 ab의 값을 구하시오.

4 합성함수의 성질

세 함수 f, g, h에 대하여

$$f(x)=x-3,\ (g\circ h)(x)=-2x+1$$

일 때, $((f\circ g)\circ h)(a)=8$을 만족시키는 상수 a의 값은?

① -5 ② -3 ③ -1
④ 1 ⑤ 3

4-1

세 함수 f, g, h에 대하여

$$(f\circ g)(x)=4x+7,\ h(x)=-x+2$$

일 때, $(f\circ(g\circ h))(a)=3$을 만족시키는 상수 a의 값은?

① 1 ② 3 ③ 5
④ 7 ⑤ 9

5 $f\circ g=h$를 만족시키는 함수 f 또는 g 구하기

두 함수

$$f(x)=2x+1,\ g(x)=2x^2-3$$

에 대하여 $(f\circ h)(x)=g(x)$를 만족시키는 함수 $h(x)$를 구하시오.

5-1

두 함수

$$f(x)=x-1,\ g(x)=x^2-4x+6$$

에 대하여 함수 $h(x)$가 $(h\circ f)(x)=g(x)$를 만족시킬 때, $h(1)$의 값은?

① -4 ② -2 ③ 0
④ 2 ⑤ 4

6 합성함수의 추정

함수 $f(x)=-x+1$에 대하여

$$f^1=f,\ f^{n+1}=f\circ f^n$$

일 때, $f^{100}(2)$의 값을 구하시오. (단, n은 자연수이다.)

6-1

함수 $f(x)=\dfrac{1}{1-x}$에 대하여

$$f^1=f,\ f^{n+1}=f\circ f^n$$

일 때, $f^{50}(2)$의 값은? (단, n은 자연수이다.)

① -1 ② $-\dfrac{1}{2}$ ③ $\dfrac{1}{2}$
④ 1 ⑤ 2

22 역함수

1 역함수의 함숫값 구하기

함수 $f(x)=ax+b$에 대하여

$$f^{-1}(2)=4,\ f^{-1}(-2)=2$$

일 때, ab의 값은? (단, a, b는 상수이다.)

① -12　② -10　③ -8
④ -6　⑤ -4

1-1

함수 $f(x)=3x+a$에 대하여 $f^{-1}(5)=1$일 때, $f(3)$의 값을 구하시오. (단, a는 상수이다.)

1-2

함수 $f(x)=\begin{cases} x+5 & (x\geq 0) \\ -x^2+5 & (x<0) \end{cases}$에 대하여 $f^{-1}(1)$의 값은?

① -2　② -1　③ 0
④ 1　⑤ 2

2 역함수가 존재하기 위한 조건

두 집합 $X=\{x\,|\,a\leq x\leq 3\}$, $Y=\{y\,|\,1\leq y\leq b\}$에 대하여 집합 X에서 집합 Y로의 함수 $f(x)=2x-1$의 역함수가 존재할 때, $b-a$의 값은? (단, a, b는 상수이다.)

① 3　② 4　③ 5
④ 6　⑤ 7

2-1

두 집합

$$X=\{x\,|\,a\leq x\leq b\},\ Y=\{y\,|\,-1\leq y\leq 8\}$$

에 대하여 집합 X에서 집합 Y로의 함수 $f(x)=-3x+2$의 역함수가 존재할 때, a^2+b^2의 값은? (단, a, b는 상수이다.)

① 2　② 5　③ 8
④ 10　⑤ 13

3 역함수의 성질

두 함수 $f(x)=-x+3$, $g(x)=4x+1$에 대하여 $(f\circ(g\circ f)^{-1})(9)$의 값은?

① 2　② 4　③ 6
④ 8　⑤ 10

3-1

두 함수 $f(x)=x-1$, $g(x)=2x+3$에 대하여 $(g^{-1}\circ f)^{-1}(5)$의 값은?

① 11　② 12　③ 13
④ 14　⑤ 15

4 $(g\circ f)(x)=x$를 만족시키는 함수 $g(x)$

일대일대응인 두 함수 f, g에 대하여

$$f(x)=2x-5,\ (g\circ f)(x)=x$$

일 때, $(g\circ f^{-1}\circ g^{-1})(1)$의 값은?

① 1　② 3　③ 5
④ 7　⑤ 9

4-1

일대일대응인 두 함수 f, g에 대하여

$$g(x)=3x+8,\ (g\circ f)(x)=x$$

일 때, $f(-1)$의 값은?

① -5　② -4　③ -3
④ -2　⑤ -1

5 역함수 구하기

함수 $f(x)=2x+a$의 역함수가 $f^{-1}(x)=bx-4$일 때, 두 상수 a, b에 대하여 ab의 값은?

① -6　② -4　③ -2
④ 2　⑤ 4

5-1

함수 $f(x)=ax+2\ (a\neq0)$의 역함수 $f^{-1}(x)$에 대하여 $f=f^{-1}$일 때, 상수 a의 값을 구하시오.

5-2

실수 전체의 집합에서 정의된 함수 f에 대하여

$$f\left(\frac{3-x}{2}\right)=3x-6$$

일 때, 함수 $f(x)$의 역함수 $f^{-1}(x)$를 구하시오.

6 역함수의 그래프

함수 $f(x)=\frac{1}{2}x-1$의 그래프와 그 역함수 $y=f^{-1}(x)$의 그래프의 교점의 좌표가 (a, b)일 때, $a+b$의 값은?

① -10　② -8　③ -6
④ -4　⑤ -2

6-1

함수 $f(x)=ax+b$에 대하여 함수 $y=f(x)$의 그래프와 그 역함수 $y=f^{-1}(x)$의 그래프가 모두 점 $(3, 1)$을 지날 때, $f(-3)$의 값은?

① 5　② 6　③ 7
④ 8　⑤ 9

23 유리함수 $y=\dfrac{k}{x-p}+q$의 그래프

1 유리식의 사칙연산

$\dfrac{3}{x^3+1}-\dfrac{1}{x+1}+\dfrac{x-1}{x^2-x+1}$을 계산하시오.

1-1

$\dfrac{x}{x^2-x}+\dfrac{x-3}{x^2-1}$을 계산하시오.

1-2

$\dfrac{x^2-5x}{x^2-3x+2}\times\dfrac{x^2+x-6}{x+1}\div\dfrac{x^2-2x-15}{x-1}$를 계산하시오.

2 유리식과 항등식

$x\neq-1$, $x\neq2$인 모든 실수 x에 대하여

$$\frac{a}{x+1}+\frac{b}{x-2}=\frac{10x+4}{x^2-x-2}$$

가 성립할 때, ab의 값은? (단, a, b는 상수이다.)

① 10 ② 12 ③ 14
④ 16 ⑤ 18

2-1

$x\neq0$, $x\neq1$인 모든 실수 x에 대하여

$$\frac{a}{x}+\frac{b}{x-1}+\frac{c}{(x-1)^2}=\frac{1}{x(x-1)^2}$$

이 성립할 때, abc의 값은? (단, a, b, c는 상수이다.)

① -2 ② -1 ③ 0
④ 1 ⑤ 2

3 부분분수로의 변형

다음 식의 분모를 0으로 만들지 않는 모든 실수 x에 대하여

$$\frac{1}{x(x+1)}+\frac{1}{(x+1)(x+2)}+\frac{1}{(x+2)(x+3)}$$
$$=\frac{a}{x(x+b)}$$

가 성립할 때, $a+b$의 값은? (단, a, b는 상수이다.)

① 4 ② 5 ③ 6
④ 7 ⑤ 8

3-1

다음 식의 분모를 0으로 만들지 않는 모든 실수 x에 대하여

$$\frac{1}{x(x+1)}+\frac{2}{(x+1)(x+3)}+\frac{3}{(x+3)(x+6)}$$
$$=\frac{k}{x(x+6)}$$

가 성립할 때, 상수 k의 값을 구하시오.

4 유리함수

다음 〈보기〉의 함수 중 다항함수가 아닌 유리함수인 것을 모두 고르시오.

〈보기〉

ㄱ. $y=\dfrac{x+1}{2}$　　ㄴ. $y=\dfrac{3x-1}{x+2}$

ㄷ. $y=\dfrac{x^2+2x-3}{x}$　　ㄹ. $y=\dfrac{1}{4}x$

4-1

다음 중 유리함수 $y=\dfrac{-x+5}{2x-4}$의 정의역에 속하지 <u>않는</u> 것은?

① -4　② -2　③ 0　④ 2　⑤ 4

5 유리함수 $y=\dfrac{k}{x-p}+q\ (k\neq 0)$의 그래프

함수 $y=\dfrac{1}{x}$의 그래프를 x축의 방향으로 a만큼, y축의 방향으로 b만큼 평행이동한 그래프의 점근선이 두 직선 $x=2$, $y=-5$일 때, $a-b$의 값은?

① 1　② 3　③ 5　④ 7　⑤ 9

5-1

함수 $y=\dfrac{1}{2x}$의 그래프를 x축의 방향으로 -2만큼, y축의 방향으로 1만큼 평행이동하면 함수 $y=\dfrac{1}{2x+a}+b$의 그래프와 겹쳐질 때, 두 상수 a, b에 대하여 $a+b$의 값은?

① -3　② -1　③ 1　④ 3　⑤ 5

6 유리함수의 그래프의 대칭성

함수 $y=\dfrac{3}{x-a}+b$의 그래프가 두 직선 $y=x-2$, $y=-x+4$에 대하여 모두 대칭일 때, ab의 값은? (단, a, b는 상수이다.)

① 3　② 4　③ 5　④ 6　⑤ 7

6-1

함수 $y=-\dfrac{2}{x+a}-b$의 그래프가 두 직선 $y=x-3$, $y=-x+7$에 대하여 모두 대칭일 때, ab의 값은? (단, a, b는 상수이다.)

① -10　② -5　③ 0　④ 5　⑤ 10

24 유리함수 $y=\frac{ax+b}{cx+d}$의 그래프

① 유리함수 $y=\frac{ax+b}{cx+d}$ $(ad-bc\neq0,\ c\neq0)$의 그래프

함수 $y=\frac{ax+2}{x-b}$의 정의역이 $\{x|x\neq1$인 실수$\}$, 치역이 $\{y|y\neq2$인 실수$\}$일 때, 두 상수 a, b에 대하여 ab의 값은?

① -1　② 0　③ 1　④ 2　⑤ 3

①-1

함수 $y=\frac{ax-1}{x-b}$의 그래프가 두 직선 $x=3$, $y=-1$과 만나지 않을 때, 두 상수 a, b에 대하여 ab의 값은?

① -3　② -1　③ 1　④ 3　⑤ 5

② 유리함수의 그래프의 평행이동

다음 중 함수 $y=\frac{2x+6}{x+2}$에 대한 설명으로 옳지 않은 것은?

① 그래프는 점 $(-2,\ 2)$에 대하여 대칭이다.
② 정의역은 $\{x|x\neq-2$인 실수$\}$이다.
③ 그래프와 y축의 교점의 좌표는 $(0,\ 3)$이다.
④ 그래프는 모든 사분면을 지난다.
⑤ 그래프는 함수 $y=\frac{2}{x}$의 그래프를 평행이동한 것이다.

②-1

다음 〈보기〉 중 함수 $y=\frac{-4x+2}{x-1}$의 그래프에 대한 설명으로 옳은 것을 모두 고른 것은?

〈보기〉

ㄱ. 두 점근선의 교점의 좌표는 $(-1,\ -4)$이다.
ㄴ. 제2사분면을 지나지 않는다.
ㄷ. 함수 $y=-\frac{2}{x}$의 그래프를 평행이동하여 그릴 수 있다.

① ㄱ　② ㄴ　③ ㄷ　④ ㄱ, ㄷ　⑤ ㄴ, ㄷ

③ 유리함수의 그래프의 평행이동

함수 $y=\frac{3x+a}{x+1}$의 그래프를 x축의 방향으로 b만큼, y축의 방향으로 c만큼 평행이동하면 함수 $y=\frac{1}{x}$의 그래프와 겹쳐진다고 할 때, $a+b+c$의 값은? (단, a는 상수이다.)

① 2　② 3　③ 4　④ 5　⑤ 6

③-1

함수 $y=\frac{2x-3}{x-2}$의 그래프를 x축의 방향으로 a만큼, y축의 방향으로 b만큼 평행이동하면 함수 $y=\frac{3x+7}{x+2}$의 그래프와 겹쳐진다고 할 때, $a+b$의 값은?

① -3　② -1　③ 0　④ 1　⑤ 3

정답 및 해설 89쪽

4 그래프를 이용하여 유리함수의 식 구하기

함수 $y=\dfrac{ax+b}{x+c}$의 그래프가 오른쪽 그림과 같을 때, 세 상수 a, b, c에 대하여 $a+b+c$의 값은?

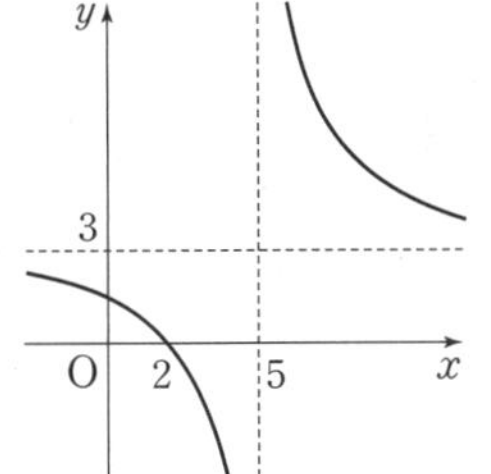

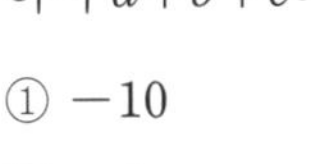

① -10　② -8
③ -6　④ -4
⑤ -2

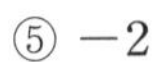

4-1

함수 $y=\dfrac{ax+b}{x+c}$의 그래프가 오른쪽 그림과 같을 때, 세 상수 a, b, c에 대하여 abc의 값은?

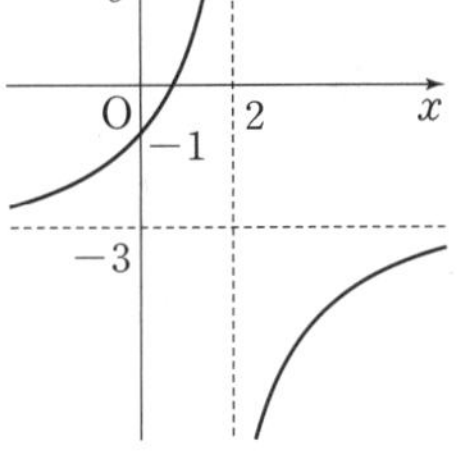

① 8　② 10
③ 12　④ 14
⑤ 16

5 유리함수의 최대·최소

$-2\le x\le 4$에서 함수 $y=\dfrac{2x-1}{x+3}$의 최댓값을 a, 최솟값을 b라 할 때, $a+b$의 값은?

① -4　② -2　③ 0
④ 2　⑤ 4

5-1

정의역이 $\{x|3\le x\le 6\}$인 함수 $y=\dfrac{5x+a}{x-2}$의 최솟값이 8일 때, 양수 a의 값은?

① $\dfrac{1}{2}$　② 1　③ $\dfrac{3}{2}$
④ 2　⑤ $\dfrac{5}{2}$

6 유리함수의 역함수

함수 $f(x)=\dfrac{-3x+1}{x+7}$의 그래프와 함수 $g(x)=\dfrac{ax+b}{cx+3}$의 그래프가 직선 $y=x$에 대하여 대칭일 때, $a+b+c$의 값은?
(단, a, b, c는 상수이다.)

① -7　② -6　③ -5
④ -4　⑤ -3

6-1

함수 $f(x)=\dfrac{ax+b}{x-3}$의 그래프가 점 $(1,\ -1)$을 지나고 $f=f^{-1}$일 때, $f(4)$의 값을 구하시오. (단, a, b는 상수이다.)

25 무리함수 $y=\sqrt{a(x-p)}+q$의 그래프

1 무리식

무리식 $\sqrt{6x^2-x-1}$의 값이 실수가 되도록 하는 실수 x의 값의 범위를 구하시오.

1-1

무리식 $\sqrt{7-x}+\frac{1}{\sqrt{x+2}}$의 값이 실수가 되도록 하는 정수 x의 개수는?

① 6 ② 7 ③ 8
④ 9 ⑤ 10

2 무리식의 계산

$\frac{1}{\sqrt{x}+\sqrt{x+1}}+\frac{1}{\sqrt{x+1}+\sqrt{x+2}}+\frac{1}{\sqrt{x+2}+\sqrt{x+3}}$
$=\sqrt{x+k}-\sqrt{x}$
일 때, 상수 k의 값은?

① -2 ② -1 ③ 1
④ 2 ⑤ 3

2-1

$\frac{\sqrt{1+x}-\sqrt{1-x}}{\sqrt{1+x}+\sqrt{1-x}}+\frac{\sqrt{1+x}+\sqrt{1-x}}{\sqrt{1+x}-\sqrt{1-x}}=\frac{k}{x}$일 때, 상수 k의 값은?

① -4 ② -2 ③ 1
④ 2 ⑤ 4

3 무리식의 값 구하기

$x=\frac{\sqrt{2}-1}{\sqrt{2}+1}$일 때, $\frac{1-\sqrt{x}}{1+\sqrt{x}}+\frac{1+\sqrt{x}}{1-\sqrt{x}}$의 값은?

① $-2\sqrt{2}$ ② $-\sqrt{2}$ ③ 1
④ $\sqrt{2}$ ⑤ $2\sqrt{2}$

3-1

$x=\frac{\sqrt{15}}{2}$일 때, $\frac{\sqrt{2-x}}{\sqrt{2+x}}+\frac{\sqrt{2+x}}{\sqrt{2-x}}$의 값을 구하시오.

4 무리함수

다음 〈보기〉의 함수 중 무리함수인 것을 모두 고른 것은?

〈보기〉

ㄱ. $y=\sqrt{3}x-1$　　ㄴ. $y=-\sqrt{5x}$

ㄷ. $y=\sqrt{1-x^2}$　　ㄹ. $y=\sqrt{x^2+4x+4}$

① ㄱ　② ㄷ　③ ㄱ, ㄴ

④ ㄴ, ㄷ　⑤ ㄴ, ㄹ

4-1

함수 $y=\sqrt{-4x+a}+5$의 정의역이 $\{x|x\le3\}$일 때, 상수 a의 값은?

① 4　② 8　③ 12

④ 16　⑤ 20

5 무리함수 $y=\pm\sqrt{ax}\ (a\neq0)$의 그래프

다음 중 무리함수 $y=\sqrt{2x}$에 대한 설명으로 옳지 않은 것은?

① 정의역은 $\{x|x\ge0\}$이다.

② 치역은 $\{y|y\ge0\}$이다.

③ 그래프는 제1사분면을 지난다.

④ 함수 $y=\sqrt{-2x}$의 그래프는 제2사분면을 지난다.

⑤ 두 함수 $y=\sqrt{2x}$, $y=\sqrt{-2x}$의 그래프는 x축에 대하여 대칭이다.

5-1

다음 중 함수 $y=\sqrt{-3x}$에 대한 설명으로 옳은 것은?

① 정의역은 $\{x|x\ge0\}$이다.

② 치역은 $\{y|y\le0\}$이다.

③ 그래프는 제2사분면을 지난다.

④ 함수 $y=-\sqrt{-3x}$의 그래프는 제4사분면을 지난다.

⑤ 두 함수 $y=\sqrt{-3x}$, $y=-\sqrt{-3x}$의 그래프는 y축에 대하여 대칭이다.

6 무리함수 $y=\sqrt{a(x-p)}+q\ (a\neq0)$의 그래프

함수 $y=\sqrt{2x}$의 그래프를 x축의 방향으로 -1만큼, y축의 방향으로 3만큼 평행이동하였더니 함수 $y=\sqrt{a(x-p)}+q$의 그래프와 겹쳐진다. 세 상수 a, p, q에 대하여 $a+p+q$의 값은?

① 3　② 4　③ 5

④ 6　⑤ 7

6-1

함수 $y=\sqrt{3(x-2)}-1$의 그래프는 함수 $y=\sqrt{ax}$의 그래프를 x축의 방향으로 b만큼, y축의 방향으로 c만큼 평행이동한 것이다. $a+b+c$의 값은? (단, a는 상수이다.)

① -8　② -4　③ 0

④ 4　⑤ 8

26 무리함수 $y=\sqrt{ax+b}+c$의 그래프

1 무리함수 $y=\sqrt{ax+b}+c$ $(a\neq0)$의 그래프

다음 중 함수 $y=-\sqrt{3x-6}+1$에 대한 설명으로 옳지 않은 것은?

① 그래프는 점 $(2,\ 1)$을 지난다.
② 정의역은 $\{x\,|\,x\geq2\}$이다.
③ 치역은 $\{y\,|\,y\leq1\}$이다.
④ 그래프는 함수 $y=-\sqrt{3x}$의 그래프를 x축의 방향으로 -2만큼, y축의 방향으로 1만큼 평행이동한 것이다.
⑤ 그래프는 제1사분면, 제4사분면을 지난다.

1-1

함수 $f(x)=\sqrt{-2x+a}+b$의 정의역은 $\{x\,|\,x\leq5\}$이고, 치역은 $\{y\,|\,y\geq-3\}$이다. 이때 $f(3)$의 값은?

(단, a, b는 상수이다.)

① -2 ② -1 ③ 0
④ 1 ⑤ 2

2 그래프를 이용하여 무리함수의 식 구하기

함수 $y=-\sqrt{ax+b}+c$의 그래프가 오른쪽 그림과 같을 때, 세 상수 a, b, c에 대하여 $a^2+b^2+c^2$의 값은?

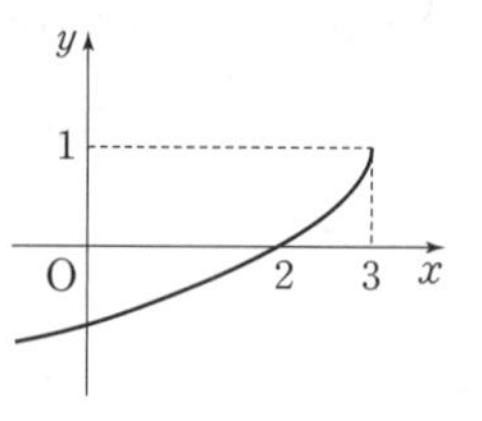

① 3 ② 5
③ 7 ④ 9
⑤ 11

2-1

함수 $y=\sqrt{ax+b}+c$의 그래프가 오른쪽 그림과 같을 때, 세 상수 a, b, c에 대하여 $a+b+c$의 값은?

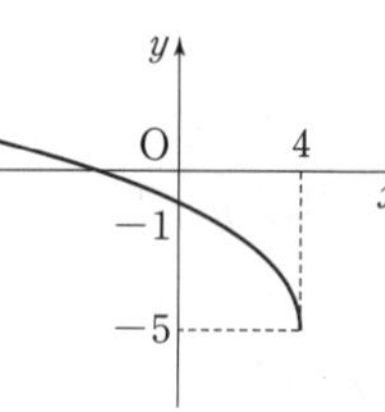

① 5 ② 6
③ 7 ④ 8
⑤ 9

3 무리함수의 최대·최소

$-1\leq x\leq3$에서 함수 $y=\sqrt{7-2x}+a$의 최솟값이 3일 때, 최댓값은? (단, a는 상수이다.)

① 4 ② $\frac{9}{2}$ ③ 5
④ $\frac{11}{2}$ ⑤ 6

3-1

$-6\leq x\leq2$에서 함수 $y=\sqrt{a-x}+5$의 최댓값이 8일 때, 최솟값은? (단, a는 상수이다.)

① $\frac{11}{2}$ ② 6 ③ $\frac{13}{2}$
④ 7 ⑤ $\frac{15}{2}$

4 무리함수의 그래프와 직선의 위치 관계

두 집합 A, B에 대하여

$A=\{(x, y) \mid y=\sqrt{x-2}\}$,

$B=\{(x, y) \mid y=x+k\}$

일 때, $n(A\cap B)=2$를 만족시키는 실수 k의 값의 범위를 구하시오.

4-1

함수 $y=\sqrt{x+1}+1$의 그래프와 직선 $y=-2x+k$가 만나도록 하는 실수 k의 최솟값은?

① -2　② -1　③ 0　④ 1　⑤ 2

5 무리함수의 역함수

함수 $y=\sqrt{2x+6}-3$의 역함수가

$y=\frac{1}{2}(x+a)^2+b \ (x\geq c)$

일 때, 세 상수 a, b, c에 대하여 abc의 값은?

① -27　② -9　③ 3　④ 9　⑤ 27

5-1

함수 $y=-\sqrt{x+2}+4$의 역함수가

$y=x^2+ax+b \ (x\leq c)$

일 때, 세 상수 a, b, c에 대하여 $a+b+c$의 값은?

① 2　② 4　③ 6　④ 8　⑤ 10

6 무리함수와 그 역함수의 그래프의 교점

함수 $f(x)=\sqrt{4x-8}+2$의 역함수를 $g(x)$라 할 때, 두 함수 $y=f(x)$, $y=g(x)$의 그래프의 두 교점 사이의 거리는?

① $\sqrt{2}$　② $2\sqrt{2}$　③ $3\sqrt{2}$　④ $4\sqrt{2}$　⑤ $5\sqrt{2}$

6-1

함수 $f(x)=\sqrt{2x-3}+1$의 역함수를 $g(x)$라 할 때, 두 함수 $y=f(x)$, $y=g(x)$의 그래프는 한 점 P에서 만난다. 이때 점 P의 좌표를 구하시오.

6-2

함수 $f(x)=\sqrt{ax+b}$의 그래프와 그 역함수의 그래프가 모두 점 $(3, 5)$를 지날 때, 두 상수 a, b에 대하여 $a+b$의 값은?

① 41　② 43　③ 45　④ 47　⑤ 49

M·E·M·O

2022
개정 교육과정
2025년
고1부터 적용

수학이 쉬워지는 완벽한 솔루션

완쏠

유형 입문

공통수학 2

정답 및 해설

메가스터디BOOKS

수학이 쉬워지는 완벽한 솔루션

완쏠

유형 입문

공통수학 2

정답 및 해설

정답 및 해설

Ⅰ 도형의 방정식

01 두 점 사이의 거리

본문 006~009쪽

01 3	02 5	03 8	04 1	05 7	06 6
07 5	08 $5\sqrt{2}$	09 5	10 $\sqrt{2}$	11 6	12 10
13 -2, 6		14 -5, 1		15 -3, 5	
16 $(5, 0)$		17 $(-2, 0)$		18 $(3, 0)$	
19 $(5, 0)$		20 $(0, -1)$		21 $(0, 8)$	
22 $(0, 2)$		23 $(0, -4)$			

24 $\overline{AB}=\overline{BC}$인 이등변삼각형
25 $\overline{AB}=\overline{CA}$인 직각삼각형
26 $\angle C=90°$인 직각삼각형　27 정삼각형
28 $\overline{BC}=\overline{CA}$인 이등변삼각형　29 $\angle B=90°$인 직각삼각형

01 $\overline{AB}=|1-4|=3$

02 $\overline{AB}=|-2-3|=5$

03 $\overline{AB}=|3-(-5)|=8$

04 $\overline{AB}=|-3-(-4)|=1$

05 $\overline{AB}=|0-7|=7$

06 $\overline{AB}=|-6-0|=6$

07 $\overline{AB}=\sqrt{(0-\boxed{4})^2+(2-\boxed{5})^2}$
$=\sqrt{\boxed{16}+9}=\boxed{5}$

08 $\overline{AB}=\sqrt{\{3-(-2)\}^2+(6-1)^2}$
$=\sqrt{25+25}=5\sqrt{2}$

09 $\overline{AB}=\sqrt{(-1-2)^2+\{1-(-3)\}^2}$
$=\sqrt{9+16}=5$

10 $\overline{AB}=\sqrt{\{-3-(-4)\}^2+\{-2-(-1)\}^2}$
$=\sqrt{1+1}=\sqrt{2}$

11 $\overline{AB}=\sqrt{(-5-1)^2+\{-3-(-3)\}^2}$
$=\sqrt{36}=6$

12 $\overline{AB}=\sqrt{(-6-0)^2+(8-0)^2}$
$=\sqrt{36+64}=10$

13 ❶단계 $\overline{AB}=5$이므로
$\sqrt{(a-\boxed{2})^2+(\boxed{4}-1)^2}=5$
❷단계 위의 식의 양변을 제곱하면
$(a-\boxed{2})^2+9=25$, $a^2-4a-12=0$
$(a+2)(a-\boxed{6})=0$
$\therefore a=-2$ 또는 $a=\boxed{6}$

14 ❶단계 $\overline{AB}=\sqrt{13}$이므로
$\sqrt{(2-4)^2+\{a-(-2)\}^2}=\sqrt{13}$
❷단계 위의 식의 양변을 제곱하면
$4+(a+2)^2=13$, $a^2+4a-5=0$
$(a+5)(a-1)=0$
$\therefore a=-5$ 또는 $a=1$

15 $\overline{AB}=2\sqrt{5}$이므로
$\sqrt{(1-a)^2+(2-4)^2}=2\sqrt{5}$
위의 식의 양변을 제곱하면
$(1-a)^2+4=20$, $a^2-2a-15=0$
$(a+3)(a-5)=0$
$\therefore a=-3$ 또는 $a=5$

16 ❶단계 점 P의 좌표를 $(a, \boxed{0})$이라 하면
$\overline{AP}=\overline{BP}$에서 $\overline{AP}^2=\overline{BP}^2$이므로
$(a-\boxed{1})^2+\{0-(-2)\}^2=(a-3)^2+(0-\boxed{4})^2$
❷단계 $a^2-2a+5=a^2-6a+25$
$4a=20$　$\therefore a=\boxed{5}$
❸단계 점 P의 좌표는 $(\boxed{5}, 0)$이다.

17 ❶단계 점 P의 좌표를 $(a, 0)$이라 하면
$\overline{AP}=\overline{BP}$에서 $\overline{AP}^2=\overline{BP}^2$이므로
$\{a-(-5)\}^2+(0-4)^2=(a-2)^2+\{0-(-3)\}^2$
❷단계 $a^2+10a+41=a^2-4a+13$
$14a=-28$　$\therefore a=-2$
❸단계 점 P의 좌표는 $(-2, 0)$이다.

18 점 P의 좌표를 $(a, 0)$이라 하면
$\overline{AP}=\overline{BP}$에서 $\overline{AP}^2=\overline{BP}^2$이므로
$(a-2)^2+(0-8)^2=\{a-(-5)\}^2+\{0-(-1)\}^2$
$a^2-4a+68=a^2+10a+26$
$14a=42$　$\therefore a=3$
따라서 점 P의 좌표는 $(3, 0)$이다.

19 점 P의 좌표를 $(a, 0)$이라 하면

$\overline{AP}=\overline{BP}$에서 $\overline{AP}^2=\overline{BP}^2$이므로

$\{a-(-2)\}^2+\{0-(-3)\}^2=(a-8)^2+(0-7)^2$

$a^2+4a+13=a^2-16a+113$

$20a=100 \quad \therefore a=5$

따라서 점 P의 좌표는 $(5, 0)$이다.

20 점 P의 좌표를 $(\boxed{0}, b)$라 하면

$\overline{AP}=\overline{BP}$에서 $\overline{AP}^2=\overline{BP}^2$이므로

$(0-6)^2+(b-\boxed{2})^2=\{0-(\boxed{-3})\}^2+(b-5)^2$

$b^2-4b+40=b^2-10b+34$

$6b=-6 \quad \therefore b=\boxed{-1}$

따라서 점 P의 좌표는 $(0, \boxed{-1})$이다.

21 점 P의 좌표를 $(\boxed{0}, b)$라 하면

$\overline{AP}=\overline{BP}$에서 $\overline{AP}^2=\overline{BP}^2$이므로

$\{0-(-2)\}^2+(b-4)^2=\{0-(-4)\}^2+(b-6)^2$

$b^2-8b+20=b^2-12b+52$

$4b=32 \quad \therefore b=8$

따라서 점 P의 좌표는 $(0, 8)$이다.

22 점 P의 좌표를 $(0, b)$라 하면

$\overline{AP}=\overline{BP}$에서 $\overline{AP}^2=\overline{BP}^2$이므로

$(0-5)^2+(b-1)^2=\{0-(-1)\}^2+\{b-(-3)\}^2$

$b^2-2b+26=b^2+6b+10$

$8b=16 \quad \therefore b=2$

따라서 점 P의 좌표는 $(0, 2)$이다.

23 점 P의 좌표를 $(0, b)$라 하면

$\overline{AP}=\overline{BP}$에서 $\overline{AP}^2=\overline{BP}^2$이므로

$(0-1)^2+\{b-(-2)\}^2=(0-2)^2+\{b-(-5)\}^2$

$b^2+4b+5=b^2+10b+29$

$6b=-24 \quad \therefore b=-4$

따라서 점 P의 좌표는 $(0, -4)$이다.

24 ❶단계 삼각형 ABC의 세 변의 길이를 구하면

$\overline{AB}=\sqrt{(1-\boxed{1})^2+(\boxed{-3}-2)^2}=\sqrt{25}=5$

$\overline{BC}=\sqrt{(-2-1)^2+\{1-(\boxed{-3})\}^2}=\sqrt{9+16}=\boxed{5}$

$\overline{CA}=\sqrt{\{1-(-2)\}^2+(2-1)^2}=\sqrt{9+1}=\boxed{\sqrt{10}}$

❷단계 $\overline{AB}=\boxed{\overline{BC}}$이므로

삼각형 ABC는 $\overline{AB}=\boxed{\overline{BC}}$인 이등변삼각형이다.

25 ❶단계 삼각형 ABC의 세 변의 길이를 구하면

$\overline{AB}=\sqrt{(3-2)^2+(-1-3)^2}=\sqrt{1+16}=\sqrt{17}$

$\overline{BC}=\sqrt{(-2-3)^2+\{2-(-1)\}^2}=\sqrt{25+9}=\sqrt{34}$

$\overline{CA}=\sqrt{\{2-(-2)\}^2+(3-2)^2}=\sqrt{16+1}=\sqrt{17}$

❷단계 $\overline{AB}=\overline{CA}$이고, $\overline{AB}^2+\overline{CA}^2=\overline{BC}^2$이므로 삼각형 ABC는 $\overline{AB}=\overline{CA}$인 직각삼각형이다.

26 삼각형 ABC의 세 변의 길이를 구하면

$\overline{AB}=\sqrt{(-2-3)^2+\{-1-(-6)\}^2}=\sqrt{25+25}=5\sqrt{2}$

$\overline{BC}=\sqrt{\{1-(-2)\}^2+\{0-(-1)\}^2}=\sqrt{9+1}=\sqrt{10}$

$\overline{CA}=\sqrt{(3-1)^2+(-6-0)^2}=\sqrt{4+36}=2\sqrt{10}$

따라서 $\overline{BC}^2+\overline{CA}^2=\overline{AB}^2$이므로 삼각형 ABC는 $\angle C=90°$인 직각삼각형이다.

27 삼각형 ABC의 세 변의 길이를 구하면

$\overline{AB}=\sqrt{(1-0)^2+(\sqrt{3}-0)^2}=\sqrt{1+3}=2$

$\overline{BC}=\sqrt{(2-1)^2+(0-\sqrt{3})^2}=\sqrt{1+3}=2$

$\overline{CA}=\sqrt{(0-2)^2+(0-0)^2}=\sqrt{4}=2$

따라서 $\overline{AB}=\overline{BC}=\overline{CA}$이므로 삼각형 ABC는 정삼각형이다.

28 삼각형 ABC의 세 변의 길이를 구하면

$\overline{AB}=\sqrt{\{-1-(-2)\}^2+(5-2)^2}=\sqrt{1+9}=\sqrt{10}$

$\overline{BC}=\sqrt{\{6-(-1)\}^2+(1-5)^2}=\sqrt{49+16}=\sqrt{65}$

$\overline{CA}=\sqrt{(-2-6)^2+(2-1)^2}=\sqrt{64+1}=\sqrt{65}$

따라서 $\overline{BC}=\overline{CA}$이므로 삼각형 ABC는 $\overline{BC}=\overline{CA}$인 이등변삼각형이다.

29 삼각형 ABC의 세 변의 길이를 구하면

$\overline{AB}=\sqrt{(3-0)^2+(5-2)^2}=\sqrt{9+9}=3\sqrt{2}$

$\overline{BC}=\sqrt{(7-3)^2+(1-5)^2}=\sqrt{16+16}=4\sqrt{2}$

$\overline{CA}=\sqrt{(0-7)^2+(2-1)^2}=\sqrt{49+1}=5\sqrt{2}$

따라서 $\overline{AB}^2+\overline{BC}^2=\overline{CA}^2$이므로 삼각형 ABC는 $\angle B=90°$인 직각삼각형이다.

02 선분의 내분점

본문 010~013쪽

01 C	02 D	03 3	04 2	05 1	06 3
07 2	08 -7	09 -5	10 -6	11 $(-1, 2)$	
12 $(-3, 0)$		13 $\left(-\frac{7}{5}, \frac{8}{5}\right)$		14 $\left(-\frac{13}{5}, \frac{2}{5}\right)$	
15 $(-2, 1)$		16 $\left(-\frac{1}{3}, 0\right)$		17 $\left(\frac{7}{3}, -2\right)$	
18 $\left(-1, \frac{1}{2}\right)$		19 $\left(3, -\frac{5}{2}\right)$		20 $(1, -1)$	
21 $(-1, -1)$		22 $\left(\frac{8}{3}, 2\right)$		23 $(3, -3)$	
24 $(1, -3)$		25 $(0, 0)$		26 7	27 3
28 4	29 2	30 18	31 -4		

05 $\frac{1\times5+2\times(\boxed{-1})}{1+2}=\boxed{1}$ $\quad\therefore$ P$(\boxed{1})$

06 $\frac{2\times5+1\times(-1)}{2+1}=3$ $\quad\therefore$ Q(3)

07 $\frac{-1+5}{2}=2$ $\quad\therefore$ M(2)

08 $\frac{2\times(-1)+3\times(-11)}{2+3}=-7$

$\therefore$ P(-7)

09 $\frac{3\times(-1)+2\times(-11)}{3+2}=-5$

$\therefore$ Q(-5)

10 $\frac{-11+(-1)}{2}=-6$ $\quad\therefore$ M(-6)

11 선분 AB를 1 : 2로 내분하는 점 P의 좌표는

$\left(\frac{1\times(-5)+2\times\boxed{1}}{1+2}, \frac{\boxed{1}\times(-2)+2\times4}{1+2}\right)$

$\therefore$ P$(\boxed{-1}, \boxed{2})$

12 선분 AB를 2 : 1로 내분하는 점 Q의 좌표는

$\left(\frac{2\times(-5)+1\times1}{2+1}, \frac{2\times(-2)+1\times4}{2+1}\right)$

$\therefore$ Q$(-3, 0)$

13 선분 AB를 2 : 3으로 내분하는 점 R의 좌표는

$\left(\frac{2\times(-5)+3\times1}{2+3}, \frac{2\times(-2)+3\times4}{2+3}\right)$

$\therefore$ R$\left(-\frac{7}{5}, \frac{8}{5}\right)$

14 선분 AB를 3 : 2로 내분하는 점 S의 좌표는

$\left(\frac{3\times(-5)+2\times1}{3+2}, \frac{3\times(-2)+2\times4}{3+2}\right)$

$\therefore$ S$\left(-\frac{13}{5}, \frac{2}{5}\right)$

15 선분 AB의 중점 M의 좌표는

$\left(\frac{1+(-5)}{2}, \frac{4+(-2)}{2}\right)$

$\therefore$ M$(-2, 1)$

16 선분 AB를 1 : 2로 내분하는 점 P의 좌표는

$\left(\frac{1\times5+2\times(-3)}{1+2}, \frac{1\times(-4)+2\times2}{1+2}\right)$

$\therefore$ P$\left(-\frac{1}{3}, 0\right)$

17 선분 AB를 2 : 1로 내분하는 점 Q의 좌표는

$\left(\frac{2\times5+1\times(-3)}{2+1}, \frac{2\times(-4)+1\times2}{2+1}\right)$

$\therefore$ Q$\left(\frac{7}{3}, -2\right)$

18 선분 AB를 1 : 3으로 내분하는 점 R의 좌표는

$\left(\frac{1\times5+3\times(-3)}{1+3}, \frac{1\times(-4)+3\times2}{1+3}\right)$

$\therefore$ R$\left(-1, \frac{1}{2}\right)$

19 선분 AB를 3 : 1로 내분하는 점 S의 좌표는

$\left(\frac{3\times5+1\times(-3)}{3+1}, \frac{3\times(-4)+1\times2}{3+1}\right)$

$\therefore$ S$\left(3, -\frac{5}{2}\right)$

20 선분 AB의 중점 M의 좌표는

$\left(\frac{-3+5}{2}, \frac{2+(-4)}{2}\right)$

$\therefore$ M$(1, -1)$

21 삼각형 ABC의 무게중심 G의 좌표는

$\left(\frac{-3+(\boxed{-1})+1}{\boxed{3}}, \frac{-1+2+(\boxed{-4})}{\boxed{3}}\right)$

$\therefore$ G$(\boxed{-1}, \boxed{-1})$

22 삼각형 ABC의 무게중심 G의 좌표는

$\left(\frac{1+4+3}{3}, \frac{2+5+(-1)}{3}\right)$

$\therefore$ G$\left(\frac{8}{3}, 2\right)$

23 삼각형 ABC의 무게중심 G의 좌표는

$\left(\frac{2+3+4}{3}, \frac{-3+(-4)+(-2)}{3}\right)$

$\therefore$ G$(3, -3)$

24 삼각형 ABC의 무게중심 G의 좌표는

$\left(\frac{2+4+(-3)}{3}, \frac{-4+(-3)+(-2)}{3}\right)$

$\therefore$ G$(1, -3)$

25 삼각형 ABC의 무게중심 G의 좌표는

$\left(\frac{1+2+(-3)}{3}, \frac{-1+3+(-2)}{3}\right)$

$\therefore$ G$(0, 0)$

26 ❶단계 선분 AC의 중점의 좌표는

$\left(\frac{1+2}{2}, \frac{3+1}{2}\right)$ $\quad\therefore \left(\frac{3}{2}, 2\right)$

❷단계 선분 BD의 중점의 좌표는

$\left(\frac{0+a}{2}, \frac{0+b}{2}\right)$ $\quad\therefore \left(\frac{a}{2}, \frac{b}{2}\right)$

❸단계 두 선분 AC, BD의 중점이 일치하므로

$\frac{3}{2}=\frac{a}{2}, 2=\frac{b}{2}$ $\quad\therefore a=3, b=4$

$\therefore a+b=3+4=7$

27 선분 AC의 중점의 좌표는

$\left(\frac{3+(-1)}{2}, \frac{0+2}{2}\right)$ $\quad\therefore (1, 1)$

선분 BD의 중점의 좌표는

$\left(\frac{a+(-2)}{2}, \frac{3+b}{2}\right)$ $\quad\therefore \left(\frac{a-2}{2}, \frac{b+3}{2}\right)$

두 선분 AC, BD의 중점이 일치하므로

$\frac{a-2}{2}=1, \frac{b+3}{2}=1$ $\quad\therefore a=4, b=-1$

$\therefore a+b=4+(-1)=3$

28 선분 AC의 중점의 좌표는

$\left(\frac{1+b}{2}, \frac{4+2}{2}\right)$ $\quad\therefore \left(\frac{1+b}{2}, 3\right)$

선분 BD의 중점의 좌표는

$\left(\frac{-2+0}{2}, \frac{a+(-1)}{2}\right)$ $\quad\therefore \left(-1, \frac{a-1}{2}\right)$

두 선분 AC, BD의 중점이 일치하므로

$\frac{1+b}{2}=-1, 3=\frac{a-1}{2}$ $\quad\therefore a=7, b=-3$

$\therefore a+b=7+(-3)=4$

29 ❶단계 선분 AC의 중점의 좌표는

$\left(\frac{a+2}{2}, \frac{0+4}{2}\right)$ $\quad\therefore \left(\frac{a+2}{2}, 2\right)$

선분 BD의 중점의 좌표는

$\left(\frac{1+b}{2}, \frac{1+3}{2}\right)$ $\quad\therefore \left(\frac{b+1}{2}, 2\right)$

❷단계 두 선분 AC, BD의 중점이 일치하므로

$\frac{a+2}{2}=\frac{b+1}{2}$ $\quad\therefore a=b-1$

❸단계 또한, $\overline{AB}=\overline{BC}$에서 $\overline{AB}^2=\overline{BC}^2$이므로

$(a-1)^2+(0-1)^2=(1-2)^2+(1-4)^2$

$a^2-2a-8=0, (a-4)(a+2)=0$

$\therefore a=-2\ (\because a<0), b=-1$

$\therefore ab=(-2)\times(-1)=2$

30 선분 AC의 중점의 좌표는

$\left(\frac{3+b}{2}, \frac{0+4}{2}\right)$ $\quad\therefore \left(\frac{3+b}{2}, 2\right)$

선분 BD의 중점의 좌표는

$\left(\frac{a+0}{2}, \frac{2+2}{2}\right)$ $\quad\therefore \left(\frac{a}{2}, 2\right)$

두 선분 AC, BD의 중점이 일치하므로

$\frac{3+b}{2}=\frac{a}{2}$ $\quad\therefore a=b+3$

또한, $\overline{AB}=\overline{AD}$에서 $\overline{AB}^2=\overline{AD}^2$이므로

$(a-3)^2+(2-0)^2=(3-0)^2+(0-2)^2$

$a^2-6a=0, a(a-6)=0$

$\therefore a=6\ (\because a>0), b=3$

$\therefore ab=6\times3=18$

31 선분 AC의 중점의 좌표는

$\left(\frac{0+(-2)}{2}, \frac{-2+a}{2}\right)$ $\quad\therefore \left(-1, \frac{a-2}{2}\right)$

선분 BD의 중점의 좌표는

$\left(\frac{3+(-5)}{2}, \frac{2+b}{2}\right)$ $\quad\therefore \left(-1, \frac{b+2}{2}\right)$

두 선분 AC, BD의 중점이 일치하므로

$\frac{a-2}{2}=\frac{b+2}{2}$ $\quad\therefore a=b+4$

또한, $\overline{AB}=\overline{BC}$에서 $\overline{AB}^2=\overline{BC}^2$이므로

$(0-3)^2+(-2-2)^2=\{3-(-2)\}^2+(2-a)^2$

$(a-2)^2=0$ $\quad\therefore a=2, b=-2$

$\therefore ab=2\times(-2)=-4$

03 직선의 방정식

본문 014~018쪽

01 $y=2x$	02 $y=3x-3$	03 $y=-2x+4$
04 $y=2x+1$	05 $y=x-2$	06 $y=-\frac{1}{3}x-1$
07 $y=\frac{\sqrt{3}}{3}x+2$	08 $y=x+1$	09 $y=\frac{\sqrt{3}}{3}x-1$
10 $y=\sqrt{3}x-2$	11 $y=2$	12 $x=2$
13 $x=-3$	14 $y=-1$	15 $y=x-2$
16 $y=2x+3$	17 $y=\frac{1}{2}x+\frac{5}{2}$	18 $y=3x+14$
19 $x=-5$	20 $y=5$	21 $-\frac{x}{2}+\frac{y}{3}=1$
22 $\frac{x}{5}-\frac{y}{4}=1$	23 $-x-\frac{y}{6}=1$	24 $\frac{x}{3}-\frac{y}{7}=1$
25 1 26 3	27 2 28 6	29~36 해설 참조

01 원점을 지나고 기울기가 2인 직선의 방정식은

$y-0=2(x-0)$ $\therefore y=2x$

02 기울기가 3이고 x절편이 1, 즉 점 (1, 0)을 지나는 직선의 방정식은

$y-0=3(x-1)$ $\therefore y=3x-3$

플러스톡

직선의 x절편과 y절편

(1) (x절편)=(직선이 x축과 만나는 점의 x좌표)

(2) (y절편)=(직선이 y축과 만나는 점의 y좌표)

03 기울기가 −2이고 y절편이 4, 즉 점 (0, 4)를 지나는 직선의 방정식은

$y-4=-2(x-0)$ $\therefore y=-2x+4$

04 점 (1, 3)을 지나고 기울기가 2인 직선의 방정식은

$y-3=2(x-1)$ $\therefore y=2x+1$

05 점 (−1, −3)을 지나고 기울기가 1인 직선의 방정식은

$y-(-3)=x-(-1)$ $\therefore y=x-2$

06 점 (3, −2)를 지나고 기울기가 $-\frac{1}{3}$인 직선의 방정식은

$y-(-2)=-\frac{1}{3}(x-3)$ $\therefore y=-\frac{1}{3}x-1$

07 ❶단계 x축의 양의 방향과 이루는 각의 크기가 30°이므로 기울기는

$\tan \boxed{30°}=\frac{\sqrt{3}}{3}$

❷단계 구하는 직선의 방정식은

$y-1=\boxed{\frac{\sqrt{3}}{3}}\{x-(\boxed{-\sqrt{3}})\}$에서 $y=\boxed{\frac{\sqrt{3}}{3}}x+\boxed{2}$

08 ❶단계 x축의 양의 방향과 이루는 각의 크기가 45°이므로 기울기는

$\tan 45°=1$

❷단계 점 (−2, −1)을 지나고 기울기가 1인 직선의 방정식은

$y-(-1)=x-(-2)$ $\therefore y=x+1$

09 x축의 양의 방향과 이루는 각의 크기가 30°이므로 기울기는

$\tan 30°=\frac{\sqrt{3}}{3}$

따라서 기울기가 $\frac{\sqrt{3}}{3}$이고 x절편이 $\sqrt{3}$, 즉 점 ($\sqrt{3}$, 0)을 지나는 직선의 방정식은

$y-0=\frac{\sqrt{3}}{3}(x-\sqrt{3})$ $\therefore y=\frac{\sqrt{3}}{3}x-1$

10 x축의 양의 방향과 이루는 각의 크기가 60°이므로 기울기는

$\tan 60°=\sqrt{3}$

따라서 기울기가 $\sqrt{3}$이고 y절편이 −2, 즉 점 (0, −2)를 지나는 직선의 방정식은

$y-(-2)=\sqrt{3}(x-0)$ $\therefore y=\sqrt{3}x-2$

15 두 점 (3, 1), (5, 3)을 지나는 직선의 기울기는

$\frac{\boxed{3}-1}{5-\boxed{3}}=1$이므로 직선의 방정식은

$y-\boxed{1}=x-3$ $\therefore y=x-\boxed{2}$

→ 점 (3, 1)을 지나고 기울기가 1인 직선의 방정식

16 두 점 (0, 3), (2, 7)을 지나는 직선의 기울기는

$\frac{7-3}{2-0}=2$이므로 직선의 방정식은

$y-3=2(x-0)$ $\therefore y=2x+3$

→ 점 (0, 3)을 지나고 기울기가 2인 직선의 방정식

17 두 점 (−3, 1), (3, 4)를 지나는 직선의 기울기는

$\frac{4-1}{3-(-3)}=\frac{1}{2}$이므로 직선의 방정식은

$y-1=\frac{1}{2}\{x-(-3)\}$ $\therefore y=\frac{1}{2}x+\frac{5}{2}$

→ 점 (−3, 1)을 지나고 기울기가 $\frac{1}{2}$인 직선의 방정식

18 두 점 (−4, 2), (−2, 8)을 지나는 직선의 기울기는

$\frac{8-2}{-2-(-4)}=3$이므로 직선의 방정식은

$y-2=3\{x-(-4)\}$ $\therefore y=3x+14$

→ 점 (−4, 2)를 지나고 기울기가 3인 직선의 방정식

19 두 점 (−5, 1), (−5, 7)의 x좌표가 −5로 같으므로 구하는 직선의 방정식은

$x=-5$ → y축에 평행

20 두 점 (1, 5), (9, 5)의 y좌표가 5로 같으므로 구하는 직선의 방정식은

$y=5$ → x축에 평행

21 x절편이 -2, y절편이 3인 직선의 방정식은

$-\frac{x}{2}+\frac{y}{3}=1$

22 x절편이 5, y절편이 -4인 직선의 방정식은

$\frac{x}{5}-\frac{y}{4}=1$

23 x절편이 -1, y절편이 -6인 직선의 방정식은

$-x-\frac{y}{6}=1$

24 x절편이 3, y절편이 -7인 직선의 방정식은

$\frac{x}{3}-\frac{y}{7}=1$

25 세 점 A, B, C가 한 직선 위에 있으려면

(직선 AB의 기울기)=(직선 BC의 기울기)이어야 하므로

$\frac{3-\boxed{1}}{\boxed{0}-(-1)}=\frac{\boxed{5}-3}{k-\boxed{0}}$, $2k=\boxed{2}$ $\quad\therefore k=\boxed{1}$

26 세 점 A, B, C가 한 직선 위에 있으려면

(직선 AB의 기울기)=(직선 BC의 기울기)이어야 하므로

$\frac{4-5}{1-0}=\frac{2-4}{k-1}$, $-1=\frac{-2}{k-1}$, $-k+1=-2$ $\quad\therefore k=3$

27 세 점 A, B, C가 한 직선 위에 있으려면

(직선 AB의 기울기)=(직선 BC의 기울기)이어야 하므로

$\frac{3-2}{1-k}=\frac{5-3}{-1-1}$, $\frac{1}{1-k}=-1$

$1=-1+k$ $\quad\therefore k=2$

28 세 점 A, B, C가 한 직선 위에 있으려면

(직선 AB의 기울기)=(직선 BC의 기울기)이어야 하므로

$\frac{k-4}{-1-1}=\frac{8-k}{-3-(-1)}$, $\frac{k-4}{-2}=\frac{8-k}{-2}$

$k-4=8-k$, $2k=12$ $\quad\therefore k=6$

29 $2x-3y-6=0$을 변형하면

$3y=2x-6$, 즉 $y=\frac{2}{3}x-2$이므로 기울기가

$\frac{2}{3}$이고 y절편이 -2인 직선이다.

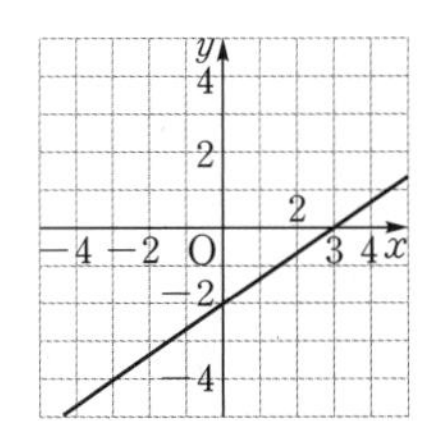

30 $3x+4y+12=0$을 변형하면

$4y=-3x-12$, 즉 $y=-\frac{3}{4}x-3$이므로

기울기가 $-\frac{3}{4}$이고 y절편이 -3인 직선이다.

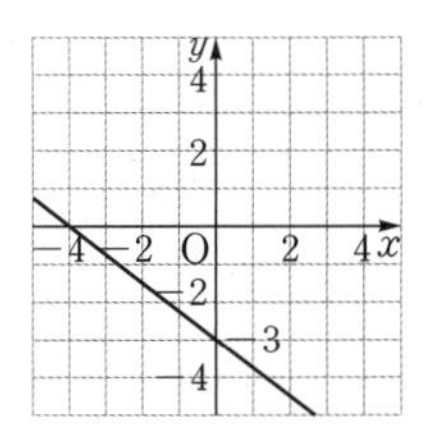

31 $-3x+6=0$을 변형하면 $x=2$이므로

y축에 평행한 직선이다.

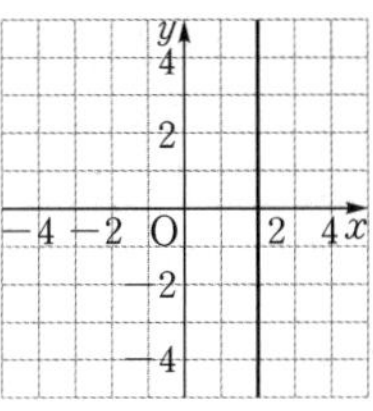

32 $4y-12=0$을 변형하면 $y=3$이므로

x축에 평행한 직선이다.

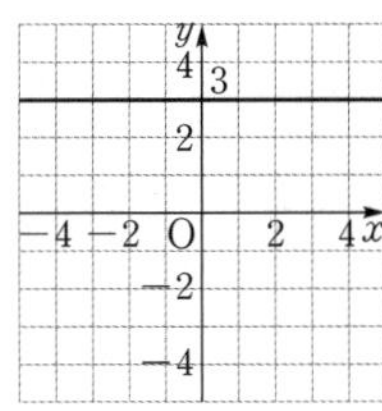

33 $ax+by+c=0$에서 $b\neq0$이므로 $y=-\frac{a}{b}x-\boxed{\frac{c}{b}}$

이때 $a>0$, $b>0$, $c>0$이므로

$-\frac{a}{b}\boxed{<}0$, $-\frac{c}{b}\boxed{<}0$

따라서 직선 $ax+by+c=0$은 기울기가 음수이고 y절편은 $\boxed{음수}$이므로 그 개형은 오른쪽 그림과 같다.

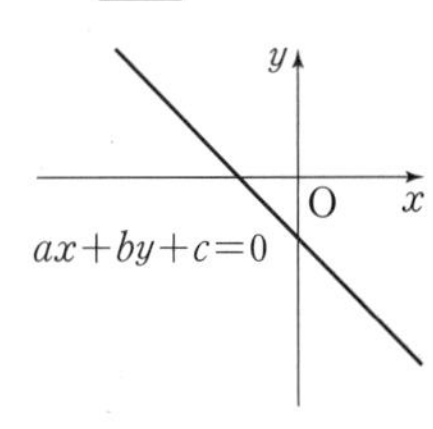

34 $ax+by+c=0$에서 $b\neq0$이므로 $y=-\boxed{\frac{a}{b}}x-\frac{c}{b}$

이때 $a>0$, $b<0$, $c=0$이므로

$-\frac{a}{b}\boxed{>}0$, $-\frac{c}{b}\boxed{=}0$

따라서 직선 $ax+by+c=0$은 기울기가 양수이고 y절편은 0이므로 그 개형은 오른쪽 그림과 같다.

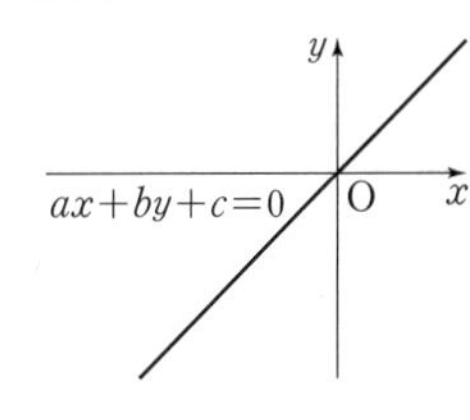

35 $ax+by+c=0$에서 $b\neq0$이므로 $y=-\frac{a}{b}x-\frac{c}{b}$

이때 $a<0$, $b>0$, $c<0$이므로

$-\frac{a}{b}>0$, $-\frac{c}{b}>0$

따라서 직선 $ax+by+c=0$은 기울기가 양수이고 y절편은 양수이므로 그 개형은 오른쪽 그림과 같다.

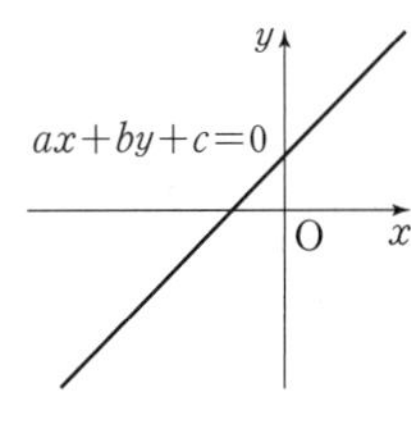

$a>0$, $b>0$, $c<0$ 또는 $a<0$, $b<0$, $c>0$

36 $ax+by+c=0$에서 $b\neq0$이므로 $y=-\frac{a}{b}x-\frac{c}{b}$

이때 $ab>0$에서 a와 b의 부호가 서로 같고, $ac<0$에서 a와 c의 부호가 서로 다르므로 b와 c의 부호도 서로 다르다.

즉, $-\frac{a}{b}<0$, $-\frac{c}{b}>0$이므로

직선 $ax+by+c=0$의 기울기가 음수이고 y절편은 양수이다.

따라서 직선 $ax+by+c=0$의 개형은 오른쪽 그림과 같다.

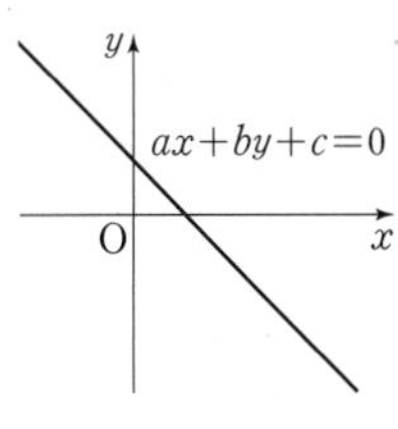

04 두 직선의 평행과 수직

본문 019~023쪽

01 평행하다.	**02** 수직이다.	**03** 평행하다.
04 수직이다.	**05** 2	**06** 1
07 -12	**08** 10	**09** $y=\frac{1}{2}x-1$
10 $y=-3x+3$	**11** $y=\frac{1}{3}x-3$	**12** $y=-\frac{4}{5}x-\frac{1}{5}$
13 $-\frac{1}{5}$ **14** $\frac{5}{2}$	**15** 2 **16** -10	**17** $y=\frac{1}{3}x+2$
18 $y=-5x+7$	**19** $y=-\frac{7}{2}x+\frac{5}{2}$	**20** $y=\frac{2}{3}x-1$
21 $y=-2x+6$	**22** $y=-x-1$	**23** $y=-\frac{1}{3}x+8$
24 $y=-2x-12$	**25** $\sqrt{5}$ **26** $\frac{3}{13}$	**27** $\sqrt{10}$ **28** $\frac{2}{5}$
29 $\frac{\sqrt{2}}{2}$ **30** $\sqrt{26}$	**31** 6 **32** 1	**33** -6, -2
34 5, 7 **35** -5, 0	**36** $\sqrt{5}$ **37** 1	**38** $\frac{1}{2}$ **39** 1

01 두 직선의 기울기가 같고 y절편이 다르므로 두 직선은 평행하다.

02 두 직선의 기울기의 곱이 $2\times\left(-\frac{1}{2}\right)=-1$이므로 두 직선은 수직이다.

03 $\frac{4}{4}=\frac{1}{1}\neq\frac{-5}{8}$이므로 두 직선은 평행하다.

04 $6\times3+2\times(-9)=0$이므로 두 직선은 수직이다.

05 두 직선이 평행하려면 기울기가 같아야 하므로 $k=2$

06 두 직선이 평행하려면 기울기가 같아야 하므로
$k-2=-1$ $\quad\therefore k=1$

07 두 직선이 평행하려면 $\frac{5}{-10}=\frac{6}{k}\neq\frac{-4}{2}$이어야 하므로
$-\frac{1}{2}=\frac{6}{k}$에서 $k=-12$

08 두 직선이 평행하려면 $\frac{k-7}{6}=\frac{-5}{-10}\neq\frac{-2}{-3}$이어야 하므로
$\frac{k-7}{6}=\frac{1}{2}$에서 $2(k-7)=6$, $2k=20$ $\quad\therefore k=10$

09 구하는 직선은 기울기가 $\boxed{\frac{1}{2}}$이고 점 $(4, 1)$을 지나는 직선이므로
$y-1=\boxed{\frac{1}{2}}(x-4)$ $\quad\therefore y=\boxed{\frac{1}{2}}x-1$

10 구하는 직선은 기울기가 -3이고 점 $(2, -3)$을 지나는 직선이므로
$y-(-3)=-3(x-2)$ $\quad\therefore y=-3x+3$

11 $x-3y+7=0$을 변형하면 $y=\frac{1}{3}x+\frac{7}{3}$
따라서 구하는 직선은 기울기가 $\frac{1}{3}$이고 점 $(3, -2)$를 지나는 직선이므로
$y-(-2)=\frac{1}{3}(x-3)$ $\quad\therefore y=\frac{1}{3}x-3$

12 $4x+5y+3=0$을 변형하면 $y=-\frac{4}{5}x-\frac{3}{5}$
따라서 구하는 직선은 기울기가 $-\frac{4}{5}$이고 점 $(-4, 3)$을 지나는 직선이므로
$y-3=-\frac{4}{5}\{x-(-4)\}$ $\quad\therefore y=-\frac{4}{5}x-\frac{1}{5}$

13 두 직선이 수직이 되려면 $5\times k=-1$이어야 하므로 $k=-\frac{1}{5}$
(기울기의 곱)$=-1$

14 두 직선이 수직이 되려면 $\left(-\frac{1}{4}\right)\times(2k-1)=-1$이어야 하므로
$2k-1=4$ $\quad\therefore k=\frac{5}{2}$

15 두 직선이 수직이 되려면 $3\times4+k\times(-6)=0$이어야 하므로
$12-6k=0$ $\quad\therefore k=2$

16 두 직선이 수직이 되려면 $(k-2)\times1+(-2)\times(k+4)=0$이어야 하므로
$-k-10=0$ $\quad\therefore k=-10$

17 구하는 직선은 기울기가 $\boxed{\frac{1}{3}}$이고 점 $(6, 4)$를 지나는 직선이므로
$(-3)\times\frac{1}{3}=-1$
$y-4=\boxed{\frac{1}{3}}(x-6)$ $\quad\therefore y=\boxed{\frac{1}{3}}x+2$

18 구하는 직선은 기울기가 -5이고 점 $(1, 2)$를 지나는 직선이므로
$\frac{1}{5}\times(-5)=-1$
$y-2=-5(x-1)$ $\quad\therefore y=-5x+7$

19 $2x-7y+1=0$을 변형하면 $y=\frac{2}{7}x+\frac{1}{7}$
따라서 구하는 직선은 기울기가 $-\frac{7}{2}$이고 점 $(1, -1)$을 지나는 직선이므로
$\frac{2}{7}\times\left(-\frac{7}{2}\right)=-1$
$y-(-1)=-\frac{7}{2}(x-1)$ $\quad\therefore y=-\frac{7}{2}x+\frac{5}{2}$

20 $6x+4y-3=0$을 변형하면 $y=-\frac{3}{2}x+\frac{3}{4}$

따라서 구하는 직선은 기울기가 $\frac{2}{3}$이고 점 (3, 1)을 지나는 직선이므로

$\left(-\frac{3}{2}\right)\times\frac{2}{3}=-1$

$y-1=\frac{2}{3}(x-3)$ $\quad\therefore y=\frac{2}{3}x-1$

21 ① 단계 두 점 A(−1, 3), B(3, 5)를 지나는 직선의 기울기는

$\frac{5-\boxed{3}}{\boxed{3}-(-1)}=\frac{1}{2}$이므로 선분 AB의 수직이등분선의 기울기는

$\boxed{-2}$이다.

② 단계 선분 AB의 중점의 좌표는

$\left(\frac{-1+3}{2}, \frac{3+5}{2}\right)$, 즉 $(\boxed{1}, \boxed{4})$이므로 선분 AB의 수직이등분선은 점 $(\boxed{1}, \boxed{4})$를 지난다.

③ 단계 선분 AB의 수직이등분선의 방정식은

$y-\boxed{4}=\boxed{-2}(x-\boxed{1})$ $\quad\therefore y=\boxed{-2}x+6$

22 ① 단계 두 점 A(−5, −2), B(1, 4)를 지나는 직선의 기울기는

$\frac{4-(-2)}{1-(-5)}=1$이므로 선분 AB의 수직이등분선의 기울기는 −1이다.

② 단계 선분 AB의 중점의 좌표는

$\left(\frac{-5+1}{2}, \frac{-2+4}{2}\right)$, 즉 (−2, 1)이므로 선분 AB의 수직이등분선은 점 (−2, 1)을 지난다.

③ 단계 선분 AB의 수직이등분선의 방정식은

$y-1=-\{x-(-2)\}$ $\quad\therefore y=-x-1$

23 두 점 A(5, 3), B(7, 9)를 지나는 직선의 기울기는

$\frac{9-3}{7-5}=3$이므로 선분 AB의 수직이등분선의 기울기는 $-\frac{1}{3}$이다.

또한, 선분 AB의 중점의 좌표는 $\left(\frac{5+7}{2}, \frac{3+9}{2}\right)$, 즉 (6, 6)이므로 선분 AB의 수직이등분선은 점 (6, 6)을 지난다.

따라서 선분 AB의 수직이등분선의 방정식은

$y-6=-\frac{1}{3}(x-6)$ $\quad\therefore y=-\frac{1}{3}x+8$

24 두 점 A(−1, −5), B(−5, −7)을 지나는 직선의 기울기는

$\frac{-7-(-5)}{-5-(-1)}=\frac{1}{2}$이므로 선분 AB의 수직이등분선의 기울기는 −2이다.

또한, 선분 AB의 중점의 좌표는 $\left(\frac{-1+(-5)}{2}, \frac{-5+(-7)}{2}\right)$, 즉 (−3, −6)이므로 선분 AB의 수직이등분선은 점 (−3, −6)을 지난다.

따라서 선분 AB의 수직이등분선의 방정식은

$y-(-6)=-2\{x-(-3)\}$ $\quad\therefore y=-2x-12$

25 $\frac{|-5|}{\sqrt{1^2+2^2}}=\frac{5}{\sqrt{5}}=\sqrt{5}$

26 $\frac{|3|}{\sqrt{5^2+(-12)^2}}=\frac{3}{13}$

27 점 (0, 0)과 직선 $y=3x+10$, 즉 $3x-y+10=0$ 사이의 거리는

$\frac{|10|}{\sqrt{3^2+(-1)^2}}=\frac{10}{\sqrt{10}}=\sqrt{10}$

28 $\frac{|3\times1-4\times3+7|}{\sqrt{3^2+(-4)^2}}=\frac{2}{5}$

29 $\frac{|1\times(-1)-1\times(-6)-4|}{\sqrt{1^2+(-1)^2}}=\frac{1}{\sqrt{2}}=\frac{\sqrt{2}}{2}$

30 점 (3, −4)와 직선 $y=5x+7$, 즉 $5x-y+7=0$ 사이의 거리는

$\frac{|5\times3-1\times(-4)+7|}{\sqrt{5^2+(-1)^2}}=\frac{26}{\sqrt{26}}=\sqrt{26}$

31 $|5-(-1)|=6$

32 $|3-4|=1$

33 $\frac{|1\times\boxed{1}-1\times(\boxed{-3})+k|}{\sqrt{\boxed{1}^2+(\boxed{-1})^2}}=\sqrt{2}$이므로

$|k+4|=\boxed{2}$에서 $k+4=\pm\boxed{2}$

$\therefore k=\boxed{-6}$ 또는 $k=\boxed{-2}$

34 $\frac{|3\times\boxed{2}-4\times\boxed{3}+k|}{\sqrt{\boxed{3}^2+(\boxed{-4})^2}}=\boxed{\frac{1}{5}}$이므로

$|k-6|=1$에서 $k-6=\pm1$

$\therefore k=5$ 또는 $k=7$

35 $\frac{|1\times(-1)-2\times k-4|}{\sqrt{1^2+(-2)^2}}=\sqrt{5}$이므로

$|-2k-5|=5$에서 $-2k-5=\pm5$

$\therefore k=-5$ 또는 $k=0$

36 ① 단계 두 직선 $x-2y+2=0$, $x-2y-3=0$은 평행하므로 두 직선 사이의 거리는 직선 $x-2y+\boxed{2}=0$ 위의 한 점 $(\boxed{-2}, 0)$과 직선 $x-2y-3=0$ 사이의 거리와 같다.

② 단계 주어진 두 직선 사이의 거리는

$\frac{|1\times(\boxed{-2})-2\times\boxed{0}-3|}{\sqrt{1^2+(-2)^2}}=\boxed{\sqrt{5}}$

37 ① 단계 두 직선 $3x+4y-6=0$, $3x+4y-1=0$은 평행하므로 두 직선 사이의 거리는 직선 $3x+4y-6=0$ 위의 한 점 $(2, 0)$과 직선 $3x+4y-1=0$ 사이의 거리와 같다.
② 단계 주어진 두 직선 사이의 거리는
$\frac{|3\times2+4\times0-1|}{\sqrt{3^2+4^2}}=1$

38 두 직선 $6x-8y+4=0$, $6x-8y-1=0$은 평행하므로 두 직선 사이의 거리는 직선 $6x-8y+4=0$ 위의 한 점 $\left(0, \frac{1}{2}\right)$과 직선 $6x-8y-1=0$ 사이의 거리와 같다.
따라서 주어진 두 직선 사이의 거리는
$\frac{\left|6\times0-8\times\frac{1}{2}-1\right|}{\sqrt{6^2+(-8)^2}}=\frac{5}{10}=\frac{1}{2}$

39 두 직선 $5x-12y+4=0$, $5x-12y-9=0$은 평행하므로 두 직선 사이의 거리는 직선 $5x-12y+4=0$ 위의 한 점 $\left(0, \frac{1}{3}\right)$과 직선 $5x-12y-9=0$ 사이의 거리와 같다.
따라서 주어진 두 직선 사이의 거리는
$\frac{\left|5\times0-12\times\frac{1}{3}-9\right|}{\sqrt{5^2+(-12)^2}}=1$

05 원의 방정식

본문 024~029쪽

01 중심의 좌표: $(0, 0)$, 반지름의 길이: 2
02 중심의 좌표: $(-1, 5)$, 반지름의 길이: 4
03 $x^2+y^2=9$ **04** $(x+2)^2+(y-1)^2=4$
05 $x^2+(y+5)^2=25$ **06** $(x+2)^2+(y+3)^2=20$
07 $(x-2)^2+(y-3)^2=25$ **08** $(x+1)^2+(y-4)^2=18$
09 $(x-2)^2+(y+4)^2=10$ **10** $(x+3)^2+(y+1)^2=25$
11 $x^2+y^2=25$ **12** $(x-1)^2+(y-1)^2=29$
13 $(x-2)^2+(y+2)^2=34$ **14** $(x+1)^2+(y-2)^2=45$
15 중심의 좌표: $(-2, -1)$, 반지름의 길이: 3
16 중심의 좌표: $(0, 1)$, 반지름의 길이: 1
17 중심의 좌표: $(-3, 0)$, 반지름의 길이: 2
18 중심의 좌표: $(-4, 3)$, 반지름의 길이: 5
19 중심의 좌표: $(5, -2)$, 반지름의 길이: 5
20 × **21** ○ **22** × **23** × **24** $k<10$
25 $k>\frac{5}{2}$ **26** $k<5$
27 $x^2+y^2+x-3y=0$ **28** $x^2+y^2-4x+2y=0$
29 $x^2+y^2+5y=0$ **30** $x^2+y^2-7x+9y=0$
31 $x^2+y^2-7x-y=0$ **32** $(x+3)^2+(y-2)^2=4$
33 $(x-4)^2+(y+5)^2=25$ **34** $x^2+(y+5)^2=25$
35 $(x+2)^2+(y-7)^2=4$ **36** $(x-4)^2+(y-9)^2=16$
37 $(x-6)^2+y^2=36$ **38** $(x+1)^2+(y+1)^2=1$
39 $(x-2)^2+(y+2)^2=4$ **40** $(x+5)^2+(y-5)^2=25$
41 5, 13 **42** 1, 5 **43** 2, 10

07 ① 단계 원의 반지름의 길이를 r라 하면
$(x-\boxed{2})^2+(y-\boxed{3})^2=r^2$
② 단계 이 원이 점 $(-2, 6)$을 지나므로
$(-2-\boxed{2})^2+(6-\boxed{3})^2=r^2 \quad \therefore r^2=\boxed{25}$
따라서 구하는 원의 방정식은
$(x-\boxed{2})^2+(y-\boxed{3})^2=\boxed{25}$

08 ① 단계 원의 반지름의 길이를 r라 하면
$\{x-(-1)\}^2+(y-4)^2=r^2$
② 단계 이 원이 점 $(2, 1)$을 지나므로
$(2+1)^2+(1-4)^2=r^2 \quad \therefore r^2=18$
따라서 구하는 원의 방정식은
$(x+1)^2+(y-4)^2=18$

09 원의 반지름의 길이를 r라 하면
$(x-2)^2+\{y-(-4)\}^2=r^2$
이 원이 점 $(-1, -5)$를 지나므로
$(-1-2)^2+(-5+4)^2=r^2 \quad \therefore r^2=10$
따라서 구하는 원의 방정식은
$(x-2)^2+(y+4)^2=10$

10 원의 반지름의 길이를 r라 하면

$\{x-(-3)\}^2+\{y-(-1)\}^2=r^2$

이 원이 점 $(-6, 3)$을 지나므로

$(-6+3)^2+(3+1)^2=r^2 \qquad \therefore r^2=25$

따라서 구하는 원의 방정식은

$(x+3)^2+(y+1)^2=25$

11 원의 반지름의 길이를 r라 하면

$x^2+y^2=r^2$

이 원이 점 $(-3, 4)$를 지나므로

$(-3)^2+4^2=r^2 \qquad \therefore r^2=25$

따라서 구하는 원의 방정식은

$x^2+y^2=25$

12 ❶단계 원의 중심을 C라 하면 점 C는 선분 AB의 중점이므로 점 C의 좌표는

$\left(\frac{3+(-1)}{2}, \frac{-4+6}{2}\right) \qquad \therefore C(\boxed{1}, \boxed{1})$

❷단계 원의 반지름의 길이는 $\frac{1}{2}\overline{AB}$, 즉 $\overline{AC}$이므로

$\overline{AC}=\sqrt{(\boxed{1}-3)^2+\{\boxed{1}-(-4)\}^2}=\boxed{\sqrt{29}}$

❸단계 원의 중심이 점 $C(\boxed{1}, \boxed{1})$이고 반지름의 길이가 $\boxed{\sqrt{29}}$이므로 구하는 원의 방정식은

$(x-\boxed{1})^2+(y-\boxed{1})^2=\boxed{29}$

13 ❶단계 원의 중심을 C라 하면 점 C는 선분 AB의 중점이므로 점 C의 좌표는

$\left(\frac{-3+7}{2}, \frac{-5+1}{2}\right) \qquad \therefore C(2, -2)$

❷단계 원의 반지름의 길이는 $\frac{1}{2}\overline{AB}$, 즉 $\overline{AC}$이므로

$\overline{AC}=\sqrt{\{2-(-3)\}^2+\{-2-(-5)\}^2}=\sqrt{34}$

❸단계 원의 중심이 점 $C(2, -2)$이고 반지름의 길이가 $\sqrt{34}$이므로 구하는 원의 방정식은

$(x-2)^2+(y+2)^2=34$

14 원의 중심을 C라 하면 점 C는 선분 AB의 중점이므로 점 C의 좌표는

$\left(\frac{-4+2}{2}, \frac{8+(-4)}{2}\right) \qquad \therefore C(-1, 2)$

원의 반지름의 길이는 $\frac{1}{2}\overline{AB}$, 즉 $\overline{AC}$이므로

$\overline{AC}=\sqrt{\{-1-(-4)\}^2+(2-8)^2}=\sqrt{45}=3\sqrt{5}$

따라서 원의 중심이 점 $C(-1, 2)$이고 반지름의 길이가 $3\sqrt{5}$이므로 구하는 원의 방정식은

$(x+1)^2+(y-2)^2=45$

15 $x^2+y^2+4x+2y-4=0$에서

$(x^2+4x+4)+(y^2+2y+1)=\boxed{9}$

$\therefore (x+2)^2+(y+1)^2=\boxed{9}$

일반형으로 주어진 방정식을 표준형으로 변형한다.

따라서 원의 중심의 좌표는 $(-2, -1)$이고 반지름의 길이는 $\boxed{3}$이다.

16 $x^2+y^2-2y=0$에서 $x^2+(y^2-2y+1)=\boxed{1}$

$\therefore x^2+(y-1)^2=1$

따라서 원의 중심의 좌표는 $(0, 1)$이고 반지름의 길이는 1이다.

17 $x^2+y^2+6x+5=0$에서 $(x^2+6x+9)+y^2=4$

$\therefore (x+3)^2+y^2=4$

따라서 원의 중심의 좌표는 $(-3, 0)$이고 반지름의 길이는 2이다.

18 $x^2+y^2+8x-6y=0$에서 $(x^2+8x+16)+(y^2-6y+9)=25$

$\therefore (x+4)^2+(y-3)^2=25$

따라서 원의 중심의 좌표는 $(-4, 3)$이고 반지름의 길이는 5이다.

19 $x^2+y^2-10x+4y+4=0$에서

$(x^2-10x+25)+(y^2+4y+4)=25$

$\therefore (x-5)^2+(y+2)^2=25$

따라서 원의 중심의 좌표는 $(5, -2)$이고 반지름의 길이는 5이다.

20 $x^2+y^2-2x+6y+13=0$에서

$(x^2-2x+1)+(y^2+6y+9)=-3$

$\therefore (x-1)^2+(y+3)^2=-3$

이때 (우변)$=-3<0$이므로 주어진 방정식이 나타내는 도형은 원이 될 수 없다.

21 $x^2+y^2+10x-4y+3=0$에서

$(x^2+10x+25)+(y^2-4y+4)=26$

$\therefore (x+5)^2+(y-2)^2=26$

이때 (우변)$=26>0$이므로 주어진 방정식이 나타내는 도형은 원이다.

22 $x^2+y^2+8x-6y+25=0$에서

$(x^2+8x+16)+(y^2-6y+9)=0$

$\therefore (x+4)^2+(y-3)^2=0$

이때 (우변)$=0$이므로 주어진 방정식이 나타내는 도형은 원이 될 수 없다.

23 $x^2+y^2-4x+2y+11=0$에서

$(x^2-4x+4)+(y^2+2y+1)=-6$

$\therefore (x-2)^2+(y+1)^2=-6$

이때 (우변)$=-6<0$이므로 주어진 방정식이 나타내는 도형은 원이 될 수 없다.

24 $x^2+y^2-6x+k-1=0$에서
$(x^2-6x+9)+y^2=\boxed{10}-k$
$\therefore (x-\boxed{3})^2+y^2=\boxed{10}-k$
이 방정식이 나타내는 도형이 원이 되려면
$\boxed{10}-k>0 \quad \therefore k<\boxed{10}$

25 $x^2+y^2+2y-2k+6=0$에서
$x^2+(y^2+2y+1)=2k-5$
$\therefore x^2+(y+1)^2=2k-5$
이 방정식이 나타내는 도형이 원이 되려면
$2k-5>0 \quad \therefore k>\frac{5}{2}$

26 $x^2+y^2-4x+2y+k=0$에서
$(x^2-4x+4)+(y^2+2y+1)=-k+5$
$\therefore (x-2)^2+(y+1)^2=-k+5$
이 방정식이 나타내는 도형이 원이 되려면
$-k+5>0 \quad \therefore k<5$

27 구하는 원의 방정식을 $x^2+y^2+Ax+By+C=0$이라 하면 원점 O(0, 0)을 지나므로 $C=\boxed{0}$
즉, 원의 방정식은 $x^2+y^2+Ax+By=0$이고 이 원이 두 점 A, B를 지나므로
$5+A+\boxed{2}B=0$, $9+3B=0$
위의 식을 연립하여 풀면
$A=\boxed{1}$, $B=\boxed{-3}$
따라서 구하는 원의 방정식은
$x^2+y^2+x-\boxed{3}y=0$

28 구하는 원의 방정식을 $x^2+y^2+Ax+By+C=0$이라 하면 원점 O(0, 0)을 지나므로 $C=\boxed{0}$
즉, 원의 방정식은 $x^2+y^2+Ax+By=0$이고 이 원이 두 점 A, B를 지나므로
$2+A+B=0$, $18+3A-3B=0$
위의 식을 연립하여 풀면
$A=-4$, $B=2$
따라서 구하는 원의 방정식은
$x^2+y^2-4x+2y=0$

29 구하는 원의 방정식을 $x^2+y^2+Ax+By+C=0$이라 하면 원점 O(0, 0)을 지나므로 $C=0$
즉, 원의 방정식은 $x^2+y^2+Ax+By=0$이고 이 원이 두 점 A, B를 지나므로
$5+2A-B=0$, $20-2A-4B=0$
위의 식을 연립하여 풀면
$A=0$, $B=5$
따라서 구하는 원의 방정식은
$x^2+y^2+5y=0$

30 구하는 원의 방정식을 $x^2+y^2+Ax+By+C=0$이라 하면 원점 O(0, 0)을 지나므로 $C=0$
즉, 원의 방정식은 $x^2+y^2+Ax+By=0$이고 이 원이 두 점 A, B를 지나므로
$13-2A-3B=0$, $5+2A+B=0$
위의 식을 연립하여 풀면
$A=-7$, $B=9$
따라서 구하는 원의 방정식은
$x^2+y^2-7x+9y=0$

31 구하는 원의 방정식을 $x^2+y^2+Ax+By+C=0$이라 하면 원점 O(0, 0)을 지나므로 $C=0$
즉, 원의 방정식은 $x^2+y^2+Ax+By=0$이고 이 원이 두 점 A, B를 지나므로
$10+A+3B=0$, $40+6A-2B=0$
위의 식을 연립하여 풀면
$A=-7$, $B=-1$
따라서 구하는 원의 방정식은
$x^2+y^2-7x-y=0$

32 원의 중심의 좌표가 $(-3, 2)$이고 x축에 접하므로
(반지름의 길이)$=|$(중심의 $\boxed{y}$좌표)$|=|\boxed{2}|=\boxed{2}$
따라서 구하는 원의 방정식은
$(x+3)^2+(y-2)^2=\boxed{4}$

33 원의 중심의 좌표가 $(4, -5)$이고 x축에 접하므로
(반지름의 길이)$=|$(중심의 y좌표)$|=|-5|=5$
따라서 구하는 원의 방정식은
$(x-4)^2+(y+5)^2=25$

34 원의 중심의 좌표가 $(0, -5)$이고 x축에 접하므로
(반지름의 길이)$=|$(중심의 y좌표)$|=|-5|=5$
따라서 구하는 원의 방정식은
$x^2+(y+5)^2=25$

35 원의 중심의 좌표가 $(-2, 7)$이고 y축에 접하므로
(반지름의 길이)$=|$(중심의 $\boxed{x}$좌표)$|=|\boxed{-2}|=\boxed{2}$
따라서 구하는 원의 방정식은
$(x+2)^2+(y-7)^2=\boxed{4}$

36 원의 중심의 좌표가 (4, 9)이고 y축에 접하므로

(반지름의 길이)$=|$(중심의 x좌표)$|=|4|=4$

따라서 구하는 원의 방정식은

$(x-4)^2+(y-9)^2=16$

37 원의 중심의 좌표가 (6, 0)이고 y축에 접하므로

(반지름의 길이)$=|$(중심의 x좌표)$|=|6|=6$

따라서 구하는 원의 방정식은

$(x-6)^2+y^2=36$

38 원의 중심의 좌표가 $(-1,\ -1)$이고 x축과 y축에 동시에 접하므로

(반지름의 길이)$=|$(중심의 x좌표)$|=|$(중심의 y좌표)$|=\boxed{1}$

따라서 구하는 원의 방정식은

$(x+1)^2+(y+1)^2=\boxed{1}$

39 원의 중심의 좌표가 $(2,\ -2)$이고 x축과 y축에 동시에 접하므로

(반지름의 길이)$=|$(중심의 x좌표)$|=|$(중심의 y좌표)$|=2$

따라서 구하는 원의 방정식은

$(x-2)^2+(y+2)^2=4$

40 원의 중심의 좌표가 $(-5,\ 5)$이고 x축과 y축에 동시에 접하므로

(반지름의 길이)$=|$(중심의 x좌표)$|=|$(중심의 y좌표)$|=5$

따라서 구하는 원의 방정식은

$(x+5)^2+(y-5)^2=25$

41 ❶단계 점 P$(-1,\ 8)$을 지나면서 x축과 y축에 동시에 접하려면 원의 중심이 제$\boxed{2}$사분면 위에 있어야 한다.

❷단계 이 원의 반지름의 길이를 $r\ (r>0)$라 하면 중심의 좌표는 $(\boxed{-r},\ \boxed{r})$이므로 원의 방정식은

$(x+r)^2+(y-r)^2=r^2$

❸단계 이 원이 점 P$(-1,\ 8)$을 지나므로

$(-1+r)^2+(8-r)^2=r^2$

$r^2-18r+\boxed{65}=0,\ (r-\boxed{5})(r-13)=0$

$\therefore\ r=\boxed{5}$ 또는 $r=13$

42 ❶단계 점 P$(1,\ 2)$를 지나면서 x축과 y축에 동시에 접하려면 원의 중심이 제1사분면 위에 있어야 한다.

❷단계 이 원의 반지름의 길이를 $r\ (r>0)$라 하면 중심의 좌표는 $(r,\ r)$이므로 원의 방정식은

$(x-r)^2+(y-r)^2=r^2$

❸단계 이 원이 점 P$(1,\ 2)$를 지나므로

$(1-r)^2+(2-r)^2=r^2$

$r^2-6r+5=0,\ (r-1)(r-5)=0$

$\therefore\ r=1$ 또는 $r=5$

43 점 P$(4,\ -2)$를 지나면서 x축과 y축에 동시에 접하려면 원의 중심이 제4사분면 위에 있어야 한다.

이 원의 반지름의 길이를 $r\ (r>0)$라 하면 중심의 좌표는 $(r,\ -r)$이므로 원의 방정식은

$(x-r)^2+(y+r)^2=r^2$

이 원이 점 P$(4,\ -2)$를 지나므로

$(4-r)^2+(-2+r)^2=r^2$

$r^2-12r+20=0,\ (r-2)(r-10)=0$

$\therefore\ r=2$ 또는 $r=10$

06 원과 직선의 위치 관계

본문 030~033쪽

01 서로 다른 두 점에서 만난다. **02** 만나지 않는다.
03 한 점에서 만난다.(접한다.)
04 서로 다른 두 점에서 만난다.
05 서로 다른 두 점에서 만난다.
06 한 점에서 만난다.(접한다.) **07** 만나지 않는다.
08 한 점에서 만난다.(접한다.) **09** $-\sqrt{15}<k<\sqrt{15}$
10 $1<k<5$ **11** $-3<k<17$ **12** $-\sqrt{5}$, $\sqrt{5}$
13 -2, 8 **14** -3, 17
15 $k<-2\sqrt{2}$ 또는 $k>2\sqrt{2}$
16 $k<-11$ 또는 $k>9$ **17** $k<-14$ 또는 $k>6$
18 최댓값: $3\sqrt{2}$, 최솟값: $\sqrt{2}$ **19** 최댓값: $3\sqrt{5}$, 최솟값: $\sqrt{5}$
20 최댓값: 7, 최솟값: 1 **21** 최댓값: 3, 최솟값: 1
22 최댓값: $\sqrt{5}+1$, 최솟값: $\sqrt{5}-1$

01 $y=-x+1$을 $x^2+y^2=4$에 대입하면
$x^2+(-x+1)^2=4$ $\quad\therefore 2x^2-2x-3=0$
이 이차방정식의 판별식을 D라 하면
$\frac{D}{4}=(-1)^2-2\times(-3)=7\boxed{>}0$
따라서 원 C와 직선 l은 서로 다른 두 점 에서 만난다.

02 $y=3x-5$를 $x^2+y^2=2$에 대입하면
$x^2+(3x-5)^2=2$ $\quad\therefore 10x^2-30x+23=0$
이 이차방정식의 판별식을 D라 하면
$\frac{D}{4}=(-15)^2-10\times23=-5<0$
따라서 원 C와 직선 l은 만나지 않는다.

03 $y=-2x+5$를 $x^2+y^2=5$에 대입하면
$x^2+(-2x+5)^2=5$ $\quad\therefore x^2-4x+4=0$
이 이차방정식의 판별식을 D라 하면
$\frac{D}{4}=(-2)^2-1\times4=0$
따라서 원 C와 직선 l은 한 점에서 만난다.(접한다.)

04 $x+y-2=0$, 즉 $y=-x+2$를 $x^2+y^2=3$에 대입하면
$x^2+(-x+2)^2=3$ $\quad\therefore 2x^2-4x+1=0$
이 이차방정식의 판별식을 D라 하면
$\frac{D}{4}=(-2)^2-2\times1=2>0$
따라서 원 C와 직선 l은 서로 다른 두 점에서 만난다.

05 원의 중심 $(\boxed{-3}, \boxed{1})$과 직선 $2x-y+2=0$ 사이의 거리를 d라 하면
$d=\frac{|2\times(-3)-1\times1+2|}{\sqrt{2^2+(-1)^2}}=\boxed{\sqrt{5}}$
원의 반지름의 길이를 r라 하면 $r=\boxed{4}$
$\therefore d\boxed{<}r$
따라서 원 C와 직선 l은 서로 다른 두 점 에서 만난다.

06 원의 중심 $(1, -2)$와 직선 $3x-4y+4=0$ 사이의 거리를 d라 하면
$d=\frac{|3\times1-4\times(-2)+4|}{\sqrt{3^2+(-4)^2}}=3$
원의 반지름의 길이를 r라 하면 $r=3$
$\therefore d=r$
따라서 원 C와 직선 l은 한 점에서 만난다.(접한다.)

07 $x^2+y^2-6x+2y+6=0$에서 $(x-3)^2+(y+1)^2=4$이므로 원의 중심 $(3, -1)$과 직선 $x-2y+5=0$ 사이의 거리를 d라 하면
$d=\frac{|1\times3-2\times(-1)+5|}{\sqrt{1^2+(-2)^2}}=2\sqrt{5}$
원의 반지름의 길이를 r라 하면 $r=2$
$\therefore d>r$
따라서 원 C와 직선 l은 만나지 않는다.

08 $x^2+y^2+2x+4y-5=0$에서 $(x+1)^2+(y+2)^2=10$이므로 원의 중심 $(-1, -2)$와 직선 $3x+y-5=0$ 사이의 거리를 d라 하면
$d=\frac{|3\times(-1)+1\times(-2)-5|}{\sqrt{3^2+1^2}}=\sqrt{10}$
원의 반지름의 길이를 r라 하면 $r=\sqrt{10}$
$\therefore d=r$
따라서 원 C와 직선 l은 한 점에서 만난다.(접한다.)

09 [방법 1] 판별식을 이용한 방법
$y=2x+k$를 $x^2+y^2=3$에 대입하면
$x^2+(2x+k)^2=3$ $\quad\therefore 5x^2+4kx+k^2-3=0$
이 이차방정식의 판별식을 D라 하면
$\frac{D}{4}=(2k)^2-5(k^2-3)=-k^2+15$
이때 $D\boxed{>}0$이어야 하므로
$-k^2+15\boxed{>}0$에서 $(k+\sqrt{15})(k-\sqrt{15})\boxed{<}0$
$\therefore -\sqrt{15}<k<\sqrt{15}$
[방법 2] 원의 중심과 직선 사이의 거리를 이용한 방법
원의 중심 $(0, 0)$과 직선 $y=2x+k$, 즉 $2x-y+k=0$ 사이의 거리를 d라 하면
$d=\frac{|2\times0-1\times0+k|}{\sqrt{2^2+(-1)^2}}=\boxed{\frac{|k|}{\sqrt{5}}}$
원의 반지름의 길이를 r라 하면 $r=\sqrt{3}$
이때 $d\boxed{<}r$이어야 하므로
$\frac{|k|}{\sqrt{5}}\boxed{<}\sqrt{3}$에서 $|k|\boxed{<}\sqrt{15}$
$\therefore -\sqrt{15}<k<\sqrt{15}$

10 원의 중심 $(-3,\ 0)$과 직선 $x-y+k=0$ 사이의 거리를 d라 하면

$$d=\frac{|1\times(-3)-1\times0+k|}{\sqrt{1^2+(-1)^2}}=\frac{|k-3|}{\sqrt{2}}$$

원의 반지름의 길이를 r라 하면 $r=\sqrt{2}$

이때 $d<r$이어야 하므로 $\frac{|k-3|}{\sqrt{2}}<\sqrt{2}$에서 $|k-3|<2$

$\therefore\ 1<k<5$

플러스톡

직선의 방정식을 원의 방정식에 대입하였을 때 식이 복잡해지는 경우 판별식을 이용하는 것보다 원의 중심과 직선 사이의 거리를 이용하는 것이 편리하다.

판별식을 이용하는 방법은 **09**번과 같이 원의 중심이 원점에 있거나 직선의 방정식을 $y=mx+n$ 꼴로 나타내었을 때 m이 정수인 경우에 편리하다.

11 원의 중심 $(-1,\ 2)$와 직선 $x-3y+k=0$ 사이의 거리를 d라 하면

$$d=\frac{|1\times(-1)-3\times2+k|}{\sqrt{1^2+(-3)^2}}=\frac{|k-7|}{\sqrt{10}}$$

원의 반지름의 길이를 r라 하면 $r=\sqrt{10}$

이때 $d<r$이어야 하므로 $\frac{|k-7|}{\sqrt{10}}<\sqrt{10}$에서 $|k-7|<10$

$\therefore\ -3<k<17$

12 [방법 1] 판별식을 이용한 방법

$y=-2x+k$를 $x^2+y^2=1$에 대입하면

$x^2+(-2x+k)^2=1 \qquad \therefore\ 5x^2-4kx+k^2-1=0$

이 이차방정식의 판별식을 D라 하면

$$\frac{D}{4}=(-2k)^2-5(k^2-1)=-k^2+5$$

이때 $D\boxed{=}0$이어야 하므로 $-k^2+5\boxed{=}0$에서 $k^2=5$

$\therefore\ k=-\sqrt{5}$ 또는 $k=\sqrt{5}$

[방법 2] 원의 중심과 직선 사이의 거리를 이용한 방법

원의 중심 $(0,\ 0)$과 직선 $y=-2x+k$, 즉 $2x+y-k=0$ 사이의 거리를 d라 하면

$$d=\frac{|2\times0+1\times0-k|}{\sqrt{2^2+1^2}}=\boxed{\frac{|k|}{\sqrt{5}}}$$

원의 반지름의 길이를 r라 하면 $r=1$

이때 $d\boxed{=}r$이어야 하므로 $\frac{|k|}{\sqrt{5}}\boxed{=}1$에서 $|k|\boxed{=}\sqrt{5}$

$\therefore\ k=-\sqrt{5}$ 또는 $k=\sqrt{5}$

13 원의 중심 $(0,\ 3)$과 직선 $y=2x+k$, 즉 $2x-y+k=0$ 사이의 거리를 d라 하면

$$d=\frac{|2\times0-1\times3+k|}{\sqrt{2^2+(-1)^2}}=\frac{|k-3|}{\sqrt{5}}$$

원의 반지름의 길이를 r라 하면 $r=\sqrt{5}$

이때 $d=r$이어야 하므로 $\frac{|k-3|}{\sqrt{5}}=\sqrt{5}$에서 $|k-3|=5$

$\therefore\ k=-2$ 또는 $k=8$

14 원의 중심 $(3,\ 4)$와 직선 $3x-4y+k=0$ 사이의 거리를 d라 하면

$$d=\frac{|3\times3-4\times4+k|}{\sqrt{3^2+(-4)^2}}=\frac{|k-7|}{5}$$

원의 반지름의 길이를 r라 하면 $r=2$

이때 $d=r$이어야 하므로 $\frac{|k-7|}{5}=2$에서 $|k-7|=10$

$\therefore\ k=-3$ 또는 $k=17$

15 [방법 1] 판별식을 이용한 방법

$y=x+k$를 $x^2+y^2=4$에 대입하면

$x^2+(x+k)^2=4 \qquad \therefore\ 2x^2+2kx+k^2-4=0$

이 이차방정식의 판별식을 D라 하면

$$\frac{D}{4}=k^2-2(k^2-4)=-k^2+8$$

이때 $D\boxed{<}0$이어야 하므로

$-k^2+8\boxed{<}0$에서 $(k+2\sqrt{2})(k-2\sqrt{2})\boxed{>}0$

$\therefore\ k<-2\sqrt{2}$ 또는 $k>2\sqrt{2}$

[방법 2] 원의 중심과 직선 사이의 거리를 이용한 방법

원의 중심 $(0,\ 0)$과 직선 $y=x+k$, 즉 $x-y+k=0$ 사이의 거리를 d라 하면

$$d=\frac{|1\times0-1\times0+k|}{\sqrt{1^2+(-1)^2}}=\boxed{\frac{|k|}{\sqrt{2}}}$$

원의 반지름의 길이를 r라 하면 $r=2$

이때 $d\boxed{>}r$이어야 하므로 $\frac{|k|}{\sqrt{2}}\boxed{>}2$에서 $|k|\boxed{>}2\sqrt{2}$

$\therefore\ k<-2\sqrt{2}$ 또는 $k>2\sqrt{2}$

16 원의 중심 $(0,\ 1)$과 직선 $3x+y+k=0$ 사이의 거리를 d라 하면

$$d=\frac{|3\times0+1\times1+k|}{\sqrt{3^2+1^2}}=\frac{|k+1|}{\sqrt{10}}$$

원의 반지름의 길이를 r라 하면 $r=\sqrt{10}$

이때 $d>r$이어야 하므로 $\frac{|k+1|}{\sqrt{10}}>\sqrt{10}$에서 $|k+1|>10$

$\therefore\ k<-11$ 또는 $k>9$

17 원의 중심 $(4,\ -1)$과 직선 $2x+4y+k=0$ 사이의 거리를 d라 하면

$$d=\frac{|2\times4+4\times(-1)+k|}{\sqrt{2^2+4^2}}=\frac{|k+4|}{2\sqrt{5}}$$

원의 반지름의 길이를 r라 하면 $r=\sqrt{5}$

이때 $d>r$이어야 하므로 $\frac{|k+4|}{2\sqrt{5}}>\sqrt{5}$에서 $|k+4|>10$

$\therefore\ k<-14$ 또는 $k>6$

18 원의 중심 $(0,\ 0)$과 직선 $y=x-4$, 즉 $x-y-4=0$ 사이의 거리는

$$\frac{|1\times0-1\times0-4|}{\sqrt{1^2+(-1)^2}}=\boxed{2\sqrt{2}}$$

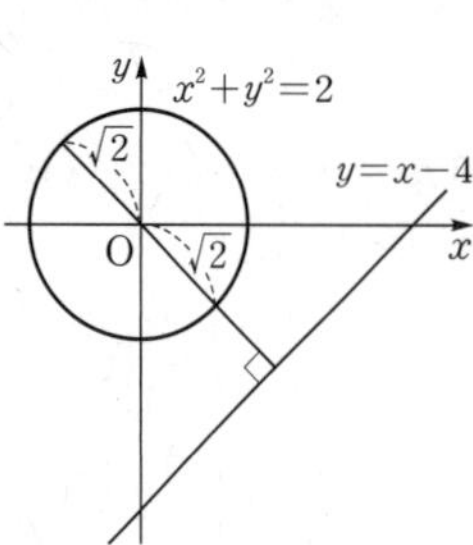

원의 반지름의 길이는 $\boxed{\sqrt{2}}$이므로 원 C 위의 점과 직선 l 사이의 거리의 최댓값과 최솟값은

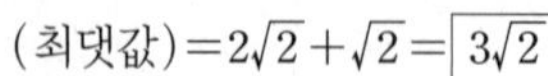

(최댓값)$=2\sqrt{2}+\sqrt{2}=\boxed{3\sqrt{2}}$

(최솟값)$=2\sqrt{2}-\sqrt{2}=\boxed{\sqrt{2}}$

19 원의 중심 $(0,\ 0)$과 직선 $x+2y+10=0$ 사이의 거리는

$$\frac{|1\times0+2\times0+10|}{\sqrt{1^2+2^2}}=\boxed{2\sqrt{5}}$$

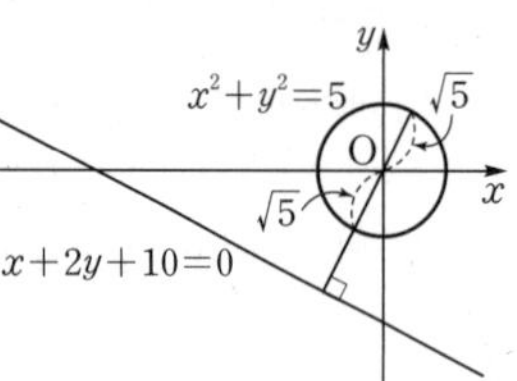

원의 반지름의 길이는 $\sqrt{5}$이므로 원 C 위의 점과 직선 l 사이의 거리의 최댓값과 최솟값은

(최댓값)$=2\sqrt{5}+\sqrt{5}=3\sqrt{5}$

(최솟값)$=2\sqrt{5}-\sqrt{5}=\sqrt{5}$

20 원의 중심 $(-1,\ 1)$과 직선 $3x+4y+19=0$ 사이의 거리는

$$\frac{|3\times(-1)+4\times1+19|}{\sqrt{3^2+4^2}}=4$$

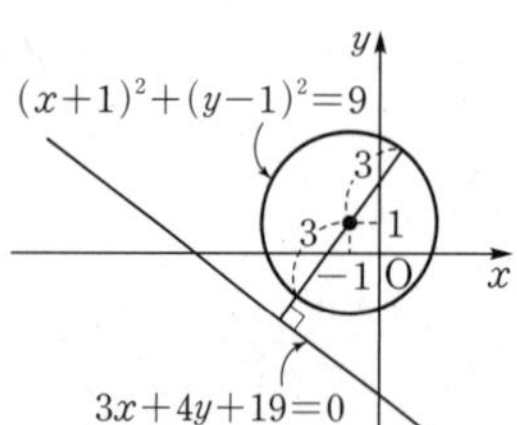

원의 반지름의 길이는 3이므로 원 C 위의 점과 직선 l 사이의 거리의 최댓값과 최솟값은

(최댓값)$=4+3=7$

(최솟값)$=4-3=1$

21 $x^2+y^2-2x-6y+9=0$에서 $(x-1)^2+(y-3)^2=1$이므로 원의 중심 $(1,\ 3)$과 직선 $3x+4y-5=0$ 사이의 거리는

$$\frac{|3\times1+4\times3-5|}{\sqrt{3^2+4^2}}=2$$

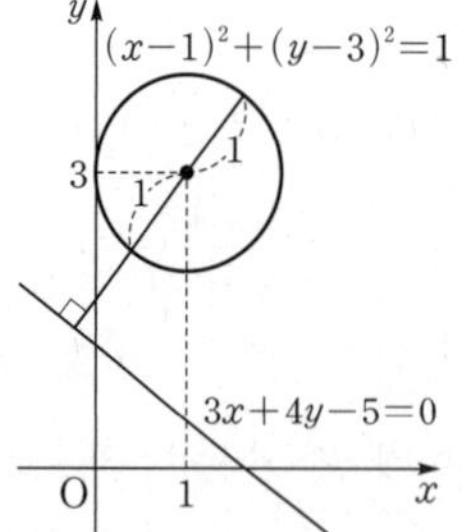

원의 반지름의 길이는 1이므로 원 C 위의 점과 직선 l 사이의 거리의 최댓값과 최솟값은

(최댓값)$=2+1=3$

(최솟값)$=2-1=1$

22 $x^2+y^2-2x+2y+1=0$에서 $(x-1)^2+(y+1)^2=1$이므로 원의 중심 $(1,\ -1)$과 직선 $x+2y+6=0$ 사이의 거리는

$$\frac{|1\times1+2\times(-1)+6|}{\sqrt{1^2+2^2}}=\sqrt{5}$$

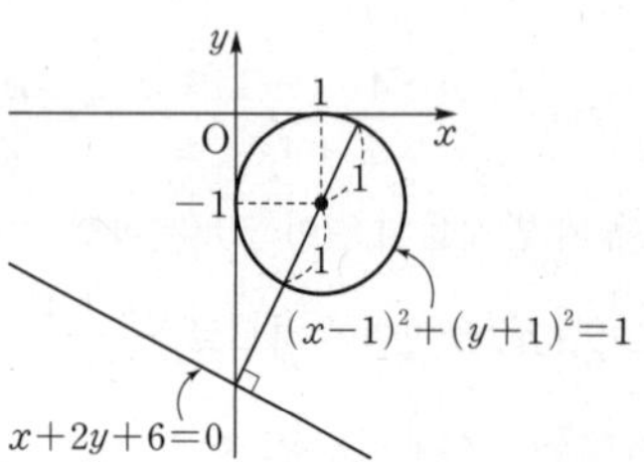

원의 반지름의 길이는 1이므로 원 C 위의 점과 직선 l 사이의 거리의 최댓값과 최솟값은

(최댓값)$=\sqrt{5}+1$

(최솟값)$=\sqrt{5}-1$

07 원의 접선의 방정식

본문 034~037쪽

01 $y=-2x\pm2\sqrt{5}$	**02** $y=x\pm\sqrt{6}$
03 $y=-3x\pm10$	**04** $y=2x\pm5$
05 $x-2y+5=0$	**06** $2x-3y-13=0$
07 $x+3y+10=0$	**08** $5x-y-26=0$

09 $x-\sqrt{2}y-3=0$ 또는 $x+\sqrt{2}y-3=0$
10 $x+y+2=0$ 또는 $7x-y-10=0$
11 $x-y+4=0$ 또는 $x+y-4=0$
12 $3x+y+10=0$ 또는 $x-3y+10=0$
13 $2x-y+5=0$ 또는 $x+2y+5=0$
14 $x=2$ 또는 $3x-4y+10=0$
15 $y=-1$ 또는 $3x+4y-5=0$
16 $x+\sqrt{2}y-3=0$ 또는 $x-\sqrt{2}y-3=0$
17 $x+y+2=0$ 또는 $7x-y-10=0$
18 $x+y-4=0$ 또는 $x-y+4=0$
19 $3x+y+10=0$ 또는 $x-3y+10=0$
20 $x+2y+5=0$ 또는 $2x-y+5=0$

01 [방법 1] 공식을 이용한 방법

$y=(\boxed{-2})\times x\pm\boxed{2}\sqrt{(\boxed{-2})^2+1}$

$\therefore\ y=-2x\pm\boxed{2\sqrt{5}}$

[방법 2] 판별식을 이용한 방법

기울기가 -2인 접선의 방정식을 $y=-2x+n$이라 하고 이 식을 원 C의 방정식에 대입하면

$x^2+(-2x+n)^2=4$

$\therefore\ 5x^2-4nx+n^2-4=0$

이 이차방정식의 판별식을 D라 하면

$\frac{D}{4}=(-2n)^2-5(n^2-4)=-n^2+20\ \boxed{=}\ 0$

이어야 하므로

$n^2\ \boxed{=}\ 20$에서 $n=\pm\boxed{2\sqrt{5}}$

따라서 구하는 접선의 방정식은 $y=-2x\pm\boxed{2\sqrt{5}}$이다.

[방법 3] 원의 중심과 직선 사이의 거리를 이용한 방법

기울기가 -2인 접선의 방정식을 $y=-2x+n$, 즉 $2x+y-n=0$이라 하면 원 C의 중심 $(\boxed{0},\ \boxed{0})$과 접선 사이의 거리는 원 C의 반지름의 길이 $\boxed{2}$와 같다.

즉, $\frac{|2\times0+1\times0-n|}{\sqrt{2^2+1^2}}=\boxed{2}$에서

$\frac{|n|}{\sqrt{5}}=\boxed{2}$, $|n|=\boxed{2\sqrt{5}}$

$\therefore\ n=\pm\boxed{2\sqrt{5}}$

따라서 구하는 접선의 방정식은 $y=-2x\pm\boxed{2\sqrt{5}}$이다.

02 $y=1\times x\pm\sqrt{3}\times\sqrt{1^2+1}$

$\therefore\ y=x\pm\sqrt{6}$

03 $y=-3\times x\pm\sqrt{10}\times\sqrt{(-3)^2+1}$

$\therefore y=-3x\pm10$

04 $y=2\times x\pm\sqrt{5}\times\sqrt{2^2+1}$

$\therefore y=2x\pm5$

05 [방법 1] 공식을 이용한 방법

$(\boxed{-1})\times x+\boxed{2}\times y=\boxed{5}$

$\therefore x-\boxed{2}y+\boxed{5}=0$

[방법 2] 수직 조건을 이용한 방법

원 위의 점 $\mathrm{P}(-1,\ 2)$에서의 접선을 l이라 하면 직선 OP와 접선 l은 서로 수직이므로

(직선 OP의 기울기)×(직선 l의 기울기) $=-1$

즉, $(\boxed{-2})\times$(직선 l의 기울기)$=-1$이므로

(직선 l의 기울기)$=\boxed{\frac{1}{2}}$

따라서 구하는 접선은 기울기가 $\boxed{\frac{1}{2}}$이고 점 $\mathrm{P}(-1,\ 2)$를 지나므로

접선의 방정식은

$y-2=\boxed{\frac{1}{2}}\{x-(-1)\}$

$\therefore x-\boxed{2}y+\boxed{5}=0$

06 $2x-3y=13$ $\quad\therefore 2x-3y-13=0$

07 $-x-3y=10$ $\quad\therefore x+3y+10=0$

08 $5x-y=26$ $\quad\therefore 5x-y-26=0$

09 ❶단계 접점의 좌표를 $(x_1,\ y_1)$이라 하면 접선의 방정식은

$x_1x+y_1y=\boxed{3}$

❷단계 이 접선이 점 $\mathrm{P}(3,\ 0)$을 지나므로

$x_1\times\boxed{3}+y_1\times0=\boxed{3}$

$\therefore x_1=\boxed{1}$ $\quad\cdots\cdots$ ㉠

❸단계 접점 $(x_1,\ y_1)$이 원 C 위의 점이므로

$x_1^2+y_1^2=\boxed{3}$ $\quad\cdots\cdots$ ㉡

㉠을 ㉡에 대입하면

$\boxed{1}+y_1^2=\boxed{3},\ y_1^2=2$

$\therefore y_1=\boxed{-\sqrt{2}}$ 또는 $y_1=\boxed{\sqrt{2}}$

따라서 구하는 접선의 방정식은

$x-\sqrt{2}y=3$ 또는 $x+\sqrt{2}y=3$

$\therefore x-\sqrt{2}y-\boxed{3}=0$ 또는 $x+\sqrt{2}y-\boxed{3}=0$

10 ❶단계 접점의 좌표를 $(x_1,\ y_1)$이라 하면 접선의 방정식은

$x_1x+y_1y=2$

❷단계 이 접선이 점 $\mathrm{P}(1,\ -3)$을 지나므로

$x_1\times1+y_1\times(-3)=2$

$x_1-3y_1=2$ $\quad\therefore x_1=3y_1+2$ $\quad\cdots\cdots$ ㉠

❸단계 접점 $(x_1,\ y_1)$이 원 C 위의 점이므로

$x_1^2+y_1^2=2$ $\quad\cdots\cdots$ ㉡

㉠을 ㉡에 대입하면

$(3y_1+2)^2+y_1^2=2,\ 10y_1^2+12y_1+2=0$

$2(y_1+1)(5y_1+1)=0$

$\therefore y_1=-1$ 또는 $y_1=-\frac{1}{5}$ $\quad\cdots\cdots$ ㉢

㉢을 ㉠에 대입하면

$x_1=-1,\ y_1=-1$ 또는 $x_1=\frac{7}{5},\ y_1=-\frac{1}{5}$

따라서 구하는 접선의 방정식은

$-x-y=2$ 또는 $\frac{7}{5}x-\frac{1}{5}y=2$

$\therefore x+y+2=0$ 또는 $7x-y-10=0$

11 접점의 좌표를 $(x_1,\ y_1)$이라 하면 접선의 방정식은

$x_1x+y_1y=8$

이 접선이 점 $\mathrm{P}(0,\ 4)$를 지나므로

$x_1\times0+y_1\times4=8$

$4y_1=8$ $\quad\therefore y_1=2$ $\quad\cdots\cdots$ ㉠

접점 $(x_1,\ y_1)$이 원 C 위의 점이므로

$x_1^2+y_1^2=8$ $\quad\cdots\cdots$ ㉡

㉠을 ㉡에 대입하면

$x_1^2+4=8,\ x_1^2=4$

$\therefore x_1=-2$ 또는 $x_1=2$

따라서 구하는 접선의 방정식은

$-2x+2y=8$ 또는 $2x+2y=8$

$\therefore x-y+4=0$ 또는 $x+y-4=0$

12 접점의 좌표를 $(x_1,\ y_1)$이라 하면 접선의 방정식은

$x_1x+y_1y=10$

이 접선이 점 $\mathrm{P}(-4,\ 2)$를 지나므로

$x_1\times(-4)+y_1\times2=10$

$-4x_1+2y_1=10$ $\quad\therefore y_1=2x_1+5$ $\quad\cdots\cdots$ ㉠

접점 $(x_1,\ y_1)$이 원 C 위의 점이므로

$x_1^2+y_1^2=10$ $\quad\cdots\cdots$ ㉡

㉠을 ㉡에 대입하면

$x_1^2+(2x_1+5)^2=10,\ 5x_1^2+20x_1+15=0$

$5(x_1+3)(x_1+1)=0$

$\therefore x_1=-3$ 또는 $x_1=-1$ $\quad\cdots\cdots$ ㉢

㉢을 ㉠에 대입하면

$x_1=-3,\ y_1=-1$ 또는 $x_1=-1,\ y_1=3$

따라서 구하는 접선의 방정식은

$-3x-y=10$ 또는 $-x+3y=10$

$\therefore 3x+y+10=0$ 또는 $x-3y+10=0$

13 접점의 좌표를 (x_1, y_1)이라 하면 접선의 방정식은

$x_1x+y_1y=5$

이 접선이 점 $P(-3, -1)$을 지나므로

$x_1\times(-3)+y_1\times(-1)=5$

$-3x_1-y_1=5$ $\quad\therefore y_1=-3x_1-5$ ...... ㉠

접점 (x_1, y_1)이 원 C 위의 점이므로

$x_1^2+y_1^2=5$ ...... ㉡

㉠을 ㉡에 대입하면

$x_1^2+(-3x_1-5)^2=5$, $10x_1^2+30x_1+20=0$

$10(x_1+2)(x_1+1)=0$

$\therefore x_1=-2$ 또는 $x_1=-1$ ...... ㉢

㉢을 ㉠에 대입하면

$x_1=-2$, $y_1=1$ 또는 $x_1=-1$, $y_1=-2$

따라서 구하는 접선의 방정식은

$-2x+y=5$ 또는 $-x-2y=5$

$\therefore 2x-y+5=0$ 또는 $x+2y+5=0$

14 접점의 좌표를(x_1, y_1)이라 하면 접선의 방정식은

$x_1x+y_1y=4$

이 접선이 점 $P(2, 4)$를 지나므로

$x_1\times2+y_1\times4=4$

$2x_1+4y_1=4$ $\quad\therefore x_1=2-2y_1$ ...... ㉠

접점 (x_1, y_1)이 원 C 위의 점이므로

$x_1^2+y_1^2=4$ ...... ㉡

㉠을 ㉡에 대입하면

$(2-2y_1)^2+y_1^2=4$, $5y_1^2-8y_1=0$

$y_1(5y_1-8)=0$

$\therefore y_1=0$ 또는 $y_1=\frac{8}{5}$ ...... ㉢

㉢을 ㉠에 대입하면

$x_1=2$, $y_1=0$ 또는 $x_1=-\frac{6}{5}$, $y_1=\frac{8}{5}$

따라서 구하는 접선의 방정식은

$2x=4$ 또는 $-\frac{6}{5}x+\frac{8}{5}y=4$

$\therefore x=2$ 또는 $3x-4y+10=0$

15 접점의 좌표를(x_1, y_1)이라 하면 접선의 방정식은

$x_1x+y_1y=1$

이 접선이 점 $P(3, -1)$을 지나므로

$x_1\times3+y_1\times(-1)=1$

$3x_1-y_1=1$ $\quad\therefore y_1=3x_1-1$ ...... ㉠

접점 (x_1, y_1)이 원 C 위의 점이므로

$x_1^2+y_1^2=1$ ...... ㉡

㉠을 ㉡에 대입하면

$x_1^2+(3x_1-1)^2=1$, $10x_1^2-6x_1=0$

$x_1(5x_1-3)=0$

$\therefore x_1=0$ 또는 $x_1=\frac{3}{5}$ ...... ㉢

㉢을 ㉠에 대입하면

$x_1=0$, $y_1=-1$ 또는 $x_1=\frac{3}{5}$, $y_1=\frac{4}{5}$

따라서 구하는 접선의 방정식은

$-y=1$ 또는 $\frac{3}{5}x+\frac{4}{5}y=1$

$\therefore y=-1$ 또는 $3x+4y-5=0$

16 [방법 1] 원의 중심과 직선 사이의 거리를 이용한 방법

접선의 기울기를 m이라 하면 점 $P(3, 0)$을 지나므로 접선의 방정식은

$y=m(x-\boxed{3})$

$\therefore mx-y-\boxed{3m}=0$

이때 원과 직선이 접하려면 원 C의 중심 $(\boxed{0}, \boxed{0})$과 접선 사이의 거리가 원 C의 반지름의 길이 $\boxed{\sqrt{3}}$과 같아야 한다.

즉, $\frac{|m\times0-1\times0-3m|}{\sqrt{m^2+(-1)^2}}=\boxed{\sqrt{3}}$에서

$\frac{|\boxed{-3m}|}{\sqrt{m^2+1}}=\boxed{\sqrt{3}}$

$9m^2=3m^2+3$, $m^2=\frac{1}{2}$

$\therefore m=\boxed{-\frac{\sqrt{2}}{2}}$ 또는 $m=\boxed{\frac{\sqrt{2}}{2}}$

따라서 구하는 접선의 방정식은

$\boxed{-\frac{\sqrt{2}}{2}}x-y+\frac{3\sqrt{2}}{2}=0$ 또는 $\boxed{\frac{\sqrt{2}}{2}}x-y-\frac{3\sqrt{2}}{2}=0$

$\therefore x+\sqrt{2}y-\boxed{3}=0$ 또는 $x-\sqrt{2}y-\boxed{3}=0$

[방법 2] 판별식을 이용한 방법

접선의 기울기를 m이라 하면 기울기가 m이고 점 $P(3, 0)$을 지나는 직선의 방정식은

$y=m(x-3)$

이 식을 원 C의 방정식에 대입하면

$x^2+m^2(x-3)^2=3$

$\therefore (m^2+1)x^2-6m^2x+9m^2-3=0$

이 이차방정식의 판별식을 D라 하면

$\frac{D}{4}=(-3m^2)^2-(m^2+1)(9m^2-3)$

$=-6m^2+3=0$

이어야 하므로 $m^2=\frac{1}{2}$

$\therefore m=\boxed{-\frac{\sqrt{2}}{2}}$ 또는 $m=\boxed{\frac{\sqrt{2}}{2}}$

따라서 구하는 접선의 방정식은

$y=\boxed{-\frac{\sqrt{2}}{2}}(x-3)$ 또는 $y=\boxed{\frac{\sqrt{2}}{2}}(x-3)$

$\therefore x+\sqrt{2}y-\boxed{3}=0$ 또는 $x-\sqrt{2}y-\boxed{3}=0$

플러스톡

16번과 같이 접선의 기울기를 m이라 하고 원 밖의 한 점에서 원에 그은 접선의 방정식을 구하면 접선의 개수는 항상 2개이다.
한편, 오른쪽 그림과 같이 점 (1, 2)에서 원 $x^2+y^2=1$에 그은 두 접선의 방정식은 $y=\frac{3}{4}x+\frac{5}{4}$, $x=1$이다. 그런데 점 (1, 2)에서 원 $x^2+y^2=1$에 그은 접선의 방정식을 $y-2=m(x-1)$, 즉
$mx-y-m+2=0$이라 하면 $\frac{|-m+2|}{\sqrt{m^2+(-1)^2}}=1$에서 $m=\frac{3}{4}$이므로 원의 접선의 방정식은 $y=\frac{3}{4}x+\frac{5}{4}$만 구할 수 있고 $x=1$은 $y-2=m(x-1)$ 꼴로 나타낼 수 없으므로 $x=1$을 구할 수 없다.

17 접선의 기울기를 m이라 하면 점 P(1, -3)을 지나므로 접선의 방정식은
$y-(-3)=m(x-1)$ $\quad\therefore mx-y-m-3=0$
이때 원과 직선이 접하려면 원 C의 중심 (0, 0)과 접선 사이의 거리가 원 C의 반지름의 길이 $\sqrt{2}$와 같아야 한다.
즉, $\frac{|m\times0-1\times0-m-3|}{\sqrt{m^2+(-1)^2}}=\sqrt{2}$에서 $\frac{|-m-3|}{\sqrt{m^2+1}}=\sqrt{2}$
$m^2+6m+9=2m^2+2$
$m^2-6m-7=0$, $(m+1)(m-7)=0$
$\therefore m=-1$ 또는 $m=7$
따라서 구하는 접선의 방정식은
$-x-y-2=0$ 또는 $7x-y-10=0$
$\therefore x+y+2=0$ 또는 $7x-y-10=0$

18 접선의 기울기를 m이라 하면 점 P(0, 4)를 지나므로 접선의 방정식은
$y-4=mx$ $\quad\therefore mx-y+4=0$
이때 원과 직선이 접하려면 원 C의 중심 (0, 0)과 접선 사이의 거리가 원 C의 반지름의 길이 $2\sqrt{2}$와 같아야 한다.
즉, $\frac{|m\times0-1\times0+4|}{\sqrt{m^2+(-1)^2}}=2\sqrt{2}$에서 $\frac{|4|}{\sqrt{m^2+1}}=2\sqrt{2}$
$16=8m^2+8$, $8(m+1)(m-1)=0$
$\therefore m=-1$ 또는 $m=1$
따라서 구하는 접선의 방정식은
$-x-y+4=0$ 또는 $x-y+4=0$
$\therefore x+y-4=0$ 또는 $x-y+4=0$

19 접선의 기울기를 m이라 하면 점 P(-4, 2)를 지나므로 접선의 방정식은
$y-2=m\{x-(-4)\}$ $\quad\therefore mx-y+4m+2=0$
이때 원과 직선이 접하려면 원 C의 중심 (0, 0)과 접선 사이의 거리가 원 C의 반지름의 길이 $\sqrt{10}$과 같아야 한다.
즉, $\frac{|m\times0-1\times0+4m+2|}{\sqrt{m^2+(-1)^2}}=\sqrt{10}$에서 $\frac{|4m+2|}{\sqrt{m^2+1}}=\sqrt{10}$
$16m^2+16m+4=10m^2+10$
$6m^2+16m-6=0$, $2(m+3)(3m-1)=0$
$\therefore m=-3$ 또는 $m=\frac{1}{3}$
따라서 구하는 접선의 방정식은
$-3x-y-10=0$ 또는 $\frac{x}{3}-y+\frac{10}{3}=0$
$\therefore 3x+y+10=0$ 또는 $x-3y+10=0$

20 접선의 기울기를 m이라 하면 점 P(-3, -1)을 지나므로 접선의 방정식은
$y-(-1)=m\{x-(-3)\}$ $\quad\therefore mx-y+3m-1=0$
이때 원과 직선이 접하려면 원 C의 중심 (0, 0)과 접선 사이의 거리가 원 C의 반지름의 길이 $\sqrt{5}$와 같아야 한다.
즉, $\frac{|m\times0-1\times0+3m-1|}{\sqrt{m^2+(-1)^2}}=\sqrt{5}$에서 $\frac{|3m-1|}{\sqrt{m^2+1}}=\sqrt{5}$
$9m^2-6m+1=5m^2+5$
$4m^2-6m-4=0$, $2(2m+1)(m-2)=0$
$\therefore m=-\frac{1}{2}$ 또는 $m=2$
따라서 구하는 접선의 방정식은
$-\frac{x}{2}-y-\frac{5}{2}=0$ 또는 $2x-y+5=0$
$\therefore x+2y+5=0$ 또는 $2x-y+5=0$

08 도형의 평행이동

본문 038~041쪽

01 $(2,\ 1)$	**02** $(3,\ 4)$	**03** $(-2,\ 7)$
04 $(-3,\ -4)$	**05** $(0,\ -4)$	**06** $(-5,\ 7)$
07 $(-1,\ -6)$	**08** $(-5,\ -1)$	**09** $(-1,\ 4)$
10 $(2,\ -3)$	**11** $(-2,\ -11)$	**12** $(12,\ -8)$
13 $(3,\ 2)$	**14** $(9,\ -2)$	**15** $(7,\ 2)$
16 $(3,\ -1)$	**17** $(2,\ 8)$	**18** $a=-5,\ b=5$
19 $a=8,\ b=-6$	**20** $a=-5,\ b=-2$	**21** $x+2y-4=0$
22 $x+2y-14=0$	**23** $x+2y+1=0$	**24** $x+2y-1=0$
25 $(x-3)^2+(y+4)^2=4$	**26** $x^2+(y-2)^2=4$	
27 $(x+3)^2+(y+5)^2=4$	**28** $(x-5)^2+(y-3)^2=4$	
29 $y=2x^2+12x+20$	**30** $y=2x^2-8x+12$	
31 $y=2x^2-20x+51$	**32** $y=2x^2+16x+40$	
33 $2x+3y-12=0$	**34** $y=-4x-3$	
35 $(x+4)^2+(y-3)^2=9$	**36** $x^2+y^2+6x-16y+48=0$	
37 $y=x^2+8x+16$	**38** $2x-5y+19=0$	
39 $y=-2x+7$	**40** $(x-1)^2+(y-2)^2=16$	
41 $y=-4x^2-7x+1$		

01 $(1+\boxed{1},\ 3-\boxed{2})$ $\quad\therefore (\boxed{2},\ \boxed{1})$

02 $(1+2,\ 3+1)$ $\quad\therefore (3,\ 4)$

03 $(1-3,\ 3+4)$ $\quad\therefore (-2,\ 7)$

04 $(1-4,\ 3-7)$ $\quad\therefore (-3,\ -4)$

05 $(2,\ -5) \longrightarrow (2-\boxed{2},\ -5+\boxed{1})$ $\quad\therefore (\boxed{0},\ \boxed{-4})$
x축의 방향으로 -2만큼, y축의 방향으로 1만큼 평행이동

06 $(-3,\ 6) \longrightarrow (-3-2,\ 6+1)$ $\quad\therefore (-5,\ 7)$

07 $(1,\ -7) \longrightarrow (1-2,\ -7+1)$ $\quad\therefore (-1,\ -6)$

08 $(-3,\ -2) \longrightarrow (-3-2,\ -2+1)$ $\quad\therefore (-5,\ -1)$

09 $(1,\ 3) \longrightarrow (1-2,\ 3+1)$ $\quad\therefore (-1,\ 4)$

10 $(-1,\ 2) \longrightarrow (-1+3,\ 2-5)$ $\quad\therefore (2,\ -3)$
x축의 방향으로 3만큼, y축의 방향으로 -5만큼 평행이동

11 $(-5,\ -6) \longrightarrow (-5+3,\ -6-5)$ $\quad\therefore (-2,\ -11)$

12 $(9,\ -3) \longrightarrow (9+3,\ -3-5)$ $\quad\therefore (12,\ -8)$

13 $(0,\ 7) \longrightarrow (0+3,\ 7-5)$ $\quad\therefore (3,\ 2)$

14 평행이동하기 전 점의 좌표를 $(a,\ b)$라 하면
$a-\boxed{4}=5,\ b-\boxed{1}=-3$이므로 $a=\boxed{9},\ b=\boxed{-2}$
따라서 구하는 점의 좌표는 $(\boxed{9},\ \boxed{-2})$이다.

15 평행이동하기 전 점의 좌표를 $(a,\ b)$라 하면
$a-4=3,\ b-1=1$이므로 $a=7,\ b=2$
따라서 구하는 점의 좌표는 $(7,\ 2)$이다.

16 평행이동하기 전 점의 좌표를 $(a,\ b)$라 하면
$a-4=-1,\ b-1=-2$이므로 $a=3,\ b=-1$
따라서 구하는 점의 좌표는 $(3,\ -1)$이다.

17 평행이동하기 전 점의 좌표를 $(a,\ b)$라 하면
$a-4=-2,\ b-1=7$이므로 $a=2,\ b=8$
따라서 구하는 점의 좌표는 $(2,\ 8)$이다.

18 $(1,\ 2) \longrightarrow (\boxed{1}+a,\ \boxed{2}+b)$
따라서 $\boxed{1}+a=-4,\ \boxed{2}+b=7$이므로
$a=\boxed{-5},\ b=\boxed{5}$

19 $(-5,\ 0) \longrightarrow (-5+a,\ 0+b)$
따라서 $-5+a=3,\ 0+b=-6$이므로
$a=8,\ b=-6$

20 $(3,\ -1) \longrightarrow (3+a,\ -1+b)$
따라서 $3+a=-2,\ -1+b=-3$이므로
$a=-5,\ b=-2$

21 x 대신 $\boxed{x+3}$, y 대신 $\boxed{y-1}$을 대입하면
$\boxed{x+3}+2(\boxed{y-1})-5=0$
$\therefore x+2y-\boxed{4}=0$

22 x 대신 $x-5$, y 대신 $y-2$를 대입하면
$x-5+2(y-2)-5=0$
$\therefore x+2y-14=0$

23 x 대신 $x+4$, y 대신 $y+1$을 대입하면
$x+4+2(y+1)-5=0$
$\therefore x+2y+1=0$

24 x 대신 $x-2$, y 대신 $y+3$을 대입하면
$x-2+2(y+3)-5=0$
$\therefore x+2y-1=0$

25 x 대신 $\boxed{x-2}$, y 대신 $\boxed{y+2}$를 대입하면

$(\boxed{x-2}-1)^2+(\boxed{y+2}+2)^2=4$

$\therefore\ (x-\boxed{3})^2+(y+\boxed{4})^2=4$

26 x 대신 $x+1$, y 대신 $y-4$를 대입하면

$(x+1-1)^2+(y-4+2)^2=4$

$\therefore\ x^2+(y-2)^2=4$

27 x 대신 $x+4$, y 대신 $y+3$을 대입하면

$(x+4-1)^2+(y+3+2)^2=4$

$\therefore\ (x+3)^2+(y+5)^2=4$

28 x 대신 $x-4$, y 대신 $y-5$를 대입하면

$(x-4-1)^2+(y-5+2)^2=4$

$\therefore\ (x-5)^2+(y-3)^2=4$

29 x 대신 $\boxed{x+3}$, y 대신 $\boxed{y+1}$을 대입하면

$\boxed{y+1}=2(\boxed{x+3})^2+3$

$\therefore\ y=2x^2+\boxed{12}x+\boxed{20}$

30 x 대신 $x-2$, y 대신 $y-1$을 대입하면

$y-1=2(x-2)^2+3$

$\therefore\ y=2x^2-8x+12$

31 x 대신 $x-5$, y 대신 $y+2$를 대입하면

$y+2=2(x-5)^2+3$

$\therefore\ y=2x^2-20x+51$

32 x 대신 $x+4$, y 대신 $y-5$를 대입하면

$y-5=2(x+4)^2+3$

$\therefore\ y=2x^2+16x+40$

33 주어진 평행이동은 x축의 방향으로 $\boxed{-2}$만큼, y축의 방향으로 $\boxed{4}$만큼 평행이동하는 것이므로 x 대신 $\boxed{x+2}$, y 대신 $\boxed{y-4}$를 대입하면

$2(\boxed{x+2})+3(\boxed{y-4})-4=0$

$\therefore\ 2x+3y-\boxed{12}=0$

34 x 대신 $x+2$, y 대신 $y-4$를 대입하면

$y-4=-4(x+2)+1$

$\therefore\ y=-4x-3$

35 x 대신 $x+2$, y 대신 $y-4$를 대입하면

$(x+2+2)^2+(y-4+1)^2=9$

$\therefore\ (x+4)^2+(y-3)^2=9$

36 x 대신 $x+2$, y 대신 $y-4$를 대입하면

$(x+2)^2+(y-4)^2+2(x+2)-8(y-4)-8=0$

$\therefore\ x^2+y^2+6x-16y+48=0$

37 x 대신 $x+2$, y 대신 $y-4$를 대입하면

$y-4=(x+2)^2+4(x+2)$

$\therefore\ y=x^2+8x+16$

38 x 대신 $\boxed{x+1}$, y 대신 $y-3$을 대입하면

$2(\boxed{x+1})-5(y-3)+2=0$

$\therefore\ 2x-5y+\boxed{19}=0$

39 x 대신 $x+1$, y 대신 $y-3$을 대입하면

$y-3=-2(x+1)+6$

$\therefore\ y=-2x+7$

40 x 대신 $x+1$, y 대신 $y-3$을 대입하면

$(x+1-2)^2+(y-3+1)^2=16$

$\therefore\ (x-1)^2+(y-2)^2=16$

41 x 대신 $x+1$, y 대신 $y-3$을 대입하면

$y-3=-4(x+1)^2+(x+1)+1$

$\therefore\ y=-4x^2-7x+1$

09 도형의 대칭이동

본문 042~046쪽

01 $(1, -5)$ **02** $(-2, -3)$ **03** $(0, 7)$
04 $(-2, 6)$ **05** $(-2, -9)$ **06** $(-8, 0)$
07 $(3, 7)$ **08** $(1, -6)$ **09** $(4, -3)$
10 $(-2, 3)$ **11** $(5, -2)$ **12** $(-3, 4)$
13 $(3, 1)$ **14** $(-5, -6)$ **15** $(5, -3)$
16 $(-2, -7)$ **17** $(-2, -2)$ **18** $(0, 2)$
19 $(4, -1)$ **20** $(-6, 3)$ **21** $(-5, 4)$
22 $(9, -2)$ **23** $y=-4x+2$ **24** $x+3y+2=0$
25 $(x-1)^2+(y+2)^2=4$ **26** $y=3x^2-2$
27 $x-2y-7=0$ **28** $y=5x+1$
29 $(x+2)^2+(y+4)^2=5$ **30** $y=2x^2+1$
31 $2x+5y-6=0$ **32** $(x+1)^2+(y-2)^2=4$
33 $y=3x+4$ **34** $2x-5y-1=0$
35 $(x-3)^2+(y+4)^2=9$ **36** $y=2x^2+2x-5$
37 $x+3y+9=0$ **38** $(x+5)^2+(y-1)^2=2$
39 $x+4y+3=0$ **40** $y=-x+1$
41 $(x-2)^2+(y-1)^2=5$ **42** $x^2+y^2+6x-4y-3=0$
43 $4x-y+5=0$ **44** $(x+4)^2+(y+1)^2=10$
45 $y=-3x-11$ **46** $(x+6)^2+(y+5)^2=9$
47 $y=-2x^2-4x-8$ **48** $y=-3x-5$
49 $(x+6)^2+(y-1)^2=9$ **50** $y=-2x^2-4x-2$
51 $x+2y+2=0$ **52** $(x+12)^2+(y-4)^2=3$
53 $y=x^2+12x+38$ **54** $3x-4y-9=0$
55 $(x-2)^2+(y-1)^2=1$

09 점 $(-4, 3)$을 x축에 대하여 대칭이동한 점의 좌표는
$(-4, -3)$
이 점을 다시 y축에 대하여 대칭이동한 점의 좌표는
$(4, -3)$

10 점 $(2, -3)$을 x축에 대하여 대칭이동한 점의 좌표는
$(2, 3)$
이 점을 다시 y축에 대하여 대칭이동한 점의 좌표는
$(-2, 3)$

15 점 $(5, 3)$을 y축에 대하여 대칭이동한 점의 좌표는
$(-5, 3)$
이 점을 다시 원점에 대하여 대칭이동한 점의 좌표는
$(5, -3)$

16 점 $(-2, 7)$을 y축에 대하여 대칭이동한 점의 좌표는
$(2, 7)$
이 점을 다시 원점에 대하여 대칭이동한 점의 좌표는
$(-2, -7)$

21 점 $(-4, 5)$를 원점에 대하여 대칭이동한 점의 좌표는
$(4, -5)$
이 점을 다시 직선 $y=x$에 대하여 대칭이동한 점의 좌표는
$(-5, 4)$

22 점 $(2, -9)$를 원점에 대하여 대칭이동한 점의 좌표는
$(-2, 9)$
이 점을 다시 직선 $y=x$에 대하여 대칭이동한 점의 좌표는
$(9, -2)$

23 y 대신 $\boxed{-y}$를 대입하면
$\boxed{-y}=4x-2$
$\therefore y=-4x+\boxed{2}$

24 y 대신 $-y$를 대입하면
$x-3(-y)+2=0$
$\therefore x+3y+2=0$

25 y 대신 $-y$를 대입하면
$(x-1)^2+(-y-2)^2=4$
$\therefore (x-1)^2+(y+2)^2=4$

26 y 대신 $-y$를 대입하면
$-y=-3x^2+2$
$\therefore y=3x^2-2$

27 x 대신 $\boxed{-x}$를 대입하면
$\boxed{-x}+2y+7=0$
$\therefore \boxed{x}-2y-\boxed{7}=0$

28 x 대신 $-x$를 대입하면
$y=-5(-x)+1$
$\therefore y=5x+1$

29 x 대신 $-x$를 대입하면
$(-x-2)^2+(y+4)^2=5$
$\therefore (x+2)^2+(y+4)^2=5$

30 x 대신 $-x$를 대입하면
$y=2(-x)^2+1$
$\therefore y=2x^2+1$

31 직선 $2x+5y+6=0$을 x축에 대하여 대칭이동한 직선의 방정식은

y 대신 $-y$ 대입

$2x+5(-y)+6=0$ $\therefore 2x-5y+6=0$

이 직선을 다시 y축에 대하여 대칭이동한 직선의 방정식은

$2(-x)-5y+6=0$ ← x 대신 $-x$ 대입

$\therefore\ 2x+5y-6=0$

32 원 $(x-1)^2+(y+2)^2=4$를 x축에 대하여 대칭이동한 원의 방정식은

$(x-1)^2+(-y+2)^2=4 \qquad \therefore\ (x-1)^2+(y-2)^2=4$

이 원을 다시 y축에 대하여 대칭이동한 원의 방정식은

$(-x-1)^2+(y-2)^2=4$

$\therefore\ (x+1)^2+(y-2)^2=4$

33 x 대신 $\boxed{-x}$, y 대신 $\boxed{-y}$를 대입하면

$\boxed{-y}=3(\boxed{-x})-4$

$\therefore\ y=3x+\boxed{4}$

34 x 대신 $-x$, y 대신 $-y$를 대입하면

$2(-x)-5(-y)+1=0$

$\therefore\ 2x-5y-1=0$

35 x 대신 $-x$, y 대신 $-y$를 대입하면

$(-x+3)^2+(-y-4)^2=9$

$\therefore\ (x-3)^2+(y+4)^2=9$

36 x 대신 $-x$, y 대신 $-y$를 대입하면

$-y=-2(-x)^2+2(-x)+5$

$\therefore\ y=2x^2+2x-5$

x 대신 $-x$ 대입

37 직선 $x-3y+9=0$을 y축에 대하여 대칭이동한 직선의 방정식은

$(-x)-3y+9=0 \qquad \therefore\ x+3y-9=0$

이 직선을 다시 원점에 대하여 대칭이동한 직선의 방정식은

$(-x)+3(-y)-9=0$ ← x 대신 $-x$, y 대신 $-y$ 대입

$\therefore\ x+3y+9=0$

38 원 $(x+5)^2+(y+1)^2=2$를 y축에 대하여 대칭이동한 원의 방정식은

$(-x+5)^2+(y+1)^2=2 \qquad \therefore\ (x-5)^2+(y+1)^2=2$

이 원을 다시 원점에 대하여 대칭이동한 원의 방정식은

$(-x-5)^2+(-y+1)^2=2$

$\therefore\ (x+5)^2+(y-1)^2=2$

39 x 대신 $\boxed{y}$, y 대신 $\boxed{x}$를 대입하면

$4\boxed{y}+\boxed{x}+3=0$

$\therefore\ \boxed{x}+4\boxed{y}+3=0$

40 x 대신 y, y 대신 x를 대입하면

$x=-y+1$

$\therefore\ y=-x+1$

41 x 대신 y, y 대신 x를 대입하면

$(y-1)^2+(x-2)^2=5$

$\therefore\ (x-2)^2+(y-1)^2=5$

42 x 대신 y, y 대신 x를 대입하면

$y^2+x^2-4y+6x-3=0$

$\therefore\ x^2+y^2+6x-4y-3=0$

x 대신 $-x$ 대입, y 대신 $-y$ 대입

43 직선 $x-4y+5=0$을 원점에 대하여 대칭이동한 직선의 방정식은

$-x-4(-y)+5=0 \qquad \therefore\ x-4y-5=0$

이 직선을 다시 직선 $y=x$에 대하여 대칭이동한 직선의 방정식은

$y-4x-5=0$ ← x 대신 y, y 대신 x 대입

$\therefore\ 4x-y+5=0$

44 원 $(x-1)^2+(y-4)^2=10$을 원점에 대하여 대칭이동한 원의 방정식은

$(-x-1)^2+(-y-4)^2=10 \qquad \therefore\ (x+1)^2+(y+4)^2=10$

이 원을 다시 직선 $y=x$에 대하여 대칭이동한 원의 방정식은

$(y+1)^2+(x+4)^2=10$

$\therefore\ (x+4)^2+(y+1)^2=10$

45 직선 $y=3x+5$를 x축의 방향으로 $\boxed{-1}$만큼, y축의 방향으로 $\boxed{3}$만큼 평행이동한 직선의 방정식은

$\boxed{y-3}=3(\boxed{x+1})+5 \qquad \therefore\ y=3x+\boxed{11}$

이 직선을 다시 x축에 대하여 대칭이동한 직선의 방정식은

$\boxed{-y}=3x+\boxed{11}$

$\therefore\ y=-3x-\boxed{11}$

46 원 $(x+5)^2+(y-2)^2=9$를 x축의 방향으로 -1만큼, y축의 방향으로 3만큼 평행이동한 원의 방정식은

$(x+1+5)^2+(y-3-2)^2=9 \qquad \therefore\ (x+6)^2+(y-5)^2=9$

이 원을 다시 x축에 대하여 대칭이동한 원의 방정식은

$(x+6)^2+(-y-5)^2=9$

$\therefore\ (x+6)^2+(y+5)^2=9$

47 포물선 $y=2x^2+3$을 x축의 방향으로 -1만큼, y축의 방향으로 3만큼 평행이동한 포물선의 방정식은

$y-3=2(x+1)^2+3 \qquad \therefore\ y=2x^2+4x+8$

이 포물선을 다시 x축에 대하여 대칭이동한 포물선의 방정식은

$-y=2x^2+4x+8$

$\therefore\ y=-2x^2-4x-8$

48 직선 $y=3x+5$를 x축에 대하여 대칭이동한 직선의 방정식은
$-y=3x+5$ $\quad\therefore y=-3x-5$
이 직선을 다시 x축의 방향으로 -1만큼, y축의 방향으로 3만큼 평행이동한 직선의 방정식은
$y-3=-3(x+1)-5$
$\therefore y=-3x-5$

49 원 $(x+5)^2+(y-2)^2=9$를 x축에 대하여 대칭이동한 원의 방정식은
$(x+5)^2+(-y-2)^2=9$ $\quad\therefore (x+5)^2+(y+2)^2=9$
이 원을 다시 x축의 방향으로 -1만큼, y축의 방향으로 3만큼 평행이동한 원의 방정식은
$(x+1+5)^2+(y-3+2)^2=9$
$\therefore (x+6)^2+(y-1)^2=9$

50 포물선 $y=2x^2+3$을 x축에 대하여 대칭이동한 포물선의 방정식은
$-y=2x^2+3$ $\quad\therefore y=-2x^2-3$
이 포물선을 다시 x축의 방향으로 -1만큼, y축의 방향으로 3만큼 평행이동한 포물선의 방정식은
$y-3=-2(x+1)^2-3$
$\therefore y=-2x^2-4x-2$

플러스톡

45~47번과 48~50번은 각각 같은 도형의 방정식을 대칭이동과 평행이동의 순서만 바꾸어 이동시킨 것이다.
결과에서 확인할 수 있듯이 같은 도형에 대하여 같은 대칭이동과 평행이동을 하더라도 적용하는 순서가 달라지면 서로 다른 위치로 이동된다.

51 직선 $x+2y-3=0$을 x축의 방향으로 5만큼, y축의 방향으로 -3만큼 평행이동한 직선의 방정식은
$(x-5)+2(y+3)-3=0$ $\quad\therefore x+2y-2=0$
이 직선을 다시 원점에 대하여 대칭이동한 직선의 방정식은
$-x+2(-y)-2=0$
$\therefore x+2y+2=0$

52 원 $(x-7)^2+(y+1)^2=3$을 x축의 방향으로 5만큼, y축의 방향으로 -3만큼 평행이동한 원의 방정식은
$(x-5-7)^2+(y+3+1)^2=3$ $\quad\therefore (x-12)^2+(y+4)^2=3$
이 원을 다시 원점에 대하여 대칭이동한 원의 방정식은
$(-x-12)^2+(-y+4)^2=3$
$\therefore (x+12)^2+(y-4)^2=3$

53 포물선 $y=-x^2+2x$를 x축의 방향으로 5만큼, y축의 방향으로 -3만큼 평행이동한 포물선의 방정식은
$y+3=-(x-5)^2+2(x-5)$ $\quad\therefore y=-x^2+12x-38$
이 포물선을 다시 원점에 대하여 대칭이동한 포물선의 방정식은
$-y=-(-x)^2+12(-x)-38$
$\therefore y=x^2+12x+38$

54 직선 $4x-3y+5=0$을 x축의 방향으로 2만큼, y축의 방향으로 4만큼 평행이동한 직선의 방정식은
$4(x-2)-3(y-4)+5=0$ $\quad\therefore 4x-3y+9=0$
이 직선을 다시 직선 $y=x$에 대하여 대칭이동한 직선의 방정식은
$4y-3x+9=0$
$\therefore 3x-4y-9=0$

55 원 $(x+1)^2+(y+2)^2=1$을 x축의 방향으로 2만큼, y축의 방향으로 4만큼 평행이동한 원의 방정식은
$(x-2+1)^2+(y-4+2)^2=1$ $\quad\therefore (x-1)^2+(y-2)^2=1$
이 원을 다시 직선 $y=x$에 대하여 대칭이동한 원의 방정식은
$(y-1)^2+(x-2)^2=1$
$\therefore (x-2)^2+(y-1)^2=1$

집합과 명제

10 집합의 뜻과 표현

본문 048~051쪽

01 × **02** ○ **03** × **04** ○ **05** × **06** ○
07 ○ **08** (1) 2, 4, 6, 8, 10 (2) $\in$, $\notin$, $\in$, $\in$
09 (1) 2, 3, 5, 7 (2) $\notin$, $\in$, $\in$, $\notin$
10 (1) 3, 6, 9, 12, ⋯, 99 (2) $\in$, $\in$, $\in$, $\notin$
11 (1) 1, 2, 3, 4, ⋯ (2) $\notin$, $\notin$, $\in$, $\in$
12 $A=\{1, 2, 4, 5, 10, 20\}$ **13** $A=\{1, 3, 5, \cdots, 49\}$
14 $A=\{5, 10, 15, \cdots\}$ **15** $A=\{-3, 1\}$
16 $A=\{1, 2, 4\}$ **17** $A=\{4, 8, 12, 16, 20\}$
18 $A=\{x|x$는 15의 약수$\}$
19 $A=\{x|x$는 13 이하의 소수$\}$
20 $A=\{x|x$는 20 이하의 짝수$\}$
21 $A=\{x|x$는 5 이상의 홀수$\}$
22 $A=\{x|x$는 8의 약수$\}$
23 $A=\{x|x$는 1보다 크고 7보다 작은 자연수$\}$
24 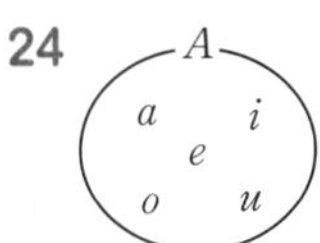

25 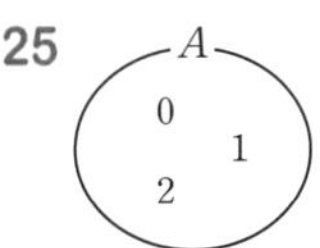

26 $C=\{3, 5, 7\}$ **27** $C=\{3, 4, 5, 6\}$
28 $C=\{-2, -1, 1, 2\}$ **29** $C=\{1, 2, 3, 5, 6, 10\}$
30 $B=\{2, 3, 4, 5, 6\}$ **31** $B=\{-1, 0, 1\}$
32 유 **33** 유 **34** 무 **35** 유 **36** 무 **37** 유
38 무 **39** 유 **40** 4 **41** 20 **42** 90 **43** 5
44 0

01, 03, 05 '맛있는', '큰', '가까운'은 조건이 명확하지 않아 그 대상을 분명하게 정할 수 없으므로 집합이 아니다.

02, 04, 06 '꽹과리, 징, 장구, 북', '1, 2, 3, 4, 6, 12', '1, 3, 5, ⋯'로 그 대상을 분명하게 정할 수 있으므로 집합이다.

07 0보다 크고 1보다 작은 정수는 없다.
즉, 그 대상을 분명하게 정할 수 있으므로 집합이다.
→ 원소가 하나도 없는 집합, 즉 공집합이다.

15 $x^2+2x-3=0$에서 $(x+3)(x-1)=0$
$\therefore x=-3$ 또는 $x=1$ $\therefore A=\{-3, 1\}$

26

x \ y	2	4
1	3	5
3	5	7

$\therefore C=\{3, 5, 7\}$

27

x \ y	3	4
0	3	4
1	4	5
2	5	6

$\therefore C=\{3, 4, 5, 6\}$

28

x \ y	1	2
-1	-1	-2
1	1	2

$\therefore C=\{-2, -1, 1, 2\}$

29

x \ y	1	3	5
1	1	3	5
2	2	6	10

$\therefore C=\{1, 2, 3, 5, 6, 10\}$

30

x \ y	1	2	3
1	2	3	4
2	3	4	5
3	4	5	6

$\therefore B=\{2, 3, 4, 5, 6\}$

31

x \ y	-1	0	1
-1	1	0	-1
0	0	0	0
1	-1	0	1

$\therefore B=\{-1, 0, 1\}$

37 $\{7, 14, 21, \cdots, 49\}$이므로 유한집합이다.

38 $\{5, 10, 15, \cdots\}$이므로 무한집합이다.

39 0보다 크고 1보다 작은 자연수는 없으므로 공집합이다.
즉, 주어진 집합은 유한집합이다.

42 $A=\{10, 11, 12, \cdots, 99\}$이므로
$n(A)=90$

43 $|x|\le 2$에서 $-2\le x\le 2$
즉, $A=\{-2, -1, 0, 1, 2\}$이므로
$n(A)=5$

44 $A=\varnothing$이므로 $n(A)=0$

플러스톡
$A=\varnothing$이면 $n(A)=0$이고, $n(A)=0$이면 $A=\varnothing$이다.

11 집합 사이의 포함 관계

본문 052~056쪽

01 $\in$	02 $\in$	03 $\subset$	04 $\subset$	05 $\subset$	06 $\subset$
07 $\in$	08 $\subset$	09 $\in$	10 $\subset$	11 $\subset$	12 $\subset$
13 ○	14 ×	15 ○	16 ○	17 ×	18 ○

19 $A \subset B$　20 $B \subset A$　21 $A \subset B$
22 $A \subset B$　23 $A \subset B \subset C$　24 $B \subset C \subset A$
25 $\varnothing$, $\{1\}$, $\{2\}$, $\{1, 2\}$
26 $\varnothing$, $\{1\}$, $\{3\}$, $\{5\}$, $\{1, 3\}$, $\{1, 5\}$, $\{3, 5\}$, $\{1, 3, 5\}$
27 $\varnothing$, $\{a\}$, $\{b\}$, $\{c\}$, $\{a, b\}$, $\{a, c\}$, $\{b, c\}$, $\{a, b, c\}$
28 $\varnothing$, $\{-3\}$, $\{2\}$, $\{-3, 2\}$
29 $\varnothing$, $\{1\}$, $\{2\}$, $\{5\}$, $\{10\}$, $\{1, 2\}$, $\{1, 5\}$, $\{1, 10\}$, $\{2, 5\}$, $\{2, 10\}$, $\{5, 10\}$, $\{1, 2, 5\}$, $\{1, 2, 10\}$, $\{1, 5, 10\}$, $\{2, 5, 10\}$, $\{1, 2, 5, 10\}$
30 $\neq$　31 $=$　32 $\neq$　33 $=$　34 $=$
35 $\varnothing$, $\{2\}$, $\{4\}$
36 $\varnothing$, $\{x\}$, $\{y\}$, $\{z\}$, $\{x, y\}$, $\{x, z\}$, $\{y, z\}$
37 $\varnothing$, $\{1\}$, $\{2\}$, $\{4\}$, $\{1, 2\}$, $\{1, 4\}$, $\{2, 4\}$

38 8	39 16	40 32	41 8	42 8	43 7
44 15	45 15	46 31	47 7	48 7	49 8
50 8	51 4	52 4	53 8	54 4	55 8
56 4	57 2	58 16	59 8	60 4	

07 $1 \boxed{\in} \{1, 2, 3\}$

08 $\{2, 5\} \boxed{\subset} \{2, 3, 5, 7\}$

09 $\{x | x$는 10 이하의 홀수$\} = \{1, 3, 5, 7, 9\}$이므로
$7 \boxed{\in} \{x | x$는 10 이하의 홀수$\}$

10 $\{x | x$는 12의 약수$\} = \{1, 2, 3, 4, 6, 12\}$이므로
$\{1, 2, 3, 6\} \boxed{\subset} \{x | x$는 12의 약수$\}$

11 $\{x | x$는 $2 \leq x \leq 6$인 자연수$\} = \{2, 3, 4, 5, 6\}$이므로
$\{2, 3, 4, 5, 6\} \boxed{\subset} \{x | x$는 $2 \leq x \leq 6$인 자연수$\}$

12 $\varnothing$은 모든 집합의 부분집합이므로
$\varnothing \boxed{\subset} \{x | x$는 10보다 작은 소수$\}$

14 1은 집합 A의 원소이므로
$1 \in A$, $\{1\} \subset A$

15 $\{0, 1\}$은 집합 A의 원소이므로
$\{0, 1\} \in A$

16 0, 1은 집합 A의 원소이므로 집합 $\{0, 1\}$은 집합 A의 부분집합이다.
$\therefore \{0, 1\} \subset A$

17 0은 집합 A의 원소이므로
$0 \in A$, $\{0\} \subset A$

18 $\{0, 1\}$은 집합 A의 원소이므로
$\{0, 1\} \in A$, $\{\{0, 1\}\} \subset A$

19 $A = \{1, 3\}$, $B = \{1, 2, 3, 6\}$이므로
$A \subset B$

20 $A = \{5, 10, 15, 20, \cdots\}$, $B = \{10, 20, 30, \cdots\}$이므로
$B \subset A$

21 모든 정사각형은 마름모이므로
$A \subset B$

22 $A = \varnothing$, $B = \{-2, -1, 0, 1, 2\}$이므로
$A \subset B$

23 모든 정수는 유리수이므로
$A \subset B$ …… ㉠
모든 유리수는 실수이므로
$B \subset C$ …… ㉡
㉠, ㉡에서 $A \subset B \subset C$

24 $A = \{-1, 0, 1\}$, $B = \{0\}$, $C = \{0, 1\}$이므로
$B \subset C \subset A$

25 집합 $\{1, 2\}$의 부분집합은
원소가 0개인 경우: $\underline{\varnothing}$
원소가 1개인 경우: $\underline{\{1\}, \{2\}}$
원소가 2개인 경우: $\underline{\{1, 2\}}$

28 $x^2 + x - 6 = 0$에서 $(x+3)(x-2) = 0$
$\therefore x = -3$ 또는 $x = 2$
따라서 주어진 집합을 원소나열법으로 나타내면 $\{-3, 2\}$이므로 집합 $\{-3, 2\}$의 부분집합은
$\varnothing$, $\{-3\}$, $\{2\}$, $\{-3, 2\}$

29 10의 약수는 1, 2, 5, 10이므로 집합 $\{1, 2, 5, 10\}$의 부분집합은
$\varnothing$, $\{1\}$, $\{2\}$, $\{5\}$, $\{10\}$, $\{1, 2\}$, $\{1, 5\}$, $\{1, 10\}$, $\{2, 5\}$, $\{2, 10\}$, $\{5, 10\}$, $\{1, 2, 5\}$, $\{1, 2, 10\}$, $\{1, 5, 10\}$, $\{2, 5, 10\}$, $\{1, 2, 5, 10\}$

31 $\{1, 2\}\boxed{=}\{2, 1\}$

플러스톡
원소나열법에서 원소를 나열하는 순서는 관계없다.

33 $\{x|x$는 5보다 작은 자연수$\}=\{1, 2, 3, 4\}$이므로
$\{1, 2, 3, 4\}\boxed{=}\{x|x$는 5보다 작은 자연수$\}$

34 $\{x|x(x-1)(x-2)=0\}=\{0, 1, 2\}$이므로
$\{0, 1, 2\}\boxed{=}\{x|x(x-1)(x-2)=0\}$

37 4의 약수는 1, 2, 4이므로 집합 $\{1, 2, 4\}$의 진부분집합은
$\varnothing$, $\{1\}$, $\{2\}$, $\{4\}$, $\{1, 2\}$, $\{1, 4\}$, $\{2, 4\}$

38 집합 A의 원소의 개수가 $\boxed{3}$이므로 집합 A의 부분집합의 개수는
$2^{\boxed{3}}=\boxed{8}$

39 집합 A의 원소의 개수가 4이므로 집합 A의 부분집합의 개수는
$2^4=16$

40 $A=\{-2, -1, 0, 1, 2\}$이므로 집합 A의 원소의 개수는 5이다.
즉, 집합 A의 부분집합의 개수는
$2^5=32$

41 집합 A의 원소는 $\varnothing$, a, b의 3개이므로 집합 A의 부분집합의 개수는
$2^3=8$

42 집합 A의 원소는 1, 2, $\{1, 2\}$의 3개이므로 집합 A의 부분집합의 개수는
$2^3=8$

43 집합 A의 원소의 개수가 $\boxed{3}$이므로 집합 A의 진부분집합의 개수는
$2^3-\boxed{1}=\boxed{7}$

44 집합 A의 원소의 개수가 4이므로 집합 A의 진부분집합의 개수는
$2^4-1=15$

45 $A=\{1, 2, 4, 8\}$이므로 집합 A의 원소의 개수는 4이다.
즉, 집합 A의 진부분집합의 개수는
$2^4-1=15$

46 $x^2-2x-3\leq0$에서 $(x+1)(x-3)\leq0$
$\therefore -1\leq x\leq3$ $\quad\therefore A=\{-1, 0, 1, 2, 3\}$
즉, 집합 A의 원소의 개수가 5이므로 집합 A의 진부분집합의 개수는
$2^5-1=31$

47 집합 A의 원소는 $\varnothing$, 0, 1의 3개이므로 집합 A의 진부분집합의 개수는
$2^3-1=7$

48 집합 A의 원소는 a, b, $\{c\}$의 3개이므로 집합 A의 진부분집합의 개수는
$2^3-1=7$

49 집합 A의 원소의 개수가 $\boxed{4}$이므로 집합 A의 부분집합 중 1을 반드시 원소로 갖는 부분집합의 개수는
$2^{4-\boxed{1}}=2^3=\boxed{8}$

50 $A=\{1, 2, 3, 6, 9, 18\}$이므로 집합 A의 원소의 개수는 6이다.
즉, 집합 A의 부분집합 중 2, 6, 9를 반드시 원소로 갖는 부분집합의 개수는
$2^{6-3}=2^3=8$

51 집합 A의 원소는 0, 1, $\{1\}$의 3개이므로 집합 A의 부분집합 중 0을 반드시 원소로 갖는 부분집합의 개수는
$2^{3-1}=2^2=4$

52 집합 A의 원소의 개수가 $\boxed{4}$이므로 집합 A의 부분집합 중 2, 3을 원소로 갖지 않는 부분집합의 개수는
$2^{4-\boxed{2}}=2^2=\boxed{4}$

53 $A=\{4, 8, 12, 16\}$이므로 집합 A의 원소의 개수는 4이다.
즉, 집합 A의 부분집합 중 4를 원소로 갖지 않는 부분집합의 개수는
$2^{4-1}=2^3=8$

54 집합 A의 원소는 0, $\varnothing$, $\{0\}$, $\{\varnothing\}$의 4개이므로 집합 A의 부분집합 중 0, $\varnothing$을 원소로 갖지 않는 부분집합의 개수는
$2^{4-2}=2^2=4$

55 집합 A의 원소의 개수가 $\boxed{5}$이므로 집합 A의 부분집합 중 1은 반드시 원소로 갖고, 3은 원소로 갖지 않는 부분집합의 개수는
$2^{5-\boxed{1}-\boxed{1}}=2^3=\boxed{8}$

56 집합 A의 원소의 개수가 5이므로 집합 A의 부분집합 중 2, 4는 반드시 원소로 갖고, 5는 원소로 갖지 않는 부분집합의 개수는
$2^{5-2-1}=2^2=4$

57 집합 A의 원소의 개수가 5이므로 집합 A의 부분집합 중 5의 약수인 1, 5는 반드시 원소로 갖고, 짝수인 2, 4는 원소로 갖지 않는 부분집합의 개수는
$2^{5-2-2}=2$

58 집합 A의 원소의 개수가 6이므로 집합 A의 부분집합 중 2는 반드시 원소로 갖고, 5는 원소로 갖지 않는 부분집합의 개수는
$2^{6-1-1}=2^4=16$

59 집합 A의 원소의 개수가 6이므로 집합 A의 부분집합 중 1은 반드시 원소로 갖고, 2, 3은 원소로 갖지 않는 부분집합의 개수는
$2^{6-1-2}=2^3=8$

60 집합 A의 원소의 개수가 6이므로 집합 A의 부분집합 중 1, 3은 반드시 원소로 갖고, 4, 6은 원소로 갖지 않는 부분집합의 개수는
$2^{6-2-2}=2^2=4$

12 집합의 연산

본문 057~061쪽

01~04 해설 참조 **05** $A\cup B=\{x|x$는 3의 배수$\}$
06 $A\cup B=\{1, 2, 3, 4\}$ **07** $A\cup B=\{x|x$는 자연수$\}$
08 $A\cup B=\{x|1\le x\le 8\}$ **09~12** 해설 참조
13 $A\cap B=\{x|x$는 8의 배수$\}$ **14** $A\cap B=\varnothing$
15 $A\cap B=\varnothing$ **16** $A\cap B=\{x|2\le x\le 6\}$
17 ○ **18** ○ **19** × **20** × **21** ○ **22** ×
23 ○ **24** × **25** ○ **26** 4 **27** 8 **28** 4
29 16 **30** $A^C=\{4, 5, 6\}$, $B^C=\{1, 2\}$
31 $A^C=\{3, 5, 6, 7\}$, $B^C=\{1, 3, 6\}$
32 $A^C=\{2, 4, 5\}$ **33** $A^C=\{a, i, o, u\}$
34 $A^C=\{5, 6, 8, 9, 11\}$ **35** $A^C=\{4, 8, 12, 24\}$
36 $A^C=\{2, 4, 6, 8, 10\}$, $B^C=\{1, 3, 5, 7, 9\}$
37 $A^C=\{2, 4, 5, 6, 7, 8, 10\}$, $B^C=\{1, 4, 6, 8, 9, 10\}$
38 $A-B=\{1\}$, $B-A=\{3, 4\}$
39 $A-B=\{1, 3\}$, $B-A=\{5, 6\}$
40 $A-B=\{1\}$, $B-A=\{4\}$
41 $A-B=\{2, 4\}$, $B-A=\varnothing$
42 $A-B=\{2, 11\}$, $B-A=\{1, 9\}$
43 $A-B=\varnothing$, $B-A=\{3, 6, 12\}$
44 $A-B=\{0, 1, 2\}$, $B-A=\{x|x$는 3 이상의 자연수$\}$
45 $A^C=\{1, 5, 6, 7, 8, 9\}$ **46** $B^C=\{1, 2, 4, 5, 7\}$
47 $A-B=\{2, 4\}$ **48** $B-A=\{6, 8, 9\}$
49 $(A\cup B)^C=\{1, 5, 7\}$
50 $(A\cap B)^C=\{1, 2, 4, 5, 6, 7, 8, 9\}$

01 두 집합 A, B를 벤 다이어그램으로 나타내면 오른쪽 그림과 같으므로
$A\cup B=\{1, 2, 3, 4, 8\}$

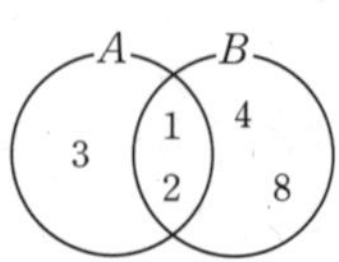

02 두 집합 A, B를 벤 다이어그램으로 나타내면 오른쪽 그림과 같으므로
$A\cup B=\{a, b, c, d, e\}$

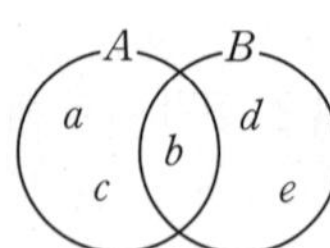

03 $B=\{1, 2, 3, 6\}$이므로 두 집합 A, B를 벤 다이어그램으로 나타내면 오른쪽 그림과 같다.
$\therefore A\cup B=\{1, 2, 3, 4, 6, 8\}$

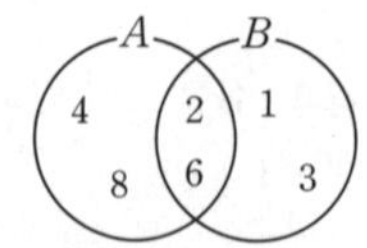

04 $A=\{-1, 0, 1, 2, 3\}$,
$B=\{1, 3, 5, 7, 9\}$이므로 두 집합 A, B를 벤 다이어그램으로 나타내면 오른쪽 그림과 같다.
$\therefore A\cup B=\{-1, 0, 1, 2, 3, 5, 7, 9\}$

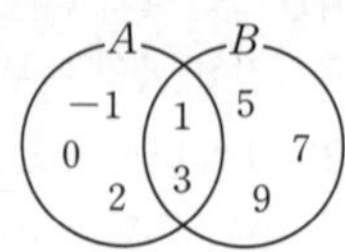

05 $A=\{3, 6, 9, 12, \cdots\}$, $B=\{6, 12, 18, \cdots\}$이므로
$A\cup B=\{3, 6, 9, 12, \cdots\}=\{x|x$는 3의 배수$\}$

06 $A=\varnothing$, $B=\{1, 2, 3, 4\}$이므로
$A\cup B=\{1, 2, 3, 4\}$

07 $A=\{1, 2, 3, \cdots, 9\}$, $B=\{10, 11, 12, \cdots\}$이므로
$A\cup B=\{1, 2, 3, \cdots, 9, 10, 11, 12, \cdots\}$
$=\{x|x$는 자연수$\}$

08 두 집합 A, B를 수직선 위에 나타내면 오른쪽 그림과 같으므로
$A\cup B=\{x|1\leq x\leq 8\}$

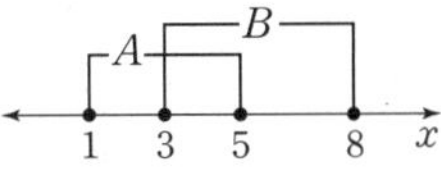

09 두 집합 A, B를 벤 다이어그램으로 나타내면 오른쪽 그림과 같으므로
$A\cap B=\{1, 3\}$

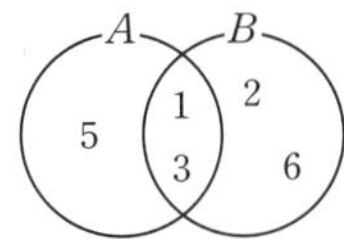

10 두 집합 A, B를 벤 다이어그램으로 나타내면 오른쪽 그림과 같으므로
$A\cap B=\{a, b, d\}$

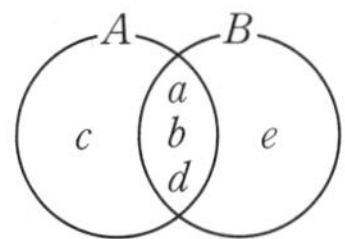

11 $B=\{1, 2, 5, 10\}$이므로 두 집합 A, B를 벤 다이어그램으로 나타내면 오른쪽 그림과 같다.
$\therefore A\cap B=\{1, 2\}$

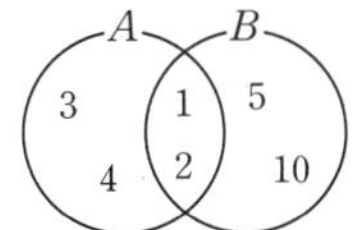

12 $A=\{2, 3, 5, 7\}$, $B=\{2, 4, 6, 8, 10\}$ 이므로 두 집합 A, B를 벤 다이어그램으로 나타내면 오른쪽 그림과 같다.
$\therefore A\cap B=\{2\}$

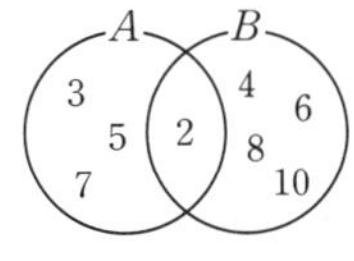

13 $A=\{4, 8, 12, 16, \cdots\}$, $B=\{8, 16, 24, \cdots\}$이므로
$A\cap B=\{8, 16, 24, \cdots\}$
$=\{x|x$는 8의 배수$\}$

16 두 집합 A, B를 수직선 위에 나타내면 오른쪽 그림과 같으므로
$A\cap B=\{x|2\leq x\leq 6\}$

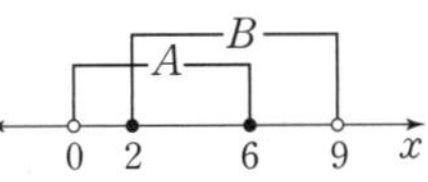

19 $A\cap B=\{14\}$이므로 두 집합 A, B는 서로소가 아니다.

20 $A\cap B=\{4\}$이므로 두 집합 A, B는 서로소가 아니다.

22 $A=\{3, 6, 9, 12, 15, \cdots\}$, $B=\{5, 10, 15, \cdots\}$이므로
$A\cap B=\{15, 30, 45, \cdots\}=\{x|x$는 15의 배수$\}$
따라서 두 집합 A, B는 서로소가 아니다.

23 $A=\{x|-1<x<1\}$, $B=\{-1, 1\}$이므로
$A\cap B=\varnothing$
따라서 두 집합 A, B는 서로소이다.

24 $A=\{2, 4, 6, \cdots\}$, $B=\{2, 3, 5, 7, \cdots\}$이므로
$A\cap B=\{2\}$
따라서 두 집합 A, B는 서로소가 아니다.

26 구하는 부분집합의 개수는 집합 A의 부분집합 중 집합 B의 원소인 [2], [3]을 원소로 갖지 않는 부분집합의 개수와 같으므로
$2^{4-\boxed{2}}=2^2=\boxed{4}$

27 구하는 부분집합의 개수는 집합 A의 부분집합 중 집합 B의 원소인 1, 3, 5를 원소로 갖지 않는 부분집합의 개수와 같으므로
$2^{6-3}=2^3=8$

28 구하는 부분집합의 개수는 집합 $A=\{1, 2, 3, 4, 6, 12\}$의 부분집합 중 집합 B의 원소인 1, 2, 3, 4를 원소로 갖지 않는 부분집합의 개수와 같으므로
$2^{6-4}=2^2=4$

29 구하는 부분집합의 개수는 집합 $A=\{4, 8, 12, 16, 20\}$의 부분집합 중 집합 B의 원소인 4를 원소로 갖지 않는 부분집합의 개수와 같으므로
$2^{5-1}=2^4=16$

34 $U=\{4, 5, 6, 7, 8, 9, 10, 11\}$, $A=\{4, 7, 10\}$이므로
$A^C=\{5, 6, 8, 9, 11\}$

35 $U=\{1, 2, 3, 4, 6, 8, 12, 24\}$, $A=\{1, 2, 3, 6\}$이므로
$A^C=\{4, 8, 12, 24\}$

37 $U=\{1, 2, 3, \cdots, 10\}$, $A=\{1, 3, 9\}$, $B=\{2, 3, 5, 7\}$이므로
$A^C=\{2, 4, 5, 6, 7, 8, 10\}$, $B^C=\{1, 4, 6, 8, 9, 10\}$

41 $A=\{1, 2, 3, 4, 5\}$, $B=\{1, 3, 5\}$이므로
$A-B=\{2, 4\}$, $B-A=\varnothing$

42 $A=\{2, 3, 5, 7, 11\}$, $B=\{1, 3, 5, 7, 9\}$이므로
$A-B=\{2, 11\}$, $B-A=\{1, 9\}$

43 $A=\{1, 2, 4\}$, $B=\{1, 2, 3, 4, 6, 12\}$이므로
$A-B=\varnothing$, $B-A=\{3, 6, 12\}$

44 $A=\{0, 1, 2\}$, $B=\{3, 4, 5, \cdots\}$이므로
$A-B=\{0, 1, 2\}$,
$B-A=\{3, 4, 5, \cdots\}=\{x|x$는 3 이상의 자연수$\}$

13 집합의 연산 법칙

본문 062~065쪽

01~03 해설 참조
04 (1) $\{1, 2, 3, 4, 5, 6\}$ (2) $\{1, 2, 3, 4, 5, 6\}$
(3) $A\cup B=B\cup A$
05 (1) $\{1, 2, 3, 4, 5, 6, 8\}$ (2) $\{1, 2, 3, 4, 5, 6, 8\}$
(3) $(A\cup B)\cup C=A\cup(B\cup C)$
06 (1) $\{1, 2, 4\}$ (2) $\{1, 2, 4\}$
(3) $A\cap(B\cup C)=(A\cap B)\cup(A\cap C)$
07 A **08** A **09** $\varnothing$ **10** A **11** A **12** U
13~15 해설 참조 **16** ○ **17** ○ **18** × **19** $\varnothing$
20 U **21** $\varnothing$ **22** U **23** A **24** 해설 참조
25 $\{1, 3\}$ **26** $\{1, 3\}$ **27** $\{4\}$ **28** $\{4\}$
29 ○ **30** × **31** ○ **32** × **33~34** 해설 참조
35 (1) $\{6, 8, 10\}$ (2) $\{6, 8, 10\}$ (3) $(A\cup B)^C=A^C\cap B^C$
36 (1) $\{2, 4, 5, 6, 7, 8, 9, 10\}$ (2) $\{2, 4, 5, 6, 7, 8, 9, 10\}$
(3) $(A\cap B)^C=A^C\cup B^C$
37 B **38** A^C **39** B^C **40** A **41** (가) ㄹ, (나) ㄴ
42 B **43** A **44** $\varnothing$ **45** $\varnothing$

01

$A\cap B$

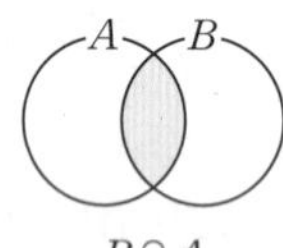

$B\cap A$

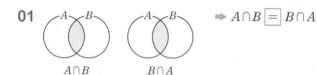

➡ $A\cap B$ $\boxed{=}$ $B\cap A$

02

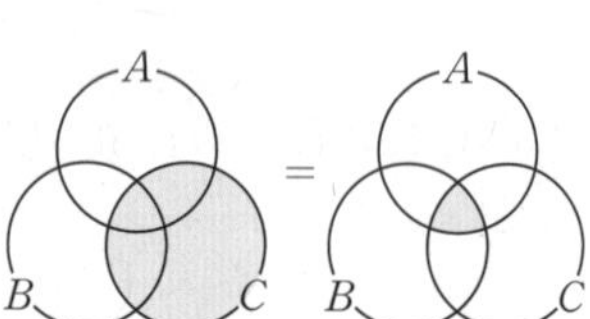

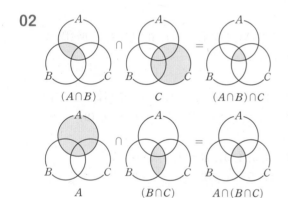

$(A\cap B)$ ∩ C = $(A\cap B)\cap C$

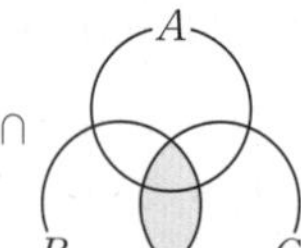

A ∩ $(B\cap C)$ = $A\cap(B\cap C)$

➡ $(A\cap B)\cap C$ $\boxed{=}$ $A\cap(B\cap C)$

03

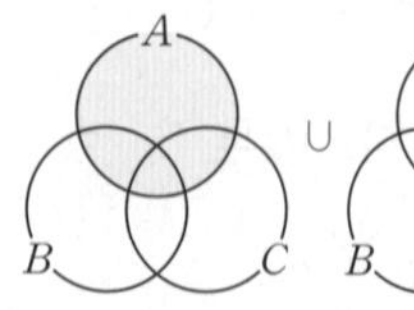

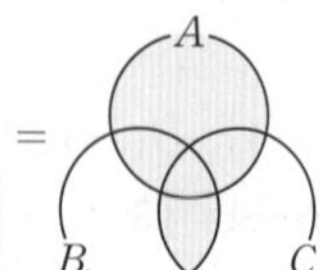

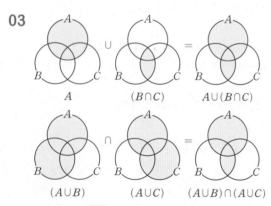

A ∪ $(B\cap C)$ = $A\cup(B\cap C)$

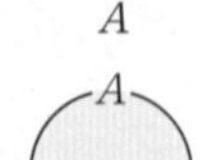

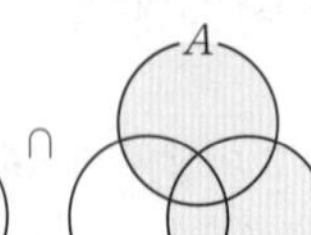

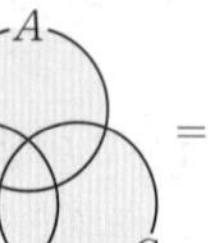

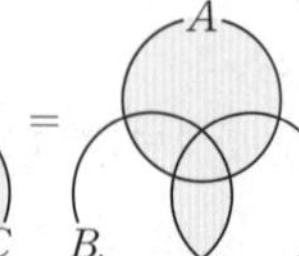

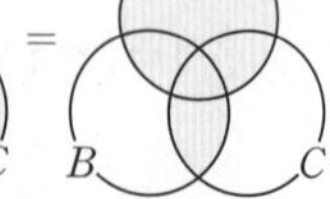

$(A\cup B)$ ∩ $(A\cup C)$ = $(A\cup B)\cap(A\cup C)$

➡ $A\cup(B\cap C)$ $\boxed{=}$ $(A\cup B)\cap(A\cup C)$

05 (1) $(A\cup B)\cup C=\{1, 2, 3, 4, 5, 6\}\cup\{1, 2, 4, 8\}$
$=\{1, 2, 3, 4, 5, 6, 8\}$
(2) $A\cup(B\cup C)=\{1, 2, 3, 4, 5\}\cup\{1, 2, 4, 6, 8\}$
$=\{1, 2, 3, 4, 5, 6, 8\}$
(3) (1), (2)의 결과를 비교하면
$(A\cup B)\cup C$ $\boxed{=}$ $A\cup(B\cup C)$

06 (1) $A\cap(B\cup C)=\{1, 2, 3, 4, 5\}\cap\{1, 2, 4, 6, 8\}$
$=\{1, 2, 4\}$
(2) $(A\cap B)\cup(A\cap C)=\{2, 4\}\cup\{1, 2, 4\}$
$=\{1, 2, 4\}$
(3) (1), (2)의 결과를 비교하면
$A\cap(B\cup C)$ $\boxed{=}$ $(A\cap B)\cup(A\cap C)$

13

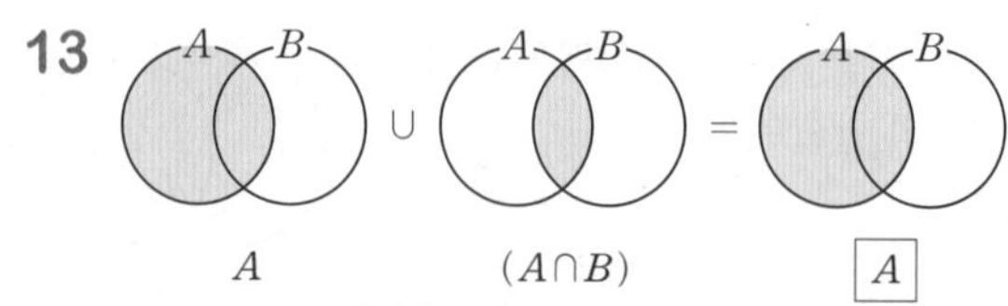

A ∪ $(A\cap B)$ = $\boxed{A}$

➡ $A\cup(A\cap B)=\boxed{A}$

14

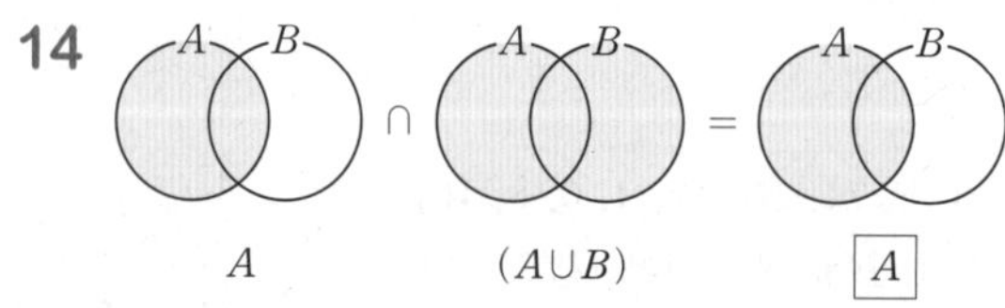

A ∩ $(A\cup B)$ = $\boxed{A}$

➡ $A\cap(A\cup B)=\boxed{A}$

15 $A\subset B$일 때

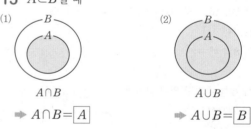

(1)

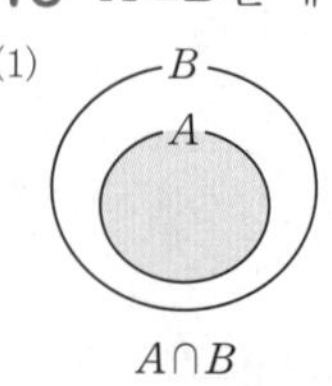

$A\cap B$

➡ $A\cap B=\boxed{A}$

(2)

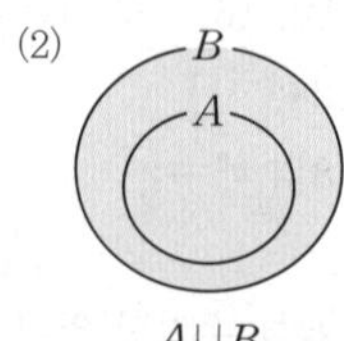

$A\cup B$

➡ $A\cup B=\boxed{B}$

16

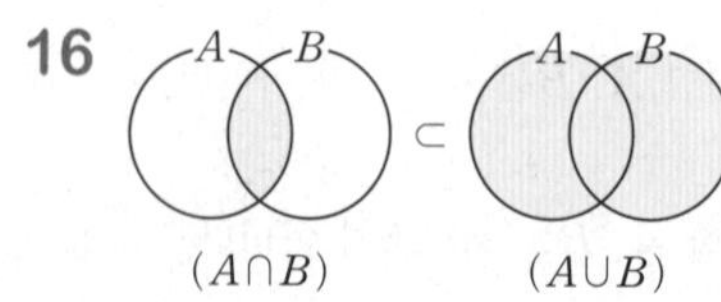

$(A\cap B)$ ⊂ $(A\cup B)$

17 $A\cap B=A$이면 $A\subset B$이므로
$A\cup B=B$

18 오른쪽 그림과 같이 $A\cap B=\varnothing$이라고 해서 항상 $A\cup B=U$인 것은 아니다.

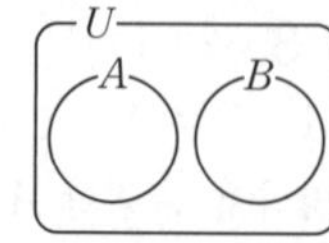

24

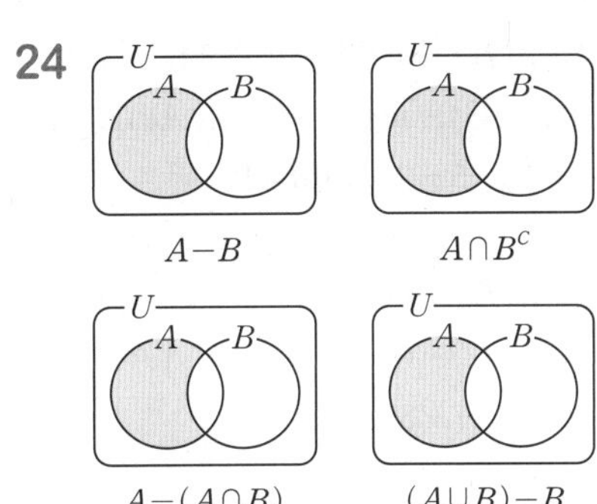

$A-B$　　$A\cap B^C$

$A-(A\cap B)$　　$(A\cup B)-B$

➡ $A-B\boxed{=}A\cap B^C\boxed{=}A-(A\cap B)\boxed{=}(A\cup B)-B$

25 $A-B=\{1, 2, 3, 6\}-\{2, 4, 6\}=\{1, 3\}$

26 $A\cap B^C=\{1, 2, 3, 6\}\cap\{1, 3, 5\}=\{1, 3\}$

27 $B-A=\{2, 4, 6\}-\{1, 2, 3, 6\}=\{4\}$

28 $B\cap A^C=\{2, 4, 6\}\cap\{4, 5\}=\{4\}$

29 $A\cap\varnothing^C=A\cap U=A$

30 $A\cap A^C=\varnothing$이므로 $A-A^C=A$이다.

다른 풀이

$A-A^C=A\cap(A^C)^C=A\cap A=A$

31 교환법칙에 의하여 $B^C\cap A=A\cap B^C$이므로
$A-B=A\cap B^C=B^C\cap A$

32 오른쪽 그림과 같이 $A\cap B=\varnothing$이라고 해서 항상 $A=B^C$인 것은 아니다.

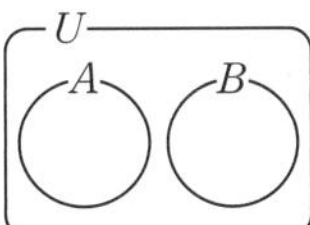

33

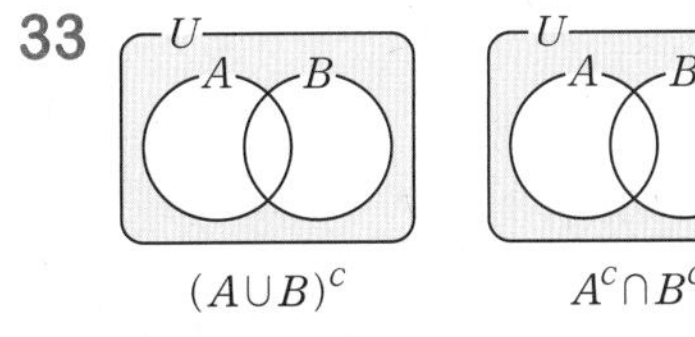

$(A\cup B)^C$　　$A^C\cap B^C$

➡ $(A\cup B)^C\boxed{=}A^C\cap B^C$

34

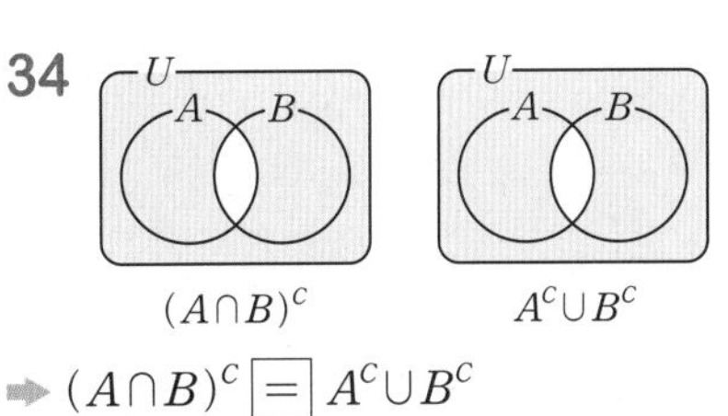

$(A\cap B)^C$　　$A^C\cup B^C$

➡ $(A\cap B)^C\boxed{=}A^C\cup B^C$

35 (1) $A\cup B=\{1, 2, 3, 4, 5, 7, 9\}$이므로
$(A\cup B)^C=\{6, 8, 10\}$

(2) $A^C\cap B^C=\{2, 4, 6, 8, 10\}\cap\{5, 6, 7, 8, 9, 10\}$
$=\{6, 8, 10\}$

(3) (1), (2)의 결과를 비교하면
$(A\cup B)^C\boxed{=}A^C\cap B^C$

36 (1) $A\cap B=\{1, 3\}$이므로
$(A\cap B)^C=\{2, 4, 5, 6, 7, 8, 9, 10\}$

(2) $A^C\cup B^C=\{2, 4, 6, 8, 10\}\cup\{5, 6, 7, 8, 9, 10\}$
$=\{2, 4, 5, 6, 7, 8, 9, 10\}$

(3) (1), (2)의 결과를 비교하면
$(A\cap B)^C\boxed{=}A^C\cup B^C$

42 $(A\cup B)-(A-B)=(A\cup B)-(A\cap B^C)$
$=(A\cup B)\boxed{\cap}(A\cap B^C)^C$
$=(A\cup B)\boxed{\cap}(A^C\boxed{\cup}B)$
$=(A\boxed{\cap}A^C)\cup B$
$=\boxed{\varnothing}\cup B=\boxed{B}$

43 $(A\cup B)\cap(A\cup B^C)=A\cup(B\cap B^C)$ (분배법칙)
$=A\cup\varnothing=A$

44 $(B-A^C)\cap B^C=\{B\cap(A^C)^C\}\cap B^C$
$=(B\cap A)\cap B^C$
$=(A\cap B)\cap B^C$ (교환법칙)
$=A\cap(B\cap B^C)$ (결합법칙)
$=A\cap\varnothing=\varnothing$

45 $(A\cap B)\cap(A^C\cap B^C)=A\cap B\cap A^C\cap B^C$ (결합법칙)
$=A\cap A^C\cap B\cap B^C$ (교환법칙)
$=(A\cap A^C)\cap(B\cap B^C)$ (결합법칙)
$=\varnothing\cap\varnothing=\varnothing$

다른 풀이

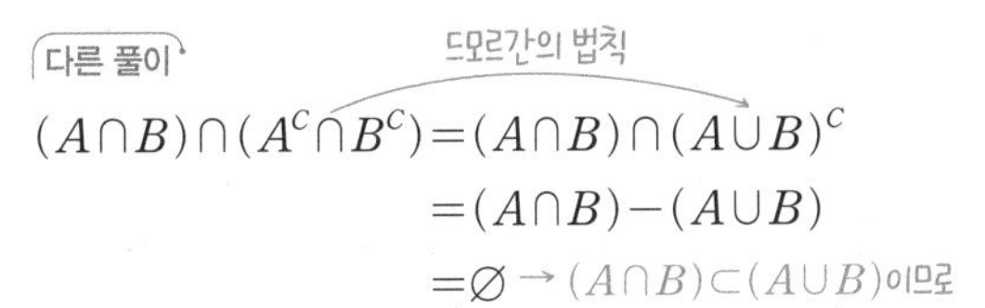

$(A\cap B)\cap(A^C\cap B^C)=(A\cap B)\cap(A\cup B)^C$ (드모르간의 법칙)
$=(A\cap B)-(A\cup B)$
$=\varnothing$ → $(A\cap B)\subset(A\cup B)$이므로

14 유한집합의 원소의 개수

본문 066~069쪽

01 9	02 6	03 13	04 7	05 10	06 1
07 3	08 5	09 7	10 0	11 13	12 17
13 24	14 34	15 1	16 5	17 3	18 2
19 3	20 6	21 8	22 1	23 11	24 6
25 3	26 14	27 4	28 4	29 3	30 3
31 8	32 8	33 13	34 13		

35 최댓값: 4, 최솟값: 1
36 최댓값: 9, 최솟값: 4
37 최댓값: 18, 최솟값: 10
38 최댓값: 25, 최솟값: 7
39 최댓값: 27, 최솟값: 20
40 최댓값: 34, 최솟값: 25
41 26 42 29 43 8 44 9

01 $n(A\cup B)=n(A)+n(B)-\boxed{n(A\cap B)}$
$=6+4-\boxed{1}=\boxed{9}$

02 $n(A\cup B)=n(A)+n(B)-n(A\cap B)$
$=3+5-2=6$

03 $n(A\cup B)=n(A)+n(B)-n(A\cap B)$
$=10+7-4=13$

04 $n(A\cup B)=n(A)+n(B)-n(A\cap B)$
$=5+2-0=7$

05 $n(A\cup B)=n(A)+n(B)-n(A\cap B)$
$=4+6-0=10$
→ $A\cap B=\varnothing$이므로 $n(A\cap B)=0$

06 $n(A\cap B)=n(A)+n(B)-\boxed{n(A\cup B)}$
$=7+3-\boxed{9}=\boxed{1}$

07 $n(A\cap B)=n(A)+n(B)-n(A\cup B)$
$=5+8-10=3$

08 $n(A\cap B)=n(A)+n(B)-n(A\cup B)$
$=12+9-16=5$

09 $n(A\cap B)=n(A)+n(B)-n(A\cup B)$
$=15+22-30=7$

10 $n(A\cap B)=n(A)+n(B)-n(A\cup B)$
$=4+2-6=0$ → 즉, $A\cap B=\varnothing$이므로 두 집합 A, B는 서로소이다.

11 $n(A\cup B\cup C)=n(A)+n(B)+n(C)-n(A\cap B)$
$-n(B\cap C)-n(C\cap A)+\boxed{n(A\cap B\cap C)}$
$=7+8+9-3-5-4+\boxed{1}=\boxed{13}$

12 $n(A\cup B\cup C)=n(A)+n(B)+n(C)-n(A\cap B)$
$-n(B\cap C)-n(C\cap A)+n(A\cap B\cap C)$
$=12+8+10-5-5-6+3=17$

13 $n(A\cup B\cup C)=n(A)+n(B)+n(C)-n(A\cap B)$
$-n(B\cap C)-n(C\cap A)+n(A\cap B\cap C)$
$=10+20+7-7-3-5+2=24$

14 $n(A\cup B\cup C)=n(A)+n(B)+n(C)-n(A\cap B)$
$-n(B\cap C)-n(C\cap A)+n(A\cap B\cap C)$
$=22+15+8-4-6-3+2=34$

15 $n(A\cap B\cap C)=\boxed{n(A\cup B\cup C)}-n(A)-n(B)-n(C)$
$+n(A\cap B)+n(B\cap C)+n(C\cap A)$
$=\boxed{15}-9-6-7+3+2+3=\boxed{1}$

16 $n(A\cap B\cap C)=n(A\cup B\cup C)-n(A)-n(B)-n(C)$
$+n(A\cap B)+n(B\cap C)+n(C\cap A)$
$=20-10-16-9+8+5+7=5$

17 $n(A\cap B\cap C)=n(A\cup B\cup C)-n(A)-n(B)-n(C)$
$+n(A\cap B)+n(B\cap C)+n(C\cap A)$
$=22-13-12-18+8+10+6=3$

18 $n(A\cap B\cap C)=n(A\cup B\cup C)-n(A)-n(B)-n(C)$
$+n(A\cap B)+n(B\cap C)+n(C\cap A)$
$=30-20-16-14+9+6+7=2$

19 $n(A^C)=n(U)-n(A)$
$=10-7=3$

20 $n(B^C)=n(U)-n(B)$
$=10-4=6$

21 $n((A\cap B)^C)=n(U)-n(A\cap B)$
$=10-2=8$

22 $n(A\cup B)=n(A)+n(B)-n(A\cap B)$
$=7+4-2=9$
$\therefore n((A\cup B)^C)=n(U)-n(A\cup B)$
$=10-9=1$

23 $n(A^C)=n(U)-n(A)$
$=20-9=11$

24 $n(B^C)=n(U)-n(B)$
$=20-14=6$

25 $n((A\cup B)^C)=n(U)-n(A\cup B)$
$=20-17=3$

26 $n(A\cap B)=n(A)+n(B)-n(A\cup B)$
$=9+14-17=6$
$\therefore n((A\cap B)^C)=n(U)-n(A\cap B)$
$=20-6=14$

27 $n(A-B)=n(A)-n(A\cap B)$
$=6-2=4$

28 $n(A\cap B^C)=n(A-B)$
$=n(A)-n(A\cap B)$
$=6-2=4$

29 $n(B-A)=n(B)-n(A\cap B)$
$=5-2=3$

30 $n(B\cap A^C)=n(B-A)$
$=n(B)-n(A\cap B)$
$=5-2=3$

31 $n(A-B)=n(A\cup B)-n(B)$
$=25-17=8$

32 $n(A\cap B^C)=n(A-B)$
$=n(A\cup B)-n(B)$
$=25-17=8$

33 $n(B-A)=n(A\cup B)-n(A)$
$=25-12=13$

34 $n(B\cap A^C)=n(B-A)$
$=n(A\cup B)-n(A)$
$=25-12=13$

35 (i) $B\subset A$일 때 $n(A\cap B)$가 최대이므로 → $n(B)<n(A)$이므로
$n(A\cap B)=n(B)=4$
(ii) $A\cup B=U$일 때 $n(A\cap B)$가 최소이므로
$n(A\cup B)=n(U)=\boxed{10}$
이때 $n(A\cap B)=n(A)+n(B)-n(A\cup B)$에서
$n(A\cap B)=7+4-\boxed{10}=\boxed{1}$
(i), (ii)에서 $n(A\cap B)$의 최댓값은 $\boxed{4}$, 최솟값은 $\boxed{1}$이다.

36 (i) $B\subset A$일 때 $n(A\cap B)$가 최대이므로
$n(A\cap B)=n(B)=9$
(ii) $A\cup B=U$일 때 $n(A\cap B)$가 최소이므로
$n(A\cup B)=n(U)=20$
이때 $n(A\cap B)=n(A)+n(B)-n(A\cup B)$에서
$n(A\cap B)=15+9-20=4$
(i), (ii)에서 $n(A\cap B)$의 최댓값은 9, 최솟값은 4이다.

37 (i) $A\subset B$일 때 $n(A\cap B)$가 최대이므로 → $n(A)<n(B)$이므로
$n(A\cap B)=n(A)=18$
(ii) $A\cup B=U$일 때 $n(A\cap B)$가 최소이므로
$n(A\cup B)=n(U)=30$
이때 $n(A\cap B)=n(A)+n(B)-n(A\cup B)$에서
$n(A\cap B)=18+22-30=10$
(i), (ii)에서 $n(A\cap B)$의 최댓값은 18, 최솟값은 10이다.

38 (i) $A\subset B$일 때 $n(A\cap B)$가 최대이므로
$n(A\cap B)=n(A)=25$
(ii) $A\cup B=U$일 때 $n(A\cap B)$가 최소이므로
$n(A\cup B)=n(U)=50$
이때 $n(A\cap B)=n(A)+n(B)-n(A\cup B)$에서
$n(A\cap B)=25+32-50=7$
(i), (ii)에서 $n(A\cap B)$의 최댓값은 25, 최솟값은 7이다.

39 $(A\cap B)\subset A$, $(A\cap B)\subset B$이므로
$n(A\cap B)\le n(A)$, $n(A\cap B)\le n(B)$
이고, $n(A\cap B)\ge 5$이므로
$5\le n(A\cap B)\le 12$ → $n(B)<n(A)$이므로 $n(A\cap B)=n(B)$일 때 최대
(i) $n(A\cap B)=5$일 때
$n(A\cup B)=n(A)+n(B)-n(A\cap B)$
$=20+12-\boxed{5}=\boxed{27}$
(ii) $n(A\cap B)=12$일 때
$n(A\cup B)=n(A)+n(B)-n(A\cap B)$
$=20+12-\boxed{12}=\boxed{20}$
(i), (ii)에서 $n(A\cup B)$의 최댓값은 $\boxed{27}$, 최솟값은 $\boxed{20}$이다.

40 $(A\cap B)\subset A$, $(A\cap B)\subset B$이므로
$n(A\cap B)\le n(A)$, $n(A\cap B)\le n(B)$
이고, $n(A\cap B)\ge 7$이므로
$7\le n(A\cap B)\le 16$ → $n(A)<n(B)$이므로 $n(A\cap B)=n(A)$일 때 최대
(i) $n(A\cap B)=7$일 때
$n(A\cup B)=n(A)+n(B)-n(A\cap B)$
$=16+25-7=34$
(ii) $n(A\cap B)=16$일 때
$n(A\cup B)=n(A)+n(B)-n(A\cap B)$
$=16+25-16=25$
(i), (ii)에서 $n(A\cup B)$의 최댓값은 34, 최솟값은 25이다.

41 ❶단계 빵을 좋아하는 학생의 집합을 A, 과자를 좋아하는 학생의 집합을 B라 하면

$n(A)=18$, $n(B)=15$, $n(\boxed{A\cap B})=7$

❷단계 빵 또는 과자를 좋아하는 학생의 집합은 $A\cup B$이므로

$n(A\cup B)=n(A)+n(B)-n(A\cap B)$

$=18+15-\boxed{7}=\boxed{26}$

따라서 빵 또는 과자를 좋아하는 학생 수는 $\boxed{26}$이다.

42 ❶단계 박물관을 희망하는 학생의 집합을 A, 미술관을 희망하는 학생의 집합을 B라 하면

$n(A)=14$, $n(B)=20$, $n(A\cap B)=5$

❷단계 박물관 또는 미술관을 희망하는 학생의 집합은 $A\cup B$이므로

$n(A\cup B)=n(A)+n(B)-n(A\cap B)$

$=14+20-5=29$

따라서 박물관 또는 미술관을 희망하는 학생 수는 29이다.

43 A 메뉴를 주문한 고객의 집합을 A, B 메뉴를 주문한 고객의 집합을 B라 하면

$n(A)=35$, $n(B)=23$, $n(A\cup B)=50$

A 메뉴와 B 메뉴를 모두 주문한 고객의 집합은 $A\cap B$이므로

$n(A\cap B)=n(A)+n(B)-n(A\cup B)$

$=35+23-50=8$

따라서 A 메뉴와 B 메뉴를 모두 주문한 고객 수는 8이다.

44 울릉도를 가 본 회원의 집합을 A, 제주도를 가 본 회원의 집합을 B라 하면

$n(A)=17$, $n(B)=32$, $n(A\cup B)=40$

울릉도와 제주도를 모두 가 본 회원의 집합은 $A\cap B$이므로

$n(A\cap B)=n(A)+n(B)-n(A\cup B)$

$=17+32-40=9$

따라서 울릉도와 제주도를 모두 가 본 회원 수는 9이다.

15 명제와 조건

본문 070~074쪽

01 × **02** ○ **03** ○ **04** ○ **05** ○ **06** ×
07 ○ **08** × **09** ○ **10** × **11** 정의 **12** 정리
13 정의 **14** 정리 **15** 명제, 거짓 **16** 명제, 참
17 조건 **18** 명제, 거짓 **19** 조건 **20** 조건
21 명제, 참 **22** 명제, 참
23 (1) 참, 거짓, 거짓 (2) 1, 2 (3) $\{1, 2\}$
24 (1) 참, 참, 거짓 (2) 3, 5 (3) $\{3, 5\}$
25 $\{5, 6, 7, 8, 9\}$ **26** $\{8\}$ **27** $\{1, 2\}$ **28** $\{3\}$
29 $\{1, 4\}$ **30** $\{1, 2\}$ **31** $\{1, 2, 3, 6\}$
32 $\varnothing$ **33** $\{1, 3\}$ **34** $\{1, 2, 7, 8, 9, 10\}$
35 $\{1, 3, 4, 8, 9\}$ **36** $\{1, 2, 3, 4, 5, 6, 7\}$
37 $\{6, 7\}$ **38** $\{7\}$ **39** $\{6\}$ **40** $\{2\}$
41 3은 12의 약수이다.
42 $\sqrt{5}$는 유리수이다. **43** $5+7\le 10$
44 사다리꼴은 평행사변형이 아니다.
45 x는 소수가 아니다. **46** $x^2-7x+12\ne 0$
47 $x\ne -2$이고 $x\ne 2$ **48** $x\le -1$ 또는 $x>3$
49~52 해설 참조 **53** $\{1, 2, 3\}$ **54** $\{1, 3, 5\}$
55 $\{2, 4, 5\}$ **56** $\{2, 3\}$ **57** $\{3, 5\}$
58 $\{1, 3, 4, 5\}$
59 (1) $\{2, 10\}$ (2) $\{4, 6, 8\}$
60 (1) $\{6\}$ (2) $\{2, 4, 8, 10\}$

02 참인 명제이다.

03 거짓인 명제이다.

04 거짓인 명제이다.

05 참인 명제이다.

07 참인 명제이다.

09 거짓인 명제이다.

21 이차방정식 $x^2+4x+1=0$의 판별식을 D라 하면

$\frac{D}{4}=2^2-1\times 1=3>0$

즉, 이차방정식 $x^2+4x+1=0$은 서로 다른 두 실근을 갖는다.
따라서 주어진 문장은 참인 명제이다.

28 $x^2-9=0$에서 $x=-3$ 또는 $x=3$

이때 $U=\{1, 2, 3, \cdots, 9\}$이므로 조건 '$x^2-9=0$'의 진리집합은 $\{3\}$이다.

29 $x^2-5x+4=0$에서 $(x-1)(x-4)=0$

$\therefore x=1$ 또는 $x=4$

따라서 조건 '$x^2-5x+4=0$'의 진리집합은 $\{1, 4\}$이다.

30 $|x|\le 2$에서 $-2\le x\le 2$

이때 $U=\{1, 2, 3, \cdots, 9\}$이므로 조건 '$|x|\le 2$'의 진리집합은 $\{1, 2\}$이다.

32 전체집합 U의 원소 중에서 조건 'x는 10의 배수이다.'가 참이 되게 하는 원소가 없으므로 주어진 조건의 진리집합은 $\varnothing$이다.

33 두 조건 p, q의 진리집합을 각각 P, Q라 하면

$P=\{1\}$, $Q=\{3\}$

따라서 조건 'p 또는 q'의 진리집합은

$P\cup Q=\{1, 3\}$

34 두 조건 p, q의 진리집합을 각각 P, Q라 하면

$P=\{1, 2\}$, $Q=\{7, 8, 9, 10\}$

따라서 조건 'p 또는 q'의 진리집합은

$P\cup Q=\{1, 2, 7, 8, 9, 10\}$

35 두 조건 p, q의 진리집합을 각각 P, Q라 하면

$P=\{1, 3, 9\}$, $Q=\{4, 8\}$

따라서 조건 'p 또는 q'의 진리집합은

$P\cup Q=\{1, 3, 4, 8, 9\}$

36 두 조건 p, q의 진리집합을 각각 P, Q라 하자.

$x^2-3x-4\le 0$에서 $(x+1)(x-4)\le 0$

$\therefore -1\le x\le 4$ $\quad\therefore P=\{1, 2, 3, 4\}$

$2<x<8$에서 $Q=\{3, 4, 5, 6, 7\}$

따라서 조건 'p 또는 q'의 진리집합은

$P\cup Q=\{1, 2, 3, 4, 5, 6, 7\}$

37 두 조건 p, q의 진리집합을 각각 P, Q라 하면

$P=\{4, 5, 6, 7\}$, $Q=\{6, 7, 8, 9\}$

따라서 조건 'p 그리고 q'의 진리집합은

$P\cap Q=\{6, 7\}$

38 두 조건 p, q의 진리집합을 각각 P, Q라 하자.

$x^2-10x+21=0$에서 $(x-3)(x-7)=0$

$\therefore x=3$ 또는 $x=7$ $\quad\therefore P=\{3, 7\}$

$x^2-12x+35=0$에서 $(x-5)(x-7)=0$

$\therefore x=5$ 또는 $x=7$ $\quad\therefore Q=\{5, 7\}$

따라서 조건 'p 그리고 q'의 진리집합은

$P\cap Q=\{7\}$

39 두 조건 p, q의 진리집합을 각각 P, Q라 하면

$P=\{2, 4, 6, 8\}$, $Q=\{3, 6, 9\}$

따라서 조건 'p 그리고 q'의 진리집합은

$P\cap Q=\{6\}$

40 두 조건 p, q의 진리집합을 각각 P, Q라 하면

$P=\{2, 3, 5, 7\}$, $Q=\{2, 4, 6, 8\}$

따라서 조건 'p 그리고 q'의 진리집합은

$P\cap Q=\{2\}$

48 조건 '$-1<x\le 3$'에서 '$x>-1$이고 $x\le 3$'이므로 그 부정은 '$x\le -1$ 또는 $x>3$'

49 명제: 2는 짝수이다. (참)

부정: 2는 짝수가 아니다. (거짓)

50 명제: 4와 10은 서로소이다. (거짓)

부정: 4와 10은 서로소가 아니다. (참)

51 명제: $3+7=10$ (참)

부정: $3+7\ne 10$ (거짓)

52 명제: $6+9<12$ (거짓)

부정: $6+9\ge 12$ (참)

53 ❶ 단계 조건 p의 진리집합을 P라 하면 $P=\{4, 5\}$

❷ 단계 $\sim p$의 진리집합은 $P^C=\{1, 2, 3\}$

다른 풀이

p: $x>3$에서 $\sim p$: $x\le 3$이므로 $\sim p$의 진리집합은 $\{1, 2, 3\}$이다.

54 ❶ 단계 조건 p의 진리집합을 P라 하면 $P=\{2, 4\}$

❷ 단계 $\sim p$의 진리집합은 $P^C=\{1, 3, 5\}$

다른 풀이

'p: x는 2의 배수이다.'에서 '$\sim p$: x는 2의 배수가 아니다.'이므로 $\sim p$의 진리집합은 $\{1, 3, 5\}$이다.

55 조건 p의 진리집합을 P라 하면

$x^2-4x+3=0$에서 $(x-1)(x-3)=0$

$\therefore x=1$ 또는 $x=3$ $\quad\therefore P=\{1, 3\}$

따라서 $\sim p$의 진리집합은

$P^C=\{2, 4, 5\}$

다른 풀이

p: $x^2-4x+3=0$에서 $\sim p$: $x^2-4x+3\ne 0$이므로

$(x-1)(x-3)\ne 0$ $\quad\therefore x\ne 1$이고 $x\ne 3$

따라서 $\sim p$의 진리집합은 $\{2, 4, 5\}$이다.

56 조건 p의 진리집합을 P라 하면
$P=\{1, 4, 5\}$
따라서 $\sim p$의 진리집합은
$P^C=\{2, 3\}$

다른 풀이

p: $x<2$ 또는 $x\ge4$에서 $\sim p$: $x\ge2$이고 $x<4$, 즉 $2\le x<4$이므로 $\sim p$의 진리집합은 $\{2, 3\}$이다.

57 조건 p의 진리집합을 P라 하면
$P=\{1, 2, 4\}$
따라서 $\sim p$의 진리집합은
$P^C=\{3, 5\}$

다른 풀이

p: $x\ne3$이고 $x\ne5$에서 $\sim p$: $x=3$ 또는 $x=5$이므로 $\sim p$의 진리집합은 $\{3, 5\}$이다.

58 조건 p의 진리집합을 P라 하면
$|x-2|<1$에서 $-1<x-2<1$
$\therefore 1<x<3 \quad \therefore P=\{2\}$
따라서 $\sim p$의 진리집합은
$P^C=\{1, 3, 4, 5\}$

다른 풀이

p: $|x-2|<1$에서 $\sim p$: $|x-2|\ge1$이므로
$x-2\le-1$ 또는 $x-2\ge1 \quad \therefore x\le1$ 또는 $x\ge3$
따라서 $\sim p$의 진리집합은 $\{1, 3, 4, 5\}$이다.

59 $U=\{2, 4, 6, 8, 10\}$에 대하여 조건 p의 진리집합을 P라 하면
$P=\{4, 6, 8\}$
(1) $P^C=\{2, 10\}$
(2) $(P^C)^C=P=\{4, 6, 8\}$ → $\sim(\sim p)=p$

60 $U=\{2, 4, 6, 8, 10\}$에 대하여 조건 p의 진리집합을 P라 하면
$P=\{2, 4, 8, 10\}$
(1) $P^C=\{6\}$
(2) $(P^C)^C=P=\{2, 4, 8, 10\}$

16 명제의 참, 거짓

본문 075~078쪽

01 가정: $x=2$이다. 결론: $x^2=4$이다.
02 가정: $x<3$이다. 결론: $2x-1<5$이다.
03 가정: x는 4의 약수이다. 결론: x는 8의 약수이다.
04 가정: x는 실수이다. 결론: $x^2\ge0$이다.
05 가정: a, b는 홀수이다. 결론: ab는 홀수이다.
06 가정: 두 직선의 기울기는 같다. 결론: 두 직선이 평행하다.
07 (1) $P=\{2\}$, $Q=\{0, 2\}$ (2) $P\subset Q$ (3) 참
08 (1) $P=\{1, 2, 3, 4, 6, 12\}$, $Q=\{1, 2, 3, 6\}$
(2) $Q\subset P$ (3) 거짓
09 (1) $P=\{4, 8, 12, \cdots\}$, $Q=\{2, 4, 6, 8, \cdots\}$
(2) $P\subset Q$ (3) 참
10 참 **11** 거짓 **12** 거짓 **13** 참 **14** 참 **15** 거짓
16 거짓 **17** 참 **18** 1 **19** 4 **20** 1 **21** 2
22 참 **23** 참 **24** 거짓 **25** 참 **26** 거짓 **27** 참
28 참 **29** 거짓 **30** 거짓 **31** 참 **32** 참 **33** 거짓
34 참 **35** 거짓 **36** 거짓 **37** 참
38 어떤 실수 x에 대하여 $x^2+x+1\le0$이다.
39 모든 실수 x는 20의 약수가 아니다.
40 어떤 실수 x에 대하여 $x<0$ 또는 $x\ge2$이다.
41 모든 실수 x에 대하여 $x\ne1$이고 $x\ne2$이다.
42 참 **43** 거짓 **44** 거짓 **45** 참

07 $x^2=2x$에서 $x^2-2x=0$, $x(x-2)=0$
$\therefore x=0$ 또는 $x=2 \quad \therefore Q=\{0, 2\}$

10 두 조건 p, q의 진리집합을 각각 P, Q라 하면
$P=\{3\}$, $Q=\{3\} \quad \therefore P=Q$ → $P\subset Q$이고 $Q\subset P$이다.
따라서 $P\subset Q$이므로 명제 $p \longrightarrow q$는 참이다.

11 두 조건 p, q의 진리집합을 각각 P, Q라 하면
$x^2+x-2=0$에서 $(x+2)(x-1)=0 \quad \therefore x=-2$ 또는 $x=1$
즉, $P=\{-2, 1\}$, $Q=\{x|-2<x\le3\}$이므로 $P\not\subset Q$
따라서 명제 $p \longrightarrow q$는 거짓이다.

12 두 조건 p, q의 진리집합을 각각 P, Q라 하면
$|x|<1$에서 $-1<x<1$
즉, $P=\{x|x<1\}$, $Q=\{x|-1<x<1\}$이므로
$P\not\subset Q$
따라서 명제 $p \longrightarrow q$는 거짓이다.

P, Q, -1, 1, x
$Q\subset P$이므로 명제 $q \longrightarrow p$는 참이다.

13 두 조건 p, q의 진리집합을 각각 P, Q라 하면
$x^2\ge1$에서 $x^2-1\ge0$, $(x+1)(x-1)\ge0$
$\therefore x\le-1$ 또는 $x\ge1$
즉, $P=\{x|x\ge1\}$, $Q=\{x|x\le-1$ 또는 $x\ge1\}$이므로 $P\subset Q$
따라서 명제 $p \longrightarrow q$는 참이다.

14 p: $x=-1$, q: $|x|=1$이라 하고, 두 조건 p, q의 진리집합을 각각 P, Q라 하면
$P=\{-1\}$, $Q=\{-1, 1\}$ $\quad \therefore P \subset Q$
따라서 주어진 명제는 참이다.

15 p: x는 소수, q: x는 홀수라 하고, 두 조건 p, q의 진리집합을 각각 P, Q라 하면
$P=\{2, 3, 5, 7, \cdots\}$, $Q=\{1, 3, 5, 7, \cdots\}$ $\quad \therefore P \not\subset Q$
따라서 주어진 명제는 거짓이다.

다른 풀이

[반례] $x=2$이면 x는 소수이지만 홀수는 아니다.

16 p: x는 3의 배수, q: x는 12의 배수라 하고, 두 조건 p, q의 진리집합을 각각 P, Q라 하면
$P=\{3, 6, 9, 12, \cdots\}$, $Q=\{12, 24, 36, \cdots\}$ $\quad \therefore P \not\subset Q$
따라서 주어진 명제는 거짓이다.

다른 풀이

[반례] $x=3$이면 x는 3의 배수이지만 12의 배수는 아니다.

18 $P-Q=\{\boxed{1}\}$이므로 명제 $p \longrightarrow q$가 거짓임을 보이는 반례는 $\boxed{1}$이다.

19 $P-Q=\{4\}$이므로 명제 $p \longrightarrow q$가 거짓임을 보이는 반례는 4이다.

20 $P=\{1, 2, 4\}$, $Q=\{2, 4, 6\}$이므로
$P-Q=\{1\}$
따라서 명제 $p \longrightarrow q$가 거짓임을 보이는 반례는 1이다.

21 $P=\{2, 3, 5\}$, $Q=\{1, 3, 5\}$이므로
$P-Q=\{2\}$
따라서 명제 $p \longrightarrow q$가 거짓임을 보이는 반례는 2이다.

22 $P \subset Q$이므로 명제 $p \longrightarrow q$는 참이다.

23 $P \subset R^C$이므로 명제 $p \longrightarrow \sim r$는 참이다.

24 $Q \not\subset P$이므로 명제 $q \longrightarrow p$는 거짓이다.

25 $Q \subset R^C$이므로 명제 $q \longrightarrow \sim r$는 참이다.

26 $R \not\subset P$이므로 명제 $r \longrightarrow p$는 거짓이다.

27 $R \subset Q^C$이므로 명제 $r \longrightarrow \sim q$는 참이다.

29 [반례] $x=2$이면 x는 홀수가 아니므로 주어진 명제는 거짓이다.

30 [반례] $x=1$이면 $x^2-1=0$이므로 주어진 명제는 거짓이다.

31 $x=1$이면 $x<2$이므로 주어진 명제는 참이다.

32 $x=2$이면 $x^2=4$이므로 x^2은 짝수이다.
따라서 주어진 명제는 참이다.

33 $x^2+x=0$에서 $x(x+1)=0$ $\quad \therefore x=-1$ 또는 $x=0$
따라서 $-1 \notin U$, $0 \notin U$이므로 주어진 명제는 거짓이다.
→ 조건을 만족시키는 x가 전체집합 U에 존재하지 않는다.

35 $x^2<0$을 만족시키는 실수 x는 존재하지 않으므로 주어진 명제는 거짓이다.

36 [반례] $x=1$이면 1의 약수는 1의 1개이므로 주어진 명제는 거짓이다.

42 명제 '모든 사다리꼴은 평행사변형이다.'의 부정은
'어떤 사다리꼴은 평행사변형이 아니다.'
한 쌍의 대변만 평행한 사다리꼴은 평행사변형이 아니므로 주어진 명제의 부정은 참이다.

다른 풀이

주어진 명제가 거짓이므로 그 부정은 참이다.

43 명제 '어떤 실수 x에 대하여 $x^2+x-6 \le 0$이다.'의 부정은
'모든 실수 x에 대하여 $x^2+x-6>0$이다.'
[반례] $x=0$이면 $x^2+x-6=-6<0$이므로 주어진 명제의 부정은 거짓이다.

다른 풀이

주어진 명제가 참이므로 그 부정은 거짓이다.

44 명제 '모든 자연수 x에 대하여 $x-1 \ge 0$이다.'의 부정은
'어떤 자연수 x에 대하여 $x-1<0$이다.'
$x-1<0$, 즉 $x<1$을 만족시키는 자연수 x는 존재하지 않으므로 주어진 명제의 부정은 거짓이다.

다른 풀이

주어진 명제 '모든 자연수 x에 대하여 $x-1 \ge 0$, 즉 $x \ge 1$이다.'가 참이므로 그 부정은 거짓이다.

45 명제 '어떤 자연수 x에 대하여 $x<\frac{1}{x}$이다.'의 부정은
'모든 자연수 x에 대하여 $x \ge \frac{1}{x}$이다.'
$x \ge 1$이면 $x \ge \frac{1}{x}$이므로 주어진 명제의 부정은 참이다.

다른 풀이

주어진 명제가 거짓이므로 그 부정은 참이다.

17 명제 사이의 관계

본문 079~082쪽

01 역 02 대우 03 대우 04 역 05 대우 06 역
07~12 해설 참조 13 ㅂ 14 ㅅ 15 ㄹ 16 ㄱ
17 (1) ○ (2) × (3) ○ 18 (1) × (2) ○ (3) ○
19 (1) 참 (2) 거짓 (3) 충분조건
20 (1) 거짓 (2) 참 (3) 필요조건
21 (1) 거짓 (2) 참 (3) 필요조건
22 (1) 참 (2) 참 (3) 필요충분조건
23 (1) $P=\{2\}$, $Q=\{-2, 2\}$ (2) $P\subset Q$ (3) 충분조건
24 (1) $P=\{1, 2, 3, \cdots, 9\}$, $Q=\{1, 2, 3, \cdots, 9\}$ (2) $P=Q$ (3) 필요충분조건
25 (1) $P=\{x|x\geq 0\}$, $Q=\{x|x>0\}$ (2) $Q\subset P$ (3) 필요조건
26 (1) $P=\{12, 24, 36, \cdots\}$, $Q=\{4, 8, 12, 16, \cdots\}$ (2) $P\subset Q$ (3) 충분조건
27 필요조건 28 필요충분조건 29 충분조건
30 필요충분조건 31 필요조건 32 충분조건
33 2 34 5 35 4 36 4 37 2 38 0

07 명제: $x=1$이면 $x^2=1$이다. (참)
($x^2=1$ → $x=-1$ 또는 $x=1$)
역: $x^2=1$이면 $x=1$이다. (거짓)
대우: $x^2\neq 1$이면 $x\neq 1$이다. (참)

08 명제: $x^2>4$이면 $x>2$이다. (거짓)
($x^2>4$ → $x<-2$ 또는 $x>2$)
역: $x>2$이면 $x^2>4$이다. (참)
대우: $x\leq 2$이면 $x^2\leq 4$이다. (거짓)

09 명제: x가 3의 배수이면 x는 9의 배수이다. (거짓)
(3의 배수 → 3, 6, 9, ⋯ / 9의 배수 → 9, 18, 27, ⋯)
역: x가 9의 배수이면 x는 3의 배수이다. (참)
대우: x가 9의 배수가 아니면 x는 3의 배수가 아니다. (거짓)

10 명제: x가 2의 약수이면 x는 6의 약수이다. (참)
(2의 약수 → 1, 2 / 6의 약수 → 1, 2, 3, 6)
역: x가 6의 약수이면 x는 2의 약수이다. (거짓)
대우: x가 6의 약수가 아니면 x는 2의 약수가 아니다. (참)

11 명제: x가 소수이면 x는 홀수이다. (거짓)
(소수 → 2, 3, 5, 7, ⋯ / 홀수 → 1, 3, 5, 7, ⋯)
역: x가 홀수이면 x는 소수이다. (거짓)
대우: x가 홀수가 아니면 x는 소수가 아니다. (거짓)

12 명제: $x=0$ 또는 $y=0$이면 $xy=0$이다. (참)
역: $xy=0$이면 $x=0$ 또는 $y=0$이다. (참)
대우: $xy\neq 0$이면 $x\neq 0$이고 $y\neq 0$이다. (참)

13 명제 $p \longrightarrow \sim q$가 참이므로 그 대우 $q \longrightarrow \sim p$도 참이다.

14 명제 $\sim p \longrightarrow q$가 참이므로 그 대우 $\sim q \longrightarrow p$도 참이다.

15 명제 $q \longrightarrow p$가 참이므로 그 대우 $\sim p \longrightarrow \sim q$도 참이다.

16 명제 $\sim q \longrightarrow \sim p$가 참이므로 그 대우 $p \longrightarrow q$도 참이다.

17 두 명제 $p \longrightarrow \sim q$, $\sim q \longrightarrow r$가 모두 참이므로 명제 $p \longrightarrow r$가 참이고, 그 대우 $\sim r \longrightarrow \sim p$도 참이다.

18 두 명제 $p \longrightarrow q$, $r \longrightarrow \sim q$가 모두 참이므로 각각의 대우 $\sim q \longrightarrow \sim p$, $q \longrightarrow \sim r$도 모두 참이다.
또한, 두 명제 $p \longrightarrow q$, $q \longrightarrow \sim r$가 모두 참이므로 명제 $p \longrightarrow \sim r$가 참이고, 그 대우 $r \longrightarrow \sim p$도 참이다.

19 (2) [반례] $x=-1$이면 $|x|=1$이지만 $x\neq 1$이다.
(3) 명제 $p \longrightarrow q$가 참이고 명제 $q \longrightarrow p$는 거짓이므로 p는 q이기 위한 충분조건이다.

20 (1) [반례] $x=-1$이면 $x^2-x-2=0$이지만 $x\neq 2$이다.
(3) 명제 $q \longrightarrow p$가 참이고 명제 $p \longrightarrow q$는 거짓이므로 p는 q이기 위한 필요조건이다.

21 (3) 명제 $q \longrightarrow p$가 참이고 명제 $p \longrightarrow q$는 거짓이므로 p는 q이기 위한 필요조건이다.

22 (3) 두 명제 $p \longrightarrow q$, $q \longrightarrow p$가 모두 참이므로 p는 q이기 위한 필요충분조건이다.

23 (3) $P\subset Q$이므로 p는 q이기 위한 충분조건이다.

24 (3) $P=Q$이므로 p는 q이기 위한 필요충분조건이다.

25 (3) $Q\subset P$이므로 p는 q이기 위한 필요조건이다.

26 (3) $P\subset Q$이므로 p는 q이기 위한 충분조건이다.

27 $q \Longrightarrow p$이므로 p는 q이기 위한 필요조건이다.

28 두 조건 p, q의 진리집합을 각각 P, Q라 하면
$x^2-6x+9=0$에서 $(x-3)^2=0$ $\therefore x=3$
$\therefore P=\{3\}$, $Q=\{3\}$
따라서 $P=Q$이므로 p는 q이기 위한 필요충분조건이다.

29 두 조건 p, q의 진리집합을 각각 P, Q라 하면
$x^2=4x$에서 $x^2-4x=0$, $x(x-4)=0$
$\therefore x=0$ 또는 $x=4$
$\therefore P=\{4\}$, $Q=\{0, 4\}$
따라서 $P\subset Q$이므로 p는 q이기 위한 충분조건이다.

30 $p \Longleftrightarrow q$이므로 p는 q이기 위한 필요충분조건이다.
└→ $a<b$의 양변에 c를 더하면 $a+c<b+c$이고
$a+c<b+c$의 양변에서 c를 빼면 $a<b$이므로

31 두 조건 p, q의 진리집합을 각각 P, Q라 하면
$P=\{1, 2, 3, 4, 6, 9, 12, 18, 36\}$, $Q=\{1, 3, 9\}$
따라서 $Q \subset P$이므로 p는 q이기 위한 필요조건이다.

32 $p \Longrightarrow q$이므로 p는 q이기 위한 충분조건이다.

33 두 조건 p, q의 진리집합을 각각 P, Q라 하면
$P=\{x|0\le x\le 2\}$, $Q=\{x|-2\le x\le a\}$
p가 q이기 위한 충분조건이면 P $\boxed{\subset}$ Q이므로 오른쪽 그림과 같다.

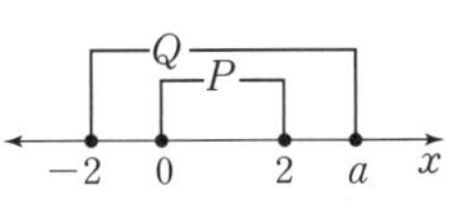

따라서 $a\ge$ $\boxed{2}$ 이므로 실수 a의 최솟값은 $\boxed{2}$ 이다.

34 두 조건 p, q의 진리집합을 각각 P, Q라 하면
$P=\{x|-1\le x\le 5\}$, $Q=\{x|-3\le x\le a\}$
p가 q이기 위한 충분조건이면 $P\subset Q$이므로 오른쪽 그림과 같다.

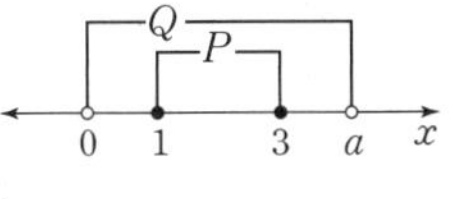

따라서 $a\ge 5$이므로 실수 a의 최솟값은 5이다.

35 두 조건 p, q의 진리집합을 각각 P, Q라 하면
$P=\{x|1\le x\le 3\}$, $Q=\{x|0<x<a\}$
p가 q이기 위한 충분조건이면 $P\subset Q$이므로 오른쪽 그림과 같다.

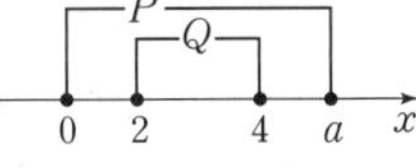

따라서 $a>3$이므로 정수 a의 최솟값은 4이다.
└→ $a=3$이면 $3\in P$, $3\notin Q$이므로 $P\not\subset Q$이다.

36 두 조건 p, q의 진리집합을 각각 P, Q라 하면
$P=\{x|0\le x\le a\}$, $Q=\{x|2\le x\le 4\}$
p가 q이기 위한 필요조건이면 $Q\subset P$이므로 오른쪽 그림과 같다.

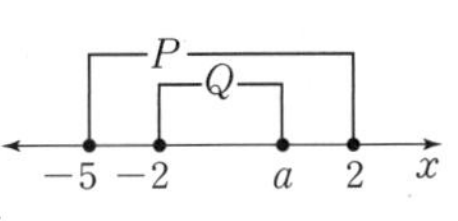

따라서 $a\ge 4$이므로 실수 a의 최솟값은 4이다.

37 두 조건 p, q의 진리집합을 각각 P, Q라 하면
$P=\{x|-5\le x\le 2\}$, $Q=\{x|-2\le x\le a\}$
p가 q이기 위한 필요조건이면 $Q\subset P$이므로 오른쪽 그림과 같다.

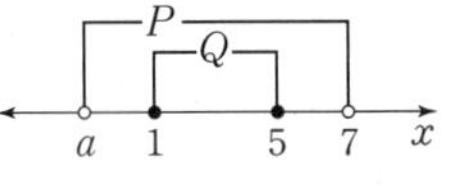

따라서 $a\le 2$이므로 실수 a의 최댓값은 2이다.

38 두 조건 p, q의 진리집합을 각각 P, Q라 하면
$P=\{x|a<x<7\}$, $Q=\{x|1\le x\le 5\}$
p가 q이기 위한 필요조건이면 $Q\subset P$이므로 오른쪽 그림과 같다.
따라서 $a<1$이므로 정수 a의 최댓값은 0이다.
└→ $a=1$이면 $1\in Q$, $1\notin P$이므로 $Q\not\subset P$이다.

18 명제의 증명과 절대부등식

본문 083~086쪽

01~08 해설 참조	**09** ×	**10** ○	**11** ×	**12** ○
13 ×	**14~18** 해설 참조	**19** 4	**20** 2	**21** 2
22 8	**23** 4	**24** 9	**25** 25	**26** 1
27 4	**28** 8	**29** 6	**30** 2	**31** 8
32 4	**33** 8			

01 주어진 명제의 대우는
'자연수 n에 대하여 n이 $\boxed{홀수}$이면 n^2도 $\boxed{홀수}$이다.'
n이 홀수이면 $n=2k-1$ (k는 자연수)로 나타낼 수 있으므로
└→ k가 자연수이므로 $n=2k+1$이라 하면 1은 표현할 수 없다.
$n^2=(2k-1)^2=4k^2-4k+1$
$=2(2k^2-2k)+1$
즉, n^2도 $\boxed{홀수}$이다.
따라서 주어진 명제의 대우가 $\boxed{참}$이므로 주어진 명제도 $\boxed{참}$이다.

02 주어진 명제의 대우는
'자연수 n에 대하여 n이 3의 배수가 아니면 n^2도 3의 배수가 아니다.'
n이 3의 배수가 아니면 $n=3k-2$ 또는 $n=\boxed{3k-1}$ (k는 자연수)로 나타낼 수 있으므로
(i) $n=3k-2$일 때
$n^2=(3k-2)^2=9k^2-12k+4$
$=3(3k^2-4k+1)+1$
(ii) $n=\boxed{3k-1}$일 때
$n^2=(\boxed{3k-1})^2=9k^2-6k+1$
$=3(3k^2-2k)+1$
(i), (ii)에서 n^2도 3의 배수가 아니다.
따라서 주어진 명제의 대우가 $\boxed{참}$이므로 주어진 명제도 $\boxed{참}$이다.

03 주어진 명제의 대우는
'$x=0$ $\boxed{또는}$ $y=0$이면 $xy=0$이다.'
$x=0$이면 y의 값에 관계없이 $xy=\boxed{0}$이고,
$y=0$이면 x의 값에 관계없이 $xy=\boxed{0}$이다.
따라서 주어진 명제의 대우가 $\boxed{참}$이므로 주어진 명제도 $\boxed{참}$이다.

04 주어진 명제의 대우는
'두 자연수 m, n에 대하여 m, n이 모두 $\boxed{홀수}$이면 mn도 $\boxed{홀수}$이다.'
m, n이 모두 홀수이면 $m=2k-1$, $n=2l-1$ (k, l은 자연수)로 나타낼 수 있으므로
$mn=(2k-1)(2l-1)$
$=4kl-2k-2l+1$
$=2(\boxed{2kl-k-l})+1$
즉, mn도 $\boxed{홀수}$이다.
따라서 주어진 명제의 대우가 $\boxed{참}$이므로 주어진 명제도 $\boxed{참}$이다.

05 $x\boxed{\ge}0$이고 $y\boxed{\ge}0$이라 가정하면

$x+y\boxed{\ge}0$

따라서 $x+y<0$이라는 가정에 모순이므로

$x+y<0$이면 $x<0$ 또는 $y<0$이다.

06 $\sqrt{2}$가 무리수가 아니라고 가정하면 $\sqrt{2}$는 유리수이므로

$\sqrt{2}=\frac{n}{m}$ (m, n은 서로소인 자연수) → 유리수는 분수로 나타낼 수 있는 수이다.

으로 나타낼 수 있다.

즉, $\sqrt{2}m=n$이므로 양변을 제곱하면

$2m^2=n^2$ …… ㉠

이때 n^2이 짝수이므로 n도 $\boxed{\text{짝수}}$이다.

$n=2k$ (k는 자연수)라 하면 ㉠에서 → 01의 명제가 참이므로

$2m^2=4k^2 \quad \therefore m^2=2k^2$

이때 m^2이 짝수이므로 m도 $\boxed{\text{짝수}}$이다.

그런데 m, n이 모두 $\boxed{\text{짝수}}$이므로 m, n이 서로소라는 가정에 모순이다.

따라서 $\sqrt{2}$는 무리수이다.

07 $\sqrt{3}$이 무리수가 아니라고 가정하면 $\sqrt{3}$은 $\boxed{\text{유리수}}$이므로

$\sqrt{3}=\frac{n}{m}$ (m, n은 $\boxed{\text{서로소}}$인 자연수)

으로 나타낼 수 있다.

즉, $\sqrt{3}m=n$이므로 양변을 제곱하면

$3m^2=n^2$ …… ㉠

이때 n^2이 3의 배수이므로 n도 $\boxed{\text{3의 배수}}$이다.

$n=3k$ (k는 자연수)라 하면 ㉠에서 → 02의 명제가 참이므로

$3m^2=9k^2 \quad \therefore m^2=3k^2$

이때 m^2이 3의 배수이므로 m도 $\boxed{\text{3의 배수}}$이다.

그런데 m, n이 모두 $\boxed{\text{3의 배수}}$이므로 m, n이 $\boxed{\text{서로소}}$라는 가정에 모순이다.

따라서 $\sqrt{3}$은 무리수이다.

08 $1+\sqrt{2}$가 무리수가 아니라고 가정하면 $1+\sqrt{2}$는 $\boxed{\text{유리수}}$이므로

$1+\sqrt{2}=a$ (a는 유리수)

로 나타낼 수 있다.

즉, $\sqrt{2}=a-1$이고 유리수끼리의 뺄셈은 $\boxed{\text{유리수}}$이므로 $a-1$은 $\boxed{\text{유리수}}$이다.

그런데 $\sqrt{2}$는 $\boxed{\text{무리수}}$이므로 모순이다.

따라서 $1+\sqrt{2}$는 무리수이다.

09 $x=-2$이면 주어진 부등식이 성립하지 않는다.

10 $|x|\ge0$이므로 $|x|+3>0$이다.

11 $x=0$이면 주어진 부등식이 성립하지 않는다.

12 $x^2-2x+1\ge0$에서 $(x-1)^2\ge0$이므로 주어진 부등식은 모든 실수 x에 대하여 항상 성립한다.

13 $x=-3$이면 주어진 부등식이 성립하지 않는다.

14 $a^2-ab+b^2=a^2-ab+\frac{b^2}{4}+\frac{3}{4}b^2$

$=\left(a-\frac{b}{2}\right)^2+\frac{3}{4}b^2$

이때 $\left(a-\frac{b}{2}\right)^2\boxed{\ge}0$, $\frac{3}{4}b^2\boxed{\ge}0$이므로

$\left(a-\frac{b}{2}\right)^2+\frac{3}{4}b^2\boxed{\ge}0$

따라서 $a^2-ab+b^2\boxed{\ge}0$이므로

$a^2+b^2\ge ab$

여기서 등호는 $a-\frac{b}{2}=0$이고 $b=0$, 즉 $a=b=0$일 때 성립한다.

15 $a^2+ab+b^2=a^2+ab+\frac{b^2}{4}+\frac{3}{4}b^2$

$=\left(a+\frac{b}{2}\right)^2+\frac{3}{4}b^2$

이때 $\left(a+\frac{b}{2}\right)^2\ge0$, $\frac{3}{4}b^2\ge0$이므로

$\left(a+\frac{b}{2}\right)^2+\frac{3}{4}b^2\ge0 \quad \therefore a^2+ab+b^2\ge0$

여기서 등호는 $a+\frac{b}{2}=0$이고 $b=0$, 즉 $a=b=0$일 때 성립한다.

16 $\frac{a+b}{2}-\sqrt{ab}=\frac{a+b-2\sqrt{ab}}{2}$

$=\frac{(\sqrt{a}-\sqrt{b})^2}{2}\ge0$ → (실수)$^2\ge0$

따라서 $\frac{a+b}{2}-\sqrt{ab}\ge0$이므로

$\frac{a+b}{2}\ge\sqrt{ab}$

여기서 등호는 $\sqrt{a}-\sqrt{b}=0$, 즉 $a=b$일 때 성립한다.

다른 풀이

$\left(\frac{a+b}{2}\right)^2-(\sqrt{ab})^2=\frac{a^2+2ab+b^2}{4}-ab$

$=\frac{a^2+2ab+b^2-4ab}{4}$

$=\frac{a^2-2ab+b^2}{4}$

$=\frac{(a-b)^2}{4}\ge0$

따라서 $\left(\frac{a+b}{2}\right)^2\ge(\sqrt{ab})^2$이고, $\frac{a+b}{2}>0$, $\sqrt{ab}>0$이므로

→ $A^2\ge B^2 \Longleftrightarrow A\ge B$ (단, $A\ge0$, $B\ge0$)

$\frac{a+b}{2}\ge\sqrt{ab}$

여기서 등호는 $a-b=0$, 즉 $a=b$일 때 성립한다.

17 $(|a|+|b|)^2-|a+b|^2=|a|^2+2|a||b|+|b|^2-(a+b)^2$

$=a^2+2|ab|+b^2-a^2-2ab-b^2$

$=2(|ab|-ab)$

그런데 $|ab|\boxed{\geq}ab$이므로

$2(|ab|-ab)\boxed{\geq}0$

따라서 $(|a|+|b|)^2\boxed{\geq}|a+b|^2$이므로

$|a|+|b|\geq|a+b|$

여기서 등호는 $|ab|=ab$, 즉 $ab\geq0$일 때 성립한다.

플러스톡

좌변과 우변이 모두 절댓값 기호 또는 근호를 포함한 식인 경우에는 제곱의 차를 이용하여 부등식을 증명한다.

18 $(|a|+|b|)^2-|a-b|^2=|a|^2+2|a||b|+|b|^2-(a-b)^2$

$=a^2+2|ab|+b^2-a^2+2ab-b^2$

$=2(|ab|+ab)$

그런데 $|ab|\geq-ab$이므로

$2(|ab|+ab)\geq0$

따라서 $(|a|+|b|)^2\geq|a-b|^2$이므로 ($|a|+|b|\geq0$, $|a-b|\geq0$이므로)

$|a|+|b|\geq|a-b|$

여기서 등호는 $|ab|=-ab$, 즉 $ab\leq0$일 때 성립한다.

19 $a>0$, $\frac{4}{a}>0$이므로 산술평균과 기하평균의 관계에 의하여

$a+\frac{4}{a}\geq2\sqrt{a\times\frac{4}{a}}=2\times2=4$

$\left(\text{단, 등호는 } a=\frac{4}{a}\text{, 즉 } a=2\text{일 때 성립}\right)$

따라서 $a+\frac{4}{a}$의 최솟값은 4이다.

($a=\frac{4}{a}$에서 $a^2=4$ $\therefore a=2\ (\because a>0)$)

20 $2a>0$, $\frac{1}{2a}>0$이므로 산술평균과 기하평균의 관계에 의하여

$2a+\frac{1}{2a}\geq2\sqrt{2a\times\frac{1}{2a}}=2\times1=2$

$\left(\text{단, 등호는 } 2a=\frac{1}{2a}\text{, 즉 } a=\frac{1}{2}\text{일 때 성립}\right)$

따라서 $2a+\frac{1}{2a}$의 최솟값은 2이다.

($2a=\frac{1}{2a}$에서 $4a^2=1$, $a^2=\frac{1}{4}$ $\therefore a=\frac{1}{2}\ (\because a>0)$)

21 $\frac{a}{b}>0$, $\frac{b}{a}>0$이므로 산술평균과 기하평균의 관계에 의하여

$\frac{a}{b}+\frac{b}{a}\geq2\sqrt{\frac{a}{b}\times\frac{b}{a}}=2\times1=2$

$\left(\text{단, 등호는 } \frac{a}{b}=\frac{b}{a}\text{, 즉 } a=b\text{일 때 성립}\right)$

따라서 $\frac{a}{b}+\frac{b}{a}$의 최솟값은 2이다.

($\frac{a}{b}=\frac{b}{a}$에서 $a^2=b^2$ $\therefore a=b\ (\because a>0, b>0)$)

22 $a+1>0$, $\frac{16}{a+1}>0$이므로 산술평균과 기하평균의 관계에 의하여

$a+1+\frac{16}{a+1}\geq2\sqrt{(a+1)\times\frac{16}{a+1}}=2\times4=8$

$\left(\text{단, 등호는 } a+1=\frac{16}{a+1}\text{, 즉 } a=3\text{일 때 성립}\right)$

따라서 $a+1+\frac{16}{a+1}$의 최솟값은 8이다.

($a+1=\frac{16}{a+1}$에서 $(a+1)^2=16$, $a+1=\pm4$ $\therefore a=3\ (\because a>0)$)

23 $a>0$, $b>0$에서 $\frac{a}{b}>0$, $\frac{b}{a}>0$이므로 산술평균과 기하평균의 관계에 의하여

$(a+b)\left(\frac{1}{a}+\frac{1}{b}\right)=1+\frac{a}{b}+\frac{b}{a}+1$

$=2+\frac{a}{b}+\frac{b}{a}$

$\geq2+\boxed{2}\sqrt{\frac{a}{b}\times\frac{b}{a}}$

$=2+2\times1=\boxed{4}$

$\left(\text{단, 등호는 } \frac{a}{b}=\frac{b}{a}\text{, 즉 } \boxed{a=b}\text{일 때 성립}\right)$

따라서 $(a+b)\left(\frac{1}{a}+\frac{1}{b}\right)$의 최솟값은 $\boxed{4}$이다.

24 $a>0$, $b>0$에서 $ab>0$이므로 산술평균과 기하평균의 관계에 의하여

$\left(a+\frac{1}{b}\right)\left(\frac{4}{a}+b\right)=4+ab+\frac{4}{ab}+1$

$=5+ab+\frac{4}{ab}$

$\geq5+2\sqrt{ab\times\frac{4}{ab}}$

$=5+2\times2=9$

$\left(\text{단, 등호는 } ab=\frac{4}{ab}\text{, 즉 } ab=2\text{일 때 성립}\right)$

따라서 $\left(a+\frac{1}{b}\right)\left(\frac{4}{a}+b\right)$의 최솟값은 9이다.

25 $a>0$, $b>0$에서 $ab>0$이므로 산술평균과 기하평균의 관계에 의하여

$\left(2a+\frac{3}{b}\right)\left(\frac{2}{a}+3b\right)=4+6ab+\frac{6}{ab}+9$

$=13+6ab+\frac{6}{ab}$

$\geq13+2\sqrt{6ab\times\frac{6}{ab}}$

$=13+2\times6=25$

$\left(\text{단, 등호는 } 6ab=\frac{6}{ab}\text{, 즉 } ab=1\text{일 때 성립}\right)$

따라서 $\left(2a+\frac{3}{b}\right)\left(\frac{2}{a}+3b\right)$의 최솟값은 25이다.

26 $a>0$, $b>0$이므로 산술평균과 기하평균의 관계에 의하여

$a+b\geq2\sqrt{ab}$

그런데 $a+b=2$이므로

$\boxed{2}\geq2\sqrt{ab}$, $\sqrt{ab}\leq\boxed{1}$

$\therefore ab\leq\boxed{1}$ (단, 등호는 $a=b=1$일 때 성립)

따라서 ab의 최댓값은 $\boxed{1}$이다.

27 $a>0$, $b>0$이므로 산술평균과 기하평균의 관계에 의하여
$a+b\geq 2\sqrt{ab}$
그런데 $a+b=4$이므로
$4\geq 2\sqrt{ab}$, $\sqrt{ab}\leq 2$
$\therefore$ $ab\leq 4$ (단, 등호는 $a=b=2$일 때 성립)
따라서 ab의 최댓값은 4이다.

28 $a>0$, $b>0$이므로 산술평균과 기하평균의 관계에 의하여
$a+2b\geq 2\sqrt{2ab}$
그런데 $a+2b=8$이므로
$8\geq 2\sqrt{2ab}$, $\sqrt{2ab}\leq 4$, $2ab\leq 16$
$\therefore$ $ab\leq 8$ (단, 등호는 $a=2b$, 즉 $a=4$, $b=2$일 때 성립)
따라서 ab의 최댓값은 8이다.

29 $a^2>0$, $b^2>0$이므로 산술평균과 기하평균의 관계에 의하여
$a^2+b^2\geq 2\sqrt{a^2b^2}=2ab$ ($\because$ $a>0$, $b>0$)
그런데 $a^2+b^2=12$이므로
$12\geq 2ab$ $\quad\therefore$ $ab\leq 6$ (단, 등호는 $a=b=\sqrt{6}$일 때 성립)
따라서 ab의 최댓값은 6이다.

30 $a>0$, $b>0$이므로 산술평균과 기하평균의 관계에 의하여
$a+b\geq 2\sqrt{ab}$
그런데 $ab=1$이므로
$a+b\geq 2\times 1=\boxed{2}$ (단, 등호는 $a=b=1$일 때 성립)
따라서 $a+b$의 최솟값은 $\boxed{2}$이다.

31 $a>0$, $b>0$이므로 산술평균과 기하평균의 관계에 의하여
$a+b\geq 2\sqrt{ab}$
그런데 $ab=16$이므로
$a+b\geq 2\times 4=8$ (단, 등호는 $a=b=4$일 때 성립)
따라서 $a+b$의 최솟값은 8이다.

32 $a>0$, $b>0$이므로 산술평균과 기하평균의 관계에 의하여
$2a+b\geq 2\sqrt{2ab}$
그런데 $ab=2$이므로
$2a+b\geq 2\times 2=4$ (단, 등호는 $2a=b$, 즉 $a=1$, $b=2$일 때 성립)
따라서 $2a+b$의 최솟값은 4이다.

33 $a^2>0$, $b^2>0$이므로 산술평균과 기하평균의 관계에 의하여
$a^2+b^2\geq 2\sqrt{a^2b^2}=2ab$ ($\because$ $a>0$, $b>0$)
그런데 $ab=4$이므로
$a^2+b^2\geq 2\times 4=8$ (단, 등호는 $a=b=2$일 때 성립)
따라서 a^2+b^2의 최솟값은 8이다.

Ⅲ 함수와 그래프

19 함수

본문 088~091쪽

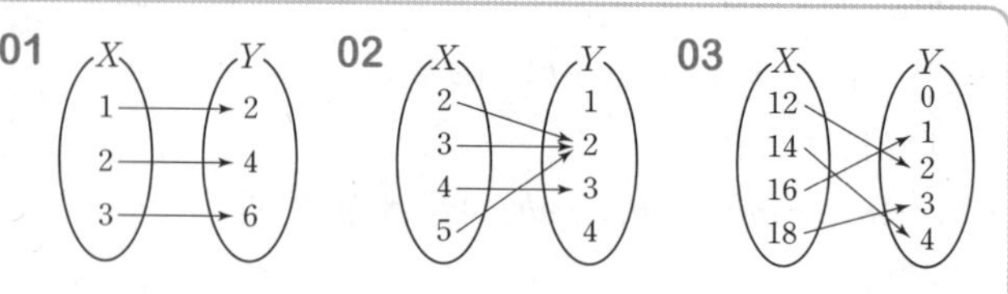

04 × **05** ○ **06** × **07** ○ **08** ○ **09** ×
10 ○ **11** ×
12 함수이다., 정의역: $\{a, b, c\}$, 공역: $\{1, 2\}$, 치역: $\{1, 2\}$
13 함수가 아니다. **14** 함수가 아니다.
15 함수이다., 정의역: $\{1, 2, 3\}$, 공역: $\{5, 6, 7, 8\}$, 치역: $\{5, 7\}$
16 $\{-1, 0, 1, 2, 3\}$ **17** $\{0, 1, 4\}$
18 $\{-8, -5, -2, 1, 4\}$
19 정의역: $\{x|x$는 모든 실수$\}$, 치역: $\{y|y$는 모든 실수$\}$
20 정의역: $\{x|x$는 모든 실수$\}$, 치역: $\{y|y\geq 1\}$
21 정의역: $\{x|x\neq 0$인 실수$\}$, 치역: $\{y|y\neq 0$인 실수$\}$
22 정의역: $\{x|x$는 모든 실수$\}$, 치역: $\{y|y\geq 0\}$
23 6 **24** 0 **25** $3\sqrt{3}$ **26** -4 **27** 2 **28** 5
29 5 **30** $3+2\sqrt{2}$ **31** $f(x)=2x+5$
32 $f(x)=4x-9$ **33** $f(x)=x^2-3x+2$
34 $f(x)=2x-4$ **35** 4 **36** 12 **37** 21 **38** $f\neq g$
39 $f=g$ **40** $f\neq g$ **41** $f=g$ **42** $a=3$, $b=1$
43 $a=1$, $b=-1$ **44** $a=-2$, $b=4$ **45** ○ **46** ×
47 ○ **48** ×

04 X의 원소 3에 대응하는 Y의 원소가 없으므로 함수가 아니다.

참고
집합 X의 각 원소에 대응하는 집합 Y의 원소가 오직 하나씩 대응하는 것이 함수이므로 함수가 아닌 대응은 집합 X의 원소에 대응하는 집합 Y의 원소가 없거나, 집합 X의 원소에 대응하는 집합 Y의 원소가 2개 이상이다.

06 X의 원소 2에 대응하는 Y의 원소가 2개이므로 함수가 아니다.

09 X의 원소 5에 대응하는 Y의 원소가 없으므로 함수가 아니다.

11 X의 원소 3에 대응하는 Y의 원소가 2개이므로 함수가 아니다.

12 X의 각 원소에 Y의 원소가 오직 하나씩 대응하므로 함수이다.
이때 정의역은 $\{a, b, c\}$, 공역은 $\{1, 2\}$, 치역은 $\{1, 2\}$이다.

13 X의 원소 0에 대응하는 Y의 원소가 2개이므로 함수가 아니다.

14 X의 원소 3에 대응하는 Y의 원소가 없으므로 함수가 아니다.

15 X의 각 원소에 Y의 원소가 오직 하나씩 대응하므로 함수이다. 이때 정의역은 $\{1, 2, 3\}$, 공역은 $\{5, 6, 7, 8\}$, 치역은 $\{5, 7\}$이다.

16 $f(-2)=-1$, $f(-1)=0$, $f(0)=1$, $f(1)=2$, $f(2)=3$이므로 치역은
$\{-1, 0, 1, 2, 3\}$

17 $f(-2)=4$, $f(-1)=1$, $f(0)=0$, $f(1)=1$, $f(2)=4$이므로 치역은
$\{0, 1, 4\}$ → 같은 원소는 중복하여 쓰지 않는다.

18 $f(-2)=-8$, $f(-1)=-5$, $f(0)=-2$, $f(1)=1$, $f(2)=4$이므로 치역은
$\{-8, -5, -2, 1, 4\}$

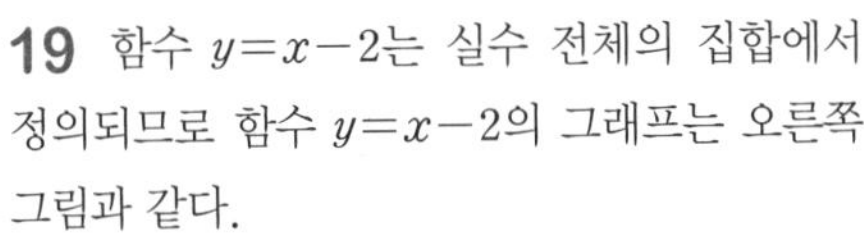

19 함수 $y=x-2$는 실수 전체의 집합에서 정의되므로 함수 $y=x-2$의 그래프는 오른쪽 그림과 같다.

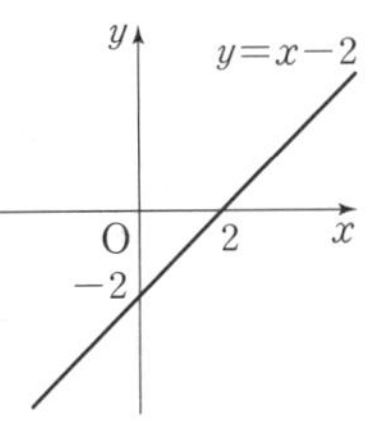

$\therefore$ 정의역: $\{x|x$는 모든 실수$\}$,
치역: $\{y|y$는 모든 실수$\}$

플러스톡
다항함수는 실수 전체의 집합에서 정의된다.

20 함수 $y=x^2+1$은 실수 전체의 집합에서 정의되므로 함수 $y=x^2+1$의 그래프는 오른쪽 그림과 같다.

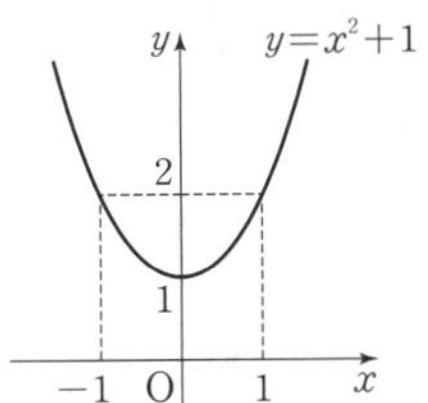

$\therefore$ 정의역: $\{x|x$는 모든 실수$\}$,
치역: $\{y|y\geq 1\}$

21 함수 $y=\frac{1}{x}$은 $x\neq 0$인 실수에서 정의되므로 함수 $y=\frac{1}{x}$의 그래프는 오른쪽 그림과 같다.

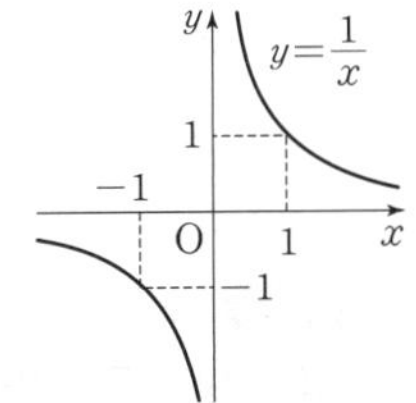

$\therefore$ 정의역: $\{x|x\neq 0$인 실수$\}$,
치역: $\{y|y\neq 0$인 실수$\}$

22 함수 $y=|x|$는 실수 전체의 집합에서 정의되므로 함수 $y=|x|$의 그래프는 오른쪽 그림과 같다.

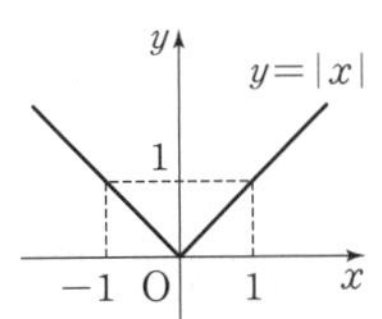

$\therefore$ 정의역: $\{x|x$는 모든 실수$\}$,
치역: $\{y|y\geq 0\}$

23 $2\geq 0$이므로 $f(2)=3\times 2=6$

24 $0\geq 0$이므로 $f(0)=3\times 0=0$

25 $\sqrt{3}\geq 0$이므로 $f(\sqrt{3})=3\times\sqrt{3}=3\sqrt{3}$

26 $-5<0$이므로 $f(-5)=-5+1=-4$

27 3은 유리수이므로 $f(3)=5-3=2$

28 $\sqrt{5}$는 무리수이므로 $f(\sqrt{5})=(\sqrt{5})^2=5$

29 0은 유리수이므로 $f(0)=5-0=5$

30 $1+\sqrt{2}$는 무리수이므로
$f(1+\sqrt{2})=(1+\sqrt{2})^2=3+2\sqrt{2}$

31 $f(x-1)=2x+3$에서 $x-1=t$라 하면
$x=t+\boxed{1}$
따라서 $f(t)=2(t+\boxed{1})+3=2t+\boxed{5}$이므로
$f(x)=\boxed{2x+5}$

32 $f(x+2)=4x-1$에서 $x+2=t$라 하면
$x=t-2$
따라서 $f(t)=4(t-2)-1=4t-9$이므로
$f(x)=4x-9$

33 $f(1-x)=x^2+x$에서 $1-x=t$라 하면
$x=-t+1$
따라서 $f(t)=(-t+1)^2+(-t+1)=t^2-3t+2$이므로
$f(x)=x^2-3x+2$

34 $f\left(\frac{x+1}{2}\right)=x-3$에서 $\frac{x+1}{2}=t$라 하면
$x+1=2t$ $\quad\therefore x=2t-1$
따라서 $f(t)=(2t-1)-3=2t-4$이므로
$f(x)=2x-4$

35 $x+1=3$에서 $x=\boxed{2}$
$f(x+1)=3x-2$에 $x=\boxed{2}$를 대입하면
$f(3)=3\times\boxed{2}-2=\boxed{4}$

36 $2x-5=3$에서 $2x=8$ $\quad\therefore x=4$
$f(2x-5)=x^2-x$에 $x=4$를 대입하면
$f(3)=4^2-4=12$

37 $\frac{1-x}{3}=3$에서 $1-x=9$ $\quad\therefore x=-8$

$f\left(\frac{1-x}{3}\right)=-2x+5$에 $x=-8$을 대입하면

$f(3)=-2\times(-8)+5=21$

38 $f(-1)=-1$, $g(-1)=1$이므로 $f\neq g$

39 두 함수 $f(x)$, $g(x)$의 정의역과 공역이 각각 같고

$f(-1)=g(-1)=-1$, $f(0)=g(0)=0$, $f(1)=g(1)=1$

이므로 $f=g$

40 $f(-1)=-3$, $g(-1)=3$이므로 $f\neq g$

41 두 함수 $f(x)$, $g(x)$의 정의역과 공역이 각각 같고

$f(-1)=g(-1)=2$, $f(0)=g(0)=1$, $f(1)=g(1)=2$

이므로 $f=g$

42 $f=g$가 성립하려면 $f(1)=g(1)$, $f(2)=g(2)$이어야 한다.

$f(1)=g(1)$에서 $\boxed{4}=a+b$ ······ ㉠

$f(2)=g(2)$에서 $\boxed{7}=2a+b$ ······ ㉡

㉠, ㉡을 연립하여 풀면 $a=\boxed{3}$, $b=\boxed{1}$

43 $f=g$가 성립하려면 $f(0)=g(0)$, $f(1)=g(1)$이어야 한다.

$f(0)=g(0)$에서 $-1=b$

$f(1)=g(1)$에서 $0=a+b$ ······ ㉠

$b=-1$을 ㉠에 대입하여 정리하면 $a=1$

44 $f=g$가 성립하려면 $f(-1)=g(-1)$, $f(1)=g(1)$이어야 한다.

$f(-1)=g(-1)$에서 $6=-a+b$ ······ ㉠

$f(1)=g(1)$에서 $2=a+b$ ······ ㉡

㉠, ㉡을 연립하여 풀면 $a=-2$, $b=4$

46 실수 a에 대하여 직선 $x=a$가 그래프와 만나지 않거나 두 점에서 만나므로 함수의 그래프가 아니다.

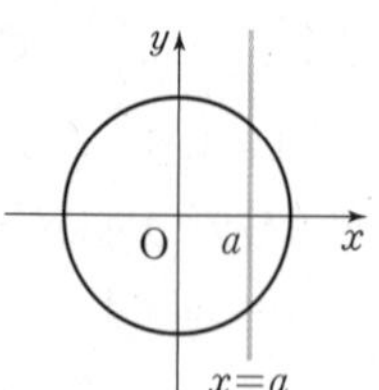

참고

함수가 아닌 대응의 그래프는 직선 $x=a$와 만나지 않거나 2개 이상의 점에서 만난다.

48 실수 a에 대하여 직선 $x=a$가 그래프와 만나지 않거나 무수히 많은 점에서 만나므로 함수의 그래프가 아니다.

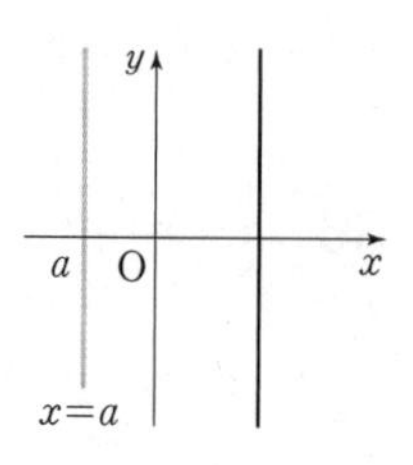

20 여러 가지 함수

본문 092~096쪽

01 ㄱ, ㄹ, ㅁ		**02** ㄱ, ㅁ		**03** ㄱ, ㄴ, ㄷ, ㄹ	
04 ㄱ, ㄴ, ㄷ		**05** ㄱ, ㄷ, ㅂ		**06~10** 해설 참조	
11 $a>0$	**12** $a<1$	**13** $a>0$	**14** $a<-2$		
15 (1) $a=2$, $b=4$ (2) $a=-2$, $b=6$					
16 (1) $a=4$, $b=-8$ (2) $a=-4$, $b=8$					
17 8	**18** −1	**19** 2	**20** −5	**21** 항등	**22** 상수
23 항등	**24** 항등	**25** 상수	**26** $\{-2\}$, $\{3\}$, $\{-2, 3\}$		
27 $\{2\}$, $\{5\}$, $\{2, 5\}$	**28** 4	**29** 6	**30** 2	**31** 9	
32 64	**33** 81	**34** 6	**35** 12	**36** 24	**37** 60
38 6	**39** 24	**40** 120	**41** 3	**42** 4	**43** 2

03 ㄱ, ㄴ, ㄷ. 실수 k에 대하여 직선 $y=k$와 오직 한 점에서 만난다. (따라서 ㄱ, ㄴ, ㄷ은 일대일대응의 그래프이다.)

ㄹ. 양수 k에 대하여 직선 $y=k$와 오직 한 점에서 만난다.

따라서 일대일함수의 그래프인 것은 ㄱ, ㄴ, ㄷ, ㄹ이다.

05 각 함수의 그래프는 다음 그림과 같다.

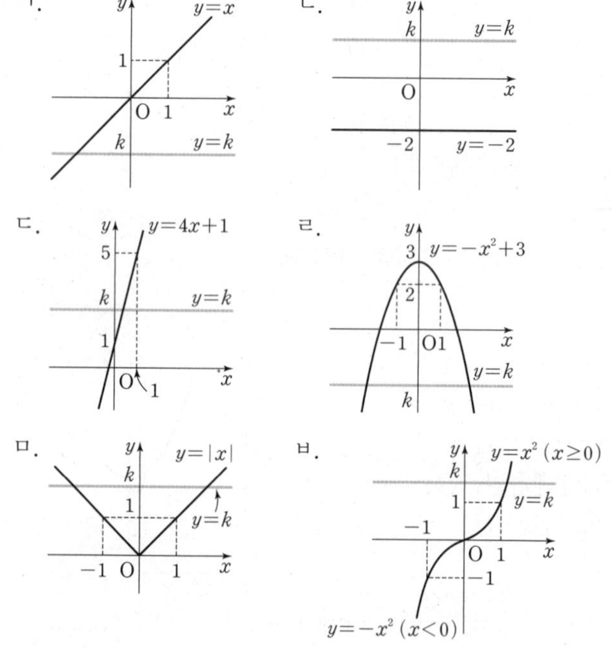

따라서 일대일대응인 함수의 그래프는 실수 k에 대하여 직선 $y=k$와 오직 한 점에서 만나므로 일대일대응인 것은 ㄱ, ㄷ, ㅂ이다.

플러스톡

ㄱ은 항등함수의 그래프이고, ㄴ은 상수함수의 그래프이다.

06 함수 $f(x)=x+1$은 임의의 두 실수 x_1, x_2에 대하여 $f(x_1)=f(x_2)$, 즉 $x_1+1=x_2+1$이면 $x_1=\boxed{x_2}$이다.

또한, 치역과 공역이 모두 실수 전체의 집합이다.

따라서 이 함수는 $\boxed{\text{일대일대응}}$이다.

07 함수 $f(x)=2x-3$은 임의의 두 실수 x_1, x_2에 대하여 $f(x_1)=f(x_2)$, 즉 $2x_1-3=2x_2-3$이면 $x_1=x_2$이다.
또한, 치역과 공역이 모두 실수 전체의 집합이다.
따라서 이 함수는 일대일대응이다.

08 함수 $f(x)=x^2-1$은 $x_1=-1$, $x_2=1$일 때
$f(x_1)=f(-1)=\boxed{0}$, $f(x_2)=f(1)=\boxed{0}$
이므로 $x_1 \neq x_2$이지만 $f(x_1)\boxed{=}f(x_2)$인 두 실수 x_1, x_2가 존재한다.
따라서 이 함수는 일대일대응이 아니다.

09 함수 $f(x)=5$는 $x_1=0$, $x_2=1$일 때
$f(x_1)=f(0)=5$, $f(x_2)=f(1)=5$
이므로 $x_1 \neq x_2$이지만 $f(x_1)=f(x_2)$인 두 실수 x_1, x_2가 존재한다.
따라서 이 함수는 일대일대응이 아니다.

10 함수 $f(x)=-(x-1)^2+2$는 $x_1=0$, $x_2=2$일 때
$f(x_1)=f(0)=1$, $f(x_2)=f(2)=1$
이므로 $x_1 \neq x_2$이지만 $f(x_1)=f(x_2)$인 두 실수 x_1, x_2가 존재한다.
따라서 이 함수는 일대일대응이 아니다.

11 함수 $f(x)$가 일대일대응이 되려면 $x \geq 0$에서 x의 값이 증가할 때 $f(x)$의 값이 증가하므로 $x<0$에서도 x의 값이 증가할 때 $f(x)$의 값이 $\boxed{증가}$해야 한다. (직선 $y=f(x)$의 기울기가 양수이다.)
$\therefore a\boxed{>}0$

12 함수 $f(x)$가 일대일대응이 되려면 $x \geq 0$에서 x의 값이 증가할 때 $f(x)$의 값이 감소하므로 $x<0$에서도 x의 값이 증가할 때 $f(x)$의 값이 감소해야 한다. (직선 $y=f(x)$의 기울기가 음수이다.)
따라서 $a-1<0$이어야 하므로
$a<1$

13 함수 $f(x)$가 일대일대응이 되려면 $x \geq 2$에서 x의 값이 증가할 때 $f(x)$의 값이 증가하므로 $x<2$에서도 x의 값이 증가할 때 $f(x)$의 값이 증가해야 한다.
$\therefore a>0$

14 함수 $f(x)$가 일대일대응이 되려면 $x<-1$에서 x의 값이 증가할 때 $f(x)$의 값이 감소하므로 $x \geq -1$에서도 x의 값이 증가할 때 $f(x)$의 값이 감소해야 한다.
따라서 $a+2<0$이어야 하므로
$a<-2$

15 (1) $a>0$이므로 x의 값이 증가할 때 $f(x)$의 값도 증가한다.
즉, 이 함수가 일대일대응이 되려면
$f(-1)=2$에서 $-a+b=\boxed{2}$ ······ ㉠
$f(2)=\boxed{8}$에서 $2a+b=\boxed{8}$ ······ ㉡
㉠, ㉡을 연립하여 풀면 $a=\boxed{2}$, $b=\boxed{4}$

(2) $a<0$이므로 x의 값이 증가할 때 $f(x)$의 값은 감소한다.
즉, 이 함수가 일대일대응이 되려면
$f(-1)=8$에서 $-a+b=8$ ······ ㉠
$f(2)=2$에서 $2a+b=2$ ······ ㉡
㉠, ㉡을 연립하여 풀면 $a=-2$, $b=6$

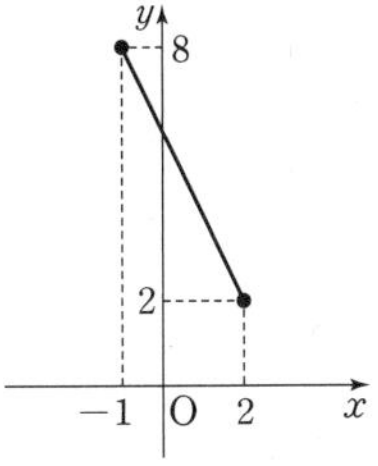

16 (1) $a>0$이므로 x의 값이 증가할 때 $f(x)$의 값도 증가한다.
즉, 이 함수가 일대일대응이 되려면
$f(1)=-4$에서 $a+b=-4$ ······ ㉠
$f(3)=4$에서 $3a+b=4$ ······ ㉡
㉠, ㉡을 연립하여 풀면 $a=4$, $b=-8$

(2) $a<0$이므로 x의 값이 증가할 때 $f(x)$의 값은 감소한다.
즉, 이 함수가 일대일대응이 되려면
$f(1)=4$에서 $a+b=4$ ······ ㉠
$f(3)=-4$에서 $3a+b=-4$ ······ ㉡
㉠, ㉡을 연립하여 풀면 $a=-4$, $b=8$

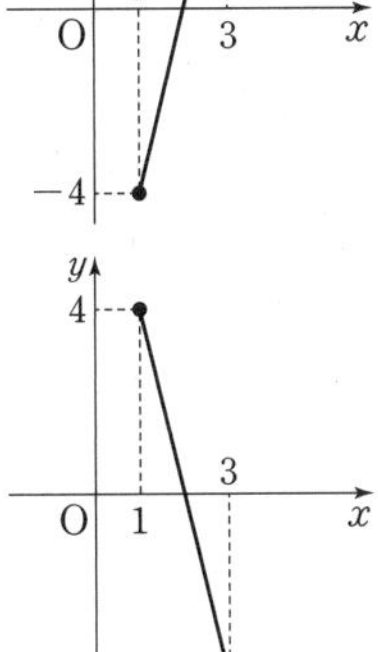

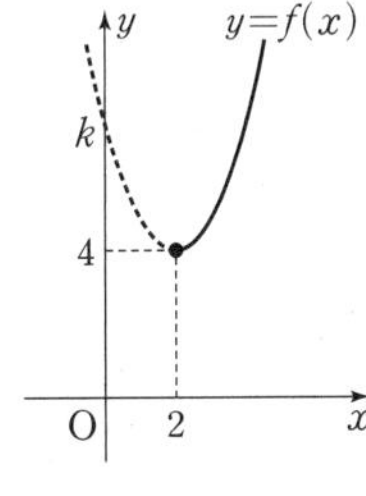

17 $f(x)=x^2-4x+k$
$=(x-2)^2+k-4$
이므로 $x \geq 2$일 때 x의 값이 증가하면 $f(x)$의 값도 증가한다.
따라서 함수 f가 일대일대응이 되려면
$f(2)=\boxed{4}$이어야 하므로
$k-4=\boxed{4}$ $\therefore k=\boxed{8}$

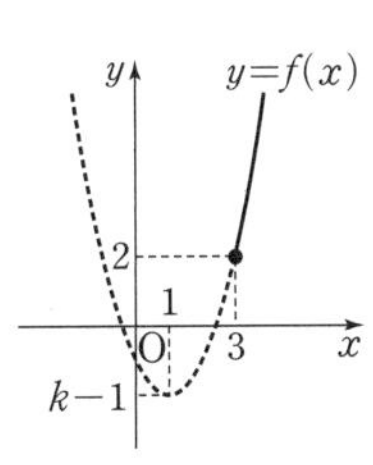

18 $f(x)=x^2-2x+k$
$=(x-1)^2+k-1$
이므로 $x \geq 3$일 때 x의 값이 증가하면 $f(x)$의 값도 증가한다.
따라서 함수 f가 일대일대응이 되려면
$f(3)=2$이어야 하므로
$3^2-2\times3+k=2$ $\therefore k=-1$

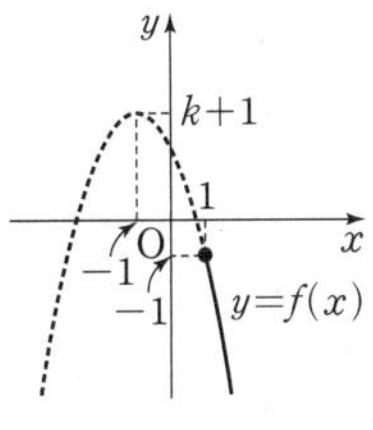

19 $f(x)=-x^2-2x+k$
$=-(x+1)^2+k+1$
이므로 $x \geq 1$일 때 x의 값이 증가하면 $f(x)$의 값은 감소한다.
따라서 함수 f가 일대일대응이 되려면
$f(1)=-1$이어야 하므로
$-1-2+k=-1$ $\therefore k=2$

20 $f(x)=-x^2+6x+k$
$=-(x-3)^2+k+9$
이므로 $x\le1$일 때 x의 값이 증가하면 $f(x)$의 값도 증가한다.
따라서 함수 f가 일대일대응이 되려면
$f(1)=0$이어야 하므로
$-1+6+k=0$ $\therefore k=-5$

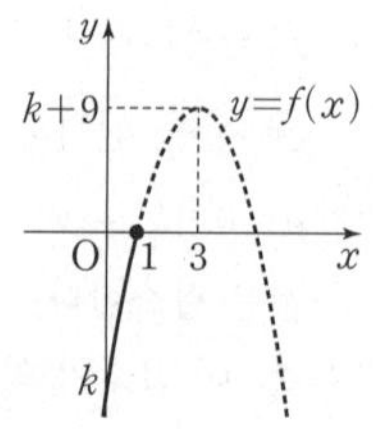

22 $f(-1)=\boxed{-1}$, $f(1)=\boxed{-1}$이므로 이 함수는 $\boxed{\text{상수}}$함수이다.

23 $f(-1)=-1$, $f(1)=1$이므로 이 함수는 항등함수이다.

24 $f(-1)=-1$, $f(1)=1$이므로 이 함수는 항등함수이다.

25 $f(-1)=\sqrt{(-1)^2}=1$, $f(1)=\sqrt{1^2}=1$이므로 이 함수는 상수함수이다.

26 함수 $f(x)$가 항등함수이어야 하므로 $f(x)=\boxed{x}$에서
$x^2-6=x$, $x^2-x-6=0$, $(x+2)(x-3)=0$
$\therefore x=-2$ 또는 $x=\boxed{3}$
따라서 구하는 집합 X는 $\{-2\}$, $\{\boxed{3}\}$, $\{\boxed{-2}, \boxed{3}\}$이다.

27 함수 $f(x)$가 항등함수이어야 하므로 $f(x)=x$에서
$x^2-6x+10=x$, $x^2-7x+10=0$, $(x-2)(x-5)=0$
$\therefore x=2$ 또는 $x=5$
따라서 구하는 집합 X는 $\{2\}$, $\{5\}$, $\{2, 5\}$이다.

28 $f(x)$가 항등함수이므로 ($f(x)=x$)
$f(1)=1$, $f(3)=3$
즉, $f(3)=g(3)$에서
$g(3)=f(3)=\boxed{3}$
이때 $g(x)$는 상수함수이므로
$g(x)=\boxed{3}$
$\therefore f(1)+g(2)=\boxed{1}+3=\boxed{4}$

29 $f(x)$가 항등함수이므로
$f(2)=2$, $f(4)=4$
즉, $f(2)=g(4)$에서
$g(4)=f(2)=2$
이때 $g(x)$는 상수함수이므로
$g(x)=2$
$\therefore f(4)+g(6)=4+2=6$

30 $f(x)$가 항등함수이므로
$f(0)=0$, $f(2)=2$
즉, $f(0)=g(2)$에서
$g(2)=f(0)=0$
이때 $g(x)$는 상수함수이므로
$g(x)=0$
$\therefore f(2)+g(1)=2+0=2$

31 1의 함숫값이 될 수 있는 것은 a, b, c의 $\boxed{3}$개
2의 함숫값이 될 수 있는 것은 a, b, c의 $\boxed{3}$개
따라서 함수의 개수는
$3\times3=3^2=\boxed{9}$

32 a의 함숫값이 될 수 있는 것은 1, 2, 3, 4의 4개
b의 함숫값이 될 수 있는 것은 1, 2, 3, 4의 4개
c의 함숫값이 될 수 있는 것은 1, 2, 3, 4의 4개
따라서 함수의 개수는
$4\times4\times4=4^3=64$

33 1의 함숫값이 될 수 있는 것은 1, 2, 3의 3개
2의 함숫값이 될 수 있는 것은 1, 2, 3의 3개
3의 함숫값이 될 수 있는 것은 1, 2, 3의 3개
4의 함숫값이 될 수 있는 것은 1, 2, 3의 3개
따라서 함수의 개수는
$3\times3\times3\times3=3^4=81$

34 1의 함숫값이 될 수 있는 것은 a, b, c의 $\boxed{3}$개
2의 함숫값이 될 수 있는 것은 1의 함숫값을 제외한 $\boxed{2}$개
따라서 일대일함수의 개수는
$3\times\boxed{2}=\boxed{6}$

35 1의 함숫값이 될 수 있는 것은 3, 4, 5, 6의 4개
2의 함숫값이 될 수 있는 것은 1의 함숫값을 제외한 3개
따라서 일대일함수의 개수는
$4\times3=12$

36 a의 함숫값이 될 수 있는 것은 -1, 0, 1, 2의 4개
b의 함숫값이 될 수 있는 것은 a의 함숫값을 제외한 3개
c의 함숫값이 될 수 있는 것은 a, b의 함숫값을 제외한 2개
따라서 일대일함수의 개수는
$4\times3\times2=24$

37 1의 함숫값이 될 수 있는 것은 a, b, c, d, e의 5개
2의 함숫값이 될 수 있는 것은 1의 함숫값을 제외한 4개
3의 함숫값이 될 수 있는 것은 1, 2의 함숫값을 제외한 3개
따라서 일대일함수의 개수는
$5\times4\times3=60$

38 1의 함숫값이 될 수 있는 것은 a, b, c의 3개
2의 함숫값이 될 수 있는 것은 1의 함숫값을 제외한 2개
3의 함숫값이 될 수 있는 것은 1, 2의 함숫값을 제외한 1개
따라서 일대일대응의 개수는
$3\times2\times1=6$

39 1의 함숫값이 될 수 있는 것은 2, 4, 6, 8의 4개
2의 함숫값이 될 수 있는 것은 1의 함숫값을 제외한 3개
3의 함숫값이 될 수 있는 것은 1, 2의 함숫값을 제외한 2개
4의 함숫값이 될 수 있는 것은 1, 2, 3의 함숫값을 제외한 1개
따라서 일대일대응의 개수는
$4\times3\times2\times1=24$

40 a의 함숫값이 될 수 있는 것은 1, 3, 5, 7, 9의 5개
b의 함숫값이 될 수 있는 것은 a의 함숫값을 제외한 4개
c의 함숫값이 될 수 있는 것은 a, b의 함숫값을 제외한 3개
d의 함숫값이 될 수 있는 것은 a, b, c의 함숫값을 제외한 2개
e의 함숫값이 될 수 있는 것은 a, b, c, d의 함숫값을 제외한 1개
따라서 일대일대응의 개수는
$5\times4\times3\times2\times1=120$

$f(x)=k$라 하면 k의 값이 될 수 있는 것은 집합 Y의 원소 -1, 0, 1 중 하나이므로 3개이다.

41 집합 Y의 원소의 개수가 3이므로 상수함수의 개수는 3이다.

42 집합 Y의 원소의 개수가 4이므로 상수함수의 개수는 4이다.

43 집합 Y의 원소의 개수가 2이므로 상수함수의 개수는 2이다.

21 합성함수

본문 097~101쪽

01 5	**02** 4	**03** 6	**04** 3	**05** 3	**06** d
07 a	**08** 24	**09** 0	**10** 1	**11** 19	**12** 11
13 -1	**14** 12	**15** 9	**16** -11	**17** 5	**18** -4
19 8	**20** $\frac{1}{2}$				

21 $(g\circ f)(x)=2x+11$, $(f\circ g)(x)=2x+5$
22 $(g\circ f)(x)=-4x+11$, $(f\circ g)(x)=-4x+1$
23 $(g\circ f)(x)=-9x^2-12x-4$, $(f\circ g)(x)=-3x^2+2$
24 $(g\circ f)(x)=3x^2-6x+3$, $(f\circ g)(x)=9x^2-6x+1$
25 (1) $(g\circ f)(x)=x^2-5x+6$ (2) $(f\circ g)(x)=x^2+x-3$
(3) $(g\circ f)(x)\neq(f\circ g)(x)$
26 (1) $((f\circ g)\circ h)(x)=3x^2-6$
(2) $(f\circ(g\circ h))(x)=3x^2-6$
(3) $((f\circ g)\circ h)(x)=(f\circ(g\circ h))(x)$
27 (1) $((f\circ g)\circ h)(x)=(-2x+1)^2$
(2) $(f\circ(g\circ h))(x)=(-2x+1)^2$
(3) $((f\circ g)\circ h)(x)=(f\circ(g\circ h))(x)$
28 -2 **29** 3 **30** 3 **31** 2 **32** $h(x)=3x+5$
33 $h(x)=-2x-4$ **34** $h(x)=\frac{3}{2}x+1$ **35** $h(x)=-8x$
36 $h(x)=2x+1$ **37** $h(x)=-3x+14$
38 $h(x)=\frac{1}{2}x+\frac{5}{2}$ **39** $h(x)=9x-10$
40 (1) $f^2(x)=x+4$ (2) $f^3(x)=x+6$ (3) $f^4(x)=x+8$
(4) $f^n(x)=x+2n$ (5) 102
41 (1) 2 (2) 4 (3) 8 (4) 2^n (5) 1024

01 $f(1)=c$, $g(c)=5$이므로
$(g\circ f)(1)=g(f(1))=g(c)=5$

02 $f(2)=a$, $g(a)=4$이므로
$(g\circ f)(2)=g(f(2))=g(a)=4$

03 $f(3)=b$, $g(b)=6$이므로
$(g\circ f)(3)=g(f(3))=g(b)=6$

04 $f(2)=a$, $g(a)=3$이므로
$(g\circ f)(2)=g(f(2))=g(a)=3$

05 $f(3)=d$, $g(d)=3$이므로
$(g\circ f)(3)=g(f(3))=g(d)=3$

06 $g(a)=3$, $f(3)=d$이므로
$(f\circ g)(a)=f(g(a))=f(3)=d$

07 $g(c)=1$, $f(1)=a$이므로
$(f\circ g)(c)=f(g(c))=f(1)=a$

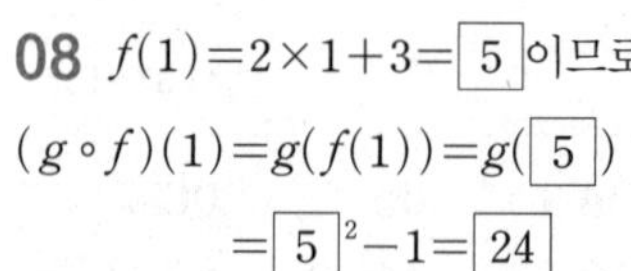

08 $f(1)=2\times1+3=\boxed{5}$이므로

$(g\circ f)(1)=g(f(1))=g(\boxed{5})$

$=\boxed{5}^2-1=\boxed{24}$

09 $f(-2)=2\times(-2)+3=-1$이므로

$(g\circ f)(-2)=g(f(-2))=g(-1)$

$=(-1)^2-1=0$

10 $g(0)=0^2-1=-1$이므로

$(f\circ g)(0)=f(g(0))=f(-1)$

$=2\times(-1)+3=1$

11 $g(3)=3^2-1=8$이므로

$(f\circ g)(3)=f(g(3))=f(8)$

$=2\times8+3=19$

12 $f\left(\frac{1}{2}\right)=2\times\frac{1}{2}+3=4$이므로

$(f\circ f)\left(\frac{1}{2}\right)=f\left(f\left(\frac{1}{2}\right)\right)=f(4)$

$=2\times4+3=11$

13 $g(-1)=(-1)^2-1=0$이므로

$(g\circ g)(-1)=g(g(-1))=g(0)$

$=0^2-1=-1$

x의 값의 범위에 맞는 함수식에 대입해야 한다.

14 $2\geq0$이므로 $f(2)=2+5=7$

$\therefore (f\circ f)(2)=f(f(2))=f(7)$

$=7+5=12$ ($\because 7\geq0$)

15 $-1<0$이므로 $f(-1)=-(-1)^2+5=4$

$\therefore (f\circ f)(-1)=f(f(-1))=f(4)$

$=4+5=9$ ($\because 4\geq0$)

16 $-3<0$이므로 $f(-3)=-(-3)^2+5=-4$

$\therefore (f\circ f)(-3)=f(f(-3))=f(-4)$

$=-(-4)^2+5=-11$ ($\because -11<0$)

17 $\sqrt{2}$는 $\boxed{\text{무리수}}$이므로 $f(\sqrt{2})=(\sqrt{2})^2=\boxed{2}$

$\therefore (f\circ f)(\sqrt{2})=f(f(\sqrt{2}))=f(\boxed{2})$

$=3\times2-1=\boxed{5}$ ($\because$ $\boxed{2}$는 유리수)

18 0은 유리수이므로 $f(0)=3\times0-1=-1$

$\therefore (f\circ f)(0)=f(f(0))=f(-1)$

$=3\times(-1)-1=-4$ ($\because$ -1은 유리수)

19 $-\sqrt{3}$은 무리수이므로 $f(-\sqrt{3})=(-\sqrt{3})^2=3$

$\therefore (f\circ f)(-\sqrt{3})=f(f(-\sqrt{3}))=f(3)$

$=3\times3-1=8$ ($\because$ 3은 유리수)

20 $\frac{\sqrt{2}}{2}$는 무리수이므로 $f\left(\frac{\sqrt{2}}{2}\right)=\left(\frac{\sqrt{2}}{2}\right)^2=\frac{1}{2}$

$\therefore (f\circ f)\left(\frac{\sqrt{2}}{2}\right)=f\left(f\left(\frac{\sqrt{2}}{2}\right)\right)=f\left(\frac{1}{2}\right)$

$=3\times\frac{1}{2}-1=\frac{1}{2}$ $\left(\because \frac{1}{2}\text{은 유리수}\right)$

21 $(g\circ f)(x)=g(f(x))=g(x+6)$

$=2(x+6)-1=2x+11$

$(f\circ g)(x)=f(g(x))=f(2x-1)$

$=(2x-1)+6=2x+5$

22 $(g\circ f)(x)=g(f(x))=g(x-2)$

$=-4(x-2)+3=-4x+11$

$(f\circ g)(x)=f(g(x))=f(-4x+3)$

$=(-4x+3)-2=-4x+1$

23 $(g\circ f)(x)=g(f(x))=g(3x+2)$

$=-(3x+2)^2=-9x^2-12x-4$

$(f\circ g)(x)=f(g(x))=f(-x^2)$

$=3\times(-x^2)+2=-3x^2+2$

24 $(g\circ f)(x)=g(f(x))=g((x-1)^2)$

$=3(x-1)^2=3x^2-6x+3$

$(f\circ g)(x)=f(g(x))=f(3x)$

$=(3x-1)^2=9x^2-6x+1$

25 (1) $(g\circ f)(x)=g(f(x))=g(x-3)$

$=(x-3)^2+(x-3)=x^2-5x+6$

(2) $(f\circ g)(x)=f(g(x))=f(x^2+x)$

$=(x^2+x)-3=x^2+x-3$

(3) (1), (2)의 결과를 비교하면

$(g\circ f)(x)\ \boxed{\neq}\ (f\circ g)(x)$ → 교환법칙이 성립하지 않는다.

26 (1) ❶ 단계 $(f\circ g)(x)=f(g(x))=f(3x-1)$

$=(3x-1)+1=3x$

❷ 단계 $((f\circ g)\circ h)(x)=(f\circ g)(h(x))$

$=(f\circ g)(x^2-2)$

$=3(x^2-2)=3x^2-6$

(2) ❶ 단계 $(g\circ h)(x)=g(h(x))=g(x^2-2)$

$=3(x^2-2)-1=3x^2-7$

❷ 단계 $(f\circ(g\circ h))(x)=f((g\circ h)(x))$

$=f(3x^2-7)$

$=(3x^2-7)+1=3x^2-6$

(3) (1), (2)의 결과를 비교하면

$((f\circ g)\circ h)(x)\boxed{=}(f\circ(g\circ h))(x)$ → 결합법칙이 성립한다.

27 (1) $(f\circ g)(x)=f(g(x))=f(-x+2)=(-x+2)^2$

$\therefore ((f\circ g)\circ h)(x)=(f\circ g)(h(x))=(f\circ g)(2x+1)$

$=\{-(2x+1)+2\}^2=(-2x+1)^2$

(2) $(g\circ h)(x)=g(h(x))=g(2x+1)$

$=-(2x+1)+2=-2x+1$

$\therefore (f\circ(g\circ h))(x)=f((g\circ h)(x))$

$=f(-2x+1)=(-2x+1)^2$

(3) (1), (2)의 결과를 비교하면

$((f\circ g)\circ h)(x)\boxed{=}(f\circ(g\circ h))(x)$

28 $(f\circ g)(x)=f(g(x))=f(\boxed{-x+a})$

$=2(\boxed{-x+a})+1=-2x+2a+1$

$(g\circ f)(x)=g(f(x))=g(\boxed{2x+1})$

$=-(\boxed{2x+1})+a=-2x-1+a$

$f\circ g=g\circ f$이므로 $-2x+2a+1=-2x-1+a$

$2a+1=-1+a \quad \therefore a=\boxed{-2}$

29 $(f\circ g)(x)=f(g(x))=f\left(\frac{1}{3}x-1\right)$

$=3\left(\frac{1}{3}x-1\right)+a=x-3+a$

$(g\circ f)(x)=g(f(x))=g(3x+a)$

$=\frac{1}{3}(3x+a)-1=x+\frac{1}{3}a-1$

$f\circ g=g\circ f$이므로 $x-3+a=x+\frac{1}{3}a-1$

$-3+a=\frac{1}{3}a-1,\ \frac{2}{3}a=2 \quad \therefore a=3$

30 $(f\circ g)(x)=f(g(x))=f(ax+1)$

$=5(ax+1)+2=5ax+7$

$(g\circ f)(x)=g(f(x))=g(5x+2)$

$=a(5x+2)+1=5ax+2a+1$

$f\circ g=g\circ f$이므로 $5ax+7=5ax+2a+1$

$7=2a+1 \quad \therefore a=3$

31 $(f\circ g)(x)=f(g(x))=f(-x+2)$

$=a(-x+2)-1=-ax+2a-1$

$(g\circ f)(x)=g(f(x))=g(ax-1)$

$=-(ax-1)+2=-ax+3$

$f\circ g=g\circ f$이므로 $-ax+2a-1=-ax+3$

$2a-1=3 \quad \therefore a=2$

32 $(f\circ h)(x)=g(x)$에서 $f(h(x))=g(x)$이므로

$\boxed{h(x)}-4=3x+1 \quad \therefore h(x)=\boxed{3x+5}$

33 $(f\circ h)(x)=g(x)$에서 $f(h(x))=g(x)$이므로

$-h(x)+2=2x+6$

$\therefore h(x)=-2x-4$

34 $(f\circ h)(x)=g(x)$에서 $f(h(x))=g(x)$이므로

$2h(x)+3=3x+5,\ 2h(x)=3x+2$

$\therefore h(x)=\frac{3}{2}x+1$

35 $(f\circ h)(x)=g(x)$에서 $f(h(x))=g(x)$이므로

$\frac{1}{2}h(x)+1=-4x+1,\ \frac{1}{2}h(x)=-4x$

$\therefore h(x)=-8x$

36 $(h\circ f)(x)=g(x)$에서 $h(f(x))=g(x)$이므로

$h(x-2)=2x-3$

$x-2=t$라 하면 $x=\boxed{t+2}$

따라서 $h(t)=2(\boxed{t+2})-3=\boxed{2t+1}$이므로

$h(x)=\boxed{2x+1}$

37 $(h\circ f)(x)=g(x)$에서 $h(f(x))=g(x)$이므로

$h(-x+4)=3x+2$

$-x+4=t$라 하면 $x=-t+4$

따라서 $h(t)=3(-t+4)+2=-3t+14$이므로

$h(x)=-3x+14$

38 $(h\circ f)(x)=g(x)$에서 $h(f(x))=g(x)$이므로

$h(2x-1)=x+2$

$2x-1=t$라 하면 $x=\frac{t+1}{2}$

따라서 $h(t)=\frac{t+1}{2}+2=\frac{1}{2}t+\frac{5}{2}$이므로

$h(x)=\frac{1}{2}x+\frac{5}{2}$

39 $(h\circ f)(x)=g(x)$에서 $h(f(x))=g(x)$이므로

$h\left(\frac{1}{3}x+1\right)=3x-1$

$\frac{1}{3}x+1=t$라 하면 $x=3t-3$

따라서 $h(t)=3(3t-3)-1=9t-10$이므로

$h(x)=9x-10$

40 (1) $f^2(x)=(f\circ f)(x)=f(f(x))$

$=f(x+2)=(x+2)+2$

$=x+4$

(2) $f^3(x)=(f\circ f^2)(x)=f(f^2(x))$

$=f(x+4)=(x+4)+2$

$=x+6$

(3) $f^4(x)=(f\circ f^3)(x)=f(f^3(x))$

$=f(x+6)=(x+6)+2$

$=x+8$

(4) $f^n(x)=x+2n$

(5) $f^{50}(2)=2+2\times50=102$

41 (1) $f(1)=2\times1=2$

(2) $f^2(1)=(f\circ f)(1)=f(f(1))$

$=f(2)=2\times2=4$

(3) $f^3(1)=(f\circ f^2)(1)=f(f^2(1))$

$=f(4)=2\times4=8$

(4) $f^n(1)=2^n$

(5) $f^{10}(1)=2^{10}=1024$

다른 풀이

(2) $f^2(x)=(f\circ f)(x)=f(f(x))=f(2x)$

$=2\times2x=4x$

$\therefore f^2(1)=4$

(3) $f^3(x)=(f\circ f^2)(x)=f(f^2(x))=f(4x)$

$=2\times4x=8x$

$\therefore f^3(1)=8$

(4) $f^n(x)=2^nx$ $\quad\therefore f^n(1)=2^n$

22 역함수

본문 102~106쪽

01

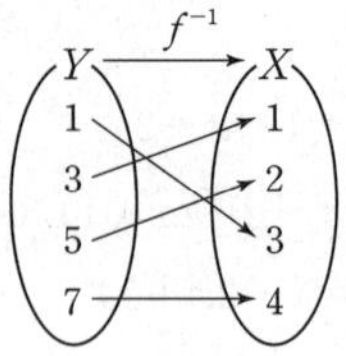

02 3 **03** 1 **04** 2 **05** 4

06 -1 **07** 2 **08** 1 **09** 7 **10** 0 **11** -3

12 × **13** ○ **14** × **15** × **16** 3 **17** -2

18 $0<a<1$ **19** $-1<a<2$ **20** $a=-1$, $b=7$

21 $a=2$, $b=6$ **22** 3 **23** $\frac{1}{2}$ **24** -1 **25** 5

26 2 **27** 5 **28** -2 **29** 7 **30** $y=\frac{1}{4}x+2$

31 $y=-\frac{1}{2}x+\frac{3}{2}$ **32** $y=3x-6$ **33** $y=2x+\frac{1}{2}$

34 e **35** d **36** e **37** d **38** c

39 $(2, 2)$ **40** $(6, 6)$ **41** $(-1, -1)$

42 $(3, 3)$ **43** $a=1$, $b=3$ **44** $a=5$, $b=-3$

45 $a=-1$, $b=2$ **46** $a=-4$, $b=2$

06 $f^{-1}(1)=a$에서 $f(a)=\boxed{1}$이므로

$2a+3=\boxed{1}$, $2a=-2$ $\quad\therefore a=\boxed{-1}$

07 $f^{-1}(7)=a$에서 $f(a)=7$이므로

$2a+3=7$, $2a=4$ $\quad\therefore a=2$

08 $f^{-1}(a)=-1$에서 $f(-1)=a$이므로

$a=2\times(-1)+3=1$

09 $f^{-1}(a)=2$에서 $f(2)=a$이므로

$a=2\times2+3=7$

10 $f^{-1}(5)=a+1$에서 $f(a+1)=5$이므로

$2(a+1)+3=5$, $2a+5=5$ $\quad\therefore a=0$

11 $f^{-1}(a-2)=-4$에서 $f(-4)=a-2$이므로

$a-2=2\times(-4)+3=-5$ $\quad\therefore a=-3$

12 치역과 공역이 같지 않다.

14 치역과 공역이 같지 않다.

15 일대일함수가 아니므로 일대일대응이 아니다.

16 함수 $f(x)$의 역함수가 존재하려면 함수 $f(x)$가 $\boxed{\text{일대일대응}}$이어야 하므로 $x=1$에서 함숫값이 같아야 한다.

$\boxed{4}=1+a$ $\quad\therefore a=\boxed{3}$

17 함수 $f(x)$의 역함수가 존재하려면 함수 $f(x)$가 일대일대응이어야 하므로 $x=4$에서 함숫값이 같아야 한다.

$4-a=8+a$, $2a=-4$ $\quad\therefore a=-2$

18 함수 $f(x)$의 역함수가 존재하려면 함수 $f(x)$가 $\boxed{\text{일대일대응}}$이어야 하므로 $x\geq 0$일 때와 $x<0$일 때의 두 직선 $y=ax+2$, $y=(1-a)x+2$의 기울기의 부호가 서로 같아야 한다.

$a(1-a)\boxed{>}0$, $a(a-1)<0$

$\therefore 0<a<\boxed{1}$

19 함수 $f(x)$의 역함수가 존재하려면 함수 $f(x)$가 일대일대응이어야 하므로 $x\geq 0$일 때와 $x<0$일 때의 두 직선 $y=(1+a)x-1$, $y=(2-a)x-1$의 기울기의 부호가 서로 같아야 한다.

$(1+a)(2-a)>0$, $(a+1)(a-2)<0$

$\therefore -1<a<2$

20 함수 $f(x)$의 역함수가 존재하려면 $f(x)$는 일대일대응이어야 한다.

$f(x)=2x-3$에서 x의 값이 증가하면 $f(x)$의 값도 증가하므로

$a=f(1)=2-3=-1$

$b=f(5)=2\times 5-3=7$

21 함수 $f(x)$의 역함수가 존재하려면 $f(x)$는 일대일대응이어야 한다.

$f(x)=-x+7$에서 x의 값이 증가하면 $f(x)$의 값은 감소하므로

$a=f(5)=-5+7=2$

$b=f(1)=-1+7=6$

22 $f(x)=x^2-2x=(x-1)^2-1$

함수 f의 역함수가 존재하면 f는 일대일대응이므로

$a\geq\boxed{1}$, $f(a)=\boxed{a}$

$f(a)=a$에서 $a^2-2a=a$, $a^2-3a=0$

$a(a-3)=0$ $\quad\therefore a=\boxed{3}$ $(\because a\geq 1)$

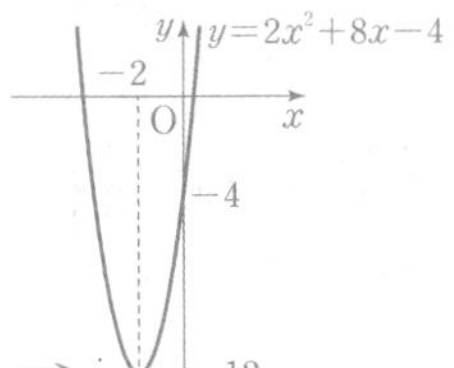

23 $f(x)=2x^2+8x-4=2(x+2)^2-12$

함수 f의 역함수가 존재하면 f는 일대일대응이므로

$a\geq -2$, $f(a)=a$

$f(a)=a$에서 $2a^2+8a-4=a$, $2a^2+7a-4=0$

$(a+4)(2a-1)=0$ $\quad\therefore a=\frac{1}{2}$ $(\because a\geq -2)$

24 $(f\circ(f\circ g)^{-1}\circ f)(2)=(f\circ g^{-1}\circ f^{-1}\circ f)(2)$

$=(f\circ g^{-1})(2)$

$=f(g^{-1}(2))$

이때 $g^{-1}(2)=k$라 하면 $g(k)=\boxed{2}$이므로

$3k+2=2$ $\quad\therefore k=\boxed{0}$

$\therefore (f\circ(f\circ g)^{-1}\circ f)(2)=f(\boxed{0})=\boxed{0}-1=\boxed{-1}$

25 $(f\circ(f\circ g)^{-1}\circ f)(-1)=(f\circ g^{-1}\circ f^{-1}\circ f)(-1)$

$=(f\circ g^{-1})(-1)$

$=f(g^{-1}(-1))$

이때 $g^{-1}(-1)=k$라 하면 $g(k)=-1$이므로

$-k+1=-1$ $\quad\therefore k=2$

$\therefore (f\circ(f\circ g)^{-1}\circ f)(-1)=f(2)=4\times 2-3=5$

26 $(f\circ(g\circ f)^{-1}\circ f)(3)=(f\circ f^{-1}\circ g^{-1}\circ f)(3)$

$=(g^{-1}\circ f)(3)$

$=g^{-1}(f(3))$ $\quad f(3)=-2\times 3+9=3$

$=g^{-1}(3)$

이때 $g^{-1}(3)=k$ $(k\geq 0)$라 하면 $g(k)=3$이므로

$k^2-1=3$, $k^2=4$ $\quad\therefore k=2$ $(\because k\geq 0)$

$\therefore (f\circ(g\circ f)^{-1}\circ f)(3)=2$

27 $(g\circ f)(x)=x$에서 g는 f의 역함수, 즉 $g=f^{-1}$이므로

$(f\circ g^{-1}\circ f^{-1})(2)=(f\circ g^{-1}\circ\boxed{g})(2)$

$=f(\boxed{2})=2\times 2+1=\boxed{5}$

28 $(g\circ f)(x)=x$에서 g는 f의 역함수, 즉 $g=f^{-1}$이므로

$(g^{-1}\circ f^{-1}\circ g)(-3)=(g^{-1}\circ g\circ g)(-3)$

$=g(-3)$

$g(-3)=k$, 즉 $f^{-1}(-3)=k$라 하면 $f(k)=-3$이므로

$2k+1=-3$, $2k=-4$ $\quad\therefore k=-2$

$\therefore (g^{-1}\circ f^{-1}\circ g)(-3)=-2$

29 $(g\circ f)(x)=x$에서 g는 f의 역함수, 즉 $g=f^{-1}$이므로

$(f\circ(f\circ g)^{-1}\circ f)(1)=(f\circ g^{-1}\circ f^{-1}\circ f)(1)$

$=(f\circ g^{-1})(1)$

$=(f\circ f)(1)=f(f(1))$ $\quad g^{-1}=f$이므로

$=f(3)=2\times 3+1=7$ $\quad f(1)=2+1=3$

30 주어진 함수는 일대일대응이므로 역함수가 존재한다.

$y=4x-8$에서 x를 y에 대한 식으로 나타내면

$4x=y+\boxed{8}$ $\quad\therefore x=\frac{1}{4}y+\boxed{2}$

x와 y를 서로 바꾸면 구하는 역함수는

$y=\boxed{\frac{1}{4}x+2}$

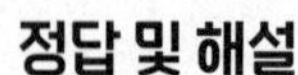

31 주어진 함수는 일대일대응이므로 역함수가 존재한다.
$y=-2x+3$에서 x를 y에 대한 식으로 나타내면
$2x=-y+3 \qquad \therefore x=-\frac{1}{2}y+\frac{3}{2}$
x와 y를 서로 바꾸면 구하는 역함수는
$y=-\frac{1}{2}x+\frac{3}{2}$

32 주어진 함수는 일대일대응이므로 역함수가 존재한다.
$y=\frac{1}{3}x+2$에서 x를 y에 대한 식으로 나타내면
$\frac{1}{3}x=y-2 \qquad \therefore x=3y-6$
x와 y를 서로 바꾸면 구하는 역함수는
$y=3x-6$

33 주어진 함수는 일대일대응이므로 역함수가 존재한다.
$2x-4y-1=0$에서 x를 y에 대한 식으로 나타내면
$2x=4y+1 \qquad \therefore x=2y+\frac{1}{2}$
x와 y를 서로 바꾸면 구하는 역함수는
$y=2x+\frac{1}{2}$

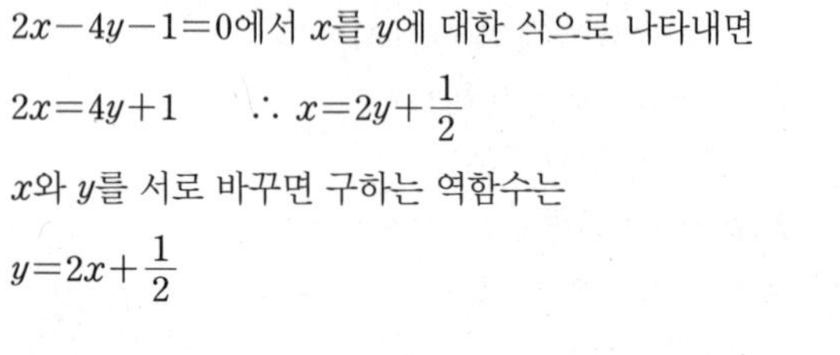

34 직선 $y=x$를 이용하여 y축과 점선이 만나는 점의 y좌표를 구하면 오른쪽 그림과 같다.
$f^{-1}(d)=k$라 하면
$f(k)=\boxed{d} \qquad \therefore k=\boxed{e}$

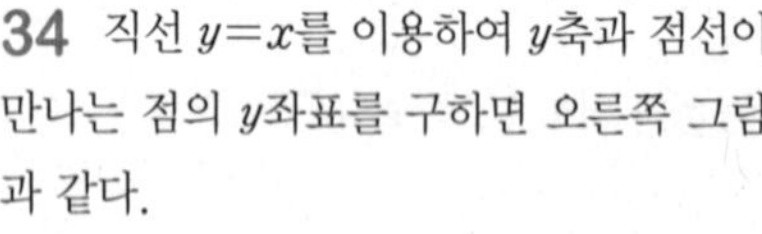
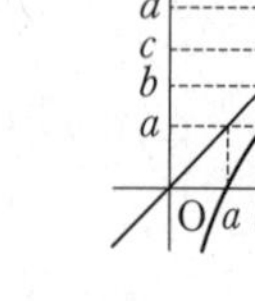

35 $f^{-1}(b)=k,\ f^{-1}(c)=m$이라 하면
$f(k)=b,\ f(m)=c \qquad \therefore k=c,\ m=d$
$\therefore (f^{-1}\circ f^{-1})(b)=f^{-1}(f^{-1}(b))$
$=f^{-1}(c)=d$

36 $(f\circ f)^{-1}(c)=(f^{-1}\circ f^{-1})(c)$
$=f^{-1}(f^{-1}(c))$) 35에서 $f^{-1}(c)=d$
$=f^{-1}(d)=e$

37 $f^{-1}(a)=k$라 하면
$f(k)=a \qquad \therefore k=b$
$\therefore (f^{-1}\circ f^{-1}\circ f^{-1})(a)=f^{-1}(f^{-1}(f^{-1}(a)))$
$=f^{-1}(f^{-1}(b))$) 35에서 $f^{-1}(b)=c$
$=f^{-1}(c)=d$

38 $((f\circ f)^{-1}\circ f)(b)=(f^{-1}\circ f^{-1}\circ f)(b)$
$=f^{-1}(b)$) 35에서 $f^{-1}(b)=c$
$=c$

39 함수 $y=f(x)$의 그래프와 그 역함수 $y=f^{-1}(x)$의 그래프는 직선 $y=x$에 대하여 대칭이므로 오른쪽 그림과 같다.
함수 $y=f(x)$의 그래프와 그 역함수 $y=f^{-1}(x)$의 그래프의 교점은 함수 $y=f(x)$의 그래프와 직선 $y=x$의 교점과 같으므로
$3x-4=\boxed{x},\ 2x=4 \qquad \therefore x=\boxed{2}$
따라서 구하는 교점의 좌표는 $(\boxed{2},\ \boxed{2})$이다.

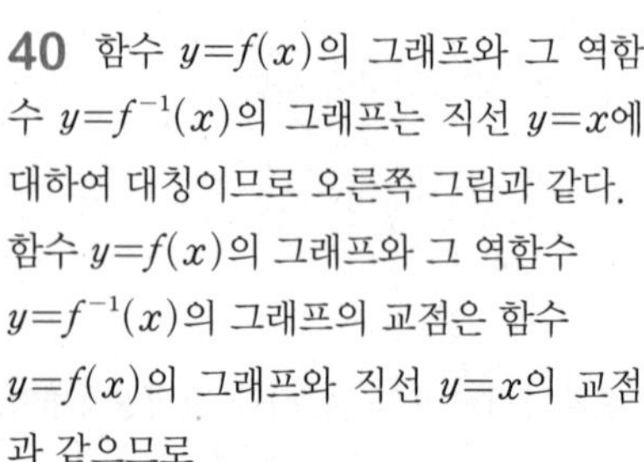

40 함수 $y=f(x)$의 그래프와 그 역함수 $y=f^{-1}(x)$의 그래프는 직선 $y=x$에 대하여 대칭이므로 오른쪽 그림과 같다.
함수 $y=f(x)$의 그래프와 그 역함수 $y=f^{-1}(x)$의 그래프의 교점은 함수 $y=f(x)$의 그래프와 직선 $y=x$의 교점과 같으므로
$\frac{1}{2}x+3=x,\ \frac{1}{2}x=3 \qquad \therefore x=6$
따라서 구하는 교점의 좌표는 $(6,\ 6)$이다.

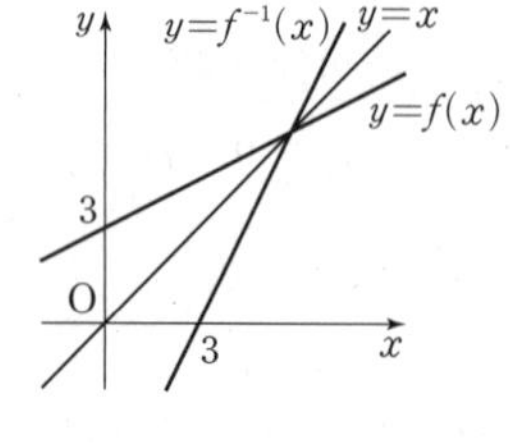

41 함수 $y=f(x)$의 그래프와 그 역함수 $y=f^{-1}(x)$의 그래프는 직선 $y=x$에 대하여 대칭이므로 오른쪽 그림과 같다.
함수 $y=f(x)$의 그래프와 그 역함수 $y=f^{-1}(x)$의 그래프의 교점은 함수 $y=f(x)$의 그래프와 직선 $y=x$의 교점과 같으므로
$-4x-5=x,\ 5x=-5 \qquad \therefore x=-1$
따라서 구하는 교점의 좌표는 $(-1,\ -1)$이다.

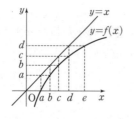

42 함수 $y=f(x)$의 그래프와 그 역함수 $y=f^{-1}(x)$의 그래프는 직선 $y=x$에 대하여 대칭이므로 오른쪽 그림과 같다.
함수 $y=f(x)$의 그래프와 그 역함수 $y=f^{-1}(x)$의 그래프의 교점은 함수 $y=f(x)$의 그래프와 직선 $y=x$의 교점과 같으므로
$-\frac{1}{3}x+4=x,\ \frac{4}{3}x=4 \qquad \therefore x=3$
따라서 구하는 교점의 좌표는 $(3,\ 3)$이다.

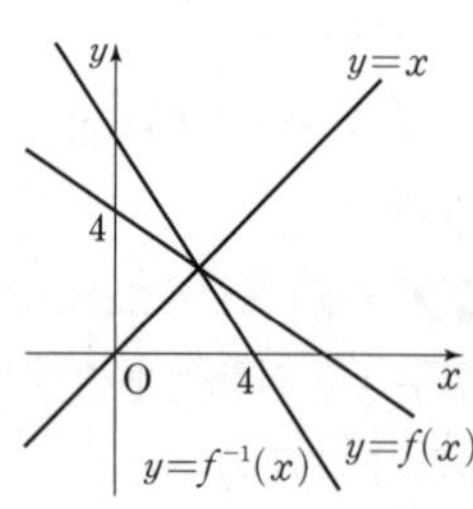

43 함수 $y=f^{-1}(x)$의 그래프가 두 점 $\mathrm{P}(2,\ -1),\ \mathrm{Q}(4,\ 1)$을 지나므로
$f^{-1}(2)=-1,\ f^{-1}(4)=\boxed{1}$
즉, $f(-1)=2,\ f(1)=\boxed{4}$이므로

$-a+b=2,\ a+b=\boxed{4}$
위의 두 식을 연립하여 풀면
$a=\boxed{1},\ b=\boxed{3}$

44 함수 $y=f^{-1}(x)$의 그래프가 두 점 P(2, 1), Q(−8, −1)을 지나므로
$f^{-1}(2)=1,\ f^{-1}(-8)=-1$
즉, $f(1)=2,\ f(-1)=-8$이므로
$a+b=2,\ -a+b=-8$
위의 두 식을 연립하여 풀면
$a=5,\ b=-3$

45 함수 $y=f^{-1}(x)$의 그래프가 두 점 P(4, −2), Q(−3, 5)를 지나므로
$f^{-1}(4)=-2,\ f^{-1}(-3)=5$
즉, $f(-2)=4,\ f(5)=-3$이므로
$-2a+b=4,\ 5a+b=-3$
위의 두 식을 연립하여 풀면
$a=-1,\ b=2$

46 함수 $y=f^{-1}(x)$의 그래프가 두 점 P(6, −1), Q(−2, 1)을 지나므로
$f^{-1}(6)=-1,\ f^{-1}(-2)=1$
즉, $f(-1)=6,\ f(1)=-2$이므로
$-a+b=6,\ a+b=-2$
위의 두 식을 연립하여 풀면
$a=-4,\ b=2$

23 유리함수 $y=\frac{k}{x-p}+q$의 그래프

본문 108~112쪽

01 분수 02 다항 03 분수 04 다항 05 $\frac{3x-1}{(x+1)(x-1)}$
06 $\frac{4x+9}{x(x+3)}$ 07 $\frac{-x+1}{x+2}$ 08 $\frac{2x-1}{x(x+1)}$
09 $\frac{2}{x+1}$ 10 $\frac{2}{(x+3)(x-2)}$ 11 $\frac{x+3}{x+2}$ 12 $\frac{x(x-3)}{x+1}$
13 $\frac{x}{(x+1)(x-3)}$ 14 $a=3,\ b=1$ 15 $a=5,\ b=5$
16 $a=-1,\ b=2$ 17 $a=-1,\ b=3$ 18 $a=2,\ b=2$
19 $a=3,\ b=1$ 20 $a=-1,\ b=1$ 21 $a=\frac{1}{2},\ b=-\frac{1}{2}$
22 분수 23 다항 24 다항 25 분수 26 $\{x|x\neq3$인 실수$\}$
27 $\{x|x\neq-5$인 실수$\}$ 28 $\{x|x$는 모든 실수$\}$
29 $\{x|x\neq-2,\ x\neq2$인 실수$\}$ 30~32 해설 참조
33 $y=\frac{1}{x-1}+2$ 34 $y=\frac{3}{x-2}-1$ 35 $y=-\frac{2}{x+1}-3$
36~39 해설 참조 40 $a=-3,\ b=0$ 41 $a=1,\ b=-2$
42 $a=-2,\ b=5$ 43 1 44 −1 45 −4

05 $\frac{1}{x-1}+\frac{2}{x+1}=\frac{(x+1)+\boxed{2}(x-1)}{(x-1)(x+1)}=\frac{\boxed{3x-1}}{(x+1)(x-1)}$

06 $\frac{3}{x}+\frac{1}{x+3}=\frac{3(x+3)+x}{x(x+3)}=\frac{4x+9}{x(x+3)}$

07 $\frac{3}{x+2}-1=\frac{3-(x+2)}{x+2}=\frac{-x+1}{x+2}$

08 $\frac{2}{x+1}-\frac{1}{x^2+x}=\frac{2}{x+1}-\frac{1}{x(x+1)}=\frac{2x-1}{x(x+1)}$

09 $\frac{x-1}{x}\times\frac{2x}{x^2-1}=\frac{x-1}{x}\times\frac{2x}{(x+1)(x-1)}=\frac{2}{x+1}$

10 $\frac{2x+6}{x^2-4}\times\frac{x+2}{x^2+6x+9}=\frac{2(x+3)}{(x+2)(x-2)}\times\frac{x+2}{(x+3)^2}$
$=\frac{2}{(x+3)(x-2)}$

11 $\frac{x-1}{x+2}\div\frac{x-1}{x+3}=\frac{x-1}{x+2}\times\frac{x+3}{x-1}=\frac{x+3}{x+2}$

12 $\frac{x}{x+3}\div\frac{x+1}{x^2-9}=\frac{x}{x+3}\times\frac{x^2-9}{x+1}=\frac{x}{x+3}\times\frac{(x+3)(x-3)}{x+1}$
$=\frac{x(x-3)}{x+1}$

13 $\frac{x^2-x}{x^2-5x+6}\div\frac{x^2-1}{x-2}=\frac{x^2-x}{x^2-5x+6}\times\frac{x-2}{x^2-1}$
$=\frac{x(x-1)}{(x-2)(x-3)}\times\frac{x-2}{(x+1)(x-1)}$
$=\frac{x}{(x+1)(x-3)}$

14 $\dfrac{2}{x-1}+\dfrac{1}{x+1}=\dfrac{2(\boxed{x+1})+(x-1)}{(x-1)(x+1)}=\dfrac{3x+\boxed{1}}{x^2-1}$

즉, $\dfrac{3x+\boxed{1}}{x^2-1}=\dfrac{ax+b}{x^2-1}$이므로

$a=\boxed{3}$, $b=\boxed{1}$

15 $\dfrac{a}{x+1}-\dfrac{b}{x+2}=\dfrac{a(x+2)-b(x+1)}{(x+1)(x+2)}=\dfrac{(a-b)x+2a-b}{x^2+3x+2}$

즉, $\dfrac{(a-b)x+2a-b}{x^2+3x+2}=\dfrac{5}{x^2+3x+2}$이므로

$a-b=0$, $2a-b=5$

위의 두 식을 연립하여 풀면 $a=5$, $b=5$

16 $\dfrac{a}{x+2}+\dfrac{bx+1}{x^2-4}=\dfrac{a}{x+2}+\dfrac{bx+1}{(x+2)(x-2)}$

$=\dfrac{a(x-2)+bx+1}{(x+2)(x-2)}$

$=\dfrac{(a+b)x-2a+1}{x^2-4}$

즉, $\dfrac{(a+b)x-2a+1}{x^2-4}=\dfrac{x+3}{x^2-4}$이므로

$a+b=1$, $-2a+1=3$

$-2a+1=3$에서 $2a=-2$ $\quad\therefore a=-1$

$a=-1$을 $a+b=1$에 대입하여 풀면 $b=2$

17 $\dfrac{a}{x-1}+\dfrac{x+b}{x^2+x+1}=\dfrac{a(x^2+x+1)+(x+b)(x-1)}{(x-1)(x^2+x+1)}$

$=\dfrac{(a+1)x^2+(a+b-1)x+a-b}{x^3-1}$

즉, $\dfrac{(a+1)x^2+(a+b-1)x+a-b}{x^3-1}=\dfrac{x-4}{x^3-1}$이므로

$a+1=0$, $a+b-1=1$, $a-b=-4$

$a+1=0$에서 $a=-1$

$a=-1$을 $a-b=-4$에 대입하여 풀면 $b=3$

→ $a=-1$을 $a+b-1=1$에 대입하여 b의 값을 구해도 된다.

18 $\dfrac{1}{x(x+2)}=\dfrac{1}{2}\left(\dfrac{1}{x}-\dfrac{1}{x+2}\right)$ $\quad\therefore a=2$, $b=2$

19 $\dfrac{1}{(x-2)(x+1)}=\dfrac{1}{3}\left(\dfrac{1}{x-2}-\dfrac{1}{x+1}\right)$ $\quad\therefore a=3$, $b=1$

20 $\dfrac{1}{x(x+1)}=\dfrac{1}{x}-\dfrac{1}{x+1}$ $\quad\therefore a=-1$, $b=1$

21 $\dfrac{1}{(x+1)(x+3)}=\dfrac{1}{2}\left(\dfrac{1}{x+1}-\dfrac{1}{x+3}\right)=\dfrac{1}{2(x+1)}-\dfrac{1}{2(x+3)}$

$\therefore a=\dfrac{1}{2}$, $b=-\dfrac{1}{2}$

26 $x-3=0$에서 $x=3$

따라서 주어진 함수의 정의역은

$\{x\,|\,x\neq3$인 실수$\}$

27 $x+5=0$에서 $x=-5$

따라서 주어진 함수의 정의역은

$\{x\,|\,x\neq-5$인 실수$\}$

28 $x^2+1\neq0$이므로 주어진 함수의 정의역은 (← (실수)$^2\geq0$이므로)

$\{x\,|\,x$는 모든 실수$\}$

29 $x^2-4=0$에서 $(x+2)(x-2)=0$

$\therefore x=-2$ 또는 $x=2$

따라서 주어진 함수의 정의역은

$\{x\,|\,x\neq-2,\ x\neq2$인 실수$\}$

30

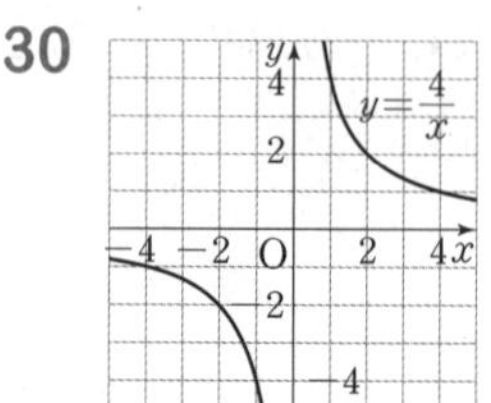

31

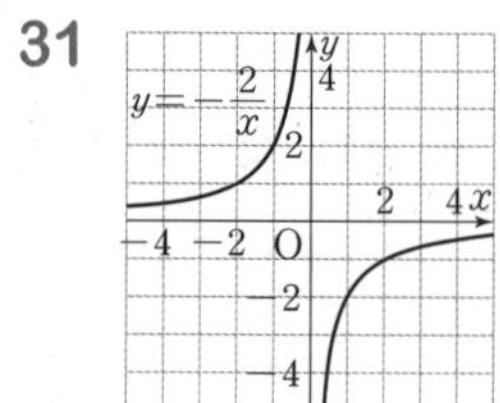

32

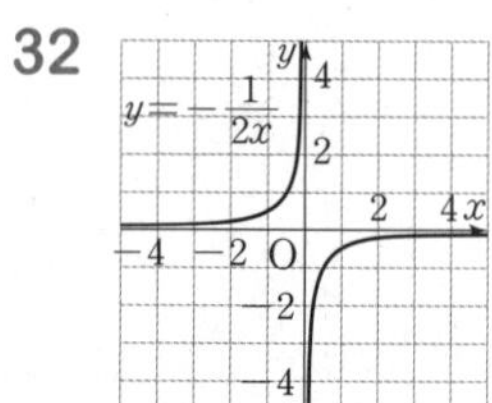

33 함수 $y=\dfrac{1}{x}$의 그래프를 x축의 방향으로 1만큼, y축의 방향으로 2만큼 평행이동하면 → x 대신 $x-1$, y 대신 $y-2$를 대입한다.

$y-\boxed{2}=\dfrac{1}{x-\boxed{1}}$ $\quad\therefore y=\dfrac{1}{x-\boxed{1}}+\boxed{2}$

34 함수 $y=\dfrac{3}{x}$의 그래프를 x축의 방향으로 2만큼, y축의 방향으로 -1만큼 평행이동하면

$y+1=\dfrac{3}{x-2}$ $\quad\therefore y=\dfrac{3}{x-2}-1$

35 함수 $y=-\dfrac{2}{x}$의 그래프를 x축의 방향으로 -1만큼, y축의 방향으로 -3만큼 평행이동하면

$y+3=-\dfrac{2}{x+1}$ $\quad\therefore y=-\dfrac{2}{x+1}-3$

36 (1) $x=0$, $y=2$

(2) 정의역: $\{x|x\neq0$인 실수$\}$, 치역: $\{y|y\neq2$인 실수$\}$

(3)

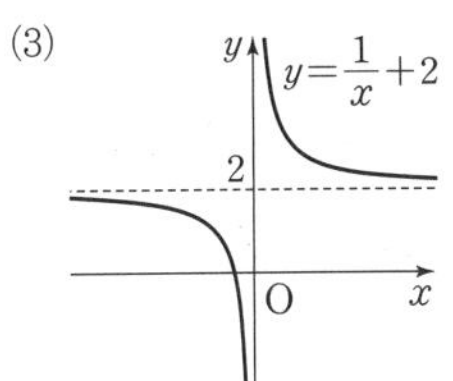

37 (1) $x=-1$, $y=0$

(2) 정의역: $\{x|x\neq-1$인 실수$\}$, 치역: $\{y|y\neq0$인 실수$\}$

(3)

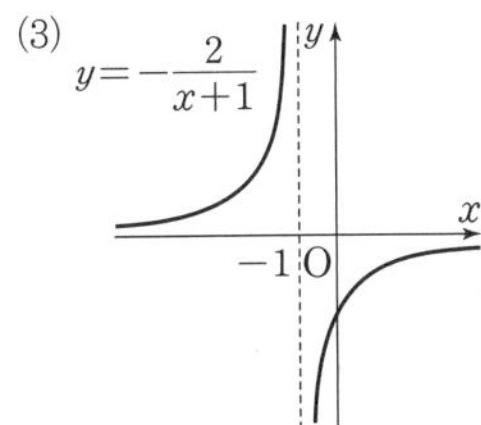

38 (1) $x=2$, $y=3$

(2) 정의역: $\{x|x\neq2$인 실수$\}$, 치역: $\{y|y\neq3$인 실수$\}$

(3)

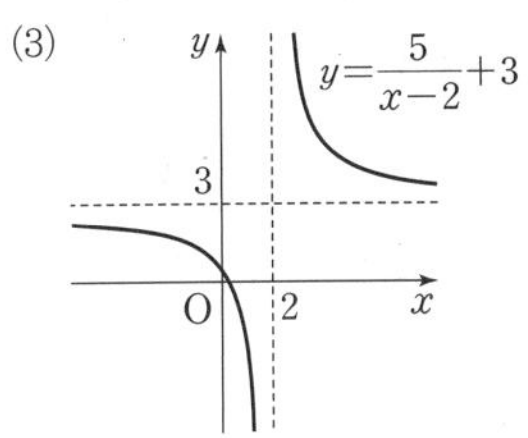

39 (1) $x=-3$, $y=-1$

(2) 정의역: $\{x|x\neq-3$인 실수$\}$, 치역: $\{y|y\neq-1$인 실수$\}$

(3)

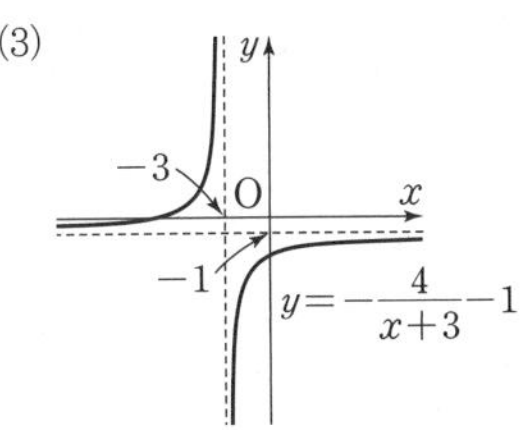

43 함수 $y=-\frac{2}{x}+1$의 그래프의 점근선의 방정식이 $x=\boxed{0}$, $y=\boxed{1}$이므로 직선 $y=x+k$는 점 $(0, 1)$을 지난다.

$\therefore k=\boxed{1}$

44 함수 $y=\frac{1}{x-4}+3$의 그래프의 점근선의 방정식이 $x=4$, $y=3$이므로 직선 $y=x+k$는 점 $(4, 3)$을 지난다.

즉, $3=4+k$이므로 $k=-1$

45 함수 $y=-\frac{7}{x+2}-2$의 그래프의 점근선의 방정식이 $x=-2$, $y=-2$이므로 직선 $y=-x+k$는 점 $(-2, -2)$를 지난다.

즉, $-2=-(-2)+k$이므로 $k=-4$

24 유리함수 $y=\frac{ax+b}{cx+d}$의 그래프

본문 113~117쪽

01 $y=\frac{4}{x-1}+4$ **02** $y=-\frac{1}{x+1}+2$ **03** $y=-\frac{1}{x-2}-3$

04 $y=\frac{3}{x-3}-1$ **05** $y=\frac{2}{x-\frac{1}{2}}+1$ **06** $y=\frac{1}{x+\frac{1}{3}}-2$

07~10 해설 참조 **11** ○ **12** × **13** × **14** ○

15 × **16** × **17** ○ **18** × **19** ○ **20** ×

21 ○ **22** $k=2$, $p=1$, $q=2$

23 $k=1$, $p=-2$, $q=1$ **24** $k=-2$, $p=1$, $q=3$

25 $a=2$, $b=1$, $c=1$ **26** $a=-1$, $b=5$, $c=-3$

27 최댓값: 7, 최솟값: 3 **28** 최댓값: 2, 최솟값: 1

29 최댓값: 0, 최솟값: -3 **30** 최댓값: 2, 최솟값: -1

31 최댓값: 2, 최솟값: 0 **32** $y=\frac{x+1}{x-3}$

33 $y=\frac{-x+3}{x-2}$ **34** $y=\frac{2x-4}{x+1}$ **35** $y=\frac{-3x+1}{x+1}$

36 $y=\frac{x+2}{2x+3}$ **37** $y=\frac{-4x-5}{3x-2}$

01 $y=\frac{4x}{x-1}=\frac{\boxed{4}(x-1)+4}{x-1}=\frac{\boxed{4}}{x-1}+4$ (같게 만들어 준다.)

02 $y=\frac{2x+1}{x+1}=\frac{2(x+1)-1}{x+1}=-\frac{1}{x+1}+2$

03 $y=\frac{-3x+5}{x-2}=\frac{-3(x-2)-1}{x-2}=-\frac{1}{x-2}-3$

04 $y=\frac{x-6}{3-x}=\frac{-x+6}{x-3}=\frac{-(x-3)+3}{x-3}=\frac{3}{x-3}-1$

05 $y=\frac{2x+3}{2x-1}=\frac{(2x-1)+4}{2x-1}=\frac{4}{2\left(x-\frac{1}{2}\right)}+1=\frac{2}{x-\frac{1}{2}}+1$

06 $y=\frac{-6x+1}{3x+1}=\frac{-2(3x+1)+3}{3x+1}$

$=\frac{3}{3\left(x+\frac{1}{3}\right)}-2=\frac{1}{x+\frac{1}{3}}-2$

07 (1) $y=\frac{3x+7}{x+2}=\frac{3(x+2)+1}{x+2}=\frac{1}{x+2}+3$

(2) $x=-2$, $y=3$

(3) 정의역: $\{x|x\neq-2$인 실수$\}$, 치역: $\{y|y\neq3$인 실수$\}$

(4)

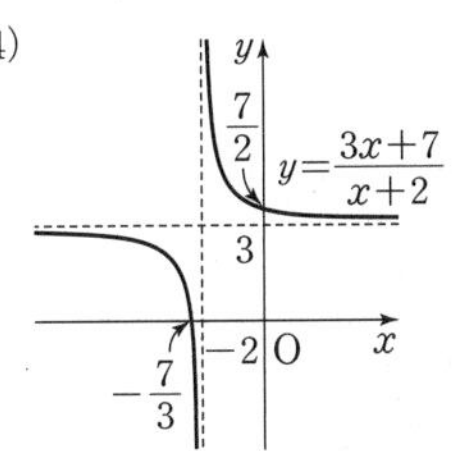

08 (1) $y=\dfrac{2x-5}{x-1}=\dfrac{2(x-1)-3}{x-1}=-\dfrac{3}{x-1}+2$

(2) $x=1$, $y=2$

(3) 정의역: $\{x|x\neq1$인 실수$\}$, 치역: $\{y|y\neq2$인 실수$\}$

(4)

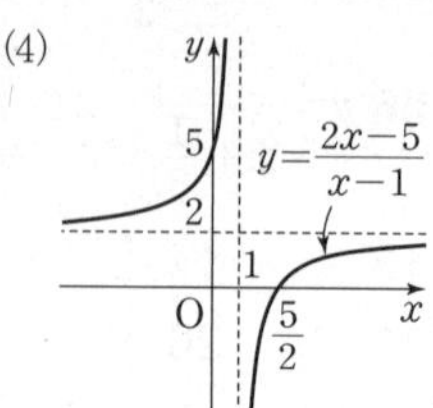

09 (1) $y=\dfrac{-5x+17}{x-3}=\dfrac{-5(x-3)+2}{x-3}=\dfrac{2}{x-3}-5$

(2) $x=3$, $y=-5$

(3) 정의역: $\{x|x\neq3$인 실수$\}$, 치역: $\{y|y\neq-5$인 실수$\}$

(4)

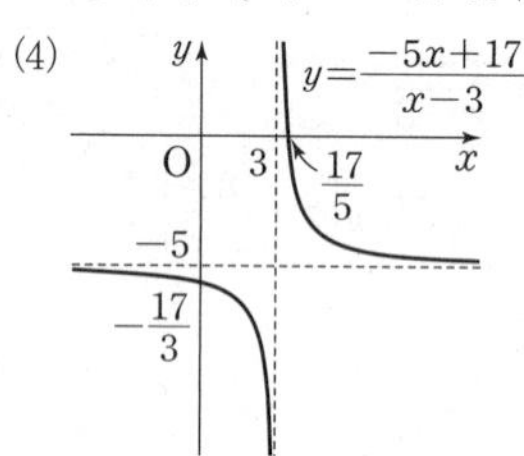

10 (1) $y=\dfrac{-4x-6}{x+1}=\dfrac{-4(x+1)-2}{x+1}=-\dfrac{2}{x+1}-4$

(2) $x=-1$, $y=-4$

(3) 정의역: $\{x|x\neq-1$인 실수$\}$, 치역: $\{y|y\neq-4$인 실수$\}$

(4)

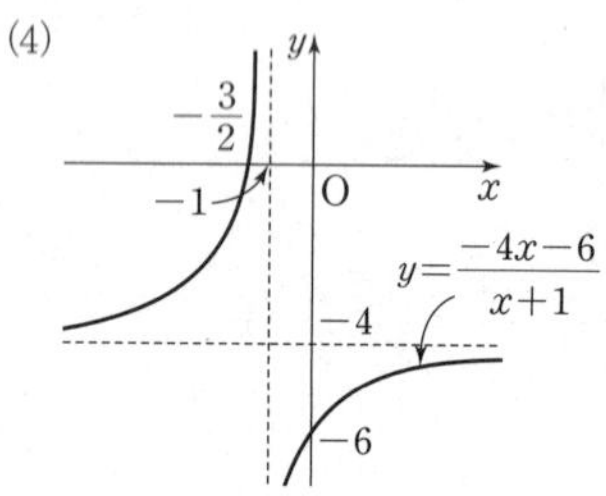

11 $y=\dfrac{2x+3}{x+1}=\dfrac{2(x+1)+\boxed{1}}{x+1}=\dfrac{\boxed{1}}{x+1}+2$

즉, 함수 $y=\dfrac{1}{x}$의 그래프를 x축의 방향으로 $\boxed{-1}$만큼, y축의 방향으로 $\boxed{2}$만큼 평행이동한 것이므로 겹쳐질 수 있다.

12 $y=\dfrac{x+2}{x}=\dfrac{2}{x}+1$

이므로 함수 $y=\dfrac{1}{x}$의 그래프를 평행이동하여 겹쳐질 수 없다.

13 $y=\dfrac{x-2}{x-1}=\dfrac{(x-1)-1}{x-1}=-\dfrac{1}{x-1}+1$

이므로 함수 $y=\dfrac{1}{x}$의 그래프를 평행이동하여 겹쳐질 수 없다.

14 $y=\dfrac{-2x-7}{x+4}=\dfrac{-2(x+4)+1}{x+4}=\dfrac{1}{x+4}-2$

즉, 함수 $y=\dfrac{1}{x}$의 그래프를 x축의 방향으로 -4만큼, y축의 방향으로 -2만큼 평행이동한 것이므로 겹쳐질 수 있다.

15 $y=\dfrac{4x+1}{2x-1}=\dfrac{2(2x-1)+3}{2x-1}=\dfrac{3}{2\left(x-\frac{1}{2}\right)}+2$

이므로 함수 $y=\dfrac{1}{x}$의 그래프를 평행이동하여 겹쳐질 수 없다.

16 $y=\dfrac{x+1}{x-2}=\dfrac{(x-2)+3}{x-2}=\dfrac{3}{x-2}+1$

이므로 함수 $y=\dfrac{x-1}{x+2}=\dfrac{(x+2)-3}{x+2}=-\dfrac{3}{x+2}+1$의 그래프를 평행이동하여 겹쳐질 수 없다.

17 $y=\dfrac{3x}{x+1}=\dfrac{3(x+1)-3}{x+1}=-\dfrac{3}{x+1}+3$

이므로 함수 $y=\dfrac{x-1}{x+2}$의 그래프를 평행이동하여 겹쳐질 수 있다.

↳ x축의 방향으로 1만큼, y축의 방향으로 2만큼

18 $y=\dfrac{-2x+5}{2x+4}=\dfrac{-(2x+4)+9}{2x+4}=\dfrac{9}{2(x+2)}-1$

이므로 함수 $y=\dfrac{x-1}{x+2}$의 그래프를 평행이동하여 겹쳐질 수 없다.

19 $y=\dfrac{x+2}{1-x}=\dfrac{-x-2}{x-1}=\dfrac{-(x-1)-3}{x-1}=-\dfrac{3}{x-1}-1$

이므로 함수 $y=\dfrac{x-1}{x+2}$의 그래프를 평행이동하여 겹쳐질 수 있다.

↳ x축의 방향으로 3만큼, y축의 방향으로 -2만큼

20 $y=\dfrac{-9x-6}{3x+1}=\dfrac{-3(3x+1)-3}{3x+1}$

$=-\dfrac{3}{3\left(x+\frac{1}{3}\right)}-3=-\dfrac{1}{x+\frac{1}{3}}-3$

이므로 함수 $y=\dfrac{x-1}{x+2}$의 그래프를 평행이동하여 겹쳐질 수 없다.

21 $y=\dfrac{3x-6}{2x}=-\dfrac{3}{x}+\dfrac{3}{2}$

이므로 함수 $y=\dfrac{x-1}{x+2}$의 그래프를 평행이동하여 겹쳐질 수 있다.

↳ x축의 방향으로 2만큼, y축의 방향으로 $\frac{1}{2}$만큼

22 점근선의 방정식이 $x=1$, $y=2$이므로

$y=\dfrac{k}{x-1}+2$ $(k>0)$라 하면 $p=\boxed{1}$, $q=\boxed{2}$

이 함수의 그래프가 점 $(0,\ 0)$을 지나므로

$0=\dfrac{k}{-1}+2$ $\quad\therefore k=\boxed{2}$

23 점근선의 방정식이 $x=-2$, $y=1$이므로

$y=\dfrac{k}{x+2}+1$ $(k>0)$이라 하면 $p=-2$, $q=1$

이 함수의 그래프가 점 $(-3,\ 0)$을 지나므로

$0=\dfrac{k}{-1}+1 \quad \therefore k=1$

24 점근선의 방정식이 $x=1,\ y=3$이므로

$y=\dfrac{k}{x-1}+3\ (k<0)$이라 하면 $p=1,\ q=3$

이 함수의 그래프가 점 $(0,\ 5)$를 지나므로

$5=\dfrac{k}{-1}+3 \quad \therefore k=-2$

25 점근선의 방정식이 $x=-1,\ y=2$이므로

$y=\dfrac{k}{x+1}+2\ (k<0)$라 하자.

이 함수의 그래프가 점 $(0,\ 1)$을 지나므로

$1=k+2 \quad \therefore k=-1$

따라서 $y=\dfrac{-1}{x+1}+2=\dfrac{-1+2(x+1)}{x+1}=\dfrac{2x+1}{x+1}$이므로

$a=2,\ b=1,\ c=1$

26 점근선의 방정식이 $x=3,\ y=-1$이므로

$y=\dfrac{k}{x-3}-1\ (k>0)$이라 하자.

이 함수의 그래프가 점 $(5,\ 0)$을 지나므로

$0=\dfrac{k}{2}-1 \quad \therefore k=2$

따라서 $y=\dfrac{2}{x-3}-1=\dfrac{2-(x-3)}{x-3}=\dfrac{-x+5}{x-3}$이므로

$a=-1,\ b=5,\ c=-3$

27 ❶단계 $y=\dfrac{2x+1}{x-2}=\dfrac{2(x-2)+5}{x-2}=\dfrac{5}{x-2}+\boxed{2}$

❷단계 주어진 함수의 그래프는 함수 $y=\dfrac{5}{x}$의 그래프를 x축의 방향으로 $\boxed{2}$만큼, y축의 방향으로 $\boxed{2}$만큼 평행이동한 것이므로 $3\le x\le 7$에서 함수 $y=\dfrac{2x+1}{x-2}$의 그래프는 오른쪽 그림과 같다.

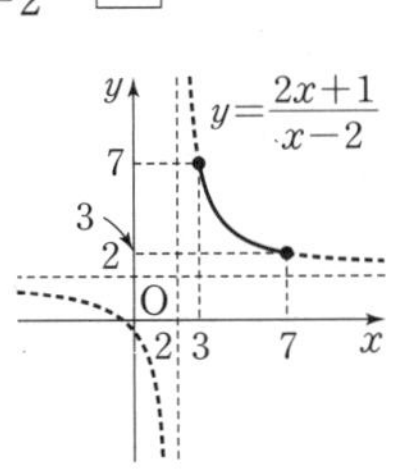

❸단계 함수 $y=\dfrac{2x+1}{x-2}$은 $x=\boxed{3}$일 때 최댓값 $\boxed{7}$, $x=\boxed{7}$일 때 최솟값 $\boxed{3}$을 갖는다.

28 ❶단계 $y=\dfrac{3x+5}{x+1}=\dfrac{3(x+1)+2}{x+1}=\dfrac{2}{x+1}+3$

❷단계 주어진 함수의 그래프는 함수 $y=\dfrac{2}{x}$의 그래프를 x축의 방향으로 -1만큼, y축의 방향으로 3만큼 평행이동한 것이므로 $-3\le x\le -2$에서 함수 $y=\dfrac{3x+5}{x+1}$의 그래프는 오른쪽 그림과 같다.

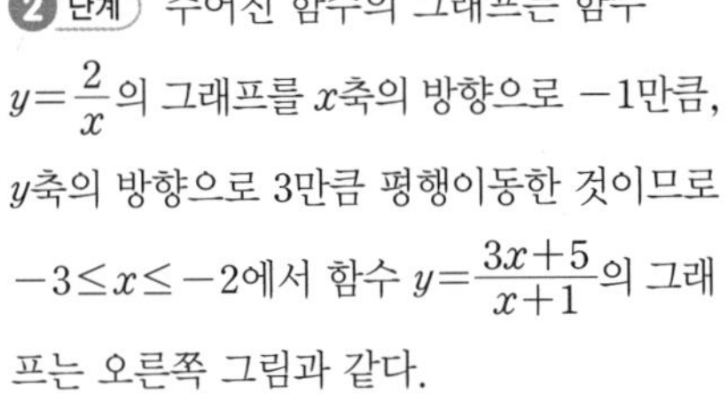

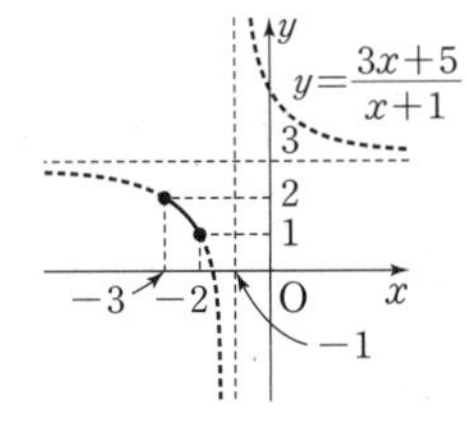

❸단계 함수 $y=\dfrac{3x+5}{x+1}$는 $x=-3$일 때 최댓값 2, $x=-2$일 때 최솟값 1을 갖는다.

29 $y=\dfrac{x-6}{x+2}=\dfrac{(x+2)-8}{x+2}=-\dfrac{8}{x+2}+1$

이므로 주어진 함수의 그래프는 함수 $y=-\dfrac{8}{x}$의 그래프를 x축의 방향으로 -2만큼, y축의 방향으로 1만큼 평행이동한 것이다.

즉, $0\le x\le 6$에서 함수 $y=\dfrac{x-6}{x+2}$의 그래프는 오른쪽 그림과 같으므로 함수 $y=\dfrac{x-6}{x+2}$은 $x=6$일 때 최댓값 0, $x=0$일 때 최솟값 -3을 갖는다.

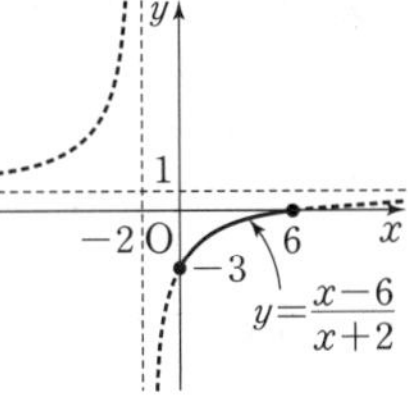

30 $y=\dfrac{-2x+2}{x-3}=\dfrac{-2(x-3)-4}{x-3}=-\dfrac{4}{x-3}-2$

이므로 주어진 함수의 그래프는 함수 $y=-\dfrac{4}{x}$의 그래프를 x축의 방향으로 3만큼, y축의 방향으로 -2만큼 평행이동한 것이다.

즉, $-1\le x\le 2$에서 함수 $y=\dfrac{-2x+2}{x-3}$의 그래프는 오른쪽 그림과 같으므로 함수 $y=\dfrac{-2x+2}{x-3}$는 $x=2$일 때 최댓값 2, $x=-1$일 때 최솟값 -1을 갖는다.

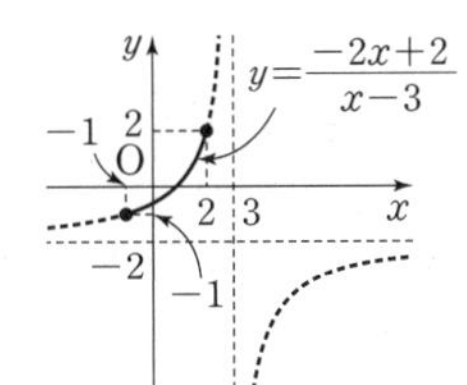

31 $y=\dfrac{2x-8}{2-x}=\dfrac{-2x+8}{x-2}=\dfrac{-2(x-2)+4}{x-2}=\dfrac{4}{x-2}-2$

이므로 주어진 함수의 그래프는 함수 $y=\dfrac{4}{x}$의 그래프를 x축의 방향으로 2만큼, y축의 방향으로 -2만큼 평행이동한 것이다.

즉, $3\le x\le 4$에서 함수 $y=\dfrac{2x-8}{2-x}$의 그래프는 오른쪽 그림과 같으므로 함수 $y=\dfrac{2x-8}{2-x}$은 $x=3$일 때 최댓값 2, $x=4$일 때 최솟값 0을 갖는다.

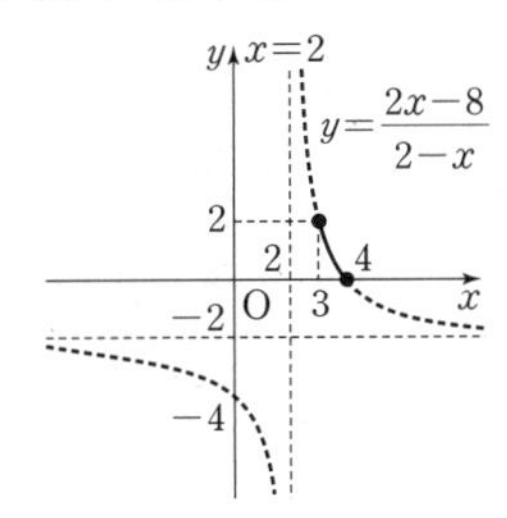

32 $y=\dfrac{3x+1}{x-1}$에서 x를 y에 대한 식으로 나타내면

$y(x-1)=3x+1,\ (y-\boxed{3})x=y+1$

$\therefore x=\dfrac{y+1}{y-\boxed{3}}$

x와 y를 서로 바꾸면 구하는 역함수는

$y=\boxed{\dfrac{x+1}{x-3}}$

33 $y=\dfrac{2x+3}{x+1}$에서 x를 y에 대한 식으로 나타내면

$y(x+1)=2x+3,\ (y-2)x=-y+3$

$\therefore x=\dfrac{-y+3}{y-2}$

x와 y를 서로 바꾸면 구하는 역함수는

$y=\dfrac{-x+3}{x-2}$

34 $y=\dfrac{-x-4}{x-2}$에서 x를 y에 대한 식으로 나타내면

$y(x-2)=-x-4,\ (y+1)x=2y-4$

$\therefore\ x=\dfrac{2y-4}{y+1}$

x와 y를 서로 바꾸면 구하는 역함수는

$y=\dfrac{2x-4}{x+1}$

35 $y=\dfrac{1-x}{3+x}$에서 x를 y에 대한 식으로 나타내면

$y(3+x)=1-x,\ (y+1)x=-3y+1$

$\therefore\ x=\dfrac{-3y+1}{y+1}$

x와 y를 서로 바꾸면 구하는 역함수는

$y=\dfrac{-3x+1}{x+1}$

36 $y=\dfrac{-3x+2}{2x-1}$에서 x를 y에 대한 식으로 나타내면

$y(2x-1)=-3x+2,\ (2y+3)x=y+2$

$\therefore\ x=\dfrac{y+2}{2y+3}$

x와 y를 서로 바꾸면 구하는 역함수는

$y=\dfrac{x+2}{2x+3}$

37 $y=\dfrac{2x-5}{3x+4}$에서 x를 y에 대한 식으로 나타내면

$y(3x+4)=2x-5,\ (3y-2)x=-4y-5$

$\therefore\ x=\dfrac{-4y-5}{3y-2}$

x와 y를 서로 바꾸면 구하는 역함수는

$y=\dfrac{-4x-5}{3x-2}$

25 무리함수 $y=\sqrt{a(x-p)}+q$의 그래프

본문 119~122쪽

01 무　02 유　03 무　04 유　05 $x\geq 2$
06 $x>-1$　07 $x\geq 1$　08 $3\leq x<5$
09 $\sqrt{x+1}+\sqrt{x-1}$　10 $2x+1-2\sqrt{x^2+x}$　11 2
12 $\dfrac{4}{4-x}$　13 x　14 $\sqrt{2}+1$　15 $3+\sqrt{5}$　16 $\sqrt{3}-1$　17 $\sqrt{2}$
18 무　19 유　20 유　21 무　22 $\{x|x\geq -2\}$
23 $\{x|x\leq 3\}$　24 $\left\{x\middle|x\geq \dfrac{1}{2}\right\}$　25 $\{x|x\leq 2\}$
26~31 해설 참조　32 $y=\sqrt{x-1}+2$
33 $y=-\sqrt{2(x-3)}-1$　34 $y=\sqrt{-(x+2)}-3$
35 $y=-\sqrt{-3(x+1)}+5$　36~40 해설 참조

05 $2x-4\geq 0$이어야 하므로 $x\geq 2$

06 $x+1>0$이어야 하므로 $x>-1$

(근호 안의 식의 값)≥ 0, (분모)$\neq 0$

07 $x-1\geq 0,\ x+4\geq 0$이어야 하므로

$x\geq 1,\ x\geq -4$　$\therefore\ x\geq 1$

08 $x-3\geq 0,\ 5-x>0$이어야 하므로

$x\geq 3,\ x<5$　$\therefore\ 3\leq x<5$

09
$$\frac{2}{\sqrt{x+1}-\sqrt{x-1}}=\frac{2(\sqrt{x+1}+\sqrt{x-1})}{(\sqrt{x+1}-\sqrt{x-1})(\sqrt{x+1}+\sqrt{x-1})}$$
$$=\frac{2(\sqrt{x+1}+\sqrt{x-1})}{(x+1)-(x-1)}$$
$$=\sqrt{x+1}+\sqrt{x-1}$$

10
$$\frac{\sqrt{x+1}-\sqrt{x}}{\sqrt{x+1}+\sqrt{x}}=\frac{(\sqrt{x+1}-\sqrt{x})^2}{(\sqrt{x+1}+\sqrt{x})(\sqrt{x+1}-\sqrt{x})}$$
$$=\frac{(x+1)-2\sqrt{x(x+1)}+x}{(x+1)-x}$$
$$=2x+1-2\sqrt{x^2+x}$$

11 $(\sqrt{x+2}+\sqrt{x})(\sqrt{x+2}-\sqrt{x})=(x+2)-x=2$

12 $\dfrac{1}{2+\sqrt{x}}+\dfrac{1}{2-\sqrt{x}}=\dfrac{(2-\sqrt{x})+(2+\sqrt{x})}{(2+\sqrt{x})(2-\sqrt{x})}=\dfrac{4}{4-x}$

13 $\sqrt{x^2+1}-\dfrac{1}{x+\sqrt{x^2+1}}$

$=\sqrt{x^2+1}-\dfrac{x-\sqrt{x^2+1}}{(x+\sqrt{x^2+1})(x-\sqrt{x^2+1})}$

$=\sqrt{x^2+1}-\dfrac{x-\sqrt{x^2+1}}{x^2-(x^2+1)}$

$=\sqrt{x^2+1}+(x-\sqrt{x^2+1})$

$=x$

14 $\dfrac{\sqrt{x+1}}{\sqrt{x-1}}=\dfrac{\sqrt{x+1}\sqrt{x-1}}{(\sqrt{x-1})^2}=\dfrac{\sqrt{x^2-1}}{x-1}$

$x=\sqrt{2}$를 대입하면

$\dfrac{1}{\sqrt{2}-1}=\dfrac{\sqrt{2}+1}{(\sqrt{2}-1)(\sqrt{2}+1)}=\sqrt{2}+1$

식의 계산 결과의 분모가 근호를 포함한 무리수이면 분모를 유리화하여 나타낸다.

15 $\dfrac{\sqrt{x}-1}{\sqrt{x}+1}+\dfrac{\sqrt{x}+1}{\sqrt{x}-1}=\dfrac{(\sqrt{x}-1)^2+(\sqrt{x}+1)^2}{(\sqrt{x}+1)(\sqrt{x}-1)}$

$=\dfrac{(x-2\sqrt{x}+1)+(x+2\sqrt{x}+1)}{x-1}$

$=\dfrac{2x+2}{x-1}$

$x=\sqrt{5}$를 대입하면

$\dfrac{2\sqrt{5}+2}{\sqrt{5}-1}=\dfrac{2(\sqrt{5}+1)^2}{(\sqrt{5}-1)(\sqrt{5}+1)}$

$=\dfrac{6+2\sqrt{5}}{2}=3+\sqrt{5}$

16 $\dfrac{1}{\sqrt{x+3}-1}-\dfrac{1}{\sqrt{x+3}+1}=\dfrac{(\sqrt{x+3}+1)-(\sqrt{x+3}-1)}{(\sqrt{x+3}-1)(\sqrt{x+3}+1)}$

$=\dfrac{2}{(x+3)-1}$

$=\dfrac{2}{x+2}$

$x=\sqrt{3}-1$을 대입하면

$\dfrac{2}{\sqrt{3}+1}=\dfrac{2(\sqrt{3}-1)}{(\sqrt{3}+1)(\sqrt{3}-1)}=\sqrt{3}-1$

17 $\dfrac{1}{x+\sqrt{x^2-1}}+\dfrac{1}{x-\sqrt{x^2-1}}=\dfrac{(x-\sqrt{x^2-1})+(x+\sqrt{x^2-1})}{(x+\sqrt{x^2-1})(x-\sqrt{x^2-1})}$

$=\dfrac{2x}{x^2-(x^2-1)}$

$=2x$

$x=\dfrac{\sqrt{2}}{2}$를 대입하면

$2\times\dfrac{\sqrt{2}}{2}=\sqrt{2}$

22 $x+2\ge 0$에서 $x\ge -2$

따라서 주어진 함수의 정의역은

$\{x\,|\,x\ge -2\}$

23 $3-x\ge 0$에서 $x\le 3$

따라서 주어진 함수의 정의역은

$\{x\,|\,x\le 3\}$

24 $2x-1\ge 0$에서 $x\ge \dfrac{1}{2}$

따라서 주어진 함수의 정의역은

$\left\{x\,\middle|\,x\ge \dfrac{1}{2}\right\}$

25 $4-2x\ge 0$에서 $x\le 2$

따라서 주어진 함수의 정의역은

$\{x\,|\,x\le 2\}$

26 (1)

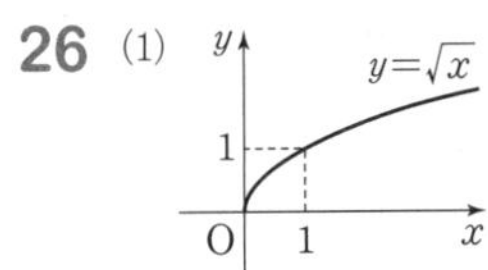

(2) 정의역: $\{x\,|\,x\ge 0\}$, 치역: $\{y\,|\,y\ge 0\}$

27 (1)

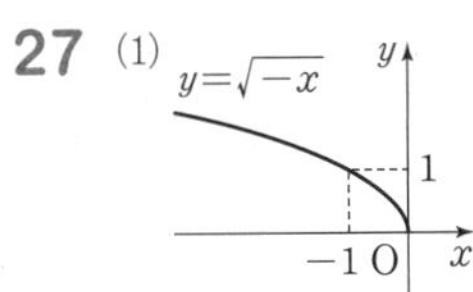

(2) 정의역: $\{x\,|\,x\le 0\}$, 치역: $\{y\,|\,y\ge 0\}$

28 (1)

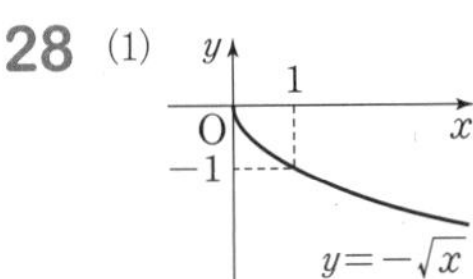

(2) 정의역: $\{x\,|\,x\ge 0\}$, 치역: $\{y\,|\,y\le 0\}$

29 (1)

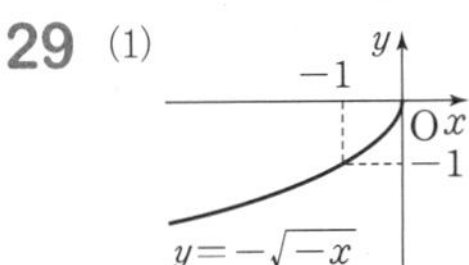

(2) 정의역: $\{x\,|\,x\le 0\}$, 치역: $\{y\,|\,y\le 0\}$

30 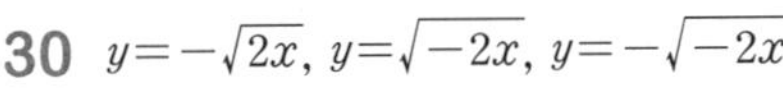
$y=-\sqrt{2x}$, $y=\sqrt{-2x}$, $y=-\sqrt{-2x}$

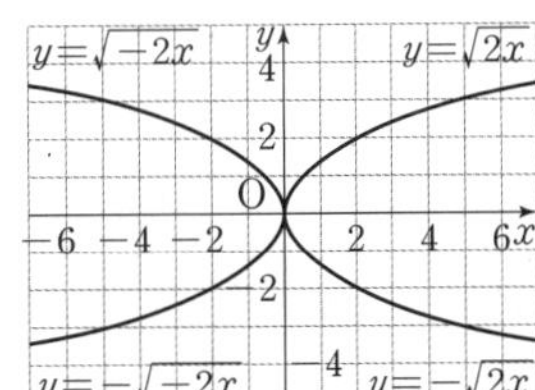

31 $y=-\sqrt{-3x}$, $y=\sqrt{3x}$, $y=-\sqrt{3x}$

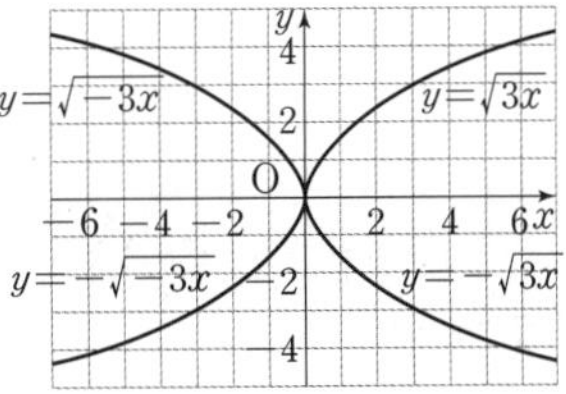

32 함수 $y=\sqrt{x}$의 그래프를 x축의 방향으로 1만큼, y축의 방향으로 2만큼 평행이동하면 → x 대신 $x-1$, y 대신 $y-2$를 대입한다.

$y-\boxed{2}=\sqrt{x-\boxed{1}}$

$\therefore\ y=\sqrt{x-\boxed{1}}+\boxed{2}$

33 함수 $y=-\sqrt{2x}$의 그래프를 x축의 방향으로 3만큼, y축의 방향으로 -1만큼 평행이동하면

$y+1=-\sqrt{2(x-3)}$

$\therefore y=-\sqrt{2(x-3)}-1$

34 함수 $y=\sqrt{-x}$의 그래프를 x축의 방향으로 -2만큼, y축의 방향으로 -3만큼 평행이동하면

$y+3=\sqrt{-(x+2)}$

$\therefore y=\sqrt{-(x+2)}-3$

35 함수 $y=-\sqrt{-3x}$의 그래프를 x축의 방향으로 -1만큼, y축의 방향으로 5만큼 평행이동하면

$y-5=-\sqrt{-3(x+1)}$

$\therefore y=-\sqrt{-3(x+1)}+5$

36 (1)

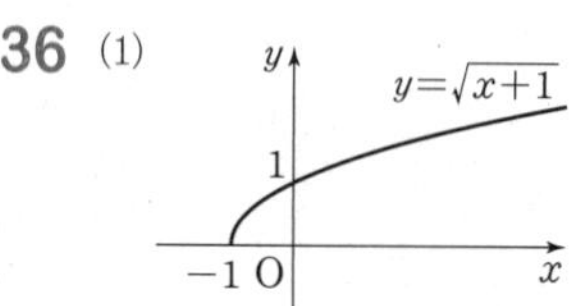

(2) 정의역: $\{x|x\geq-1\}$, 치역: $\{y|y\geq0\}$

37 (1)

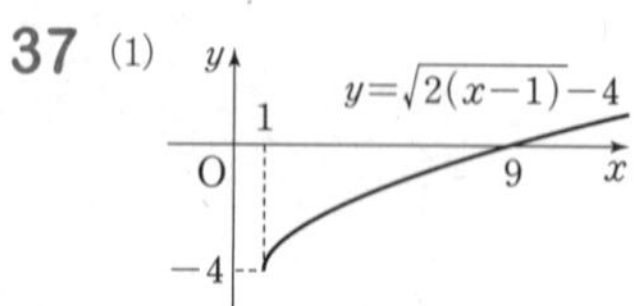

(2) 정의역: $\{x|x\geq1\}$, 치역: $\{y|y\geq-4\}$

38 (1)

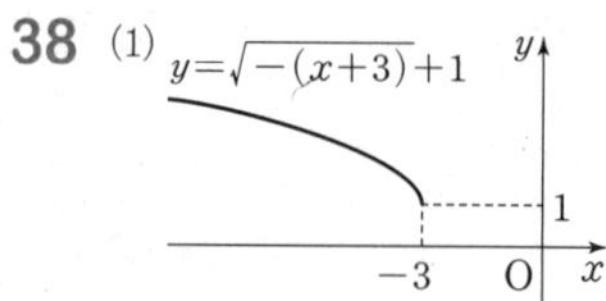

(2) 정의역: $\{x|x\leq-3\}$, 치역: $\{y|y\geq1\}$

39 (1)

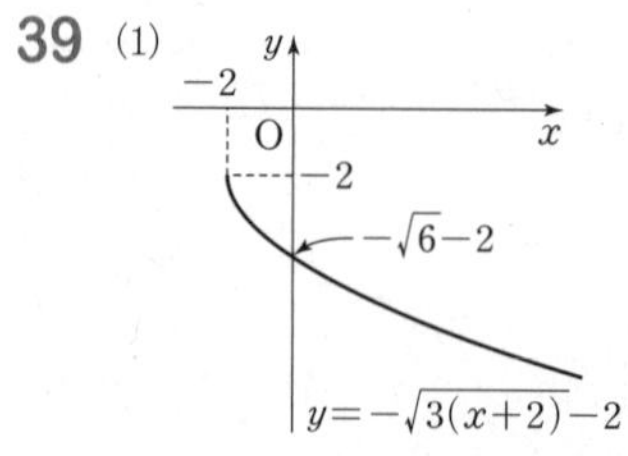

(2) 정의역: $\{x|x\geq-2\}$, 치역: $\{y|y\leq-2\}$

40 (1)

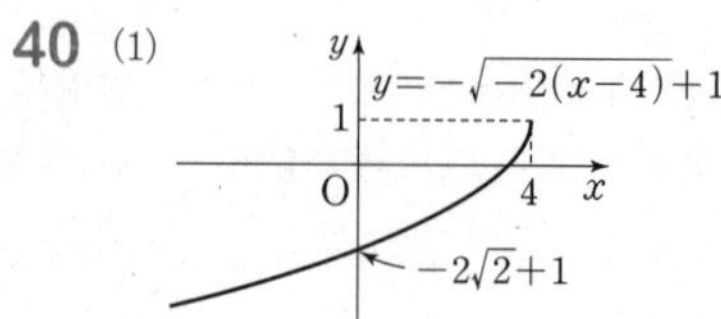

(2) 정의역: $\{x|x\leq4\}$, 치역: $\{y|y\leq1\}$

26 무리함수 $y=\sqrt{ax+b}+c$의 그래프

본문 123~126쪽

01~04 해설 참조　**05** $a=4$, $b=4$, $c=-2$

06 $a=-8$, $b=16$, $c=-1$　**07** $a=-4$, $b=4$, $c=1$

08 $a=1$, $b=3$, $c=1$　**09** 최댓값: 7, 최솟값: 5

10 최댓값: 8, 최솟값: 6　**11** 최댓값: 1, 최솟값: -1

12 최댓값: 0, 최솟값: -2　**13** 최댓값: -4, 최솟값: -7

14 (1) $k>\frac{1}{4}$ (2) $k=\frac{1}{4}$ 또는 $k<0$ (3) $0\leq k<\frac{1}{4}$

15 (1) $k>\frac{5}{4}$ (2) $k=\frac{5}{4}$ 또는 $k<1$ (3) $1\leq k<\frac{5}{4}$

16 (1) $k>\frac{5}{2}$ (2) $k=\frac{5}{2}$ 또는 $k<2$ (3) $2\leq k<\frac{5}{2}$

17 $y=(x-1)^2+2\ (x\geq1)$　**18** $y=-(x+2)^2+3\ (x\geq-2)$

19 $y=\frac{1}{2}(x+1)^2-1\ (x\leq-1)$

20 $y=-(x-3)^2+4\ (x\leq3)$

21 $(-1, -1)$, $(0, 0)$　**22** $(2, 2)$, $(3, 3)$

23 $(-1, -1)$　**24** $(0, 0)$, $(2, 2)$

25 $(-1, -1)$, $(3, 3)$

01 $y=\sqrt{2x-4}+1=\sqrt{2(x-2)}+1$

이므로 함수 $y=\sqrt{2x}$의 그래프를 x축의 방향으로 $\boxed{2}$만큼, y축의 방향으로 $\boxed{1}$만큼 평행이동한 것이다.

(1)

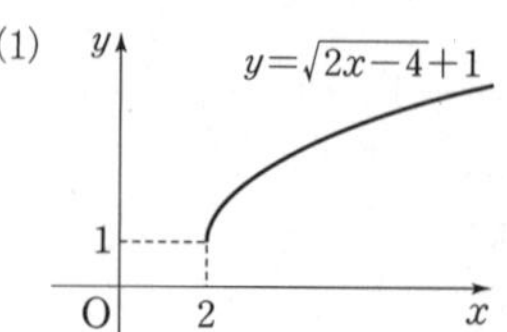

(2) 정의역: $\{x|x\geq2\}$, 치역: $\{y|y\geq1\}$

02 $y=\sqrt{1-x}-2=\sqrt{-(x-1)}-2$

(1)

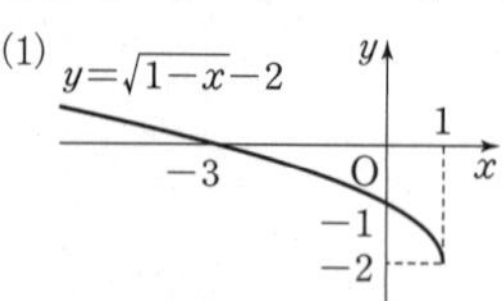

(2) 정의역: $\{x|x\leq1\}$, 치역: $\{y|y\geq-2\}$

03 $y=-\sqrt{3x-3}+5=-\sqrt{3(x-1)}+5$

(1)

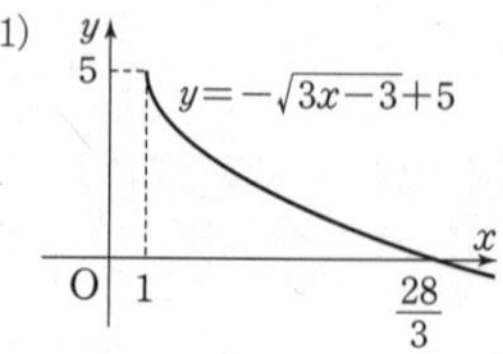

(2) 정의역: $\{x|x\geq1\}$, 치역: $\{y|y\leq5\}$

04 $y=-\sqrt{6-2x}+2=-\sqrt{-2(x-3)}+2$

(1)

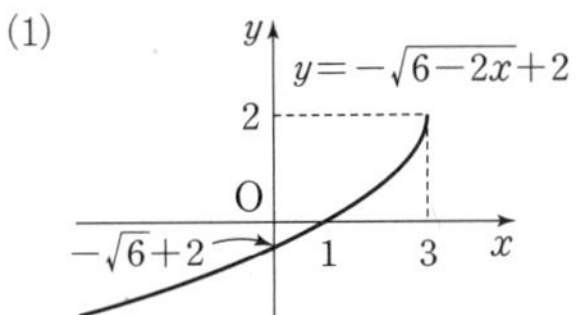

(2) 정의역: $\{x|x\le3\}$, 치역: $\{y|y\le2\}$

05 주어진 무리함수의 그래프는 함수 $y=\sqrt{ax}$ $(a>0)$의 그래프를 x축의 방향으로 $\boxed{-1}$만큼, y축의 방향으로 -2만큼 평행이동한 것이므로

$y=\sqrt{a(x+\boxed{1})}-2$

이 함수의 그래프가 점 $(0, 0)$을 지나므로

$0=\sqrt{a}-2$

$\therefore a=\boxed{4}$

따라서 $y=\sqrt{4(x+1)}-2=\sqrt{4x+\boxed{4}}-2$이므로

$b=\boxed{4}$, $c=\boxed{-2}$

06 주어진 무리함수의 그래프는 함수 $y=\sqrt{ax}$ $(a<0)$의 그래프를 x축의 방향으로 2만큼, y축의 방향으로 -1만큼 평행이동한 것이므로

$y=\sqrt{a(x-2)}-1$

이 함수의 그래프가 점 $(0, 3)$을 지나므로

$3=\sqrt{-2a}-1$, $\sqrt{-2a}=4$

$\therefore a=-8$

따라서 $y=\sqrt{-8(x-2)}-1=\sqrt{-8x+16}-1$이므로

$b=16$, $c=-1$

07 주어진 무리함수의 그래프는 함수 $y=-\sqrt{ax}$ $(a<0)$의 그래프를 x축의 방향으로 1만큼, y축의 방향으로 1만큼 평행이동한 것이므로

$y=-\sqrt{a(x-1)}+1$

이 함수의 그래프가 점 $(0, -1)$을 지나므로

$-1=-\sqrt{-a}+1$, $\sqrt{-a}=2$

$\therefore a=-4$

따라서 $y=-\sqrt{-4(x-1)}+1=-\sqrt{-4x+4}+1$이므로

$b=4$, $c=1$

08 주어진 무리함수의 그래프는 함수 $y=-\sqrt{ax}$ $(a>0)$의 그래프를 x축의 방향으로 -3만큼, y축의 방향으로 1만큼 평행이동한 것이므로

$y=-\sqrt{a(x+3)}+1$

이 함수의 그래프가 점 $(-2, 0)$을 지나므로

$0=-\sqrt{a}+1$

$\therefore a=1$

따라서 $y=-\sqrt{x+3}+1$이므로

$b=3$, $c=1$

09 ❶단계 $y=\sqrt{2x-2}+3=\sqrt{2(x-\boxed{1})}+3$

❷단계 주어진 함수의 그래프는 함수 $y=\sqrt{2x}$의 그래프를 x축의 방향으로 $\boxed{1}$만큼, y축의 방향으로 $\boxed{3}$만큼 평행이동한 것이므로 $3\le x\le9$에서 함수 $y=\sqrt{2x-2}+3$의 그래프는 오른쪽 그림과 같다.

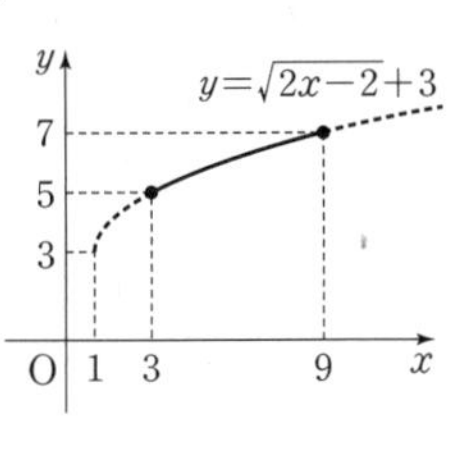

❸단계 $x=\boxed{9}$일 때 최댓값 $\boxed{7}$, $x=\boxed{3}$일 때 최솟값 $\boxed{5}$를 갖는다.

10 ❶단계 $y=\sqrt{1-4x}+5=\sqrt{-4\left(x-\frac{1}{4}\right)}+5$

❷단계 주어진 함수의 그래프는 함수 $y=\sqrt{-4x}$의 그래프를 x축의 방향으로 $\frac{1}{4}$만큼, y축의 방향으로 5만큼 평행이동한 것이므로 $-2\le x\le0$에서 함수 $y=\sqrt{1-4x}+5$의 그래프는 오른쪽 그림과 같다.

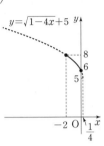

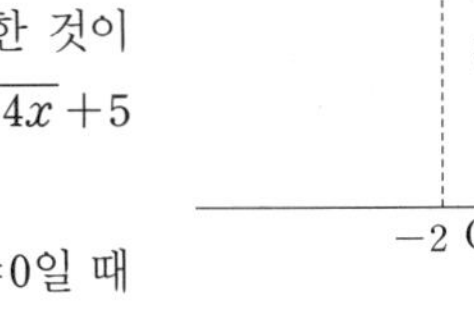

❸단계 $x=-2$일 때 최댓값 8, $x=0$일 때 최솟값 6을 갖는다.

11 $y=\sqrt{2x+10}-3=\sqrt{2(x+5)}-3$

이므로 주어진 함수의 그래프는 함수 $y=\sqrt{2x}$의 그래프를 x축의 방향으로 -5만큼, y축의 방향으로 -3만큼 평행이동한 것이다.

즉, $-3\le x\le3$에서 함수 $y=\sqrt{2x+10}-3$의 그래프는 다음 그림과 같으므로 $x=3$일 때 최댓값 1, $x=-3$일 때 최솟값 -1을 갖는다.

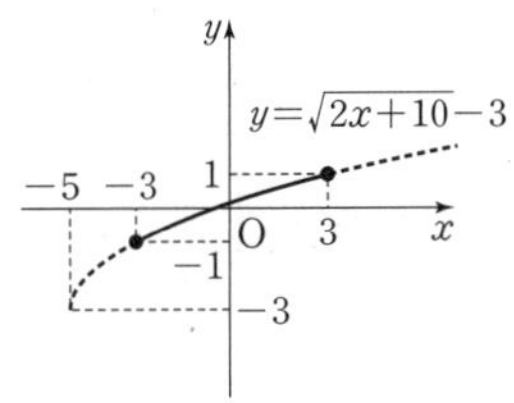

12 $y=-\sqrt{2x-3}+1=-\sqrt{2\left(x-\frac{3}{2}\right)}+1$

이므로 주어진 함수의 그래프는 함수 $y=-\sqrt{2x}$의 그래프를 x축의 방향으로 $\frac{3}{2}$만큼, y축의 방향으로 1만큼 평행이동한 것이다.

즉, $2\le x\le6$에서 함수 $y=-\sqrt{2x-3}+1$의 그래프는 다음 그림과 같으므로 $x=2$일 때 최댓값 0, $x=6$일 때 최솟값 -2를 갖는다.

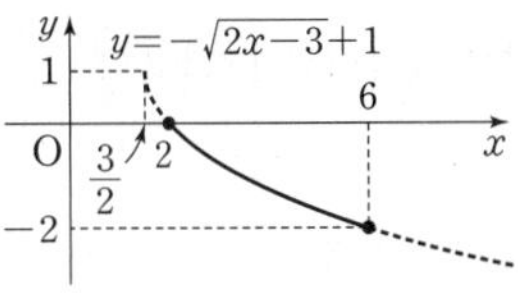

13 $y=-\sqrt{12-3x}-1=-\sqrt{-3(x-4)}-1$

이므로 주어진 함수의 그래프는 함수 $y=-\sqrt{-3x}$의 그래프를 x축의 방향으로 4만큼, y축의 방향으로 -1만큼 평행이동한 것이다.

즉, $-8\le x\le 1$에서 함수 $y=-\sqrt{12-3x}-1$의 그래프는 다음 그림과 같으므로 $x=1$일 때 최댓값 -4, $x=-8$일 때 최솟값 -7을 갖는다.

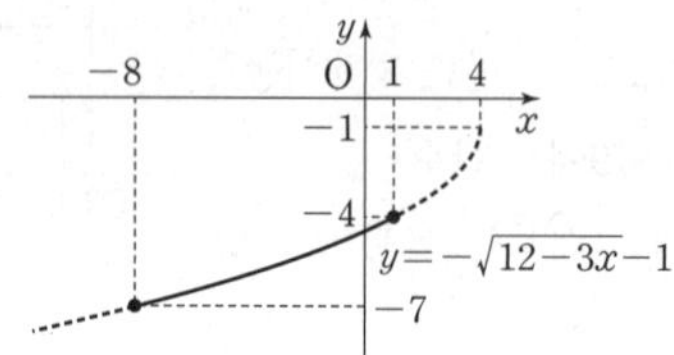

14 (i) 직선 $y=x+k$가 원점을 지날 때

$k=0$ ← $x=0$, $y=0$을 $y=x+k$에 대입

(ii) 함수 $y=\sqrt{x}$의 그래프와 직선 $y=x+k$가 접할 때

$\sqrt{x}=x+k$의 양변을 제곱하면

$x=x^2+2kx+k^2$

$x^2+(2k-1)x+k^2=0$

이 이차방정식의 판별식을 D라 하면

$D=(2k-1)^2-4k^2=0$

$-4k+1=0 \qquad \therefore k=\frac{1}{4}$

(1) 만나지 않으려면 $k>\frac{1}{4}$

(2) 한 점에서 만나려면 $k=\frac{1}{4}$ 또는 $k<0$

(3) 서로 다른 두 점에서 만나려면 $0\le k<\frac{1}{4}$

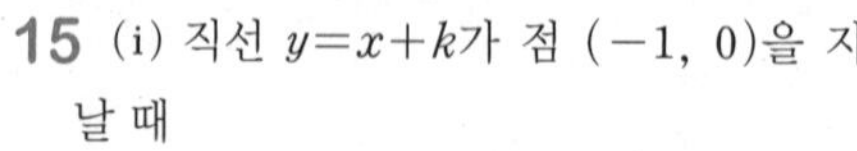

15 (i) 직선 $y=x+k$가 점 $(-1,\ 0)$을 지날 때

$0=-1+k \qquad \therefore k=1$

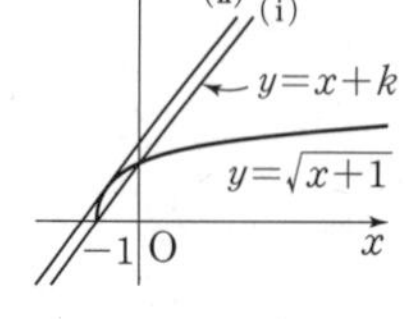

(ii) 함수 $y=\sqrt{x+1}$의 그래프와 직선 $y=x+k$가 접할 때

$\sqrt{x+1}=x+k$의 양변을 제곱하면

$x+1=x^2+2kx+k^2$, $x^2+(2k-1)x+k^2-1=0$

이 이차방정식의 판별식을 D라 하면

$D=(2k-1)^2-4(k^2-1)=0$

$-4k+5=0 \qquad \therefore k=\frac{5}{4}$

(1) 만나지 않으려면 $k>\frac{5}{4}$

(2) 한 점에서 만나려면 $k=\frac{5}{4}$ 또는 $k<1$

(3) 서로 다른 두 점에서 만나려면 $1\le k<\frac{5}{4}$

16 (i) 직선 $y=-x+k$가 점 $(2,\ 0)$을 지날 때

$0=-2+k \qquad \therefore k=2$

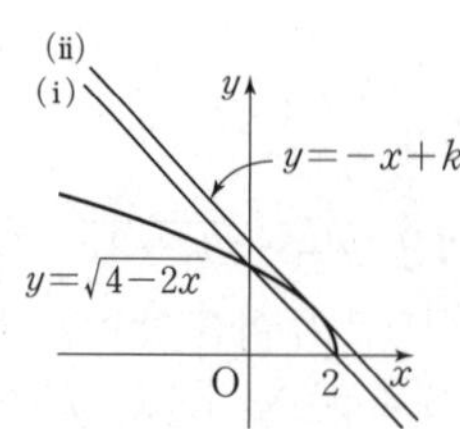

(ii) 함수 $y=\sqrt{4-2x}$의 그래프와 직선 $y=-x+k$가 접할 때

$\sqrt{4-2x}=-x+k$의 양변을 제곱하면

$4-2x=x^2-2kx+k^2$, $x^2-2(k-1)x+k^2-4=0$

이 이차방정식의 판별식을 D라 하면

$\frac{D}{4}=(k-1)^2-(k^2-4)=0$

$-2k+5=0 \qquad \therefore k=\frac{5}{2}$

(1) 만나지 않으려면 $k>\frac{5}{2}$

(2) 한 점에서 만나려면 $k=\frac{5}{2}$ 또는 $k<2$

(3) 서로 다른 두 점에서 만나려면 $2\le k<\frac{5}{2}$

17 함수 $y=\sqrt{x-2}+1$의 치역이 $\{y\,|\,y\ge \boxed{1}\}$이므로 역함수의 정의역은 $\{x\,|\,x\ge \boxed{1}\}$이다.

$y=\sqrt{x-2}+1$에서 x를 y에 대한 식으로 나타내면

$\sqrt{x-2}=y-1$, $x-2=(y-1)^2$

$\therefore x=(y-1)^2+\boxed{2}$

x와 y를 서로 바꾸면 구하는 역함수는

$y=\boxed{(x-1)^2+2}\ (x\ge \boxed{1})$

18 함수 $y=\sqrt{3-x}-2$의 치역이 $\{y\,|\,y\ge -2\}$이므로 역함수의 정의역은 $\{x\,|\,x\ge -2\}$이다.

$y=\sqrt{3-x}-2$에서 x를 y에 대한 식으로 나타내면

$\sqrt{3-x}=y+2$, $3-x=(y+2)^2$

$\therefore x=-(y+2)^2+3$

x와 y를 서로 바꾸면 구하는 역함수는

$y=-(x+2)^2+3\ (x\ge -2)$

19 함수 $y=-\sqrt{2x+2}-1$의 치역이 $\{y\,|\,y\le -1\}$이므로 역함수의 정의역은 $\{x\,|\,x\le -1\}$이다.

$y=-\sqrt{2x+2}-1$에서 x를 y에 대한 식으로 나타내면

$\sqrt{2x+2}=-y-1$, $2x+2=(y+1)^2$

$\therefore x=\frac{1}{2}(y+1)^2-1$

x와 y를 서로 바꾸면 구하는 역함수는

$y=\frac{1}{2}(x+1)^2-1\ (x\le -1)$

20 함수 $y=-\sqrt{4-x}+3$의 치역이 $\{y\,|\,y\le 3\}$이므로 역함수의 정의역은 $\{x\,|\,x\le 3\}$이다.

$y=-\sqrt{4-x}+3$에서 x를 y에 대한 식으로 나타내면

$\sqrt{4-x}=-y+3$, $4-x=(y-3)^2$

$\therefore x=-(y-3)^2+4$

x와 y를 서로 바꾸면 구하는 역함수는

$y=-(x-3)^2+4\ (x\le 3)$

21 함수 $y=\sqrt{x+1}-1$의 그래프와 그 역함수의 그래프는 직선 $y=x$에 대하여 대칭이므로 오른쪽 그림과 같다.

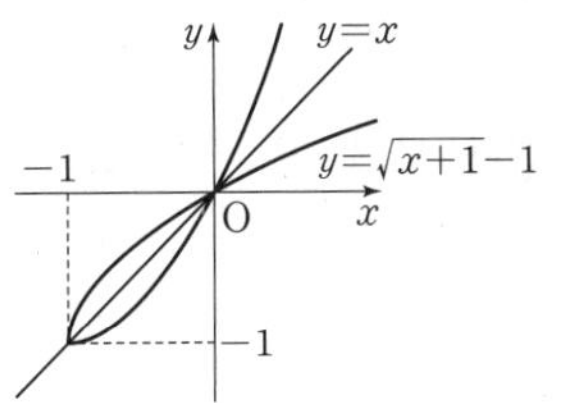

함수 $y=\sqrt{x+1}-1$의 그래프와 그 역함수의 그래프의 교점은 함수 $y=\sqrt{x+1}-1$의 그래프와 직선 $y=x$의 교점과 같으므로

$\sqrt{x+1}-1=\boxed{x}$, $\sqrt{x+1}=\boxed{x}+1$

양변을 제곱하면 $x+1=x^2+2x+1$, $x^2+x=0$

$x(x+\boxed{1})=0$ $\quad\therefore x=\boxed{-1}$ 또는 $x=\boxed{0}$

따라서 교점의 좌표는 $(\boxed{-1}, \boxed{-1})$, $(\boxed{0}, \boxed{0})$이다.

22 함수 $y=\sqrt{3x-5}+1$의 그래프와 그 역함수의 그래프는 직선 $y=x$에 대하여 대칭이므로 오른쪽 그림과 같다.

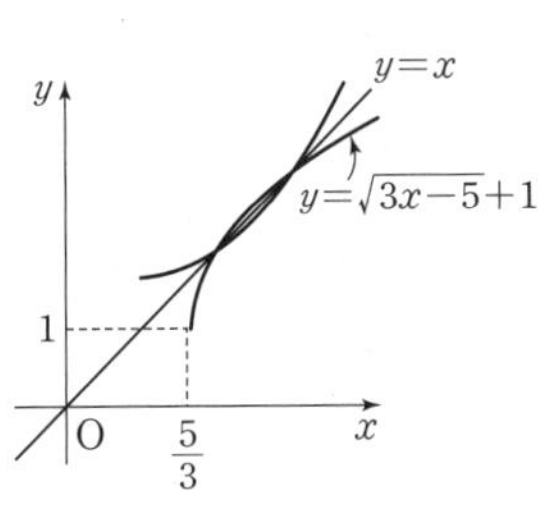

함수 $y=\sqrt{3x-5}+1$의 그래프와 그 역함수의 그래프의 교점은 함수 $y=\sqrt{3x-5}+1$의 그래프와 직선 $y=x$의 교점과 같으므로

$\sqrt{3x-5}+1=x$, $\sqrt{3x-5}=x-1$

양변을 제곱하면 $3x-5=x^2-2x+1$, $x^2-5x+6=0$

$(x-2)(x-3)=0$ $\quad\therefore x=2$ 또는 $x=3$

따라서 교점의 좌표는 $(2, 2)$, $(3, 3)$이다.

23 함수 $y=\sqrt{2x+3}-2$의 그래프와 그 역함수의 그래프는 직선 $y=x$에 대하여 대칭이므로 오른쪽 그림과 같다.

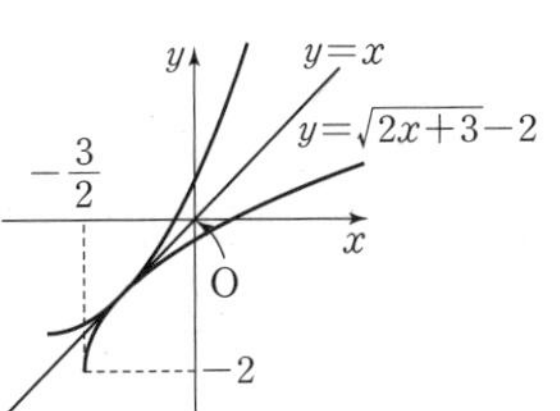

함수 $y=\sqrt{2x+3}-2$의 그래프와 그 역함수의 그래프의 교점은 함수 $y=\sqrt{2x+3}-2$의 그래프와 직선 $y=x$의 교점과 같으므로

$\sqrt{2x+3}-2=x$, $\sqrt{2x+3}=x+2$

양변을 제곱하면 $2x+3=x^2+4x+4$, $x^2+2x+1=0$

$(x+1)^2=0$ $\quad\therefore x=-1$

따라서 교점의 좌표는 $(-1, -1)$이다.

24 함수 $y=-\sqrt{4-2x}+2$의 그래프와 그 역함수의 그래프는 직선 $y=x$에 대하여 대칭이므로 오른쪽 그림과 같다.

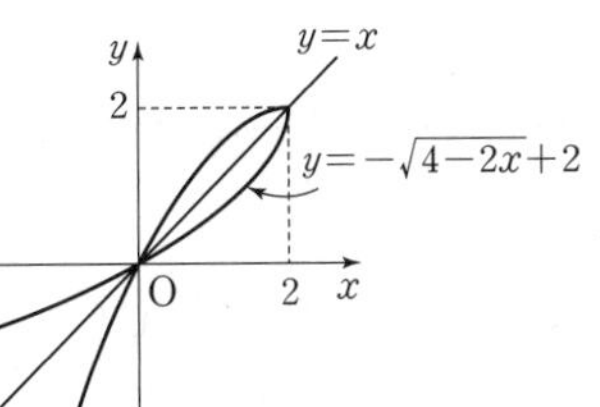

함수 $y=-\sqrt{4-2x}+2$의 그래프와 그 역함수의 그래프의 교점은 함수 $y=-\sqrt{4-2x}+2$의 그래프와 직선 $y=x$의 교점과 같으므로

$-\sqrt{4-2x}+2=x$, $-\sqrt{4-2x}=x-2$

양변을 제곱하면 $4-2x=x^2-4x+4$, $x^2-2x=0$

$x(x-2)=0$ $\quad\therefore x=0$ 또는 $x=2$

따라서 교점의 좌표는 $(0, 0)$, $(2, 2)$이다.

25 함수 $y=-\sqrt{12-4x}+3$의 그래프와 그 역함수의 그래프는 직선 $y=x$에 대하여 대칭이므로 오른쪽 그림과 같다.

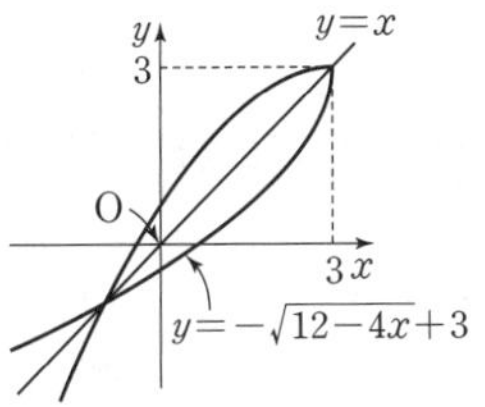

함수 $y=-\sqrt{12-4x}+3$의 그래프와 그 역함수의 그래프의 교점은 함수 $y=-\sqrt{12-4x}+3$의 그래프와 직선 $y=x$의 교점과 같으므로

$-\sqrt{12-4x}+3=x$, $-\sqrt{12-4x}=x-3$

양변을 제곱하면 $12-4x=x^2-6x+9$, $x^2-2x-3=0$

$(x+1)(x-3)=0$ $\quad\therefore x=-1$ 또는 $x=3$

따라서 교점의 좌표는 $(-1, -1)$, $(3, 3)$이다.

Ⅰ 도형의 방정식

01 두 점 사이의 거리

본문 129쪽

1 ③	1-1 ④	2 ②	2-1 ①
3 ⑤	3-1 ③		

1 $\overline{AB}=2\sqrt{5}$이므로

$\sqrt{(-1-1)^2+\{a-(-1)\}^2}=2\sqrt{5}$

위의 식의 양변을 제곱하면

$4+(a+1)^2=20,\ a^2+2a-15=0$

$(a+5)(a-3)=0\quad \therefore a=3\ (\because a>0)$

1-1 $\overline{AB}=\sqrt{5}$이므로

$\sqrt{\{a-(-1)\}^2+(2-a)^2}=\sqrt{5}$

위의 식의 양변을 제곱하면

$(a+1)^2+(2-a)^2=5,\ 2a^2-2a=0$

$2a(a-1)=0\quad \therefore a=0$ 또는 $a=1$

따라서 모든 a의 값의 합은 1이다.

2 점 P가 직선 $y=x$ 위에 있으므로 $P(a,\ a)$라 하면

$\overline{AP}=\overline{BP}$에서 $\overline{AP}^2=\overline{BP}^2$이므로

$\{a-(-1)\}^2+(a-2)^2=(a-6)^2+\{a-(-1)\}^2$

$2a^2-2a+5=2a^2-10a+37$

$8a=32\quad \therefore a=4$

따라서 $P(4,\ 4)$이므로 x좌표는 4이다.

2-1 점 $P(a,\ b)$가 직선 $y=x+1$ 위에 있으므로

$b=a+1\quad \cdots\cdots ㉠$

$\overline{AP}=\overline{BP}$에서 $\overline{AP}^2=\overline{BP}^2$이므로

$\{a-(-5)\}^2+(b-4)^2=(a-3)^2+(b-2)^2$

$10a-8b+41=-6a-4b+13$

$\therefore 4a-b=-7\quad \cdots\cdots ㉡$

㉠, ㉡을 연립하여 풀면

$a=-2,\ b=-1$

$\therefore a+b=-2+(-1)=-3$

3 삼각형 ABC가 $\angle B=90°$인 직각삼각형이므로

$\overline{CA}^2=\overline{AB}^2+\overline{BC}^2$에서

$\{3-(-2)\}^2+(a-1)^2$

$=\{1-(-2)\}^2+(-1-1)^2+(3-1)^2+\{a-(-1)\}^2$

$a^2-2a+26=a^2+2a+18$

$4a=8\quad \therefore a=2$

3-1 $\overline{AB}=\overline{BC}$에서 $\overline{AB}^2=\overline{BC}^2$이므로

$\{4-(-1)\}^2+(-2-a)^2=(a-4)^2+\{5-(-2)\}^2$

$a^2+4a+29=a^2-8a+65$

$12a=36\quad \therefore a=3$

02 선분의 내분점

본문 130쪽

1 ②	1-1 ①	2 ③	2-1 ⑤
3 ①	3-1 ④		

1 선분 AB를 3 : 4로 내분하는 점의 좌표가 $(b,\ -1)$이므로

$\dfrac{3\times(-5)+4\times2}{3+4}=b,\ \dfrac{3\times a+4\times(-4)}{3+4}=-1$에서

$-7=7b,\ 3a-16=-7$

따라서 $a=3,\ b=-1$이므로

$a+b=3+(-1)=2$

1-1 선분 AB를 2 : 3으로 내분하는 점의 좌표가 $(-4,\ b)$이므로

$\dfrac{2\times(-1)+3\times a}{2+3}=-4,\ \dfrac{2\times7+3\times(-3)}{2+3}=b$에서

$3a-2=-20,\ 5=5b$

따라서 $a=-6,\ b=1$이므로

$ab=(-6)\times1=-6$

2 삼각형 ABC의 무게중심이 원점과 일치하므로

$\dfrac{-2+a+5}{3}=0,\ \dfrac{7+b+(-2)}{3}=0$에서

$a+3=0,\ b+5=0$

따라서 $a=-3,\ b=-5$이므로

$ab=(-3)\times(-5)=15$

2-1 삼각형 ABC의 무게중심의 좌표가 $(1,\ -2)$이므로

$\dfrac{1+5+b}{3}=1,\ \dfrac{a+2+(-5)}{3}=-2$에서

$b+6=3,\ a-3=-6$

따라서 $a=-3,\ b=-3$이므로

$ab=(-3)\times(-3)=9$

3 세 변 AB, BC, CA의 각각의 중점 D, E, F의 좌표는 각각

$\left(\dfrac{-5+(-3)}{2},\ \dfrac{6+2}{2}\right)\quad \therefore D(-4,\ 4)$

$\left(\dfrac{-3+1}{2},\ \dfrac{2+4}{2}\right)\quad \therefore E(-1,\ 3)$

$\left(\dfrac{1+(-5)}{2},\ \dfrac{4+6}{2}\right)\quad \therefore F(-2,\ 5)$

따라서 삼각형 DEF의 무게중심의 좌표는

$\left(\frac{-4+(-1)+(-2)}{3}, \frac{4+3+5}{3}\right)$, 즉 $\left(-\frac{7}{3}, 4\right)$

이므로 $x=-\frac{7}{3}$, $y=4$

$\therefore x+y=-\frac{7}{3}+4=\frac{5}{3}$

다른 풀이

삼각형 DEF의 무게중심은 삼각형 ABC의 무게중심과 일치하므로 구하는 무게중심의 좌표는

$\left(\frac{-5+(-3)+1}{3}, \frac{6+2+4}{3}\right)$, 즉 $\left(-\frac{7}{3}, 4\right)$

$\therefore x+y=-\frac{7}{3}+4=\frac{5}{3}$

플러스톡

삼각형 ABC에서 세 변 AB, BC, CA를 각각 $m:n$ $(m>0,\ n>0)$으로 내분하는 점을 차례대로 D, E, F라 할 때, 삼각형 ABC와 삼각형 DEF의 무게중심은 일치한다.

3-1 세 변 AB, BC, CA를 각각 1 : 3으로 내분하는 점 D, E, F의 좌표는 각각

$\left(\frac{1\times3+3\times(-1)}{1+3}, \frac{1\times1+3\times5}{1+3}\right)$ $\quad\therefore$ D(0, 4)

$\left(\frac{1\times7+3\times3}{1+3}, \frac{1\times9+3\times1}{1+3}\right)$ $\quad\therefore$ E(4, 3)

$\left(\frac{1\times(-1)+3\times7}{1+3}, \frac{1\times5+3\times9}{1+3}\right)$ $\quad\therefore$ F(5, 8)

따라서 삼각형 DEF의 무게중심의 좌표는

$\left(\frac{0+4+5}{3}, \frac{4+3+8}{3}\right)$, 즉 (3, 5)

이므로

$x=3$, $y=5$

$\therefore x+y=3+5=8$

다른 풀이

삼각형 DEF의 무게중심은 삼각형 ABC의 무게중심과 일치하므로 구하는 무게중심의 좌표는

$\left(\frac{-1+3+7}{3}, \frac{5+1+9}{3}\right)$, 즉 (3, 5)

$\therefore x+y=3+5=8$

03 직선의 방정식

본문 131, 132쪽

1 ③	**1-1** ⑤	**2** 5	**2-1** 14
3 ②	**3-1** ④	**4** ③	**4-1** ①
5 ①	**5-1** ③	**6** ①	**6-1** ②

1 기울기가 5이고 점 (−2, 0)을 지나는 직선의 방정식은

$y=5\{x-(-2)\}$ $\quad\therefore y=5x+10$ (x절편이 −2)

따라서 $a=5$, $b=10$이므로

$a+b=5+10=15$

1-1 기울기가 −3이고 점 $\left(\frac{1}{3}, 2\right)$를 지나는 직선의 방정식은

$y-2=-3\left(x-\frac{1}{3}\right)$ $\quad\therefore y=-3x+3$

따라서 $a=-3$, $b=-3$이므로

$ab=(-3)\times(-3)=9$

2 선분 AB를 1 : 2로 내분하는 점의 좌표는

$\left(\frac{1\times0+2\times(-3)}{1+2}, \frac{1\times1+2\times(-2)}{1+2}\right)$, 즉 (−2, −1)

이므로 두 점 (−2, −1), (2, 7)을 지나는 직선의 방정식은

$y-(-1)=\frac{7-(-1)}{2-(-2)}\{x-(-2)\}$

$\therefore y=2x+3$

따라서 $a=2$, $b=3$이므로

$a+b=2+3=5$

2-1 선분 AB를 3 : 1로 내분하는 점의 좌표는

$\left(\frac{3\times8+1\times(-4)}{3+1}, \frac{3\times(-3)+1\times1}{3+1}\right)$, 즉 (5, −2)

이므로 두 점 (5, −2), (3, −6)을 지나는 직선의 방정식은

$y-(-2)=\frac{-6-(-2)}{3-5}(x-5)$

$\therefore y=2x-12$

따라서 $a=2$, $b=-12$이므로

$a-b=2-(-12)=14$

3 x절편이 3이고 y절편이 −5인 직선의 방정식은

$\frac{x}{3}-\frac{y}{5}=1$

이 직선이 점 $(6, a)$를 지나므로

$\frac{6}{3}-\frac{a}{5}=1$, $\frac{a}{5}=1$ $\quad\therefore a=5$

3-1 x절편이 −2이고 y절편이 1인 직선의 방정식은

$-\frac{x}{2}+y=1$

이 직선이 점 $(a, 3)$을 지나므로

$-\frac{a}{2}+3=1$, $\frac{a}{2}=2$ $\quad\therefore a=4$

4 세 점 A, B, C가 한 직선 위에 있으려면

(직선 AB의 기울기)=(직선 BC의 기울기)이어야 하므로

$\frac{7-(k+1)}{4-(-2)}=\frac{6-7}{(k-1)-4}$, $\frac{-k+6}{6}=\frac{-1}{k-5}$

$(-k+6)(k-5)=-6$, $k^2-11k+24=0$

$(k-3)(k-8)=0$

$\therefore k=3$ 또는 $k=8$

따라서 모든 실수 k의 값의 합은

$3+8=11$

4-1 세 점 A, B, C가 한 직선 위에 있으려면
(직선 AB의 기울기)=(직선 BC의 기울기)이어야 하므로
$\frac{-3-(4k-1)}{(k+3)-1}=\frac{9-(-3)}{-2-(k+3)}$, $\frac{-2-4k}{k+2}=\frac{12}{-k-5}$
$12(k+2)=(2+4k)(k+5)$, $12k+24=4k^2+22k+10$
$4k^2+10k-14=0$, $2(2k+7)(k-1)=0$
$\therefore k=-\frac{7}{2}$ 또는 $k=1$
따라서 정수 k의 값은 1이다.

5 $ax+by+c=0$에서 $b\neq0$이므로 $y=-\frac{a}{b}x-\frac{c}{b}$
이때 $ab>0$에서 a와 b의 부호가 서로 같고, $bc>0$에서 b와 c의 부호가 서로 같다. → $a>0$, $b>0$, $c>0$ 또는 $a<0$, $b<0$, $c<0$
즉, $-\frac{a}{b}<0$, $-\frac{c}{b}<0$이므로 직선 $ax+by+c=0$의 기울기는 음수이고 y절편도 음수이다.
따라서 직선 $ax+by+c=0$은 오른쪽 그림과 같이 제1사분면을 지나지 않는다.

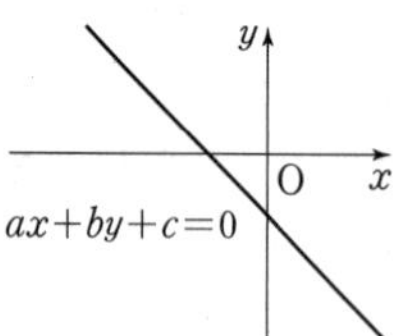

5-1 $ax+by+c=0$에서 $b\neq0$이므로 $y=-\frac{a}{b}x-\frac{c}{b}$
이때 $ac>0$에서 a와 c의 부호가 서로 같고, $bc<0$에서 b와 c의 부호가 서로 다르므로 a와 b의 부호도 서로 다르다. → $a>0$, $b<0$, $c>0$ 또는 $a<0$, $b>0$, $c<0$
즉, $-\frac{a}{b}>0$, $-\frac{c}{b}>0$이므로 직선 $ax+by+c=0$의 기울기는 양수이고 y절편도 양수이다.
따라서 직선 $ax+by+c=0$은 오른쪽 그림과 같이 제4사분면을 지나지 않는다.

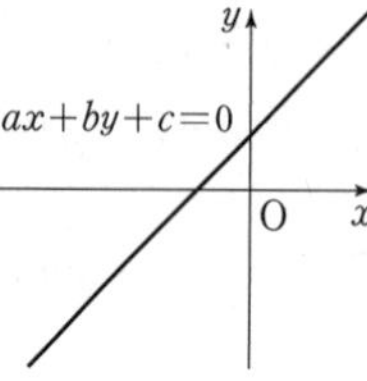

6 주어진 식이 k의 값에 관계없이 항상 성립하려면
$2x-y+2=0$, $x+2y-1=0$
두 식을 연립하여 풀면 $x=-\frac{3}{5}$, $y=\frac{4}{5}$
따라서 주어진 직선은 항상 점 $\left(-\frac{3}{5}, \frac{4}{5}\right)$를 지나므로
$a=-\frac{3}{5}$, $b=\frac{4}{5}$
$\therefore a+b=-\frac{3}{5}+\frac{4}{5}=\frac{1}{5}$

플러스톡
실수 k의 값에 관계없이 한 점을 지나는 직선의 방정식은 k에 대한 항등식으로 생각할 수 있으므로 직선
$ax+by+c+k(a'x+b'y+c')=0$ ······ ㉠
이 실수 k의 값에 관계없이 항상 지나는 점의 좌표는 연립방정식
$\begin{cases} ax+by+c=0 \\ a'x+b'y+c'=0 \end{cases}$의 해이다.
즉, 직선 ㉠이 실수 k의 값에 관계없이 항상 지나는 점은 두 직선 $ax+by+c=0$, $a'x+b'y+c'=0$의 교점이다.

6-1 주어진 식을 k에 대하여 정리하면
$2x+y+4+k(3x+y+2)=0$
이 식이 k의 값에 관계없이 항상 성립하려면
$2x+y+4=0$, $3x+y+2=0$
두 식을 연립하여 풀면
$x=2$, $y=-8$
따라서 주어진 직선은 항상 점 $(2, -8)$을 지나므로
$a=2$, $b=-8$
$\therefore a+b=2+(-8)=-6$

04 두 직선의 평행과 수직

본문 133, 134쪽

1 ①	1-1 ④	2 ②	2-1 ①
3 4	3-1 ②	4 ④	4-1 ③
5 ⑤	5-1 ③	6 ③	6-1 ④

1 두 직선 $ax+y+2=0$, $8x+(a+2)y-7=0$의 교점이 존재하지 않으므로 두 직선은 평행하다.
즉, $\frac{a}{8}=\frac{1}{a+2}\neq\frac{2}{-7}$에서 $a(a+2)=8$
$a^2+2a-8=0$, $(a+4)(a-2)=0$
$\therefore a=2$ ($\because a>0$)

1-1 직선 $ax-y+1=0$이 두 점 A$(-1, 3)$, B$(1, 7)$을 지나는 직선 AB와 만나지 않으려면 두 직선이 서로 평행해야 한다.
직선 AB의 방정식은
$y-3=\frac{7-3}{1-(-1)}\{x-(-1)\}$
$\therefore y=2x+5$
$ax-y+1=0$을 변형하면 $y=ax+1$이므로 두 직선 $y=2x+5$, $y=ax+1$이 평행하도록 하는 a의 값은 2이다.

2 직선 AB의 기울기는 $\frac{2-(-4)}{-2-(-5)}=2$이고 선분 AB를 $1:2$로 내분하는 점의 좌표는
$\left(\frac{1\times(-2)+2\times(-5)}{1+2}, \frac{1\times2+2\times(-4)}{1+2}\right)$
$\therefore (-4, -2)$
따라서 구하는 직선은 기울기가 $-\frac{1}{2}$이고 점 $(-4, -2)$를 지나므로 직선의 방정식은
$y-(-2)=-\frac{1}{2}\{x-(-4)\}$
$\therefore y=-\frac{1}{2}x-4$

2-1 $(k+1)x-y+1=0$에서 $y=(k+1)x+1$이므로 이 직선에 수직인 직선의 기울기는 $-\frac{1}{k+1}$이다.

즉, 기울기가 $-\frac{1}{k+1}$이고 점 (3, 0)을 지나는 직선의 방정식은

$y=-\frac{1}{k+1}(x-3)$

이 직선이 점 (5, −1)을 지나므로

$-1=-\frac{1}{k+1}(5-3)$, $k+1=2$

$\therefore k=1$

다른 풀이

두 점 (3, 0), (5, −1)을 지나는 직선의 방정식은

$y=\frac{-1-0}{5-3}(x-3)$ $\quad\therefore y=-\frac{1}{2}x+\frac{3}{2}$

이 직선이 직선 $(k+1)x-y+1=0$에 수직이므로

$y=(k+1)x+1$로 변형하면

$-\frac{1}{2}\times(k+1)=-1$, $k+1=2$

$\therefore k=1$

3 직선 $y=ax+3$이 직선 $y=-\frac{1}{4}x+1$에 수직이므로

$a\times\left(-\frac{1}{4}\right)=-1$에서 $a=4$

또한, 직선 $y=ax+3$이 직선 $y=(b+3)x-5$에 평행하므로

$a=b+3$에서 $b=4-3=1$

$\therefore ab=4\times1=4$

3-1 직선 $x-ay+4=0$이 직선 $4x-by-3=0$에 수직이므로

$1\times4+(-a)\times(-b)=0$에서

$ab=-4$ ······ ㉠

또한, 직선 $x-ay+4=0$이 직선 $x+(b+3)y+1=0$에 평행하므로

$\frac{1}{1}=\frac{-a}{b+3}\neq\frac{4}{1}$에서

$b+3=-a$ $\quad\therefore a+b=-3$ ······ ㉡

$\therefore a^2+b^2=(a+b)^2-2ab$

$=(-3)^2-2\times(-4)=17$ (∵ ㉠, ㉡)

4 직선 $2x-3y+1=0$에 평행하고, y절편이 음수인 직선의 방정식을 $2x-3y+k=0$ $(k<0)$이라 하면 원점과 직선 $2x-3y+k=0$ 사이의 거리가 $\sqrt{13}$이므로

$\frac{|2\times0-3\times0+k|}{\sqrt{2^2+(-3)^2}}=\sqrt{13}$, $|k|=13$

$\therefore k=-13$ (∵ $k<0$)

따라서 구하는 직선의 방정식은

$2x-3y-13=0$

4-1 $3x-4y+9=0$을 변형하면 $y=\frac{3}{4}x+\frac{9}{4}$이므로 이 직선에 수직이고, y절편이 양수인 직선의 방정식을 $y=-\frac{4}{3}x+k$ $(k>0)$라 하면 원점과 직선 $y=-\frac{4}{3}x+k$, 즉 $-4x-3y+3k=0$ 사이의 거리가 2이므로

$\frac{|-4\times0-3\times0+3k|}{\sqrt{(-4)^2+(-3)^2}}=2$, $|3k|=10$

$\therefore 3k=10$ (∵ $k>0$)

따라서 구하는 직선의 방정식은 $-4x-3y+10=0$, 즉

$4x+3y-10=0$

5 두 점 A(1, 2), B(2, 0)을 지나는 직선 AB의 방정식은

$y-2=\frac{0-2}{2-1}(x-1)$

$\therefore 2x+y-4=0$

이 직선과 점 C(5, 4) 사이의 거리는

$\frac{|2\times5+1\times4-4|}{\sqrt{2^2+1^2}}=2\sqrt{5}$ → 높이

이때 $\overline{AB}=\sqrt{(2-1)^2+(0-2)^2}=\sqrt{5}$이므로 삼각형 ABC의 넓이는 (밑변의 길이)

$\frac{1}{2}\times\sqrt{5}\times2\sqrt{5}=5$

플러스톡

점과 직선 사이의 거리는 그 점에서 직선에 내린 수선의 발까지의 거리이므로 점 C와 직선 AB 사이의 거리는 선분 AB를 밑변으로 하는 삼각형 ABC의 높이와 같다.

5-1 두 점 A(0, −2), B(1, 1)을 지나는 직선 AB의 방정식은

$y-(-2)=\frac{1-(-2)}{1-0}(x-0)$, $y+2=3x$

$\therefore 3x-y-2=0$

이 직선과 점 C(8, −3) 사이의 거리는

$\frac{|3\times8-1\times(-3)-2|}{\sqrt{3^2+(-1)^2}}=\frac{25}{\sqrt{10}}=\frac{5\sqrt{10}}{2}$ → 높이

이때 $\overline{AB}=\sqrt{(1-0)^2+\{1-(-2)\}^2}=\sqrt{10}$이므로 삼각형 ABC의 넓이는 (밑변의 길이)

$\frac{1}{2}\times\sqrt{10}\times\frac{5\sqrt{10}}{2}=\frac{25}{2}$

6 두 직선 $2x-(k-1)y+2=0$, $kx-y+7=0$이 평행하므로

$\frac{2}{k}=\frac{-(k-1)}{-1}\neq\frac{2}{7}$에서 $2=k(k-1)$

$k^2-k-2=0$, $(k+1)(k-2)=0$

$\therefore k=2$ (∵ $k>0$)

따라서 두 직선의 방정식은 각각 $2x-y+2=0$, $2x-y+7=0$이므로 직선 $2x-y+2=0$ 위의 한 점 (0, 2)와 직선 $2x-y+7=0$ 사이의 거리는

$\frac{|2\times0-1\times2+7|}{\sqrt{2^2+(-1)^2}}=\sqrt{5}$

6-1 두 직선 $3x+(k+1)y+12=0$, $kx+4y+12=0$이 평행하므로

$\frac{3}{k}=\frac{k+1}{4}\neq\frac{12}{12}$에서 $12=k(k+1)$

$k^2+k-12=0$, $(k+4)(k-3)=0$

$\therefore k=-4$ (∵ $k<0$)

따라서 두 직선의 방정식은 각각 $3x-3y+12=0$, $-4x+4y+12=0$, 즉 $x-y+4=0$, $-x+y+3=0$이므로 직선 $x-y+4=0$ 위의 한 점 $(0, 4)$와 직선 $-x+y+3=0$ 사이의 거리는

$$\frac{|(-1)\times0+1\times4+3|}{\sqrt{(-1)^2+1^2}}=\frac{7}{\sqrt{2}}=\frac{7\sqrt{2}}{2}$$

플러스톡

문제에서 주어진 조건 $k<0$에 의하여 $k=-4$로 결정되었지만 $k=3$일 경우 두 직선의 평행 조건 $\frac{3}{k}=\frac{k+1}{4}\neq\frac{12}{12}$에서 $\frac{3}{3}=\frac{4}{4}=\frac{12}{12}$가 되어 만족시키지 않으므로 $k\neq3$이다.

05 원의 방정식

본문 135~137쪽

1 ③	1-1 14	1-2 ③	
2 ②	2-1 ②	3 6	3-1 ②
4 ①	4-1 ②	5 ②	5-1 ③
6 ①	6-1 ⑤		
7 ①	7-1 ③	7-2 ②	
8 ⑤	8-1 ③	9 ⑤	9-1 ④

1 원의 중심이 x축 위에 있으므로 중심의 좌표를 $(k, 0)$, 반지름의 길이를 r라 하면 원의 방정식은 $(x-k)^2+y^2=r^2$

이 원이 점 $(-1, 2)$를 지나므로

$(-1-k)^2+2^2=r^2$

$\therefore k^2+2k+5=r^2$ …… ㉠

또한, 원이 점 $(4, -3)$을 지나므로

$(4-k)^2+(-3)^2=r^2$

$\therefore k^2-8k+25=r^2$ …… ㉡

㉠, ㉡을 연립하여 풀면 $k=2$, $r^2=13$

따라서 원의 방정식은 $(x-2)^2+y^2=13$이므로

$a=2$, $b=0$, $c=13$

$\therefore a+b+c=2+0+13=15$

1-1 원의 중심이 y축 위에 있으므로 중심의 좌표를 $(0, k)$, 반지름의 길이를 r라 하면 원의 방정식은 $x^2+(y-k)^2=r^2$

이 원이 점 $(-2, 4)$를 지나므로

$(-2)^2+(4-k)^2=r^2$

$\therefore k^2-8k+20=r^2$ …… ㉠

또한, 원이 점 $(3, -1)$을 지나므로

$3^2+(-1-k)^2=r^2$

$\therefore k^2+2k+10=r^2$ …… ㉡

㉠, ㉡을 연립하여 풀면 $k=1$, $r^2=13$

따라서 원의 방정식은 $x^2+(y-1)^2=13$이므로

$a=0$, $b=1$, $c=13$

$\therefore a+b+c=0+1+13=14$

1-2 원의 중심이 직선 $y=x$ 위에 있으므로 중심의 좌표를 (k, k)라 하면 원의 방정식은

$(x-k)^2+(y-k)^2=r^2$

이 원이 점 $(-3, -1)$을 지나므로

$(-3-k)^2+(-1-k)^2=r^2$

$\therefore 2k^2+8k+10=r^2$ …… ㉠

또한, 원이 점 $(5, 3)$을 지나므로

$(5-k)^2+(3-k)^2=r^2$

$\therefore 2k^2-16k+34=r^2$ …… ㉡

㉠, ㉡을 연립하여 풀면

$k=1$, $r^2=20$

2 원 $(x-3)^2+(y+1)^2=4$의 중심의 좌표는

$(3, -1)$

두 점 $(3, -1)$, $(4, 2)$ 사이의 거리는

$\sqrt{(4-3)^2+\{2-(-1)\}^2}=\sqrt{10}$

즉, 중심의 좌표가 $(3, -1)$이고 반지름의 길이가 $\sqrt{10}$인 원의 방정식은

$(x-3)^2+(y+1)^2=10$

따라서 이 원 위의 점의 좌표인 것은 ②이다.

2-1 원 $(x+2)^2+(y-4)^2=9$의 중심의 좌표는

$(-2, 4)$

두 점 $(-2, 4)$, $(1, 8)$ 사이의 거리는

$\sqrt{\{1-(-2)\}^2+(8-4)^2}=5$

즉, 중심의 좌표가 $(-2, 4)$이고 반지름의 길이가 5인 원의 방정식은

$(x+2)^2+(y-4)^2=25$

이 원이 점 $(a, 1)$을 지나므로

$(a+2)^2+(1-4)^2=25$, $(a+2)^2=16$

$a^2+4a-12=0$, $(a+6)(a-2)=0$

$\therefore a=-6$ 또는 $a=2$

따라서 모든 a의 값의 합은

$-6+2=-4$

3 원의 중심을 C라 하면 점 C는 선분 AB의 중점이므로 점 C의 좌표는

$\left(\frac{-2+6}{2}, \frac{-4+2}{2}\right)$ $\therefore$ C$(2, -1)$

원의 반지름의 길이는

$\frac{1}{2}\overline{AB}=\overline{AC}=\sqrt{\{2-(-2)\}^2+\{-1-(-4)\}^2}=5$

따라서 $a=2$, $b=-1$, $r=5$이므로

$a+b+r=2+(-1)+5=6$

3-1 원의 중심을 C라 하면 점 C는 선분 AB의 중점이므로 점 C의 좌표는

$\left(\frac{5+3}{2}, \frac{3+(-1)}{2}\right)$ $\therefore$ C$(4, 1)$

원의 반지름의 길이는

$\frac{1}{2}\overline{AB}=\overline{AC}=\sqrt{(4-5)^2+(1-3)^2}=\sqrt{5}$

따라서 원의 방정식은 $(x-4)^2+(y-1)^2=5$이므로 이 원 위의 점의 좌표인 것은 ②이다.

4 $x^2+y^2-2x-6y-15=0$에서

$(x^2-2x+1)+(y^2-6y+9)=25$

$\therefore (x-1)^2+(y-3)^2=25$

따라서 원의 중심의 좌표는 (1, 3)이고 반지름의 길이는 5이므로

$a=1,\ b=3,\ r=5$

$\therefore a+b+r=1+3+5=9$

4-1 $x^2+y^2-4x+2y-4=0$에서

$(x^2-4x+4)+(y^2+2y+1)=9$

$\therefore (x-2)^2+(y+1)^2=9$

따라서 중심이 점 (1, 5)이고 반지름의 길이가 3인 원의 방정식은

$(x-1)^2+(y-5)^2=9$

$\therefore x^2+y^2-2x-10y+17=0$

5 $x^2+y^2+2kx-8y+5k+22=0$에서

$(x^2+2kx+k^2)+(y^2-8y+16)=k^2-5k-6$

$\therefore (x+k)^2+(y-4)^2=k^2-5k-6$

이 방정식이 나타내는 도형이 원이 되려면

$k^2-5k-6>0,\ (k+1)(k-6)>0$

$\therefore k<-1$ 또는 $k>6$

따라서 자연수 k의 최솟값은 7이다.

5-1 $x^2+y^2+2x-4ky+5k^2-3=0$에서

$(x^2+2x+1)+(y^2-4ky+4k^2)=-k^2+4$

$\therefore (x+1)^2+(y-2k)^2=-k^2+4$

이 방정식이 나타내는 도형이 원이 되려면

$-k^2+4>0,\ (k+2)(k-2)<0$

$\therefore -2<k<2$

따라서 정수 k는 -1, 0, 1의 3개이다.

6 원의 방정식을 $x^2+y^2+Ax+By+C=0$이라 하면 이 원이 원점 O(0, 0)을 지나므로 $C=0$

즉, 원의 방정식은 $x^2+y^2+Ax+By=0$이고 이 원이 두 점 A, B를 지나므로

$10-3A+B=0,\ 20-4A-2B=0$

위의 식을 연립하여 풀면

$A=4,\ B=2$

즉, 원의 방정식은 $x^2+y^2+4x+2y=0$에서

$(x+2)^2+(y+1)^2=5$

따라서 원의 반지름의 길이는 $\sqrt{5}$이므로 구하는 원의 넓이는

$\pi\times(\sqrt{5})^2=5\pi$

6-1 원의 방정식을 $x^2+y^2+Ax+By+C=0$이라 하면 원점 O(0, 0)을 지나므로 $C=0$

즉, 원의 방정식은 $x^2+y^2+Ax+By=0$이고 이 원이 두 점 A, B를 지나므로

$10-A+3B=0,\ 50+A+7B=0$

위의 식을 연립하여 풀면

$A=-8,\ B=-6$

즉, 원의 방정식은 $x^2+y^2-8x-6y=0$에서

$(x-4)^2+(y-3)^2=25$

따라서 원의 반지름의 길이는 5이므로 구하는 원의 둘레의 길이는

$2\pi\times5=10\pi$

7 $x^2+y^2-8x+4y-5=0$에서

$(x-4)^2+(y+2)^2=25$

즉, 중심의 좌표가 $(4,\ -2)$이고 x축에 접하는 원의 반지름의 길이는

$|(\text{중심의 } y\text{좌표})|=|-2|=2$

7-1 원 $(x-2)^2+(y+3)^2=10$의 중심의 좌표는 $(2,\ -3)$

즉, 중심의 좌표가 $(2,\ -3)$이고 x축에 접하는 원의 반지름의 길이는

$|(\text{중심의 } y\text{좌표})|=|-3|=3$

따라서 구하는 원의 넓이는

$\pi\times3^2=9\pi$

7-2 중심의 좌표가 $(-4,\ a)$이고 x축에 접하는 원의 방정식은

$(x+4)^2+(y-a)^2=a^2$ → (반지름의 길이) $=|(\text{중심의 } y\text{좌표})|=|a|$

이 원이 점 $(-1,\ 3)$을 지나므로

$(-1+4)^2+(3-a)^2=a^2,\ -6a+18=0$

$\therefore a=3$

8 $x^2+y^2+6x-4y+k-1=0$에서

$(x+3)^2+(y-2)^2=-k+14$

이 원이 y축에 접하므로 → (반지름의 길이) $=|(\text{중심의 } x\text{좌표})|=|-3|$

$|-3|=\sqrt{-k+14},\ 9=-k+14$

$\therefore k=5$

8-1 $x^2+y^2+4kx+2y-2k-3=0$에서

$(x+2k)^2+(y+1)^2=4k^2+2k+4$

이 원이 y축에 접하므로 → (반지름의 길이) $=|(\text{중심의 } x\text{좌표})|=|-2k|$

$|-2k|=\sqrt{4k^2+2k+4},\ 4k^2=4k^2+2k+4$

$2k=-4\qquad \therefore k=-2$

9 x축과 y축에 동시에 접하는 원의 중심이 제1사분면 위에 있으므로 반지름의 길이를 r라 하면 중심의 좌표는 $(r,\ r)$이다.

이때 중심 $(r,\ r)$가 직선 $3x-2y-5=0$ 위에 있으므로

$3r-2r-5=0\qquad \therefore r=5$

따라서 원의 방정식은 $(x-5)^2+(y-5)^2=25$이므로 구하는 원의 넓이는 25π이다.

9-1 x축과 y축에 동시에 접하는 원의 중심이 제2사분면 위에 있으므로 반지름의 길이를 r라 하면 중심의 좌표는 $(-r, r)$이다.
이때 중심 $(-r, r)$가 직선 $x+3y-6=0$ 위에 있으므로
$-r+3r-6=0 \quad \therefore r=3$
따라서 원의 방정식은 $(x+3)^2+(y-3)^2=9$이므로 이 원 위의 점의 좌표인 것은 ④이다.

06 원과 직선의 위치 관계

본문 138, 139쪽

1 ②	1-1 2	2 ①	2-1 ①
3 50	3-1 ②	4 ②	4-1 4
5 ⑤	5-1 ①	6 ⑤	6-1 ③

1 원의 중심 $(0, 0)$과 직선 $x+2y+k=0$ 사이의 거리를 d라 하면
$d=\frac{|1\times0+2\times0+k|}{\sqrt{1^2+2^2}}=\frac{|k|}{\sqrt{5}}$
원의 반지름의 길이를 r라 하면 $r=2\sqrt{5}$
이때 $d<r$이어야 하므로
$\frac{|k|}{\sqrt{5}}<2\sqrt{5}$에서 $|k|<10$
$\therefore -10<k<10$
따라서 정수 k의 최솟값은 -9이다.

다른 풀이
$x+2y+k=0$, 즉 $x=-2y-k$를 $x^2+y^2=20$에 대입하면
$(-2y-k)^2+y^2=20$
$\therefore 5y^2+4ky+k^2-20=0$
이 이차방정식의 판별식을 D라 하면
$\frac{D}{4}=(2k)^2-5(k^2-20)=-k^2+100$
이때 $D>0$이어야 하므로
$-k^2+100>0$에서 $k^2<100$
$\therefore -10<k<10$

1-1 원의 중심 $(0, 0)$과 직선 $y=kx+5$, 즉 $kx-y+5=0$ 사이의 거리를 d라 하면
$d=\frac{|k\times0-1\times0+5|}{\sqrt{k^2+(-1)^2}}=\frac{5}{\sqrt{k^2+1}}$
원의 반지름의 길이를 r라 하면 $r=3$
이때 $d<r$이어야 하므로
$\frac{5}{\sqrt{k^2+1}}<3$에서 $5<3\sqrt{k^2+1}$
$25<9(k^2+1)$, $9k^2-16>0$
$(3k+4)(3k-4)>0$
$\therefore k<-\frac{4}{3}$ 또는 $k>\frac{4}{3}$
따라서 자연수 k의 최솟값은 2이다.

다른 풀이
$y=kx+5$를 $x^2+y^2=9$에 대입하면
$x^2+(kx+5)^2=9 \quad \therefore (k^2+1)x^2+10kx+16=0$
이 이차방정식의 판별식을 D라 하면
$\frac{D}{4}=(5k)^2-16(k^2+1)=9k^2-16$
이때 $D>0$이어야 하므로
$9k^2-16>0$에서 $(3k+4)(3k-4)>0$
$\therefore k<-\frac{4}{3}$ 또는 $k>\frac{4}{3}$

2 원의 반지름의 길이를 r라 하면
$2\pi r=4\pi \quad \therefore r=2$
원의 중심 $(2, 1)$과 직선 $3x-4y+k=0$ 사이의 거리는
$\frac{|3\times2-4\times1+k|}{\sqrt{3^2+(-4)^2}}=\frac{|2+k|}{5}$
원과 직선이 접할 때, 원과 직선 사이의 거리는 원의 반지름의 길이와 같으므로
$\frac{|2+k|}{5}=2$, $|2+k|=10$
$2+k=-10$ 또는 $2+k=10$
$\therefore k=-12$ 또는 $k=8$
따라서 모든 k의 값의 합은
$-12+8=-4$

2-1 원의 반지름의 길이를 r라 하면
$\pi r^2=10\pi \quad \therefore r=\sqrt{10}\ (\because r>0)$
원의 중심 $(3, -2)$와 직선 $x-3y+k=0$ 사이의 거리는
$\frac{|1\times3-3\times(-2)+k|}{\sqrt{1^2+(-3)^2}}=\frac{|9+k|}{\sqrt{10}}$
원과 직선이 접할 때, 원과 직선 사이의 거리는 원의 반지름의 길이와 같으므로
$\frac{|9+k|}{\sqrt{10}}=\sqrt{10}$, $|9+k|=10$
$9+k=-10$ 또는 $9+k=10$
$\therefore k=-19$ 또는 $k=1$
따라서 모든 k의 값의 합은
$-19+1=-18$

3 원의 중심 $(0, 0)$과 직선 $y=2x-k$, 즉 $2x-y-k=0$ 사이의 거리를 d라 하면
$d=\frac{|2\times0-1\times0-k|}{\sqrt{2^2+(-1)^2}}=\frac{|k|}{\sqrt{5}}$
원의 반지름의 길이를 r라 하면 $r=\sqrt{5}$
이때 주어진 원과 직선이 만나지 않으려면 $d>r$이어야 하므로
$\frac{|k|}{\sqrt{5}}>\sqrt{5}$, $|k|>5$
$\therefore k<-5$ 또는 $k>5$
따라서 $\alpha=-5$, $\beta=5$이므로
$\alpha^2+\beta^2=(-5)^2+5^2=50$

다른 풀이

$y=2x-k$를 $x^2+y^2=5$에 대입하면

$x^2+(2x-k)^2=5$

$\therefore 5x^2-4kx+k^2-5=0$

이 이차방정식의 판별식을 D라 하면

$\frac{D}{4}=(-2k)^2-5(k^2-5)=-k^2+25$

이때 $D<0$이어야 하므로

$-k^2+25<0$에서 $(k+5)(k-5)>0$

$\therefore k<-5$ 또는 $k>5$

3-1 $x^2+y^2-6x+8=0$에서

$(x^2-6x+9)+y^2=1$

$\therefore (x-3)^2+y^2=1$

원의 중심 $(3, 0)$과 직선 $x+ky-1=0$ 사이의 거리를 d라 하면

$d=\frac{|1\times3+k\times0-1|}{\sqrt{1^2+k^2}}=\frac{2}{\sqrt{k^2+1}}$

원의 반지름의 길이를 r라 하면 $r=1$

이때 주어진 원과 직선이 만나지 않으려면 $d>r$이어야 하므로

$\frac{2}{\sqrt{k^2+1}}>1$, $2>\sqrt{k^2+1}$

$4>k^2+1$, $k^2<3$

$\therefore -\sqrt{3}<k<\sqrt{3}$

따라서 정수 k의 최솟값은 -1이다.

다른 풀이

$x+ky-1=0$, 즉 $x=-ky+1$을 $(x-3)^2+y^2=1$에 대입하면

$(-ky-2)^2+y^2=1$

$\therefore (k^2+1)y^2+4ky+3=0$

이 이차방정식의 판별식을 D라 하면

$\frac{D}{4}=(2k)^2-3(k^2+1)=k^2-3$

이때 $D<0$이어야 하므로

$k^2-3<0$에서 $-\sqrt{3}<k<\sqrt{3}$

4 오른쪽 그림과 같이 원의 중심을 C(0, 0)이라 하고, 점 C에서 직선 $x-y+2=0$에 내린 수선의 발을 H라 하면

$\overline{CH}=\frac{|1\times0-1\times0+2|}{\sqrt{1^2+(-1)^2}}=\sqrt{2}$

직각삼각형 CAH에서

$\overline{AH}=\sqrt{\overline{CA}^2-\overline{CH}^2}$

$=\sqrt{(2\sqrt{2})^2-(\sqrt{2})^2}=\sqrt{6}$

$\therefore \overline{AB}=2\overline{AH}=2\sqrt{6}$ → 점 H가 선분 AB의 중점

플러스톡

현의 성질

(1) 원의 중심에서 현에 내린 수선은 그 현을 수직이등분한다.

(2) 한 원에서 현의 수직이등분선은 그 원의 중심을 지난다.

4-1 오른쪽 그림과 같이 원의 중심을 C(1, −2)라 하고, 점 C에서 직선 $x-2y=0$에 내린 수선의 발을 H라 하면

$\overline{CH}=\frac{|1\times1-2\times(-2)|}{\sqrt{1^2+(-2)^2}}=\sqrt{5}$

직각삼각형 CHA에서

$\overline{AH}=\sqrt{\overline{CA}^2-\overline{CH}^2}$

$=\sqrt{3^2-(\sqrt{5})^2}=2$

$\therefore \overline{AB}=2\overline{AH}=4$

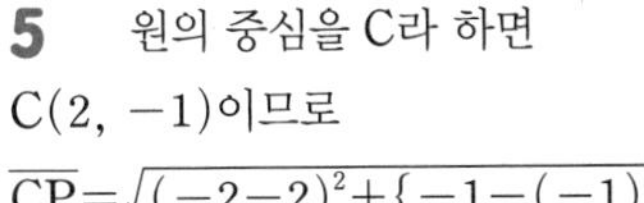

5 원의 중심을 C라 하면

C(2, −1)이므로

$\overline{CP}=\sqrt{(-2-2)^2+\{-1-(-1)\}^2}$

$=4$

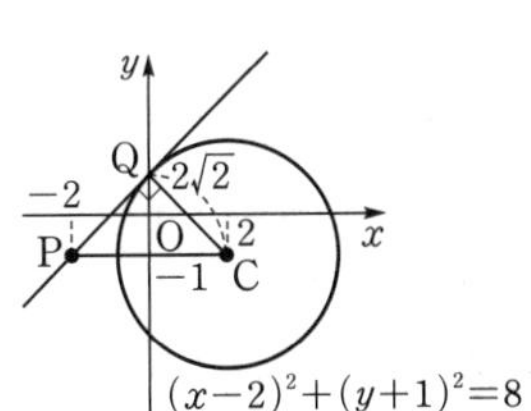

직각삼각형 CQP에서 → 점 Q는 접점이므로 ∠CQP=90°

$\overline{PQ}=\sqrt{\overline{CP}^2-\overline{CQ}^2}$

$=\sqrt{4^2-(2\sqrt{2})^2}=2\sqrt{2}$

5-1 원의 중심을 C라 하면

C(1, 5)이므로

$\overline{CP}=\sqrt{(-5-1)^2+(3-5)^2}=2\sqrt{10}$

직각삼각형 CQP에서 → 점 Q는 접점이므로 ∠CQP=90°

$\overline{PQ}=\sqrt{\overline{CP}^2-\overline{CQ}^2}$

$=\sqrt{(2\sqrt{10})^2-(4\sqrt{2})^2}=2\sqrt{2}$

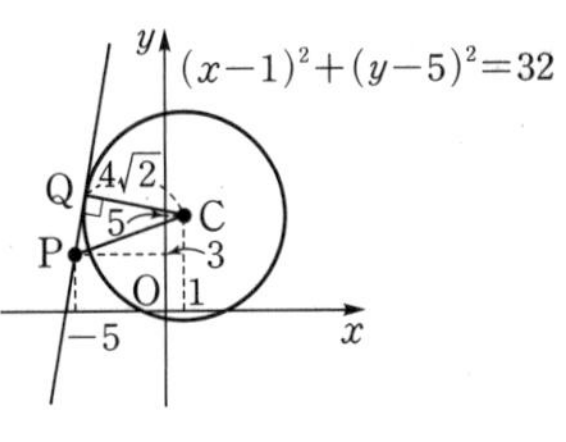

6 원의 중심 (2, −1)과 직선 $3x-4y+5=0$ 사이의 거리는

$\frac{|3\times2-4\times(-1)+5|}{\sqrt{3^2+(-4)^2}}=3$

원의 반지름의 길이는 2이므로 원 위의 점 P와 직선 $3x-4y+5=0$ 사이의 거리의 최댓값 M과 최솟값 m은

$M=3+2=5$, $m=3-2=1$

$\therefore Mm=5\times1=5$

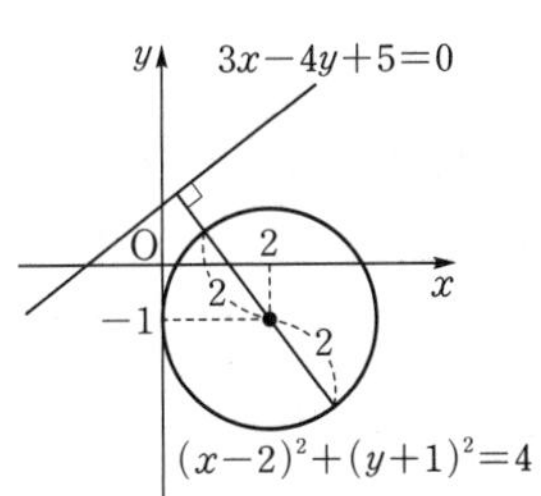

6-1 $x^2+y^2-6x-2y+5=0$에서

$(x-3)^2+(y-1)^2=5$이므로 원의 중심 (3, 1)과 직선 $x-2y+9=0$ 사이의 거리는

$\frac{|1\times3-2\times1+9|}{\sqrt{1^2+(-2)^2}}=2\sqrt{5}$

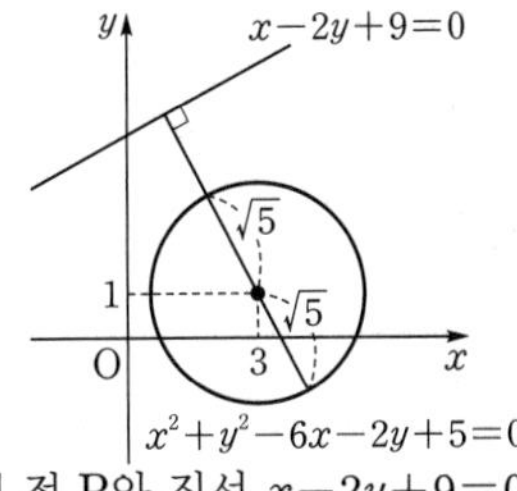

원의 반지름의 길이는 $\sqrt{5}$이므로 원 위의 점 P와 직선 $x-2y+9=0$ 사이의 거리의 최댓값 M과 최솟값 m은

$M=2\sqrt{5}+\sqrt{5}=3\sqrt{5}$, $m=2\sqrt{5}-\sqrt{5}=\sqrt{5}$

$\therefore Mm=3\sqrt{5}\times\sqrt{5}=15$

07 원의 접선의 방정식

본문 140쪽

1 ⑤	1-1 ③	2 ④	2-1 ②
3 ②	3-1 ④		

1 직선 $x+2y+5=0$, 즉 $y=-\frac{1}{2}x-\frac{5}{2}$에 수직인 직선의 기울기는 2이고 원 $x^2+y^2=5$의 반지름의 길이는 $\sqrt{5}$이므로 접선의 방정식은

$y=2\times x\pm\sqrt{5}\times\sqrt{2^2+1}$

$\therefore y=2x\pm5$

따라서 두 직선이 y축과 만나는 두 점의 좌표는 각각 $(0, -5)$, $(0, 5)$이므로

$\overline{PQ}=|-5-5|=10$

1-1 직선 $3x-y+4=0$, 즉 $y=3x+4$에 평행한 직선의 기울기는 3이고 원 $x^2+y^2=9$의 반지름의 길이는 3이므로 접선의 방정식은

$y=3\times x\pm3\times\sqrt{3^2+1}$

$\therefore y=3x\pm3\sqrt{10}$

따라서 두 직선이 x축과 만나는 두 점의 좌표는 각각 $(-\sqrt{10}, 0)$, $(\sqrt{10}, 0)$이므로

$\overline{PQ}=|-\sqrt{10}-\sqrt{10}|=2\sqrt{10}$

2 원 $x^2+y^2=41$ 위의 점 $(-4, 5)$에서의 접선의 방정식은

$-4x+5y=41$

이 직선이 점 $(6, k)$를 지나므로

$-24+5k=41$, $5k=65$

$\therefore k=13$

2-1 원 $x^2+y^2=34$ 위의 점 $(3, -5)$에서의 접선의 방정식은

$3x-5y=34$ $\quad\therefore 3x-5y-34=0$ ······ ㉠

$x^2+y^2-10x-6y+8+k=0$에서

$(x-5)^2+(y-3)^2=26-k$ ······ ㉡

직선 ㉠과 원 ㉡의 중심 $(5, 3)$ 사이의 거리는

$\frac{|3\times5-5\times3-34|}{\sqrt{3^2+(-5)^2}}=\sqrt{34}$

직선 ㉠과 원 ㉡이 접할 때, 직선 ㉠과 원 ㉡ 사이의 거리는 원 ㉡의 반지름의 길이와 같으므로

$\sqrt{26-k}=\sqrt{34}$, $26-k=34$

$\therefore k=-8$

3 접선의 기울기를 m이라 하면 점 $(2, 0)$을 지나므로 접선의 방정식은

$y=m(x-2)$ $\quad\therefore mx-y-2m=0$

원의 중심 $(5, 1)$과 접선 사이의 거리는 원의 반지름의 길이 $\sqrt{5}$와 같아야 한다.

즉, $\frac{|m\times5-1\times1-2m|}{\sqrt{m^2+(-1)^2}}=\sqrt{5}$에서

$\frac{|3m-1|}{\sqrt{m^2+1}}=\sqrt{5}$, $9m^2-6m+1=5m^2+5$

$2m^2-3m-2=0$

따라서 이차방정식의 근과 계수의 관계에 의하여 두 접선의 기울기의 곱은 -1이다. → 두 접선의 기울기는 이차방정식 $2m^2-3m-2=0$의 서로 다른 두 실근과 같다.

3-1 접선의 기울기를 m이라 하면 점 $(4, -2)$를 지나므로 접선의 방정식은

$y-(-2)=m(x-4)$ $\quad\therefore mx-y-4m-2=0$

원의 중심 $(-1, -3)$과 접선 사이의 거리는 원의 반지름의 길이 3과 같아야 한다.

즉, $\frac{|m\times(-1)-1\times(-3)-4m-2|}{\sqrt{m^2+(-1)^2}}=3$에서

$\frac{|-5m+1|}{\sqrt{m^2+1}}=3$, $25m^2-10m+1=9m^2+9$

$8m^2-5m-4=0$

따라서 이차방정식의 근과 계수의 관계에 의하여 두 접선의 기울기의 합은 $\frac{5}{8}$이다.

08 도형의 평행이동

본문 141쪽

1 ⑤	1-1 1	1-2 ①	
2 ①	2-1 ⑤	3 ④	3-1 4

1 $1+a=3$, $-2+b=5$이므로

$a=2$, $b=7$

$\therefore a+b=2+7=9$

1-1 $1+a=-2$, $5+b=9$이므로

$a=-3$, $b=4$

$\therefore a+b=-3+4=1$

1-2 점 $(2, -3)$을 x축의 방향으로 a만큼, y축의 방향으로 b만큼 평행이동한 점의 좌표를 $(-3, 4)$라 하면

$2+a=-3$, $-3+b=4$이므로

$a=-5$, $b=7$

따라서 점 $(-1, -2)$를 x축의 방향으로 -5만큼, y축의 방향으로 7만큼 평행이동한 점의 좌표는

$(-1-5, -2+7)$ $\quad\therefore (-6, 5)$

2 직선 $y=4x-1$을 x축의 방향으로 a만큼, y축의 방향으로 4만큼 평행이동한 직선의 방정식은

$y-4=4(x-a)-1$

$\therefore y=4x-4a+3$

이 직선이 직선 $y=4x-1$과 일치하므로

$-4a+3=-1$ $\quad\therefore a=1$

2-1 원 $(x-a)^2+(y-b)^2=c$를 x축의 방향으로 5만큼, y축의 방향으로 -1만큼 평행이동한 원의 방정식은
$(x-5-a)^2+(y+1-b)^2=c$
$\therefore \{x-(5+a)\}^2+\{y+(1-b)\}^2=c$
이 원이 원 $x^2+y^2=8$과 일치하므로
$5+a=0$, $1-b=0$, $c=8$ → 평행이동하여도 원의 반지름의 길이는 변하지 않는다.
$\therefore a=-5$, $b=1$, $c=8$
$\therefore a+b+c=-5+1+8=4$

3 점 $(1, -5)$를 x축의 방향으로 m만큼, y축의 방향으로 n만큼 평행이동한 점의 좌표를 $(3, 2)$라 하면
$1+m=3$, $-5+n=2$이므로
$m=2$, $n=7$
즉, 원 $(x+3)^2+(y+1)^2=4$를 x축의 방향으로 2만큼, y축의 방향으로 7만큼 평행이동한 원의 방정식은
$(x-2+3)^2+(y-7+1)^2=4$
$\therefore (x+1)^2+(y-6)^2=4$
따라서 $a=1$, $b=6$이므로
$a+b=1+6=7$

3-1 점 $(1, 2)$를 x축의 방향으로 m만큼, y축의 방향으로 n만큼 평행이동한 점의 좌표를 $(-2, 1)$이라 하면
$1+m=-2$, $2+n=1$이므로
$m=-3$, $n=-1$
즉, 직선 $ax+2y+b=0$을 x축의 방향으로 -3만큼, y축의 방향으로 -1만큼 평행이동한 직선의 방정식은
$a(x+3)+2(y+1)+b=0$
$\therefore ax+2y+3a+b+2=0$
이 직선이 직선 $x+2y+2=0$과 일치하므로
$a=1$, $3a+b+2=2$
따라서 $a=1$, $b=-3$이므로
$a-b=1-(-3)=4$

09 도형의 대칭이동

본문 142, 143쪽

1 ②	**1-1** 6	**1-2** ④	
2 ⑤	**2-1** ④	**3** 1	**3-1** ③
4 ①	**4-1** ②	**5** ②	**5-1** 2
6 ②	**6-1** ⑤		

1 점 (a, b)를 y축에 대하여 대칭이동한 점의 좌표는
$(-a, b)$
이 점을 다시 직선 $y=x$에 대하여 대칭이동한 점의 좌표는
$(b, -a)$
이 점이 점 $(2, 6)$과 일치하므로
$b=2$, $-a=6$
따라서 $a=-6$, $b=2$이므로
$a+b=-6+2=-4$

1-1 점 (a, b)를 원점에 대하여 대칭이동한 점의 좌표는
$(-a, -b)$
이 점을 다시 x축에 대하여 대칭이동한 점의 좌표는
$(-a, b)$
이 점이 점 $(-1, 5)$와 일치하므로
$-a=-1$, $b=5$
따라서 $a=1$, $b=5$이므로
$a+b=1+5=6$

1-2 점 $(1, -3)$을 x축에 대하여 대칭이동한 점 P는
$P(1, 3)$
점 $(1, -3)$을 직선 $y=x$에 대하여 대칭이동한 점 Q는
$Q(-3, 1)$
따라서 두 점 P, Q를 지나는 직선의 방정식은
$y-3=\frac{1-3}{-3-1}(x-1)$, 즉 $y=\frac{1}{2}x+\frac{5}{2}$이므로 이 직선의 y절편은 $\frac{5}{2}$이다.

2 직선 $y=2x+a$를 원점에 대하여 대칭이동한 직선의 방정식은
$-y=-2x+a$ $\quad\therefore y=2x-a$
이 직선이 점 $(2, -4)$를 지나므로
$-4=2\times2-a$ $\quad\therefore a=8$

2-1 점 $(1, 5)$를 직선 $y=x$에 대하여 대칭이동하면 점 $(5, 1)$로 옮겨지므로 직선 $x-2y-3=0$을 직선 $y=x$에 대하여 대칭이동한 직선의 방정식은
$y-2x-3=0$ $\quad\therefore 2x-y+3=0$
따라서 이 직선이 지나는 점의 좌표인 것은 ④이다.

3 원 $(x+2)^2+(y-1)^2=5$를 직선 $y=x$에 대하여 대칭이동한 원의 방정식은
$(y+2)^2+(x-1)^2=5$ $\quad\therefore (x-1)^2+(y+2)^2=5$
이 원의 중심 $(1, -2)$가 직선 $y=-3x+a$ 위에 있으므로
$-2=-3\times1+a$ $\quad\therefore a=1$

3-1 원 $(x+2)^2+(y+3)^2=9$를 y축에 대하여 대칭이동한 원의 방정식은
$(-x+2)^2+(y+3)^2=9$ $\quad\therefore (x-2)^2+(y+3)^2=9$
직선 $y=-3x+a$가 원 $(x-2)^2+(y+3)^2=9$의 넓이를 이등분하려면 원의 중심 $(2, -3)$을 지나야 하므로
$-3=-3\times2+a$ $\quad\therefore a=3$

4 포물선 $y=x^2+ax+b$를 x축에 대하여 대칭이동한 포물선의 방정식은
$-y=x^2+ax+b$

$\therefore\ y=-x^2-ax-b=-\left(x+\frac{a}{2}\right)^2+\frac{a^2}{4}-b$

이 포물선의 꼭짓점 $\left(-\frac{a}{2},\ \frac{a^2}{4}-b\right)$가 점 $(3,\ 1)$과 일치하므로

$-\frac{a}{2}=3,\ \frac{a^2}{4}-b=1$

따라서 $a=-6,\ b=8$이므로

$a+b=-6+8=2$

4-1 포물선 $y=x^2+ax+b$를 원점에 대하여 대칭이동한 포물선의 방정식은

$-y=(-x)^2+a(-x)+b$

$\therefore\ y=-x^2+ax-b=-\left(x-\frac{a}{2}\right)^2+\frac{a^2}{4}-b$

이 포물선의 꼭짓점 $\left(\frac{a}{2},\ \frac{a^2}{4}-b\right)$가 점 $(-2,\ 4)$와 일치하므로

$\frac{a}{2}=-2,\ \frac{a^2}{4}-b=4$

따라서 $a=-4,\ b=0$이므로

$a+b=-4+0=-4$

5 원 $(x-3)^2+(y+2)^2=2$를 x축의 방향으로 -2만큼, y축의 방향으로 a만큼 평행이동한 원의 방정식은

$(x+2-3)^2+(y-a+2)^2=2$

$\therefore\ (x-1)^2+\{y-(a-2)\}^2=2$

이 원을 다시 y축에 대하여 대칭이동한 원의 방정식은

$(-x-1)^2+\{y-(a-2)\}^2=2$

$\therefore\ (x+1)^2+\{y-(a-2)\}^2=2$

이 원의 중심의 좌표가 $(-1,\ 3)$이므로

$a-2=3 \qquad \therefore\ a=5$

5-1 직선 $x+2y-1=0$을 직선 $y=x$에 대하여 대칭이동한 직선의 방정식은

$y+2x-1=0 \qquad \therefore\ 2x+y-1=0$

이 직선을 x축의 방향으로 a만큼, y축의 방향으로 -1만큼 평행이동한 직선의 방정식은

$2(x-a)+(y+1)-1=0$

$\therefore\ 2x+y-2a=0$

이 직선이 원 $(x-1)^2+(y-2)^2=4$의 넓이를 이등분하려면 원의 중심 $(1,\ 2)$를 지나야 하므로

$2\times1+2-2a=0 \qquad \therefore\ a=2$

6 점 $B(2,\ 1)$을 x축에 대하여 대칭이동한 점을 B'이라 하면

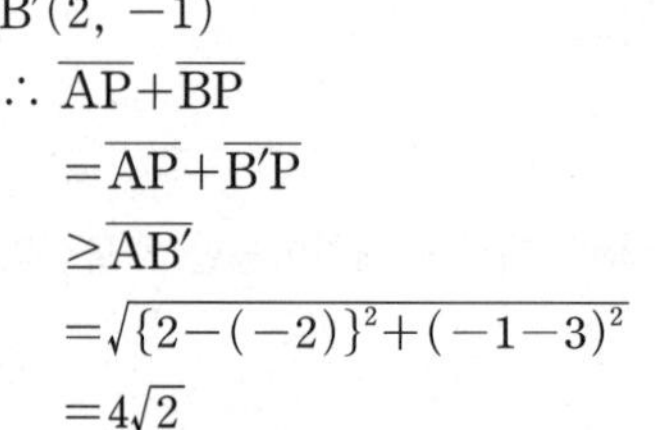

$B'(2,\ -1)$

$\therefore\ \overline{AP}+\overline{BP}$

$=\overline{AP}+\overline{B'P}$

$\geq\overline{AB'}$

$=\sqrt{\{2-(-2)\}^2+(-1-3)^2}$

$=4\sqrt{2}$

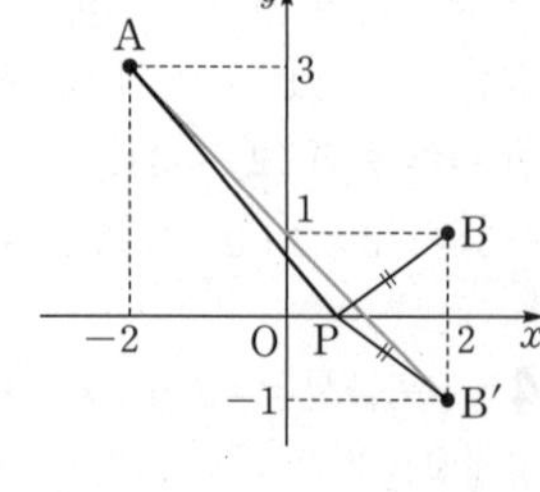

플러스톡

대칭이동을 이용한 거리의 최솟값 구하기

두 점 A, B와 x축 또는 y축 위의 점 P에 대하여 $\overline{AP}+\overline{BP}$의 최솟값은 다음과 같은 순서로 구한다.

❶ 점 B를 x축 또는 y축에 대하여 대칭이동한 점 B′의 좌표를 구한다.

❷ $\overline{AP}+\overline{BP}=\overline{AP}+\overline{B'P}\geq\overline{AB'}$이므로 구하는 최솟값은 $\overline{AB'}$의 길이와 같다.

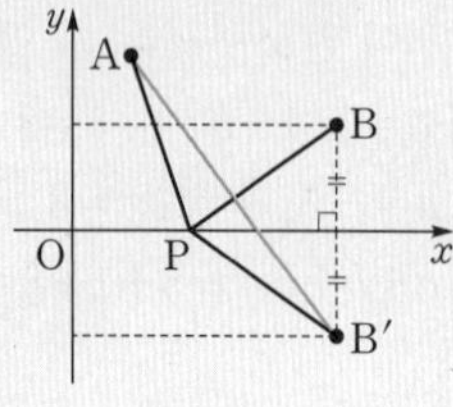

6-1 점 $B(1,\ -2)$를 y축에 대하여 대칭이동한 점을 B'이라 하면

$B'(-1,\ -2)$

$\therefore\ \overline{AP}+\overline{BP}=\overline{AP}+\overline{B'P}$

$\geq\overline{AB'}$

$=\sqrt{(-1-3)^2+(-2-4)^2}$

$=2\sqrt{13}$

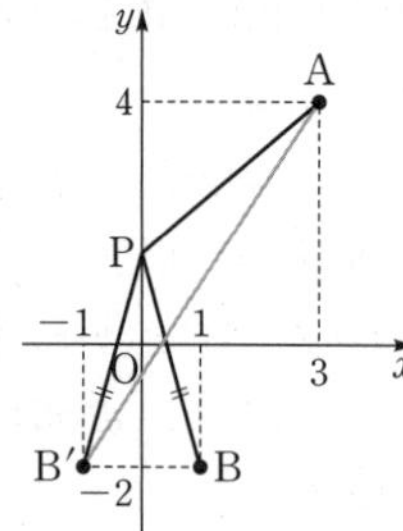

Ⅱ 집합과 명제

10 집합의 뜻과 표현

본문 144, 145쪽

1 ④	1-1 ②	2 ④	2-1 ㄴ, ㄹ, ㅂ
3 ③	3-1 ④	4 ④	4-1 ③
5 ③	5-1 ③	6 8	6-1 ③

1 ①, ②, ③, ⑤ '작은', '예쁜', '잘하는', '착한'은 조건이 명확하지 않아 그 대상을 분명하게 정할 수 없으므로 집합이 아니다.
따라서 집합인 것은 ④이다.

1-1 ② '아주 큰'은 조건이 명확하지 않아 그 대상을 분명하게 정할 수 없으므로 집합이 아니다.
따라서 집합이 아닌 것은 ②이다.

플러스톡
'높은'은 조건이 명확하지 않아 그 대상을 분명하게 정할 수 없지만 ⑤ 세계에서 가장 높은 건물의 모임은 그 대상을 분명하게 정할 수 있으므로 집합이다. → '가장 높은'은 조건이 명확하다.

2 $A=\{1, 2, 5, 10\}$, $B=\{10, 20, 30, \cdots\}$이므로
① $1\in A$ ② $4\notin A$ ③ $10\in A$
④ $10\in B$ ⑤ $100\in B$
따라서 옳지 않은 것은 ④이다.

2-1 $A=\{4, 5, 6, 7, 8, 9\}$이므로
ㄱ. $3\notin A$ ㄴ. $4\in A$ ㄷ. $6\in A$
ㄹ. $8\in A$ ㅁ. $10\notin A$ ㅂ. $11\notin A$
따라서 옳은 것은 ㄴ, ㄹ, ㅂ이다.

3 ① $A=\{1, 2, 3, 6\}$ ② $A=\{1, 2, 3, 4, 6, 12\}$
③ $A=\{1, 2, 3, 6, 9, 18\}$ ④ $A=\{3, 6, 9, 12\}$
⑤ $A=\{3, 6, 9, 12, 15, 18\}$
따라서 바르게 나타낸 것은 ③이다.

3-1 ① $\{1, 2, 3, \cdots, 9\}$ ② $\{1, 2, 3, \cdots, 9\}$
③ $\{1, 2, 3, \cdots, 9\}$ ④ $\{\cdots, -1, 0, 1, \cdots, 9\}$
⑤ $\{1, 2, 3, \cdots, 9\}$
따라서 나머지 넷과 다른 하나는 ④이다.

4 ① 무한집합
② $\{1, 2, 3, \cdots\}$ ➡ 무한집합
③ $\{11, 13, 15, \cdots\}$ ➡ 무한집합
④ $x^2=1$에서 $x=\pm1$ $\therefore \{-1, 1\}$ ➡ 유한집합
⑤ 무한집합
따라서 유한집합인 것은 ④이다.

4-1 ③ 2보다 작은 소수는 없으므로 공집합이다.
④ $\{1\}$
⑤ $x^2-1<0$에서 $(x+1)(x-1)<0$ $\therefore -1<x<1$
$\therefore \{x|-1<x<1\}$ ➡ 무한집합
따라서 공집합인 것은 ③이다.

5 ③ $n(\{\varnothing\})=1$
④ $n(\{x|x$는 3의 약수$\})=n(\{1, 3\})=2$
⑤ $n(\{1\})=1$, $n(\{5\})=1$이므로 $n(\{1\})=n(\{5\})$
따라서 옳지 않은 것은 ③이다.

플러스톡
(1) $n(\varnothing)=0$ ➡ 원소가 하나도 없다.
(2) $n(\{\varnothing\})=1$ ➡ 원소는 $\varnothing$의 1개이다.
(3) $n(\{0\})=1$ ➡ 원소는 0의 1개이다.

5-1 $A=\{2, 4, 6, \cdots, 20\}$, $B=\{3, 6, 9, 12, 15, 18\}$이므로
$n(A)=10$, $n(B)=6$
$\therefore n(A)-n(B)=10-6=4$

6 $A=\{1, 2, 3\}$, $B=\{2, 3, 5, 7\}$이므로

x \ y	2	3	5	7
1	3	4	6	8
2	4	5	7	9
3	5	6	8	10

$\therefore C=\{3, 4, 5, 6, 7, 8, 9, 10\}$
$\therefore n(C)=8$

6-1 $x=-2$일 때, $x^2=(-2)^2=4$
$x=-1$일 때, $x^2=(-1)^2=1$
$x=0$일 때, $x^2=0^2=0$
$x=1$일 때, $x^2=1^2=1$
$x=2$일 때, $x^2=2^2=4$
따라서 $B=\{0, 1, 4\}$이므로
$n(B)=3$

11 집합 사이의 포함 관계

본문 146, 147쪽

1 ⑤	1-1 ㄱ, ㄹ, ㅂ	2 ③	2-1 4
3 ④	3-1 ③	4 ④	4-1 ⑤
5 ⑤	5-1 ①	6 16	6-1 ②

1 $A=\{1, 2, 4, 8, 16\}$
⑤ $12\notin A$이므로 $\{2, 8, 12\}\not\subset A$
따라서 옳지 않은 것은 ⑤이다.

1-1 ㄱ. 0은 집합 A의 원소이므로 $0 \in A$
ㄴ, ㄹ. $\varnothing$은 모든 집합의 부분집합이므로 $\varnothing \subset A$
ㄷ. 3은 집합 A의 원소이므로 $3 \in A$, $\{3\} \subset A$
ㅁ. 0, 4는 집합 A의 원소이므로 $\{0, 4\} \subset A$
ㅂ. 모든 집합은 자기 자신의 부분집합이므로 $\{0, 1, 2, 3, 4\} \subset A$
따라서 옳은 것은 ㄱ, ㄹ, ㅂ이다.

2 주어진 벤 다이어그램에서 두 집합 A, B 사이의 포함 관계는 $A \subset B$이다.
① $A \not\subset B$, $B \not\subset A$　② $B \subset A$　③ $A \subset B$
④ $A=\{1, 2, 3, \cdots, 10\}$, $B=\{1, 2, 3, \cdots, 9\}$이므로
$B \subset A$
⑤ $A=\{1, 2, 4, 8\}$, $B=\{2, 4, 6, 8, \cdots\}$이므로
$A \not\subset B$, $B \not\subset A$
따라서 주어진 벤 다이어그램과 같은 포함 관계인 것은 ③이다.

2-1 $A=\{1, 2, 4, 5, 10, 20\}$이고, 주어진 벤 다이어그램에서 두 집합 A, B 사이의 포함 관계는 $B \subset A$이므로 k는 20의 약수이어야 한다.
따라서 한 자리의 자연수 k는 1, 2, 4, 5의 4개이다.

3 $A=\{5, 10, 15, 20\}$이므로 집합 A의 부분집합 중에서 원소가 3개인 부분집합은
$\{5, 10, 15\}$, $\{5, 10, 20\}$, $\{5, 15, 20\}$, $\{10, 15, 20\}$
의 4개이다.

3-1 집합 B는 집합 A의 부분집합 중에서 원소가 2개인 부분집합이므로
$\{1, 2\}$, $\{1, 3\}$, $\{1, 4\}$, $\{2, 3\}$, $\{2, 4\}$, $\{3, 4\}$
의 6개이다.

4 $A=B$이고 $10 \in B$이므로 $10 \in A$이어야 한다.
즉, $2a=10$에서 $a=5$
따라서 $A=\{1, 4, 10\}$, $B=\{b, 4, 10\}$이므로
$b=1$
$\therefore a+b=5+1=6$

4-1 $A \subset B$이고 $B \subset A$이므로 $A=B$
이때 $1 \in B$이므로 $1 \in A$이어야 한다.
$x=1$을 $x^2+3x-a=0$에 대입하면
$1+3-a=0$　$\therefore a=4$
방정식 $x^2+3x-4=0$에서
$(x+4)(x-1)=0$
$\therefore x=-4$ 또는 $x=1$
따라서 $A=\{-4, 1\}$이므로
$b=-4$
$\therefore a-b=4-(-4)=8$

5 ① 원소의 개수가 3이므로 부분집합의 개수는
$2^3=8$
② $\{x \mid x$는 5보다 작은 자연수$\}=\{1, 2, 3, 4\}$
즉, 원소의 개수가 4이므로 부분집합의 개수는
$2^4=16$
③ $\{x \mid x$는 10보다 작은 소수$\}=\{2, 3, 5, 7\}$
즉, 원소의 개수가 4이므로 부분집합의 개수는
$2^4=16$
④ $\{x \mid x$는 32 이하의 자연수$\}=\{1, 2, 3, \cdots, 32\}$
즉, 원소의 개수가 32이므로 부분집합의 개수는
2^{32}
⑤ $\{x \mid x$는 $0 \le x \le 4$인 정수$\}=\{0, 1, 2, 3, 4\}$
즉, 원소의 개수가 5이므로 부분집합의 개수는
$2^5=32$
따라서 부분집합의 개수가 32인 집합은 ⑤이다.

5-1 두 집합 A, B의 원소의 개수를 각각 a, b라 하자.
집합 A의 부분집합의 개수가 16이므로
$2^a=16=2^4$　$\therefore a=4$
집합 B의 진부분집합의 개수가 63이므로
$2^b-1=63$, $2^b=64=2^6$
$\therefore b=6$
$\therefore n(A)+n(B)=a+b=4+6=10$

6 집합 X는 집합 $\{1, 2, 3, 4, 5, 6\}$의 부분집합 중 1, 2를 반드시 원소로 갖는 부분집합과 같으므로 구하는 집합 X의 개수는
$2^{6-2}=2^4=16$

6-1 $A=\{1, 2, 3, 4\}$, $B=\{1, 2, 3, 4, 6, 12\}$이므로 $A \subset X \subset B$를 만족시키는 집합 X는 집합 B의 부분집합 중 1, 2, 3, 4를 반드시 원소로 갖는 부분집합과 같다.
따라서 구하는 집합 X의 개수는
$2^{6-4}=2^2=4$

12 집합의 연산

본문 148, 149쪽

1 ④	**1-1** ④		
2 $\{1, 2, 5\}$	**2-1** $\{1, 3\}$	**2-2** $\{1, 2, 5, 6\}$	
3 ④	**3-1** ③	**4** $\{1\}$	**4-1** ②
5 ③	**5-1** ④	**6** ⑤	**6-1** ①

1 집합 B가 되려면 2, 4를 반드시 원소로 갖고, 1, 3은 원소로 갖지 않아야 하므로 집합 B가 될 수 있는 것은 ④이다.

1-1 집합 B가 되려면 b, c를 반드시 원소로 갖고, a, d는 원소로 갖지 않아야 하므로 집합 B가 될 수 있는 것은 ④이다.

2 $A\cup B=\{1, 3, 5, 7, 9\}\cup\{1, 2, 4\}$
$=\{1, 2, 3, 4, 5, 7, 9\}$
이므로
$(A\cup B)\cap C=\{1, 2, 3, 4, 5, 7, 9\}\cap\{1, 2, 5, 10\}$
$=\{1, 2, 5\}$

2-1 $A=\{2, 4, 6, 8, \cdots\}$, $B=\{1, 3, 9\}$, $C=\{1, 2, 3, 6\}$이므로
$A\cup C=\{1, 2, 3, 4, 6, 8, \cdots\}$
$\therefore (A\cup C)\cap B=\{1, 3\}$

2-2 $A\cap B=\{1\}$에서 $1\in B$이므로
$a-1=1 \quad \therefore a=2$
따라서 $A=\{1, 2, 6\}$, $B=\{1, 5\}$이므로
$A\cup B=\{1, 2, 5, 6\}$

3 ① $A\cap B=\{2\}$
② $A=\{1, 3, 5, 7\}$, $B=\{1, 2, 4, 8\}$이므로
$A\cap B=\{1\}$
③ $A=\{-2\}$, $B=\{-2, 2\}$이므로
$A\cap B=\{-2\}$
④ $A=\{x|x>5\}$, $B=\{-4, 4\}$이므로
$A\cap B=\varnothing$
⑤ $A=\{2, 4, 6, 8, \cdots\}$, $B=\{2, 3, 5, 7, \cdots\}$이므로
$A\cap B=\{2\}$
따라서 두 집합 A, B가 서로소인 것은 ④이다.

플러스톡
1보다 큰 자연수 중에서 1과 자기 자신만을 약수로 가지는 수를 소수라 한다. 즉, ⑤의 집합 B에서 약수가 2개인 자연수는 소수이다.

3-1 ㄱ. $\{1, 3, 5, 7, \cdots\}$ ㄴ. $\{2, 4, 6, 8, \cdots\}$
ㄷ. $\{1, 5\}$ ㄹ. $\{4, 8, 12, \cdots\}$
ㅁ. $\{-1, 0\}$ ㅂ. $\varnothing$
따라서 집합 $\{1, 2, 3, 6\}$과 서로소인 집합은 ㄹ, ㅁ, ㅂ의 3개이다.

4 $B=\{a-1, 4, 5\}$이고 $B-A=\{5\}$이므로 $a-1$, 4는 집합 A의 원소이다.
즉, $4\in A$에서 $a=4$
따라서 $A=\{1, 3, 4\}$, $B=\{3, 4, 5\}$이므로
$A-B=\{1\}$

4-1 $A=\{2, 3, 5, 2a-b\}$이고 $A-B=\{3\}$이므로 2, 5, $2a-b$는 집합 B의 원소이다.
즉, $2\in B$에서 $a+2b=2$ ······ ㉠
$(2a-b)\in B$에서 $2a-b=9$ ······ ㉡
㉠, ㉡을 연립하여 풀면 $a=4$, $b=-1$
$\therefore a+b=4+(-1)=3$

5 $B^C=\{1, 4, 6\}$이므로
$A-B^C=\{1, 2, 4, 5\}-\{1, 4, 6\}=\{2, 5\}$
따라서 $A-B^C$의 모든 원소의 합은 $2+5=7$

5-1 $A=\{1, 2, 4, 8\}$, $B=\{4, 8\}$이므로 $A-B=\{1, 2\}$
$\therefore (A-B)^C=\{3, 4, 5, 6, 7, 8\}$

6 보기의 집합을 각각 벤 다이어그램으로 나타내면 다음 그림과 같다.

①
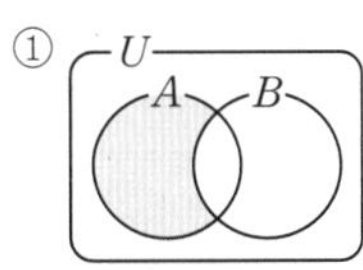

②
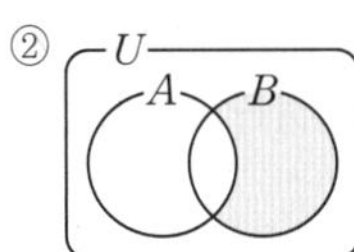

③
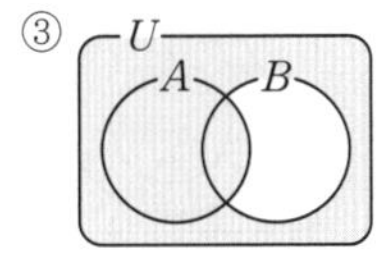

④
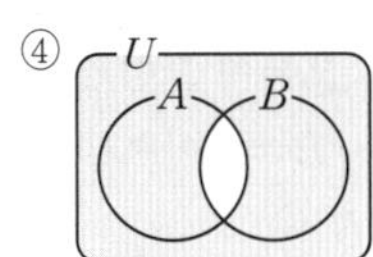

⑤
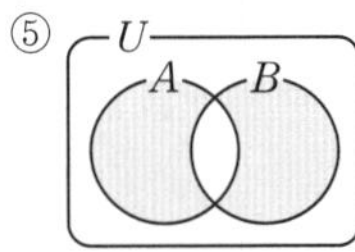

따라서 주어진 벤 다이어그램의 색칠한 부분을 나타내는 집합과 항상 같은 집합은 ⑤이다.

6-1 보기의 집합을 각각 벤 다이어그램으로 나타내면 다음 그림과 같다.

①
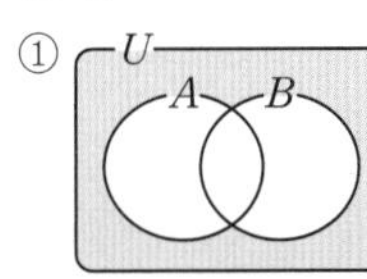

②
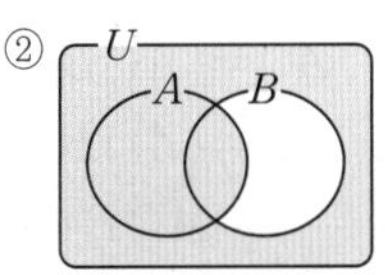

③
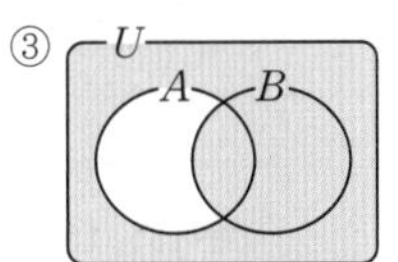

④
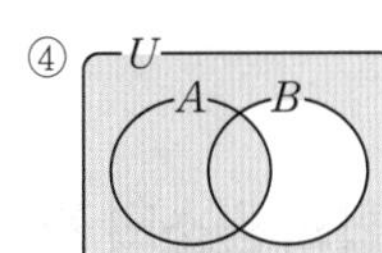

⑤
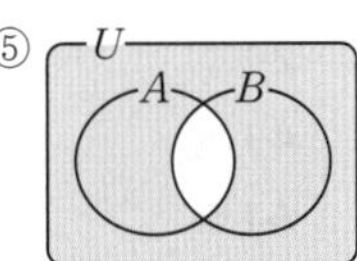

따라서 주어진 벤 다이어그램의 색칠한 부분을 나타내는 집합과 항상 같은 집합은 ①이다.

13 집합의 연산 법칙

본문 150쪽

1 $\{1, 2, 3, 5\}$	**1-1** $\{1\}$	**1-2** $\{2, 4, 6\}$	
2 ①	**2-1** ⑤	**3** A	**3-1** B

1 분배법칙
$(A\cup B)\cap(A\cup C)=A\cup(B\cap C)$
$=\{1, 2, 3\}\cup\{5\}=\{1, 2, 3, 5\}$

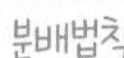

분배법칙

1-1 $(A\cap B)\cup(A\cap C)=A\cap(B\cup C)$
$=\{1, 2\}\cap\{1, 3, 4, 5\}$
$=\{1\}$

분배법칙

1-2 $A\cap(B\cup C)=(A\cap B)\cup(A\cap C)$
$=\{2, 4\}\cup\{2, 6\}$
$=\{2, 4, 6\}$

2 ① $U^C=\varnothing$이므로 $A\not\subset U^C$
③ $U-A^C=U\cap(A^C)^C=U\cap A=A$
따라서 옳지 않은 것은 ①이다.

2-1 $A\subset B$이므로 두 집합 A, B를 벤 다이어그램으로 나타내면 오른쪽 그림과 같다.

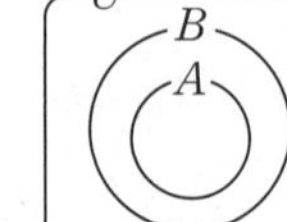

④ $A\cap B^C=A-B=\varnothing$이므로
$(A\cap B^C)\subset B$
⑤ $B\cap A^C=B-A$이므로
$(B\cap A^C)\not\subset A$
따라서 옳지 않은 것은 ⑤이다.

3 $(A-B^C)\cup(A^C\cup B)^C=\{A\cap(B^C)^C\}\cup\{(A^C)^C\cap B^C\}$
$=(A\cap B)\cup(A\cap B^C)$ 분배법칙
$=A\cap(B\cup B^C)$
$=A\cap U=A$

분배법칙

3-1 $A\cap(B\cup A^C)=(A\cap B)\cup(A\cap A^C)$
$=(A\cap B)\cup\varnothing$
$=A\cap B=B$ ($\because$ $B\subset A$)

14 유한집합의 원소의 개수

본문 151, 152쪽

1 ③	1-1 ④	2 ④	2-1 ⑤
3 ①	3-1 ③	4 ②	4-1 ⑤
5 ③	5-1 ③	6 ②	6-1 5

1 $n(A\cup B)=n(A)+n(B)-n(A\cap B)$
$=17+23-10=30$

1-1 $n(A\cap B)=n(A)+n(B)-n(A\cup B)$
$=20+15-26=9$

2 $n(C\cap A)=0$이므로 $A\cap C=\varnothing$
즉, $A\cap B\cap C=\varnothing$이므로 $n(A\cap B\cap C)=0$
$\therefore$ $n(A\cup B\cup C)=n(A)+n(B)+n(C)-n(A\cap B)$
$-n(B\cap C)-n(C\cap A)+n(A\cap B\cap C)$
$=14+16+10-8-5-0+0=27$

2-1 두 집합 B와 C가 서로소이므로
$B\cap C=\varnothing$, $A\cap B\cap C=\varnothing$
$\therefore$ $n(B\cap C)=0$, $n(A\cap B\cap C)=0$
$\therefore$ $n(A\cup B\cup C)=n(A)+n(B)+n(C)-n(A\cap B)$
$-n(B\cap C)-n(C\cap A)+n(A\cap B\cap C)$
$=13+5+7-2-0-4+0=19$

3 드모르간의 법칙에 의하여
$n(A^C\cap B^C)=n((A\cup B)^C)=n(U)-n(A\cup B)$
$3=40-n(A\cup B)$ $\therefore$ $n(A\cup B)=37$
$\therefore$ $n(A\cap B)=n(A)+n(B)-n(A\cup B)$
$=27+12-37=2$

3-1 드모르간의 법칙에 의하여
$n(A^C\cap B^C)=n((A\cup B)^C)=n(U)-n(A\cup B)$
$8=50-n(A\cup B)$ $\therefore$ $n(A\cup B)=42$
따라서 $n(A\cup B)=n(A)+n(B)-n(A\cap B)$이므로
$42=22+n(B)-14$ $\therefore$ $n(B)=34$

4 $n(A-B)=n(A\cup B)-n(B)$
$=30-21=9$
$n(B-A)=n(A\cup B)-n(A)$
$=30-16=14$
$\therefore$ $n(A-B)+n(B-A)=9+14=23$

다른 풀이
$n(A\cap B)=n(A)+n(B)-n(A\cup B)$
$=16+21-30=7$
$\therefore$ $n(A-B)+n(B-A)=n(A\cup B)-n(A\cap B)$
$=30-7=23$

플러스톡
원소의 개수를 구해야 하는 부분을 벤 다이어그램으로 나타내면 오른쪽 그림의 색칠한 부분과 같다.

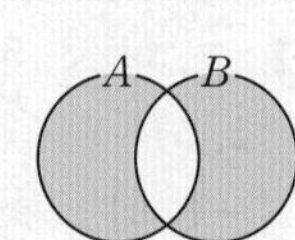

4-1 $n(A-B)=n(A\cup B)-n(B)$
$=25-12=13$
$n(B-A)=n(A\cup B)-n(A)$
$=25-18=7$
이때 두 집합 $A-B$, $B-A$는 서로소이므로
$n((A-B)\cup(B-A))=n(A-B)+n(B-A)$
$=13+7=20$

다른 풀이
$n(A\cap B)=n(A)+n(B)-n(A\cup B)$
$=18+12-25=5$
$\therefore$ $n((A-B)\cup(B-A))=n(A\cup B)-n(A\cap B)$
$=25-5=20$

5 (i) $B \subset A$일 때 $n(A \cap B)$가 최대이므로 → $n(B) \le n(A)$이므로 $n(A \cap B) = n(B)$일 때 최대

$n(A \cap B) = n(B) = 14$

(ii) $A \cup B = U$일 때 $n(A \cap B)$가 최소이므로

$n(A \cup B) = n(U) = 25$

이때 $n(A \cap B) = n(A) + n(B) - n(A \cup B)$에서

$n(A \cap B) = 19 + 14 - 25 = 8$

(i), (ii)에서 $M = 14$, $m = 8$이므로

$M + m = 14 + 8 = 22$

5-1 $n(A-B) = n(A \cup B) - n(B)$이므로 $n(A \cup B)$가 최대일 때 $n(A-B)$가 최대이다.

$A \cup B = U$일 때 $n(A \cup B)$가 최대이므로

$n(A \cup B) = n(U) = 30$

따라서 $n(A-B)$의 최댓값은

$n(A-B) = n(A \cup B) - n(B)$

$= 30 - 21 = 9$

6 A 영화를 선택한 회원의 집합을 A, B 영화를 선택한 회원의 집합을 B라 하면

$n(A) = 12$, $n(B) = 8$, $n(A \cap B) = 5$

A 영화 또는 B 영화를 선택한 회원의 집합은 $A \cup B$이므로

$n(A \cup B) = n(A) + n(B) - n(A \cap B)$

$= 12 + 8 - 5 = 15$

따라서 A 영화 또는 B 영화를 선택한 회원은 15명이다.

6-1 학생 전체의 집합을 U, 영어를 좋아하는 학생의 집합을 A, 수학을 좋아하는 학생의 집합을 B라 하면

$n(U) = 28$, $n(A) = 11$, $n(B) = 15$, $n(A \cap B) = 3$

영어와 수학 중에서 어느 한 과목도 좋아하지 않는 학생의 집합은 $(A \cup B)^C$이므로

$n((A \cup B)^C) = n(U) - n(A \cup B)$

$= 28 - n(A \cup B)$ ...... ㉠

이때

$n(A \cup B) = n(A) + n(B) - n(A \cap B)$

$= 11 + 15 - 3 = 23$

이므로 ㉠에서

$n((A \cup B)^C) = 28 - 23 = 5$

따라서 구하는 학생 수는 5이다.

플러스톡

주어진 조건을 전체집합 U와 그 부분집합 A, B로 나타낸 후 다음을 이용하여 구하려는 집합의 원소의 개수를 구한다.

(1) A 또는 B를 만족시키는 ➡ $A \cup B$

(2) A, B를 모두 만족시키는 ➡ $A \cap B$

(3) A, B를 모두 만족시키지 않는 ➡ $A^C \cap B^C$ 또는 $(A \cup B)^C$

(4) A만 만족시키는 ➡ $A - B$

(5) B만 만족시키는 ➡ $B - A$

15 명제와 조건

본문 153, 154쪽

1 ④	1-1 ③	2 ②, ④	2-1 ②, ③
3 ④	3-1 6	4 {4, 8, 16}	4-1 ②
5 ④	5-1 ㄴ, ㄷ	6 ②	6-1 ⑤

1 ① 거짓인 명제이다.

②, ⑤ 참인 명제이다.

③ $x-2 = x+5$에서 $-2 = 5$이므로 거짓인 명제이다.

④ x의 값에 따라 참, 거짓이 달라지므로 명제가 아니다. → 조건이다.

따라서 명제가 아닌 것은 ④이다.

1-1 ㄱ, ㄷ. 참인 명제이다.

ㄴ. 거짓인 명제이다.

ㄹ. x의 값에 따라 참, 거짓이 달라지므로 명제가 아니다. → 조건이다.

따라서 명제인 것은 ㄱ, ㄴ, ㄷ이다.

2 ①, ③, ⑤ 정리

따라서 정의인 것은 ②, ④이다.

2-1 ①, ④, ⑤ 정의

따라서 정리인 것은 ②, ③이다.

3 $U = \{1, 2, 3, \cdots, 9\}$이고 조건 p의 진리집합을 P라 하면

$x^2 - 4 > 0$에서 $(x+2)(x-2) > 0$

$\therefore x < -2$ 또는 $x > 2$ $\therefore P = \{3, 4, 5, \cdots, 9\}$

따라서 조건 p의 진리집합의 원소의 개수는 7이다.

3-1 $U = \{1, 2, 3, 4, 5\}$이고 조건 p의 진리집합을 P라 하면

$x^2 - x - 6 \le 0$에서 $(x+2)(x-3) \le 0$

$\therefore -2 \le x \le 3$ $\therefore P = \{1, 2, 3\}$

따라서 조건 p의 진리집합의 모든 원소의 합은

$1 + 2 + 3 = 6$

4 두 조건 p, q의 진리집합을 각각 P, Q라 하면

$U = \{1, 2, 3, \cdots, 20\}$이고

$P = \{4, 8, 12, 16, 20\}$, $Q = \{1, 2, 4, 8, 16\}$

따라서 조건 'p 그리고 q'의 진리집합은

$P \cap Q = \{4, 8, 16\}$

4-1 두 조건 p, q의 진리집합을 각각 P, Q라 하자.

$x^2 - 6x + 9 = 0$에서 $(x-3)^2 = 0$

$\therefore x = 3$ $\therefore P = \{3\}$

$x^2 - 8x + 12 < 0$에서 $(x-2)(x-6) < 0$

$\therefore 2 < x < 6$ $\therefore Q = \{3, 5\}$

따라서 조건 'p 또는 q'의 진리집합은

$P \cup Q = \{3, 5\}$

이므로 원소의 개수는 2이다.

5 조건 '$a^2+b^2=0$'은 '$a=0$이고 $b=0$'이다.
따라서 부정은 '$a\neq0$ 또는 $b\neq0$'이다.

다른 풀이
조건 '$a^2+b^2=0$'의 부정은
'$a^2+b^2\neq0$'
이므로 '$a^2\neq0$ 또는 $b^2\neq0$', 즉 '$a\neq0$ 또는 $b\neq0$'이다.

5-1 ㄱ. '$x^2=y^2$'이면 '$x=y$ 또는 $x=-y$'
이므로 그 부정은 '$x\neq y$이고 $x\neq -y$'이다.
ㄴ. '$x=y=z$'이면 '$x=y$이고 $y=z$이고 $z=x$'
이므로 그 부정은 '$x\neq y$ 또는 $y\neq z$ 또는 $z\neq x$'이다.
ㄷ. '$3\le x<5$'이면 '$x\ge3$이고 $x<5$'
이므로 그 부정은 '$x<3$ 또는 $x\ge5$'이다.
따라서 보기 중 조건 p의 부정 $\sim p$가 옳은 것은 ㄴ, ㄷ이다.

6 $U=\{1, 2, 3, 4, 6, 12\}$이고 조건 p의 진리집합을 P라 하면
$P=\{1, 2, 12\}$
따라서 $\sim p$의 진리집합은 $P^C=\{3, 4, 6\}$이므로 모든 원소의 합은
$3+4+6=13$

다른 풀이
p: $x\le2$ 또는 $x>8$에서 $\sim p$: $x>2$이고 $x\le8$, 즉 $2<x\le8$이므로
$\sim p$의 진리집합은
$\{3, 4, 6\}$
따라서 $\sim p$의 진리집합의 모든 원소의 합은
$3+4+6=13$

6-1 $0\le x<5$에서 $x\ge0$이고 $x<5$
p: $x<0$에서 $\sim p$: $x\ge0$이므로 $P^C=\{x|x\ge0\}$
q: $x<5$이므로 $Q=\{x|x<5\}$
따라서 조건 '$0\le x<5$'의 진리집합은
$P^C\cap Q$

16 명제의 참, 거짓

본문 155, 156쪽

1 ③	1-1 ④	2 ④	2-1 $a\le-2$
3 ④	3-1 3, 9, 15	4 ③	4-1 ②
5 ②	5-1 ⑤	6 ③	6-1 ㄱ, ㄷ

1 ① 두 홀수의 합은 항상 짝수이다.
② $x=2$이면 $3x-2=3\times2-2=4$이다.
③ $2x-3=3$, 즉 $x=3$이면 $x^2-x-6=3^2-3-6=0$이다.
④ [반례] $x=4$이면 x는 4의 배수이지만 8의 배수는 아니다.
⑤ [반례] $n=2$이면 n은 소수이지만 $n^2=4$이므로 n^2은 짝수이다.
따라서 참인 명제는 ③이다.

1-1 ㄴ. [반례] $x=1$, $y=-2$이면 $x>y$이지만 $x^2=1$, $y^2=4$이므로 $x^2<y^2$이다.
따라서 참인 명제는 ㄱ, ㄷ이다.

2 두 조건 p, q의 진리집합을 각각 P, Q라 하면
$P=\{x|0\le x\le a\}$, $Q=\{x|-1\le x\le5\}$
명제 $p \longrightarrow q$가 참이 되려면 $P\subset Q$이어야 하므로 오른쪽 그림에서

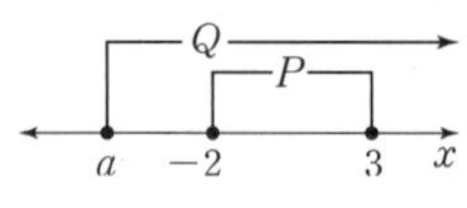

$0<a\le5$
따라서 자연수 a는 1, 2, 3, 4, 5의 5개이다.

2-1 p: $-2\le x\le3$, q: $x\ge a$라 하고, 두 조건 p, q의 진리집합을 각각 P, Q라 하면
$P=\{x|-2\le x\le3\}$, $Q=\{x|x\ge a\}$
명제 $p \longrightarrow q$가 참이 되려면 $P\subset Q$이어야 하므로 오른쪽 그림에서
Q
P
a −2 3 x
$a\le-2$

3 명제 $q \longrightarrow p$가 거짓임을 보이는 원소는 집합 Q에는 속하고 집합 P에는 속하지 않는다.
따라서 구하는 원소는 집합 $Q-P$의 원소인 d이다.

3-1 p: x는 3의 배수, q: x는 6의 배수라 하고, 두 조건 p, q의 진리집합을 각각 P, Q라 하면
$P=\{3, 6, 9, 12, 15, 18\}$, $Q=\{6, 12, 18\}$
이때 명제 $p \longrightarrow q$가 거짓임을 보이는 반례는 집합 $P-Q$의 원소이므로 3, 9, 15이다.

4 ① $P\not\subset Q$이므로 명제 $p \longrightarrow q$는 거짓이다.
② $Q\not\subset R$이므로 명제 $q \longrightarrow r$는 거짓이다.
③ $R\subset P$, 즉 $P^C\subset R^C$이므로 명제 $\sim p \longrightarrow \sim r$는 참이다.
④ $Q^C\not\subset R$이므로 명제 $\sim q \longrightarrow r$는 거짓이다.
⑤ $R^C\not\subset P$이므로 명제 $\sim r \longrightarrow p$는 거짓이다.
따라서 참인 명제는 ③이다.

4-1 $P\cap Q=\varnothing$에서 두 집합 P, Q는 서로소이므로 두 집합 P, Q를 벤 다이어그램으로 나타내면 오른쪽 그림과 같다.

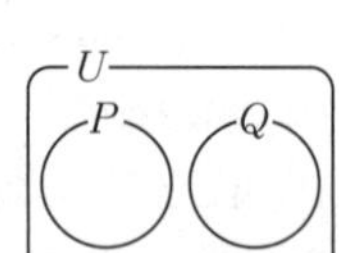

② $P\subset Q^C$이므로 명제 $p \longrightarrow \sim q$는 항상 참이다.
따라서 항상 참인 명제는 ②이다.

5 ㄱ. [반례] $x=1$이면 $2x=2$이므로 $2x\notin U$이다.
ㄴ. [반례] $x=0$이면 $x^2=0$이므로 $x^2\neq1$이다.
ㄷ. -1, 0, 1은 모두 $x-1>0$, 즉 $x>1$을 만족시키지 않으므로 주어진 명제는 거짓이다.
ㄹ. $x=1$이면 $x^2=x$이므로 주어진 명제는 참이다.
따라서 참인 명제는 ㄹ이다.

5-1 ① 2는 소수이면서 짝수이다.
③ $x=0$이면 $x^2\le 0$이다.
④ $x=1$이면 $\frac{1}{x}=1$이므로 $\frac{1}{x}$은 정수이다.
⑤ [반례] $x=0$이면 $|x|=0$이다.
따라서 거짓인 명제는 ⑤이다.

6 '모든'의 부정은 '어떤'이고, '$>$'의 부정은 '$\le$'이므로 명제 '모든 실수 x에 대하여 $x^2+2x-3>0$이다.'의 부정은
'어떤 실수 x에 대하여 $x^2+2x-3\le 0$이다.'

6-1 ㄱ. '모든'의 부정은 '어떤'이고, '$<$'의 부정은 '$\ge$'이므로 주어진 명제의 부정은 '어떤 x에 대하여 $x+3\ge 7$이다.'
이때 $x=4$이면 $4+3\ge 7$이다. (참)
ㄴ. '어떤'의 부정은 '모든'이고, '$>$'의 부정은 '$\le$'이므로 주어진 명제의 부정은 '모든 x에 대하여 $x^2+1\le 0$이다.'
[반례] $x=0$이면 $0+1=1$이므로 $x^2+1>0$이다. (거짓)
ㄷ. '모든'의 부정은 '어떤'이고, '$>$'의 부정은 '$\le$'이므로 주어진 명제의 부정은 '어떤 x에 대하여 $x^2-1\le 0$이다.'
이때 $x=0$이면 $0-1\le 0$이다. (참)
따라서 〈보기〉 중 명제의 부정이 참인 것은 ㄱ, ㄷ이다.

17 명제 사이의 관계

본문 157, 158쪽

1 ②	1-1 ③	2 ①	2-1 ④
3 ⑤	3-1 ㄷ	4 ③	4-1 ③
5 ③	5-1 ③	6 ②	6-1 5

1 ① 역: $x^2+x-2=0$이면 $x=1$이다.
[반례] $x=-2$이면 $x^2+x-2=0$이지만 $x\ne 1$이다.
② 역: $|x|<1$이면 $x<1$이다.
$|x|<1$이면 $-1<x<1$이므로 $x<1$이다.
③ 역: $xy=0$이면 $x=0$이다.
[반례] $x=1$, $y=0$이면 $xy=0$이지만 $x\ne 0$이다.
④ 역: $x^2=y^2$이면 $x=y$이다.
[반례] $x=1$, $y=-1$이면 $x^2=y^2$이지만 $x\ne y$이다.
⑤ 역: xy가 짝수이면 x, y는 짝수이다.
[반례] $x=2$, $y=3$이면 xy는 짝수이지만 y는 홀수이다.
따라서 그 역이 참인 명제는 ②이다.

1-1 ㄱ. 역: $x^2=2x$이면 $x=2$이다.
[반례] $x=0$이면 $x^2=2x$이지만 $x\ne 2$이다.
ㄴ. 역: $xy>0$이면 $x>0$이고 $y>0$이다.
[반례] $x=-1$, $y=-2$이면 $xy=2>0$이지만 $x<0$이고 $y<0$이다.

ㄷ. 역: $A\subset B$이면 $A\cap B=A$이다.
또한, 주어진 명제가 참이므로 그 대우도 참이다.
따라서 그 역과 대우가 모두 참인 명제는 ㄷ이다.

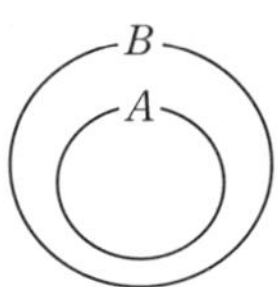

2 주어진 명제가 참이므로 그 대우
'$x=1$이면 $x^2+ax+2=0$이다.'
도 참이다.
따라서 $x=1$을 $x^2+ax+2=0$에 대입하면
$1+a+2=0$ $\quad\therefore a=-3$

2-1 주어진 명제가 참이므로 그 대우
'$x-2=0$이면 $x^2+ax-6=0$이다.'
도 참이다.
따라서 $x=2$를 $x^2+ax-6=0$에 대입하면
$4+2a-6=0$ $\quad\therefore a=1$

3 두 명제 $p \longrightarrow \sim q$, $r \longrightarrow q$가 모두 참이므로 각각의 대우 $q \longrightarrow \sim p$, $\sim q \longrightarrow \sim r$도 모두 참이다.
또한, 두 명제 $p \longrightarrow \sim q$, $\sim q \longrightarrow \sim r$가 모두 참이므로 명제 $p \longrightarrow \sim r$가 참이고, 그 대우 $r \longrightarrow \sim p$도 참이다.
따라서 반드시 참이라고 할 수 없는 명제는 ⑤이다.

3-1 두 명제 $q \longrightarrow p$, $\sim q \longrightarrow \sim r$가 모두 참이므로 각각의 대우 $\sim p \longrightarrow \sim q$, $r \longrightarrow q$도 모두 참이다.
또한, 두 명제 $r \longrightarrow q$, $q \longrightarrow p$가 모두 참이므로 명제 $r \longrightarrow p$가 참이고, 그 대우 $\sim p \longrightarrow \sim r$도 참이다.
따라서 항상 참인 명제는 ㄷ이다.

4 ① $|x|=1$에서 $x=-1$ 또는 $x=1$
$x^2=1$에서 $x=-1$ 또는 $x=1$
따라서 $p \Longleftrightarrow q$이므로 p는 q이기 위한 필요충분조건이다.
② $|x|<3$에서 $-3<x<3$
따라서 $p \not\Longrightarrow q$, $q \Longrightarrow p$이므로 p는 q이기 위한 필요조건이다.
③ $x>0$, $y>0$이면 $xy>0$이므로 $xy=|xy|$
$xy=|xy|$이면 $xy\ge 0$이므로 $x\ge 0$, $y\ge 0$ 또는 $x\le 0$, $y\le 0$
따라서 $p \Longrightarrow q$, $q \not\Longrightarrow p$이므로 p는 q이기 위한 충분조건이다.
④ $x>y$의 양변에 z를 더하면 $x+z>y+z$
$x+z>y+z$의 양변에서 z를 빼면 $x>y$
따라서 $p \Longleftrightarrow q$이므로 p는 q이기 위한 필요충분조건이다.
⑤ $z>0$이므로 $xz>yz$의 양변을 z로 나누면 $x>y$
$z>0$이므로 $x>y$의 양변에 z를 곱하면 $xz>yz$
따라서 $p \Longleftrightarrow q$이므로 p는 q이기 위한 필요충분조건이다.
따라서 p가 q이기 위한 충분조건이지만 필요조건은 아닌 것은 ③이다.

4-1 ㄱ. $x+y=0$에서 $x=-y$
즉, $x+y=0$은 $x=0$이고 $y=0$이기 위한 필요조건이다.

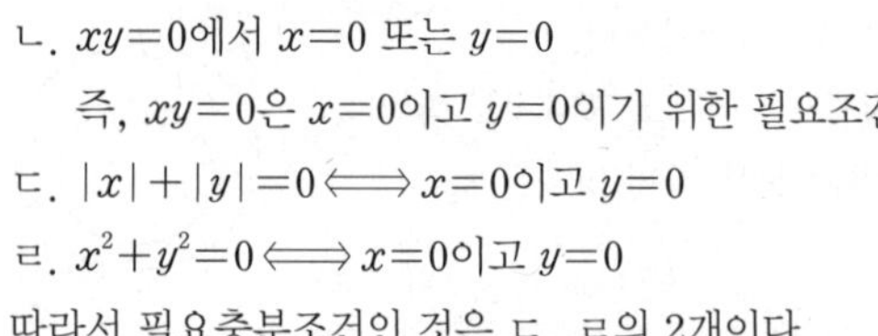

ㄴ. $xy=0$에서 $x=0$ 또는 $y=0$

즉, $xy=0$은 $x=0$이고 $y=0$이기 위한 필요조건이다.

ㄷ. $|x|+|y|=0 \Longleftrightarrow x=0$이고 $y=0$

ㄹ. $x^2+y^2=0 \Longleftrightarrow x=0$이고 $y=0$

따라서 필요충분조건인 것은 ㄷ, ㄹ의 2개이다.

5 p가 q이기 위한 필요조건이므로 $q \Longrightarrow p$

r가 q이기 위한 충분조건이므로 $r \Longrightarrow q$

두 명제 $r \longrightarrow q$, $q \longrightarrow p$가 모두 참이므로 명제 $r \longrightarrow p$는 참이다.

따라서 반드시 참인 명제는 ③이다.

5-1 명제 $\sim r \longrightarrow \sim p$가 참이므로 그 대우인 $p \longrightarrow r$가 참이다.

또한, 두 명제 $q \longrightarrow p$, $p \longrightarrow r$가 모두 참이므로 명제 $q \longrightarrow r$는 참이다.

ㄱ. $p \Longrightarrow r$이므로 p는 r이기 위한 충분조건이다.

ㄴ. $q \Longrightarrow p$이므로 q는 p이기 위한 충분조건이다.

ㄷ. $q \Longrightarrow r$이므로 r는 q이기 위한 필요조건이다.

따라서 옳은 것은 ㄱ, ㄷ이다.

6 두 조건 p, q의 진리집합을 각각 P, Q라 하면

$P=\{x|a\le x\le 4\}$, $Q=\{x|-1<x<5\}$

p가 q이기 위한 충분조건이려면 $P\subset Q$이어야 하므로 오른쪽 그림에서

$a>-1$

따라서 정수 a의 최솟값은 0이다.

6-1 p: $-a<x<a$, q: $x^2-7x+10<0$이라 하고, 두 조건 p, q의 진리집합을 각각 P, Q라 하자.

$x^2-7x+10<0$에서 $(x-2)(x-5)<0$

$\therefore 2<x<5$

$\therefore P=\{x|-a<x<a\}$, $Q=\{x|2<x<5\}$

p가 q이기 위한 필요조건이려면 $Q\subset P$이어야 하므로 오른쪽 그림에서

$-a\le 2$, $a\ge 5$ → $-a\le 2$, $a\ge 5$, 즉 $a\ge -2$, $a\ge 5$의 공통부분은 $a\ge 5$이다.

$\therefore a\ge 5$

따라서 양수 a의 최솟값은 5이다.

18 명제의 증명과 절대부등식

본문 159쪽

1 해설 참조	1-1 해설 참조	2 해설 참조	2-1 해설 참조
3 해설 참조	3-1 해설 참조	4 18	4-1 16

1 주어진 명제의 대우는

'(가) $x\le 0$이고 $y\le 0$이면 $xy\ge 0$이다.'

이때 $x<0$이고 $y<0$이면 xy (나) $>$ 0이고, x, y 중 적어도 하나가 (다) 0 이면 $xy=0$이므로 주어진 명제의 대우는 참이다.

따라서 주어진 명제도 참이다.

1-1 (1) x가 유리수이면 x^2도 유리수이다.

(2) x가 유리수이면

$x=\pm\frac{n}{m}$ (m, n은 서로소인 자연수)

으로 나타낼 수 있으므로

$x^2=\frac{n^2}{m^2}$

이때 m, n이 서로소인 자연수이므로 m^2, n^2도 서로소인 자연수이다.

따라서 x^2이 유리수이므로 주어진 명제의 대우가 참이고, 주어진 명제도 참이다.

2 $\sqrt{5}$가 무리수가 아니라고 가정하면 $\sqrt{5}$는 유리수이므로

$\sqrt{5}=\frac{n}{m}$ (m, n은 서로소인 자연수)

으로 나타낼 수 있다.

즉, $\sqrt{5}m=n$이므로 양변을 제곱하면

$5m^2=n^2$ ⋯⋯ ㉠

이때 n^2이 5의 배수이므로 n도 5의 배수이다.

$n=5k$ (k는 자연수)라 하면 ㉠에서

$5m^2=25k^2$ $\quad\therefore m^2=5k^2$

이때 m^2이 5의 배수이므로 m도 5의 배수이다.

그런데 m, n이 모두 5의 배수이므로 m, n이 서로소라는 가정에 모순이다.

따라서 $\sqrt{5}$는 무리수이다.

2-1 $1+\sqrt{3}$이 무리수가 아니라고 가정하면 $1+\sqrt{3}$은 유리수이므로

$1+\sqrt{3}=a$ (a는 유리수)

로 나타낼 수 있다.

즉, $\sqrt{3}=a-1$이고 유리수끼리의 뺄셈은 유리수이므로 $a-1$은 유리수이다.

그런데 $\sqrt{3}$은 무리수이므로 모순이다.

따라서 $1+\sqrt{3}$은 무리수이다.

3 $(a^2+b^2)(x^2+y^2)-(ax+by)^2$

$=a^2x^2+a^2y^2+b^2x^2+b^2y^2-a^2x^2-2abxy-b^2y^2$

$=a^2y^2-2abxy+b^2x^2$

$=(ay-bx)^2\ge 0$ → (실수)$^2\ge 0$

$\therefore (a^2+b^2)(x^2+y^2)\ge(ax+by)^2$

이때 등호는 $ay-bx=0$, 즉 $ay=bx$일 때 성립한다.

플러스톡

3번에서 증명한 절대부등식을 코시-슈바르츠의 부등식이라 한다.

3-1 $(\sqrt{a}+\sqrt{b})^2-(\sqrt{a+b})^2=a+2\sqrt{ab}+b-(a+b)$

$=2\sqrt{ab}\ge 0$

따라서 $(\sqrt{a}+\sqrt{b})^2 \geq (\sqrt{a+b})^2$이고, $\sqrt{a}+\sqrt{b} \geq 0$, $\sqrt{a+b} \geq 0$이므로
$\sqrt{a}+\sqrt{b} \geq \sqrt{a+b}$
이때 등호는 $ab=0$일 때 성립한다.

4 $x>0$에서 $4x>0$, $\frac{9}{x}>0$이므로 산술평균과 기하평균의 관계에 의하여
$4x+\frac{9}{x} \geq 2\sqrt{4x \times \frac{9}{x}}=2\times 6=12$
이때 등호는 $4x=\frac{9}{x}$일 때 성립하므로
$4x^2=9$, $x^2=\frac{9}{4}$ $\quad \therefore x=\frac{3}{2}$ ($\because x>0$)
따라서 $4x+\frac{9}{x}$는 $x=\frac{3}{2}$에서 최솟값 12를 가지므로
$a=\frac{3}{2}$, $b=12$
$\therefore ab=\frac{3}{2}\times 12=18$

4-1 $x>2$에서 $x-2>0$이므로 산술평균과 기하평균의 관계에 의하여

$f(x)+\frac{1}{f(x)}$ ($f(x)>0$) 꼴을 포함하도록 식을 변형한다.

$x+\frac{16}{x-2}=x-2+\frac{16}{x-2}+2$
$\geq 2\sqrt{(x-2)\times\frac{16}{x-2}}+2$
$=2\times 4+2=10$
이때 등호는 $x-2=\frac{16}{x-2}$일 때 성립하므로
$(x-2)^2=16$, $x-2=\pm 4$
$\therefore x=6$ ($\because x>2$)
따라서 $x+\frac{16}{x-2}$은 $x=6$에서 최솟값 10을 가지므로
$a=6$, $b=10$
$\therefore a+b=6+10=16$

Ⅲ 함수

19 함수

본문 160, 161쪽

1 ②	**1-1** ①	**2** ④	**2-1** 14
3 ⑤	**3-1** ④	**4** ②	**4-1** ②
5 ①	**5-1** {1}, {3}, {1, 3}		
6 ㄱ, ㄷ, ㄹ	**6-1** ④		

1 각 대응을 그림으로 나타내면 다음과 같다.

①
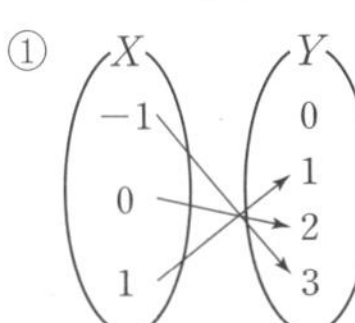

②
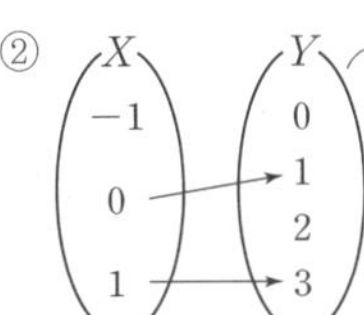

③
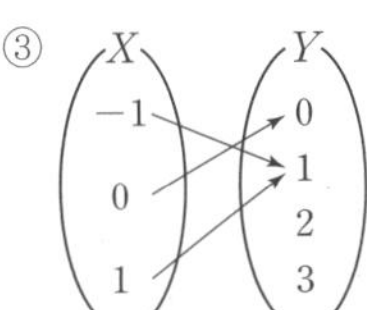

④
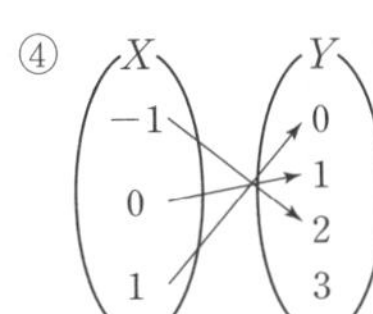

⑤
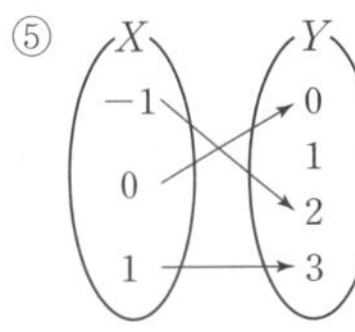

따라서 X에서 Y로의 함수가 아닌 것은 ②이다.

1-1 각 대응을 그림으로 나타내면 다음과 같다.

ㄱ.
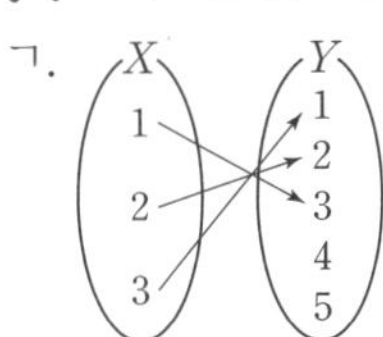

ㄴ.
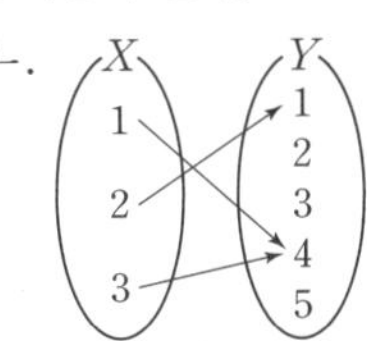

ㄷ.
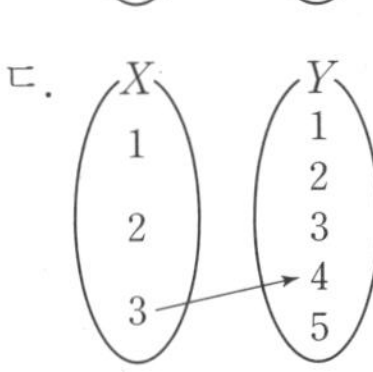

ㄹ.
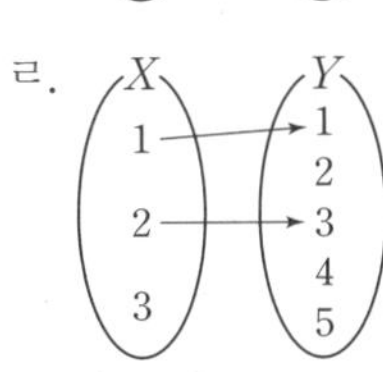

따라서 X에서 Y로의 함수인 것은 ㄱ, ㄴ이다.

2 주어진 함수 $y=x^2-5x+2$의 치역이 $\{-2, 8\}$이므로
$x^2-5x+2=-2$에서 $x^2-5x+4=0$
$(x-1)(x-4)=0$ $\quad \therefore x=1$ 또는 $x=4$
$x^2-5x+2=8$에서 $x^2-5x-6=0$
$(x+1)(x-6)=0$ $\quad \therefore x=-1$ 또는 $x=6$
따라서 정의역은 $\{-1, 1, 4, 6\}$이므로
$a=1$, $b=6$ 또는 $a=6$, $b=1$
$\therefore a+b=1+6=7$

2-1 정의역 $X=\{-1,\ 0,\ 1\}$이므로
$f(-1)=a-2$
$f(0)=-2$
$f(1)=a-2$
함수 $f(x)$의 치역은 $\{a-2,\ -2\}$이고 치역의 모든 원소의 합이 10이므로
$(a-2)+(-2)=10$
$a-4=10 \qquad \therefore a=14$

3 $f(2)=2+1=3$
$f(31)=f(31-4)=f(27-4)=\cdots=f(7-4)$
$\quad =f(3)=3+1=4$
$\therefore f(2)+f(31)=3+4=7$

3-1 (i) $0<k\le 6$일 때
$f(k)=10$을 만족시키려면 $2k=10$이어야 하므로
$k=5$
(ii) $k>6$일 때
$f(k)=10$을 만족시키려면 $k-1=10$이어야 하므로
$k=11$
(i), (ii)에서 모든 k의 값의 합은
$5+11=16$

4 $\dfrac{x-1}{2}=-2$에서
$x-1=-4 \qquad \therefore x=-3$
$f\left(\dfrac{x-1}{2}\right)=3x+2$에 $x=-3$을 대입하면
$f(-2)=3\times(-3)+2=-7$

4-1 $2x+1=5$에서
$2x=4 \qquad \therefore x=2$
$g(2x+1)=f(x-1)$에 $x=2$를 대입하면
$g(5)=f(1)=1-3+1=-1$

5 $f=g$이므로 $f(0)=g(0)$, $f(1)=g(1)$이다.
$f(0)=g(0)$에서 $2=b$
$f(1)=g(1)$에서 $a+2=-3+b \qquad \cdots\cdots$ ㉠
$b=2$를 ㉠에 대입하여 정리하면 $a=-3$
$\therefore ab=(-3)\times 2=-6$

5-1 $f(x)=g(x)$에서
$x^2=4x-3$, $x^2-4x+3=0$
$(x-1)(x-3)=0 \qquad \therefore x=1$ 또는 $x=3$
따라서 집합 X는 공집합이 아닌 집합 $\{1,\ 3\}$의 부분집합이어야 하므로
$\{1\}$, $\{3\}$, $\{1,\ 3\}$

6 ㄱ, ㄷ, ㄹ. 실수 a에 대하여 직선 $x=a$가 그래프와 오직 한 점에서 만나므로 함수의 그래프이다.
ㄴ. 0이 아닌 실수 a에 대하여 직선 $x=a$가 그래프와 만나지 않거나 두 점에서 만나므로 함수의 그래프가 아니다.
따라서 함수의 그래프인 것은 ㄱ, ㄷ, ㄹ이다.

6-1 ④ 실수 a에 대하여 직선 $x=a$가 그래프와 무수히 많은 점에서 만나는 a의 값이 존재하므로 함수의 그래프가 아니다.
따라서 함수의 그래프가 아닌 것은 ④이다.

20 여러 가지 함수

본문 162, 163쪽

1 ③	1-1 ①		
2 $a>3$	2-1 ⑤	2-2 ③	
3 ①	3-1 ⑤	4 ②	4-1 ②
5 ①	5-1 6		

1 ㄱ, ㄹ. 실수 k에 대하여 직선 $y=k$와 오직 한 점에서 만난다.
따라서 일대일대응의 그래프인 것은 ㄱ, ㄹ이다.

1-1 각 함수의 그래프는 다음 그림과 같다.

ㄱ.
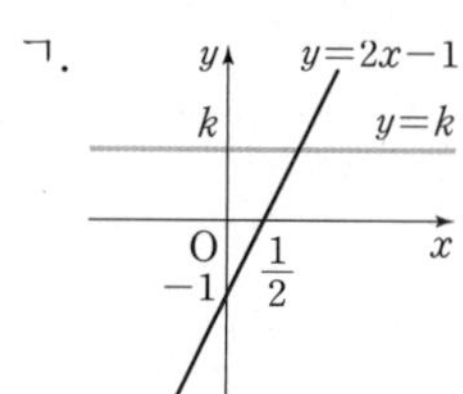

ㄴ.
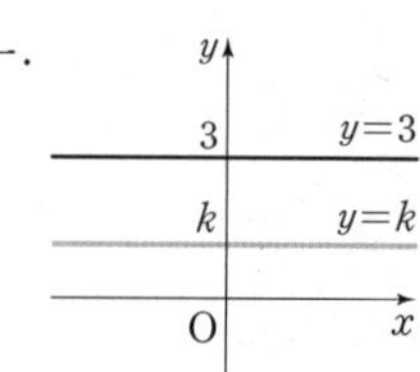

ㄷ.
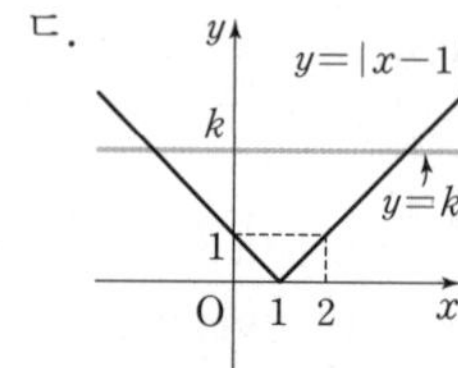

ㄹ.
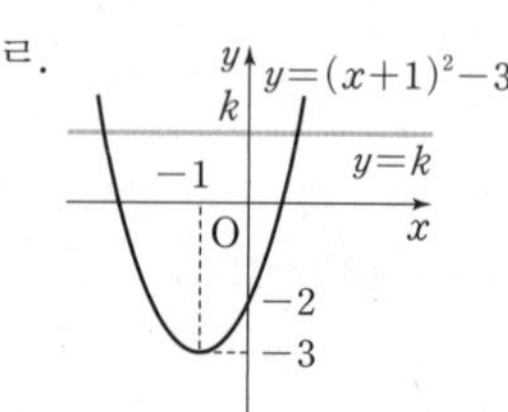

따라서 일대일대응인 함수의 그래프는 실수 k에 대하여 직선 $y=k$와 오직 한 점에서 만나므로 일대일대응인 것은 ㄱ이다.

2 함수 $f(x)$가 일대일대응이 되려면 $x\ge 0$에서 x의 값이 증가할 때 $f(x)$의 값이 증가하므로 $x<0$에서도 x의 값이 증가할 때 $f(x)$의 값이 증가해야 한다.
따라서 $a-3>0$이어야 하므로
$a>3$

2-1 함수 f가 일대일대응이 되려면 함수 $y=f(x)$의 그래프가 오른쪽 그림과 같아야 한다.
즉, 직선 $y=2x+a$가 점 $(1,\ 4)$를 지나야 하므로 → (치역)=(공역)이어야 하므로
$4=2+a \qquad \therefore a=2$

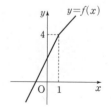

2-2 $f(x)=|x-1|+ax+2$에서

(i) $x\geq 1$일 때

$f(x)=(x-1)+ax+2=(a+1)x+1$

(ii) $x<1$일 때

$f(x)=-(x-1)+ax+2=(a-1)x+3$

(i), (ii)에서 함수 $f(x)$가 일대일대응이 되려면 $x\geq 1$일 때와 $x<1$일 때의 두 직선 $y=(a+1)x+1$, $y=(a-1)x+3$의 기울기의 부호가 서로 같아야 하므로 → 둘 다 양수이거나 둘 다 음수이어야 한다.

$(a+1)(a-1)>0$

$\therefore a<-1$ 또는 $a>1$

따라서 상수 a의 값이 아닌 것은 ③이다.

3 함수 $f(x)=2x+b$의 그래프의 기울기가 양수이므로 x의 값이 증가할 때 $f(x)$의 값도 증가한다.

이때 이 함수가 일대일대응이므로

$f(1)=-1$에서 $2+b=-1$ $\quad\therefore b=-3$

$f(a)=5$에서 $2a+b=5$ ⋯⋯ ㉠

$b=-3$을 ㉠에 대입하면

$2a-3=5$, $2a=8$ $\quad\therefore a=4$

$\therefore a+b=4+(-3)=1$

3-1 $f(x)=x^2-2x-18=(x-1)^2-19$

이므로 함수 $f(x)$가 일대일대응이 되려면

$a\geq 1$, $f(a)=a$

이어야 한다.

$f(a)=a$에서

$a^2-2a-18=a$, $a^2-3a-18=0$

$(a+3)(a-6)=0$

$\therefore a=6$ ($\because a\geq 1$)

4 $g(x)$가 항등함수이므로

$g(2)=2$, $g(4)=4$, $g(8)=8$

즉, 조건 (가)의 $f(8)=g(4)=h(2)$에서

$f(8)=h(2)=4$

이때 $h(x)$는 상수함수이므로

$h(x)=4$

조건 (나)의 $f(8)f(2)=f(4)$에서 $f(8)=4$이고, $f(2)$, $f(4)$가 가질 수 있는 값은 2, 8이므로

$f(2)=2$, $f(4)=8$

$\therefore f(2)+g(2)+h(2)=2+2+4=8$

4-1 $f(x)$는 일대일대응이고 $f(2)=4$이므로 $f(4)$의 값은 1, 2, 3 중 하나이다.

$g(x)$는 항등함수이므로

$g(4)=4$

$h(x)$는 상수함수이고 $h(1)=2$이므로

$h(4)=2$

따라서 $f(4)=3$일 때 $f(4)+g(4)+h(4)$의 값이 최대이므로 구하는 최댓값은

$3+4+2=9$

5 집합 X에서 집합 X로의 함수 중 일대일대응을 f라 하면

$f(1)$의 값이 될 수 있는 것은 1, 2, 3의 3개

$f(2)$의 값이 될 수 있는 것은 $f(1)$의 값을 제외한 2개

$f(3)$의 값이 될 수 있는 것은 $f(1)$, $f(2)$의 값을 제외한 1개

즉, 일대일대응의 개수는

$3\times 2\times 1=6$

또한, 항등함수는 1개이고, 상수함수는 집합 X의 원소의 개수가 3이므로 3개이다.

따라서 $a=6$, $b=1$, $c=3$이므로

$a+b+c=6+1+3=10$

5-1 함수 $f(x)$는 일대일대응이고 $f(1)=6$, $f(2)=8$이므로

$f(3)$의 값이 될 수 있는 것은 $f(1)$, $f(2)$의 값을 제외한 7, 9, 10의 3개

$f(4)$의 값이 될 수 있는 것은 $f(1)$, $f(2)$, $f(3)$의 값을 제외한 2개

$f(5)$의 값이 될 수 있는 것은 $f(1)$, $f(2)$, $f(3)$, $f(4)$의 값을 제외한 1개

따라서 함수 f의 개수는

$3\times 2\times 1=6$

21 합성함수

본문 164, 165쪽

1 ④	1-1 ⑤	1-2 9	
2 ③	2-1 ②	3 ⑤	3-1 −2
4 ①	4-1 ②	5 $h(x)=x^2-2$	5-1 ④
6 2	6-1 ③		

1 3은 홀수이므로

$f(3)=3+1=4$

$\therefore (f\circ f)(3)=f(f(3))=f(4)$

$=\frac{4}{2}+3=5$ ($\because$ 4는 짝수)

1-1 $f(1)=2$, $f(2)=4$, $f(4)=4$이므로

$(f\circ f)(1)=f(f(1))=f(2)=4$

$(f\circ f\circ f)(1)=f((f\circ f)(1))=f(4)=4$

$\therefore (f\circ f)(1)+(f\circ f\circ f)(1)=4+4=8$

1-2 $(f\circ g)(1)=f(g(1))=f(a+1)$

$=3(a+1)-2=3a+1$

즉, $(f\circ g)(1)=7$에서 $3a+1=7$이므로

$3a=6 \quad \therefore a=2$

따라서 $g(x)=2x+1$이므로

$g(4)=2\times4+1=9$

2 $(g\circ f)(x)=g(f(x))=g(ax+b)$

$=(ax+b)+c=ax+b+c$

즉, $(g\circ f)(x)=2x+5$에서 $ax+b+c=2x+5$이므로

$a=2,\ b+c=5$

또한, $f(-1)=1$이므로

$-a+b=1$

$a=2$를 위의 식에 대입하면

$-2+b=1 \quad \therefore b=3$

$b=3$을 $b+c=5$에 대입하면

$3+c=5 \quad \therefore c=2$

$\therefore abc=2\times3\times2=12$

2-1 $(f\circ f)(x)=f(f(x))=f(ax+b)$

$=a(ax+b)+b=a^2x+ab+b$

즉, $(f\circ f)(x)=9x+4$에서 $a^2x+ab+b=9x+4$이므로

$a^2=9,\ ab+b=4$

$a^2=9$에서 $a=3$ ($\because a>0$)

$a=3$을 $ab+b=4$에 대입하면

$4b=4 \quad \therefore b=1$

따라서 $f(x)=3x+1$이므로

$f(2)=3\times2+1=7$

3 $(f\circ g)(x)=f(g(x))=f(ax+2)$

$=3(ax+2)+1=3ax+7$

$(g\circ f)(x)=g(f(x))=g(3x+1)$

$=a(3x+1)+2=3ax+a+2$

$f\circ g=g\circ f$이므로

$7=a+2 \quad \therefore a=5$

3-1 $f(2)=6$에서 $2a-2=6$이므로

$2a=8 \quad \therefore a=4$

즉, $f(x)=4x-2,\ g(x)=bx+1$에서

$(f\circ g)(x)=f(g(x))=f(bx+1)$

$=4(bx+1)-2=4bx+2$

$(g\circ f)(x)=g(f(x))=g(4x-2)$

$=b(4x-2)+1=4bx-2b+1$

$f\circ g=g\circ f$이므로

$2=-2b+1,\ 2b=-1$

$\therefore b=-\frac{1}{2}$

$\therefore ab=4\times\left(-\frac{1}{2}\right)=-2$

4 $(f\circ g)\circ h=f\circ(g\circ h)$이므로 → 결합법칙이 성립하므로

$((f\circ g)\circ h)(x)=(f\circ(g\circ h))(x)=f((g\circ h)(x))$

$=f(-2x+1)=(-2x+1)-3$

$=-2x-2$

즉, $((f\circ g)\circ h)(a)=8$에서 $-2a-2=8$이므로

$2a=-10 \quad \therefore a=-5$

4-1 $f\circ(g\circ h)=(f\circ g)\circ h$이므로

$(f\circ(g\circ h))(x)=((f\circ g)\circ h)(x)=(f\circ g)(h(x))$

$=(f\circ g)(-x+2)=4(-x+2)+7$

$=-4x+15$

즉, $(f\circ(g\circ h))(a)=3$에서 $-4a+15=3$이므로

$4a=12 \quad \therefore a=3$

5 $(f\circ h)(x)=g(x)$에서 $f(h(x))=g(x)$이므로

$2h(x)+1=2x^2-3,\ 2h(x)=2x^2-4$

$\therefore h(x)=x^2-2$

5-1 $(h\circ f)(x)=g(x)$에서 $h(f(x))=g(x)$이므로

$h(x-1)=x^2-4x+6$

$x-1=t$라 하면 $x=t+1$

따라서 $h(t)=(t+1)^2-4(t+1)+6=t^2-2t+3$이므로

$h(x)=x^2-2x+3$

$\therefore h(1)=1-2+3=2$

6 $f(x)=-x+1$에서

$f(2)=-2+1=-1$

$f^2(2)=(f\circ f)(2)=f(f(2))=f(-1)=-(-1)+1=2$

$f^3(2)=(f\circ f^2)(2)=f(f^2(2))=f(2)=-1$

$f^4(2)=(f\circ f^3)(2)=f(f^3(2))=f(-1)=2$

⋮

따라서 $f^n(2)$의 값은 $-1,\ 2$가 이 순서대로 반복되므로

$f^{100}(2)=f^{2\times50}(2)=f^2(2)=2$

다른 풀이

$f(x)=-x+1$에서

$f^2(x)=(f\circ f)(x)=f(f(x))=f(-x+1)$

$=-(-x+1)+1=x$

즉, $f^3(x)=(f\circ f^2)(x)=f(f^2(x))=f(x)=-x+1$,

$f^4(x)=(f\circ f^3)(x)=f(f^3(x))=f(f(x))=f^2(x)=x$

이므로

$f(x)=f^3(x)=f^5(x)=\cdots=-x+1$,

$f^2(x)=f^4(x)=f^6(x)=\cdots=x$

따라서 $f^{100}(x)=f^{2\times50}(x)=x$이므로

$f^{100}(2)=2$

6-1 $f(x)=\frac{1}{1-x}$에서

$f(2)=\frac{1}{1-2}=-1$

$f^2(2)=(f\circ f)(2)=f(f(2))=f(-1)$

$=\frac{1}{1-(-1)}=\frac{1}{2}$

$f^3(2)=(f\circ f^2)(2)=f(f^2(2))=f\left(\frac{1}{2}\right)$

$=\frac{1}{1-\frac{1}{2}}=2$

$f^4(2)=(f\circ f^3)(2)=f(f^3(2))=f(2)=-1$

$f^5(2)=(f\circ f^4)(2)=f(f^4(2))=f(-1)=\frac{1}{2}$

$f^6(2)=(f\circ f^5)(2)=f(f^5(2))=f\left(\frac{1}{2}\right)=2$

⋮

따라서 $f^n(2)$의 값은 -1, $\frac{1}{2}$, 2가 이 순서대로 반복되므로

$f^{50}(2)=f^{3\times16+2}(2)=f^2(2)=\frac{1}{2}$

22 역함수

본문 166, 167쪽

1 ①	1-1 11	1-2 ①	
2 ②	2-1 ②	3 ①	3-1 ④
4 ②	4-1 ③		
5 ⑤	5-1 -1	5-2 $f^{-1}(x)=-\frac{1}{6}x+\frac{1}{2}$	
6 ④	6-1 ③		

1 $f^{-1}(2)=4$, $f^{-1}(-2)=2$에서 $f(4)=2$, $f(2)=-2$이므로

$4a+b=2$, $2a+b=-2$

위의 두 식을 연립하여 풀면 $a=2$, $b=-6$

$\therefore ab=2\times(-6)=-12$

1-1 $f^{-1}(5)=1$에서 $f(1)=5$이므로

$3+a=5$ $\therefore a=2$

따라서 $f(x)=3x+2$이므로

$f(3)=3\times3+2=11$

1-2 $f^{-1}(1)=k$라 하면 $f(k)=1$

(i) $k\geq0$일 때

$k+5=1$ $\therefore k=-4$

이것은 $k\geq0$을 만족시키지 않는다.

(ii) $k<0$일 때

$-k^2+5=1$, $k^2=4$ $\therefore k=-2$ ($\because k<0$)

(i), (ii)에서 $k=-2$이므로

$f^{-1}(1)=-2$

2 함수 $f(x)$의 역함수가 존재하면 $f(x)$는 일대일대응이다.

$f(x)=2x-1$에서 x의 값이 증가하면 $f(x)$의 값도 증가하므로

$f(a)=1$, $f(3)=b$

$f(a)=1$에서 $2a-1=1$, $2a=2$ $\therefore a=1$

$b=f(3)=2\times3-1=5$

$\therefore b-a=5-1=4$

2-1 함수 $f(x)$의 역함수가 존재하면 $f(x)$는 일대일대응이다.

$f(x)=-3x+2$에서 x의 값이 증가하면 $f(x)$의 값은 감소하므로

$f(a)=8$, $f(b)=-1$

$f(a)=8$에서 $-3a+2=8$

$3a=-6$ $\therefore a=-2$

$f(b)=-1$에서 $-3b+2=-1$

$3b=3$ $\therefore b=1$

$\therefore a^2+b^2=(-2)^2+1^2=5$

3 $(f\circ(g\circ f)^{-1})(9)=(f\circ f^{-1}\circ g^{-1})(9)=g^{-1}(9)$

$g^{-1}(9)=k$라 하면 $g(k)=9$이므로

$4k+1=9$, $4k=8$ $\therefore k=2$

$\therefore (f\circ(g\circ f)^{-1})(9)=2$

3-1 $(g^{-1}\circ f)^{-1}(5)=(f^{-1}\circ g)(5)$ ← $(g^{-1})^{-1}=g$

$=f^{-1}(g(5))$ ← $g(5)=2\times5+3=13$

$=f^{-1}(13)$

$f^{-1}(13)=k$라 하면 $f(k)=13$이므로

$k-1=13$ $\therefore k=14$

$\therefore (g^{-1}\circ f)^{-1}(5)=14$

4 $(g\circ f)(x)=x$에서 g는 f의 역함수, 즉 $g=f^{-1}$이므로

$(g\circ f^{-1}\circ g^{-1})(1)=(g\circ g\circ g^{-1})(1)=g(1)$

$g(1)=k$, 즉 $f^{-1}(1)=k$라 하면 $f(k)=1$이므로

$2k-5=1$, $2k=6$ $\therefore k=3$

$\therefore (g\circ f^{-1}\circ g^{-1})(1)=3$

4-1 $(g\circ f)(x)=x$에서 g는 f의 역함수, 즉 $g=f^{-1}$이므로

$f^{-1}(x)=3x+8$

$f(-1)=k$라 하면 $f^{-1}(k)=-1$이므로

$3k+8=-1$, $3k=-9$ $\therefore k=-3$

$\therefore f(-1)=-3$

5 $y=2x+a$라 하고 x를 y에 대한 식으로 나타내면

$2x=y-a$ $\therefore x=\frac{1}{2}y-\frac{a}{2}$

x와 y를 서로 바꾸면 $y=\frac{1}{2}x-\frac{a}{2}$

따라서 $f^{-1}(x)=\frac{1}{2}x-\frac{a}{2}$이고 조건에서 $f^{-1}(x)=bx-4$이므로

$\frac{1}{2}=b$, $-\frac{a}{2}=-4$ $\therefore a=8$, $b=\frac{1}{2}$

$\therefore ab=8\times\frac{1}{2}=4$

0+0 연습

5-1 $y=ax+2$라 하고 x를 y에 대한 식으로 나타내면

$ax=y-2\qquad \therefore x=\frac{1}{a}y-\frac{2}{a}$

x와 y를 서로 바꾸면

$y=\frac{1}{a}x-\frac{2}{a}$

따라서 $f^{-1}(x)=\frac{1}{a}x-\frac{2}{a}$이고, $f=f^{-1}$이므로

$a=\frac{1}{a},\ 2=-\frac{2}{a}$

$a=\frac{1}{a}$에서 $a^2=1$

$\therefore a=\pm1$ …… ㉠

$2=-\frac{2}{a}$에서 $a=-1$ …… ㉡

따라서 ㉠, ㉡을 동시에 만족시키는 상수 a의 값은 -1이다.

5-2 $f\left(\frac{3-x}{2}\right)=3x-6$에서 $\frac{3-x}{2}=t$라 하면

$3-x=2t\qquad \therefore x=-2t+3$

즉, $f(t)=3(-2t+3)-6=-6t+3$이므로

$f(x)=-6x+3$

이때 함수 $f(x)$는 일대일대응이므로 역함수가 존재한다.

$y=-6x+3$이라 하고 x를 y에 대한 식으로 나타내면

$6x=-y+3\qquad \therefore x=-\frac{1}{6}y+\frac{1}{2}$

x와 y를 서로 바꾸면

$y=-\frac{1}{6}x+\frac{1}{2}\qquad \therefore f^{-1}(x)=-\frac{1}{6}x+\frac{1}{2}$

6 함수 $y=f(x)$의 그래프와 그 역함수 $y=f^{-1}(x)$의 그래프는 직선 $y=x$에 대하여 대칭이므로 오른쪽 그림과 같다.

함수 $y=f(x)$의 그래프와 그 역함수 $y=f^{-1}(x)$의 그래프의 교점은 함수 $y=f(x)$의 그래프와 직선 $y=x$의 교점과 같으므로

$\frac{1}{2}x-1=x,\ \frac{1}{2}x=-1$

$\therefore x=-2$

따라서 교점의 좌표는 $(-2,\ -2)$이므로

$a=-2,\ b=-2$

$\therefore a+b=-2+(-2)=-4$

6-1 함수 $f(x)=ax+b$의 그래프가 점 $(3,\ 1)$을 지나므로

$f(3)=1$에서

$3a+b=1$ …… ㉠

또한, 함수 $y=f^{-1}(x)$의 그래프가 점 $(3,\ 1)$을 지나므로

$f^{-1}(3)=1$에서 $f(1)=3$

$\therefore a+b=3$ …… ㉡

㉠, ㉡을 연립하여 풀면 $a=-1,\ b=4$

따라서 $f(x)=-x+4$이므로

$f(-3)=-(-3)+4=7$

23 유리함수 $y=\frac{k}{x-p}+q$의 그래프

본문 168, 169쪽

1 $\frac{1}{x^2-x+1}$	1-1 $\frac{2}{x+1}$	1-2 $\frac{x}{x+1}$	
2 ④	2-1 ②	3 ③	3-1 6
4 ㄴ, ㄷ	4-1 ④	5 ④	5-1 ⑤
6 ①	6-1 ⑤		

1 $\frac{3}{x^3+1}-\frac{1}{x+1}+\frac{x-1}{x^2-x+1}$

$=\frac{3}{(x+1)(x^2-x+1)}-\frac{1}{x+1}+\frac{x-1}{x^2-x+1}$

$=\frac{3-(x^2-x+1)+(x-1)(x+1)}{(x+1)(x^2-x+1)}$

$=\frac{x+1}{(x+1)(x^2-x+1)}=\frac{1}{x^2-x+1}$

1-1 $\frac{x}{x^2-x}+\frac{x-3}{x^2-1}=\frac{x}{x(x-1)}+\frac{x-3}{(x+1)(x-1)}$

$=\frac{1}{x-1}+\frac{x-3}{(x+1)(x-1)}$

$=\frac{(x+1)+(x-3)}{(x+1)(x-1)}=\frac{2x-2}{(x+1)(x-1)}$

$=\frac{2(x-1)}{(x+1)(x-1)}=\frac{2}{x+1}$

1-2 $\frac{x^2-5x}{x^2-3x+2}\times\frac{x^2+x-6}{x+1}\div\frac{x^2-2x-15}{x-1}$

$=\frac{x^2-5x}{x^2-3x+2}\times\frac{x^2+x-6}{x+1}\times\frac{x-1}{x^2-2x-15}$

$=\frac{x(x-5)}{(x-1)(x-2)}\times\frac{(x+3)(x-2)}{x+1}\times\frac{x-1}{(x+3)(x-5)}$

$=\frac{x}{x+1}$

2 $\frac{a}{x+1}+\frac{b}{x-2}=\frac{a(x-2)+b(x+1)}{(x+1)(x-2)}$

$=\frac{(a+b)x-2a+b}{x^2-x-2}$

즉, $\frac{(a+b)x-2a+b}{x^2-x-2}=\frac{10x+4}{x^2-x-2}$이므로

$a+b=10,\ -2a+b=4$

위의 두 식을 연립하여 풀면 $a=2,\ b=8$

$\therefore ab=2\times8=16$

2-1 $\frac{a}{x}+\frac{b}{x-1}+\frac{c}{(x-1)^2}=\frac{a(x-1)^2+bx(x-1)+cx}{x(x-1)^2}$

$=\frac{(a+b)x^2-(2a+b-c)x+a}{x(x-1)^2}$

즉, $\frac{(a+b)x^2-(2a+b-c)x+a}{x(x-1)^2}=\frac{1}{x(x-1)^2}$이므로

$a+b=0,\ 2a+b-c=0,\ a=1$

$a=1$을 $a+b=0$에 대입하면
$1+b=0 \quad \therefore b=-1$
$a=1,\ b=-1$을 $2a+b-c=0$에 대입하면
$2+(-1)-c=0 \quad \therefore c=1$
$\therefore abc=1\times(-1)\times1=-1$

3 $\frac{1}{x(x+1)}+\frac{1}{(x+1)(x+2)}+\frac{1}{(x+2)(x+3)}$
$=\left(\frac{1}{x}-\frac{1}{x+1}\right)+\left(\frac{1}{x+1}-\frac{1}{x+2}\right)+\left(\frac{1}{x+2}-\frac{1}{x+3}\right)$
$=\frac{1}{x}-\frac{1}{x+3}=\frac{(x+3)-x}{x(x+3)}=\frac{3}{x(x+3)}$
따라서 $\frac{3}{x(x+3)}=\frac{a}{x(x+b)}$이므로
$a=3,\ b=3$
$\therefore a+b=3+3=6$

3-1 $\frac{1}{x(x+1)}+\frac{2}{(x+1)(x+3)}+\frac{3}{(x+3)(x+6)}$
$=\left(\frac{1}{x}-\frac{1}{x+1}\right)+\left(\frac{1}{x+1}-\frac{1}{x+3}\right)+\left(\frac{1}{x+3}-\frac{1}{x+6}\right)$
$=\frac{1}{x}-\frac{1}{x+6}=\frac{(x+6)-x}{x(x+6)}=\frac{6}{x(x+6)}$
$\therefore k=6$

다른 풀이
주어진 등식이 x에 대한 항등식이므로 $x=1$을 대입하면
$\frac{1}{1\times2}+\frac{2}{2\times4}+\frac{3}{4\times7}=\frac{k}{1\times7}$
$\frac{1}{2}+\frac{1}{4}+\frac{3}{28}=\frac{k}{7} \quad \therefore k=6$

4 ㄴ. $y=\frac{3x-1}{x+2}=\frac{3(x+2)-7}{x+2}=-\frac{7}{x+2}+3$
ㄷ. $y=\frac{x^2+2x-3}{x}=-\frac{3}{x}+x+2$
따라서 다항함수가 아닌 유리함수는 ㄴ, ㄷ이다.

4-1 $2x-4=0$에서 $x=2$
즉, 함수 $y=\frac{-x+5}{2x-4}$의 정의역은 $\{x\,|\,x\neq2$인 실수$\}$이다.
따라서 정의역에 속하지 않는 것은 ④이다.

5 함수 $y=\frac{1}{x}$의 그래프를 x축의 방향으로 a만큼, y축의 방향으로 b만큼 평행이동한 그래프의 방정식은
$y-b=\frac{1}{x-a} \quad \therefore y=\frac{1}{x-a}+b$ …… ㉠
함수 ㉠의 그래프의 점근선의 방정식은 $x=a,\ y=b$이므로
$a=2,\ b=-5$
$\therefore a-b=2-(-5)=7$

5-1 함수 $y=\frac{1}{2x}$의 그래프를 x축의 방향으로 -2만큼, y축의 방향으로 1만큼 평행이동한 그래프의 방정식은
$y-1=\frac{1}{2(x+2)} \quad \therefore y=\frac{1}{2x+4}+1$
이 함수의 그래프가 함수 $y=\frac{1}{2x+a}+b$의 그래프와 겹쳐지므로
$a=4,\ b=1$
$\therefore a+b=4+1=5$

6 함수 $y=\frac{3}{x-a}+b$의 그래프의 점근선의 방정식이 $x=a,\ y=b$이므로 두 직선 $y=x-2,\ y=-x+4$는 모두 점 $(a,\ b)$를 지난다.
즉, $b=a-2,\ b=-a+4$이므로 두 식을 연립하여 풀면
$a=3,\ b=1$
$\therefore ab=3\times1=3$
(두 직선의 교점은 주어진 함수의 그래프의 점근선의 교점과 같으므로)

6-1 함수 $y=-\frac{2}{x+a}-b$의 그래프의 점근선의 방정식이 $x=-a$, $y=-b$이므로 두 직선 $y=x-3,\ y=-x+7$은 모두 점 $(-a,\ -b)$를 지난다.
즉, $-b=-a-3,\ -b=a+7$이므로 두 식을 연립하여 풀면
$a=-5,\ b=-2$
$\therefore ab=(-5)\times(-2)=10$

24 유리함수 $y=\frac{ax+b}{cx+d}$의 그래프

본문 170, 171쪽

1 ④	1-1 ①	2 ④	2-1 ⑤
3 ①	3-1 ①	4 ②	4-1 ③
5 ①	5-1 ④	6 ③	6-1 11

1 $y=\frac{ax+2}{x-b}=\frac{a(x-b)+ab+2}{x-b}$
$=\frac{ab+2}{x-b}+a$
이므로 정의역은 $\{x\,|\,x\neq b$인 실수$\}$, 치역은 $\{y\,|\,y\neq a$인 실수$\}$이다.
따라서 $a=2,\ b=1$이므로
$ab=2\times1=2$

1-1 $y=\frac{ax-1}{x-b}=\frac{a(x-b)+ab-1}{x-b}$
$=\frac{ab-1}{x-b}+a$
이므로 점근선의 방정식은 $x=b,\ y=a$이다.
따라서 $a=-1,\ b=3$이므로
$ab=(-1)\times3=-3$

플러스톡
함수의 그래프와 만나지 않는 두 직선이 점근선이다.

2 $y=\frac{2x+6}{x+2}=\frac{2(x+2)+2}{x+2}=\frac{2}{x+2}+2$

① 그래프는 점 $(-2,\ 2)$에 대하여 대칭이다.

② 정의역은 $\{x\mid x\neq -2$인 실수$\}$이다.

③ $x=0$을 $y=\frac{2x+6}{x+2}$에 대입하면 $y=3$

즉, 그래프와 y축의 교점의 좌표는 $(0,\ 3)$이다.

④ 그래프는 오른쪽 그림과 같으므로 제1, 2, 3사분면을 지난다.

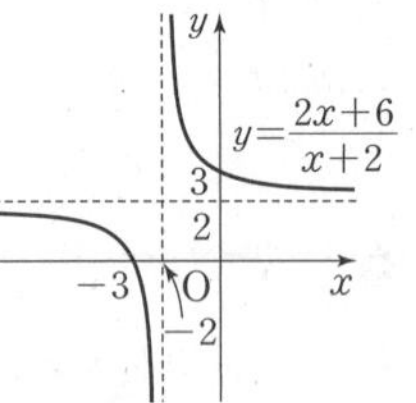

⑤ 그래프는 함수 $y=\frac{2}{x}$의 그래프를 x축의 방향으로 -2만큼, y축의 방향으로 2만큼 평행이동한 것이다.

따라서 옳지 않은 것은 ④이다.

2-1 $y=\frac{-4x+2}{x-1}=\frac{-4(x-1)-2}{x-1}=-\frac{2}{x-1}-4$

ㄱ. 주어진 함수의 그래프의 점근선의 방정식은 $x=1$, $y=-4$이므로 두 점근선의 교점의 좌표는 $(1,\ -4)$이다.

ㄴ. 주어진 함수의 그래프는 오른쪽 그림과 같으므로 제2사분면을 지나지 않는다.

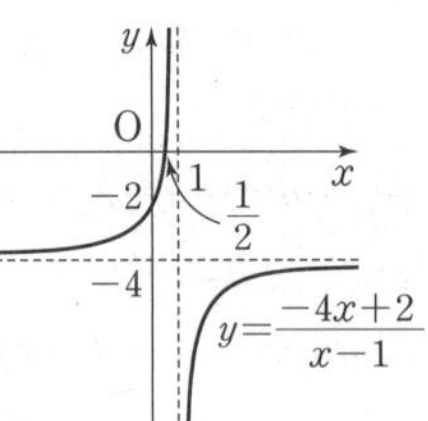

ㄷ. 주어진 함수의 그래프는 함수 $y=-\frac{2}{x}$의 그래프를 x축의 방향으로 1만큼, y축의 방향으로 -4만큼 평행이동한 것이다.

따라서 옳은 것은 ㄴ, ㄷ이다.

3 $y=\frac{3x+a}{x+1}=\frac{3(x+1)+a-3}{x+1}=\frac{a-3}{x+1}+3$

이므로 이 함수의 그래프를 x축의 방향으로 b만큼, y축의 방향으로 c만큼 평행이동한 그래프의 방정식은

$y-c=\frac{a-3}{(x-b)+1}+3$

$\therefore y=\frac{a-3}{x-b+1}+c+3$

이 함수의 그래프가 함수 $y=\frac{1}{x}$의 그래프와 겹쳐지므로

$a-3=1,\ -b+1=0,\ c+3=0$

$\therefore a=4,\ b=1,\ c=-3$

$\therefore a+b+c=4+1+(-3)=2$

3-1 $y=\frac{2x-3}{x-2}=\frac{2(x-2)+1}{x-2}=\frac{1}{x-2}+2$

이므로 이 함수의 그래프를 x축의 방향으로 a만큼, y축의 방향으로 b만큼 평행이동한 그래프의 방정식은

$y-b=\frac{1}{(x-a)-2}+2$

$\therefore y=\frac{1}{x-a-2}+b+2$

이 함수의 그래프가 함수 $y=\frac{3x+7}{x+2}=\frac{3(x+2)+1}{x+2}=\frac{1}{x+2}+3$의 그래프와 겹쳐지므로

$-a-2=2,\ b+2=3$

$\therefore a=-4,\ b=1$

$\therefore a+b=-4+1=-3$

4 점근선의 방정식이 $x=5$, $y=3$이므로

$y=\frac{k}{x-5}+3\ (k>0)$이라 하자.

이 함수의 그래프가 점 $(2,\ 0)$을 지나므로

$0=\frac{k}{-3}+3$

$\therefore k=9$

따라서 $y=\frac{9}{x-5}+3=\frac{9+3(x-5)}{x-5}=\frac{3x-6}{x-5}$이므로

$a=3,\ b=-6,\ c=-5$

$\therefore a+b+c=3+(-6)+(-5)=-8$

4-1 점근선의 방정식이 $x=2$, $y=-3$이므로

$y=\frac{k}{x-2}-3\ (k<0)$이라 하자.

이 함수의 그래프가 점 $(0,\ -1)$을 지나므로

$-1=\frac{k}{-2}-3\qquad \therefore k=-4$

따라서 $y=\frac{-4}{x-2}-3=\frac{-4-3(x-2)}{x-2}=\frac{-3x+2}{x-2}$이므로

$a=-3,\ b=2,\ c=-2$

$\therefore abc=(-3)\times 2\times(-2)=12$

5 $y=\frac{2x-1}{x+3}=\frac{2(x+3)-7}{x+3}=-\frac{7}{x+3}+2$

이므로 주어진 함수의 그래프는 함수 $y=-\frac{7}{x}$의 그래프를 x축의 방향으로 -3만큼, y축의 방향으로 2만큼 평행이동한 것이다.

즉, $-2\le x\le 4$에서 함수 $y=\frac{2x-1}{x+3}$의 그래프는 오른쪽 그림과 같으므로 $x=4$일 때 최댓값 1, $x=-2$일 때 최솟값 -5를 갖는다.

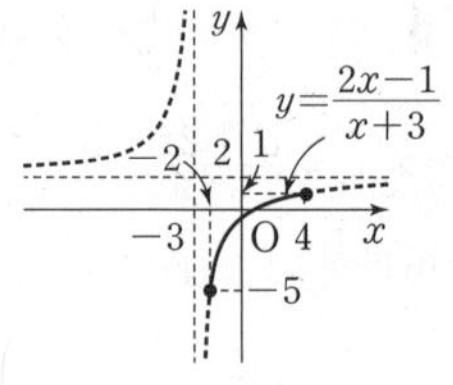

따라서 $a=1$, $b=-5$이므로

$a+b=1+(-5)=-4$

5-1 $y=\frac{5x+a}{x-2}=\frac{5(x-2)+a+10}{x-2}=\frac{a+10}{x-2}+5$

이때 $a>0$에서 $a+10>0$이고 점근선의 방정식은 $x=2$, $y=5$이므로 $3\le x\le 6$에서 함수 $y=\frac{5x+a}{x-2}$의 그래프는 오른쪽 그림과 같다.

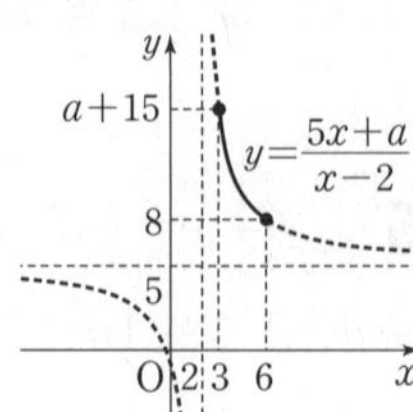

즉, $x=6$일 때 최솟값 8을 가지므로

$8=\frac{a+10}{4}+5,\ \frac{a+10}{4}=3$

$a+10=12$

$\therefore a=2$

6 두 함수 $y=f(x)$, $y=g(x)$의 그래프가 직선 $y=x$에 대하여 대칭이므로 두 함수는 서로 역함수 관계이다.

$y=\frac{-3x+1}{x+7}$이라 하고 x를 y에 대한 식으로 나타내면

$y(x+7)=-3x+1$, $(y+3)x=-7y+1$

$\therefore x=\frac{-7y+1}{y+3}$

x와 y를 서로 바꾸면

$y=\frac{-7x+1}{x+3}$

따라서 $\frac{-7x+1}{x+3}=\frac{ax+b}{cx+3}$이므로

$a=-7$, $b=1$, $c=1$

$\therefore a+b+c=-7+1+1=-5$

6-1 함수 $f(x)=\frac{ax+b}{x-3}$의 그래프가 점 $(1, -1)$을 지나므로

$-1=\frac{a+b}{-2}$

$\therefore a+b=2$ $\quad\cdots\cdots$ ㉠

$y=\frac{ax+b}{x-3}$라 하고 x를 y에 대한 식으로 나타내면

$y(x-3)=ax+b$, $(y-a)x=3y+b$

$\therefore x=\frac{3y+b}{y-a}$

x와 y를 서로 바꾸면

$y=\frac{3x+b}{x-a}$ $\quad\therefore f^{-1}(x)=\frac{3x+b}{x-a}$

즉, $f=f^{-1}$에서 $\frac{ax+b}{x-3}=\frac{3x+b}{x-a}$이므로

$a=3$

$a=3$을 ㉠에 대입하면 $3+b=2$

$\therefore b=-1$

따라서 $f(x)=\frac{3x-1}{x-3}$이므로

$f(4)=\frac{3\times4-1}{4-3}=11$

다른 풀이

함수 $f(x)=\frac{ax+b}{x-3}$의 그래프가 점 $(1, -1)$을 지나므로

$-1=\frac{a+b}{-2}$

$\therefore a+b=2$ $\quad\cdots\cdots$ ㉠

한편, 함수 $y=f(x)$의 그래프가 점 $(1, -1)$을 지나므로 그 역함수 $y=f^{-1}(x)$의 그래프는 점 $(-1, 1)$을 지난다.

이때 $f=f^{-1}$이므로 함수 $y=f(x)$의 그래프가 점 $(-1, 1)$을 지난다.

$1=\frac{-a+b}{-4}$

$\therefore -a+b=-4$ $\quad\cdots\cdots$ ㉡

㉠, ㉡을 연립하여 풀면 $a=3$, $b=-1$

따라서 $f(x)=\frac{3x-1}{x-3}$이므로

$f(4)=\frac{3\times4-1}{4-3}=11$

25 무리함수 $y=\sqrt{a(x-p)}+q$의 그래프

본문 172, 173쪽

1 $x\le-\frac{1}{3}$ 또는 $x\ge\frac{1}{2}$		**1-1** ④	
2 ⑤	**2-1** ④	**3** ⑤	**3-1** 8
4 ④	**4-1** ③	**5** ⑤	**5-1** ③
6 ②	**6-1** ④		

1 $6x^2-x-1\ge0$이어야 하므로

$(3x+1)(2x-1)\ge0$

$\therefore x\le-\frac{1}{3}$ 또는 $x\ge\frac{1}{2}$

1-1 $7-x\ge0$, $x+2>0$이어야 하므로

$x\le7$, $x>-2$ $\quad\therefore -2<x\le7$

따라서 정수 x는 $-1, 0, 1, \cdots, 7$의 9개이다.

2 $\frac{1}{\sqrt{x}+\sqrt{x+1}}+\frac{1}{\sqrt{x+1}+\sqrt{x+2}}+\frac{1}{\sqrt{x+2}+\sqrt{x+3}}$

$=\frac{1}{\sqrt{x+1}+\sqrt{x}}+\frac{1}{\sqrt{x+2}+\sqrt{x+1}}+\frac{1}{\sqrt{x+3}+\sqrt{x+2}}$

$=\frac{\sqrt{x+1}-\sqrt{x}}{(\sqrt{x+1}+\sqrt{x})(\sqrt{x+1}-\sqrt{x})}$

$+\frac{\sqrt{x+2}-\sqrt{x+1}}{(\sqrt{x+2}+\sqrt{x+1})(\sqrt{x+2}-\sqrt{x+1})}$

$+\frac{\sqrt{x+3}-\sqrt{x+2}}{(\sqrt{x+3}+\sqrt{x+2})(\sqrt{x+3}-\sqrt{x+2})}$

$=\frac{\sqrt{x+1}-\sqrt{x}}{(x+1)-x}+\frac{\sqrt{x+2}-\sqrt{x+1}}{(x+2)-(x+1)}+\frac{\sqrt{x+3}-\sqrt{x+2}}{(x+3)-(x+2)}$

$=(\sqrt{x+1}-\sqrt{x})+(\sqrt{x+2}-\sqrt{x+1})+(\sqrt{x+3}-\sqrt{x+2})$

$=-\sqrt{x}+\sqrt{x+3}=\sqrt{x+3}-\sqrt{x}$

$\therefore k=3$

2-1 $\frac{\sqrt{1+x}-\sqrt{1-x}}{\sqrt{1+x}+\sqrt{1-x}}+\frac{\sqrt{1+x}+\sqrt{1-x}}{\sqrt{1+x}-\sqrt{1-x}}$

$=\frac{(\sqrt{1+x}-\sqrt{1-x})^2+(\sqrt{1+x}+\sqrt{1-x})^2}{(\sqrt{1+x}+\sqrt{1-x})(\sqrt{1+x}-\sqrt{1-x})}$

$=\frac{(1+x)-2\sqrt{1-x^2}+(1-x)+(1+x)+2\sqrt{1-x^2}+(1-x)}{(1+x)-(1-x)}$

$=\frac{4}{2x}=\frac{2}{x}$

$\therefore k=2$

3 $\frac{1-\sqrt{x}}{1+\sqrt{x}}+\frac{1+\sqrt{x}}{1-\sqrt{x}}=\frac{(1-\sqrt{x})^2+(1+\sqrt{x})^2}{(1+\sqrt{x})(1-\sqrt{x})}$

$=\frac{(1-2\sqrt{x}+x)+(1+2\sqrt{x}+x)}{1-x}$

$=\frac{2x+2}{1-x}$

$x=\frac{\sqrt{2}-1}{\sqrt{2}+1}=\frac{(\sqrt{2}-1)^2}{(\sqrt{2}+1)(\sqrt{2}-1)}=3-2\sqrt{2}$를 대입하면

$$\frac{2(3-2\sqrt{2})+2}{1-(3-2\sqrt{2})}=\frac{8-4\sqrt{2}}{-2+2\sqrt{2}}=\frac{4-2\sqrt{2}}{\sqrt{2}-1}$$
$$=\frac{(4-2\sqrt{2})(\sqrt{2}+1)}{(\sqrt{2}-1)(\sqrt{2}+1)}$$
$$=4\sqrt{2}+4-4-2\sqrt{2}=2\sqrt{2}$$

3-1 $\frac{\sqrt{2-x}}{\sqrt{2+x}}+\frac{\sqrt{2+x}}{\sqrt{2-x}}=\frac{(\sqrt{2-x})^2+(\sqrt{2+x})^2}{\sqrt{2+x}\sqrt{2-x}}$
$$=\frac{(2-x)+(2+x)}{\sqrt{4-x^2}}$$
$$=\frac{4}{\sqrt{4-x^2}}$$

$x=\frac{\sqrt{15}}{2}$를 대입하면

$$\frac{4}{\sqrt{4-\left(\frac{\sqrt{15}}{2}\right)^2}}=\frac{4}{\frac{1}{2}}=8$$

4 ㄹ. $y=\sqrt{x^2+4x+4}=\sqrt{(x+2)^2}$
$$=|x+2|=\begin{cases} x+2 & (x\geq -2) \\ -x-2 & (x<-2) \end{cases}$$
따라서 무리함수인 것은 ㄴ, ㄷ이다.

4-1 $-4x+a\geq 0$에서 $4x\leq a$ $\quad \therefore x\leq \frac{a}{4}$

즉, 주어진 함수의 정의역이 $\left\{x \middle| x\leq \frac{a}{4}\right\}$이므로

$\frac{a}{4}=3 \quad \therefore a=12$

5 ① $2x\geq 0$에서 $x\geq 0$이므로 정의역은 $\{x|x\geq 0\}$이다.
② $\sqrt{2x}\geq 0$이므로 치역은 $\{y|y\geq 0\}$이다.
③, ④, ⑤ 두 함수 $y=\sqrt{2x}$, $y=\sqrt{-2x}$의 그래프는 오른쪽 그림과 같으므로 각각 제1, 2사분면을 지나고, 두 함수 $y=\sqrt{2x}$, $y=\sqrt{-2x}$의 그래프는 y축에 대하여 대칭이다.

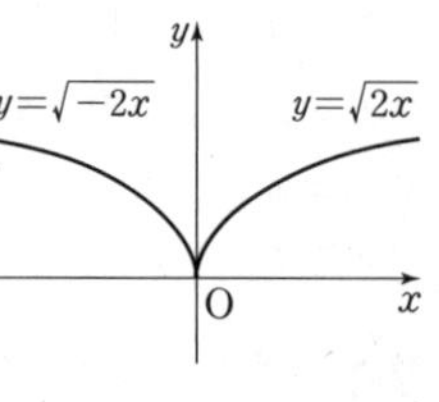

따라서 옳지 않은 것은 ⑤이다.

5-1 ① $-3x\geq 0$에서 $x\leq 0$이므로 정의역은 $\{x|x\leq 0\}$이다.
② $\sqrt{-3x}\geq 0$이므로 치역은 $\{y|y\geq 0\}$이다.
③, ④, ⑤ 두 함수 $y=\sqrt{-3x}$, $y=-\sqrt{-3x}$의 그래프는 오른쪽 그림과 같으므로 각각 제2, 3사분면을 지나고, 두 함수 $y=\sqrt{-3x}$, $y=-\sqrt{-3x}$의 그래프는 x축에 대하여 대칭이다.

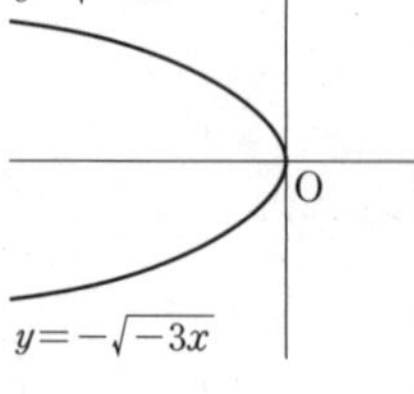

따라서 옳은 것은 ③이다.

6 함수 $y=\sqrt{2x}$의 그래프를 x축의 방향으로 -1만큼, y축의 방향으로 3만큼 평행이동한 그래프의 방정식은
$y-3=\sqrt{2(x+1)} \quad \therefore y=\sqrt{2(x+1)}+3$
이 함수의 그래프가 함수 $y=\sqrt{a(x-p)}+q$의 그래프와 겹쳐지므로
$a=2$, $p=-1$, $q=3$
$\therefore a+p+q=2+(-1)+3=4$

6-1 함수 $y=\sqrt{ax}$의 그래프를 x축의 방향으로 b만큼, y축의 방향으로 c만큼 평행이동하면
$y-c=\sqrt{a(x-b)} \quad \therefore y=\sqrt{a(x-b)}+c$
즉, $a=3$, $b=2$, $c=-1$이므로
$a+b+c=3+2+(-1)=4$

26 무리함수 $y=\sqrt{ax+b}+c$의 그래프

본문 174, 175쪽

1 ④	1-1 ②	2 ⑤	2-1 ③
3 ③	3-1 ②		
4 $-2\leq k<-\frac{7}{4}$		4-1 ②	
5 ⑤	5-1 ⑤		
6 ④	6-1 (2, 2)	6-2 ①	

1 $y=-\sqrt{3x-6}+1=-\sqrt{3(x-2)}+1$
① 그래프는 점 (2, 1)을 지난다.
② $3x-6\geq 0$에서 $x\geq 2$이므로 정의역은 $\{x|x\geq 2\}$이다.
③ $\sqrt{3x-6}\geq 0$에서 $-\sqrt{3x-6}\leq 0 \quad \therefore -\sqrt{3x-6}+1\leq 1$
즉, 치역은 $\{y|y\leq 1\}$이다.
④ 그래프는 함수 $y=-\sqrt{3x}$의 그래프를 x축의 방향으로 2만큼, y축의 방향으로 1만큼 평행이동한 것이다.
⑤ 그래프는 오른쪽 그림과 같으므로 제1사분면, 제4사분면을 지난다.

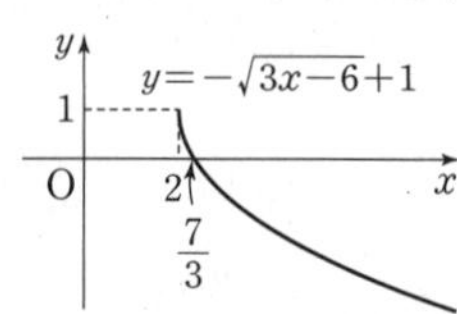

따라서 옳지 않은 것은 ④이다.

1-1 $-2x+a\geq 0$에서
$2x\leq a \quad \therefore x\leq \frac{a}{2}$
즉, 주어진 함수의 정의역이 $\left\{x \middle| x\leq \frac{a}{2}\right\}$이므로
$\frac{a}{2}=5 \quad \therefore a=10$
또한, $f(x)=\sqrt{-2x+10}+b$에서 $\sqrt{-2x+10}\geq 0$이므로
$\sqrt{-2x+10}+b\geq b$
즉, 주어진 함수의 치역이 $\{y|y\geq b\}$이므로 $b=-3$
따라서 $f(x)=\sqrt{-2x+10}-3$이므로
$f(3)=\sqrt{-2\times 3+10}-3=2-3=-1$

2 주어진 무리함수의 그래프는 $y=-\sqrt{ax}$ $(a<0)$의 그래프를 x축의 방향으로 3만큼, y축의 방향으로 1만큼 평행이동한 것이므로
$y=-\sqrt{a(x-3)}+1$

이 함수의 그래프가 점 $(2,\ 0)$을 지나므로

$0=-\sqrt{-a}+1$, $\sqrt{-a}=1$

$\therefore\ a=-1$

따라서 $y=-\sqrt{-(x-3)}+1=-\sqrt{-x+3}+1$이므로

$b=3$, $c=1$

$\therefore\ a^2+b^2+c^2=(-1)^2+3^2+1^2=11$

2-1 주어진 무리함수의 그래프는 $y=\sqrt{ax}$ $(a<0)$의 그래프를 x축의 방향으로 4만큼, y축의 방향으로 -5만큼 평행이동한 것이므로

$y=\sqrt{a(x-4)}-5$

이 함수의 그래프가 점 $(0,\ -1)$을 지나므로

$-1=\sqrt{-4a}-5$, $\sqrt{-4a}=4$

$\therefore\ a=-4$

따라서 $y=\sqrt{-4(x-4)}-5=\sqrt{-4x+16}-5$이므로

$b=16$, $c=-5$

$\therefore\ a+b+c=-4+16+(-5)=7$

3 $y=\sqrt{7-2x}+a=\sqrt{-2\left(x-\frac{7}{2}\right)}+a$

이므로 주어진 함수의 그래프는 함수 $y=\sqrt{-2x}$의 그래프를 x축의 방향으로 $\frac{7}{2}$만큼, y축의 방향으로 a만큼 평행이동한 것이다.

$-1\le x\le 3$에서 함수 $y=\sqrt{7-2x}+a$의 그래프는 오른쪽 그림과 같으므로 $x=-1$일 때 최댓값 $a+3$, $x=3$일 때 최솟값 $a+1$을 갖는다.

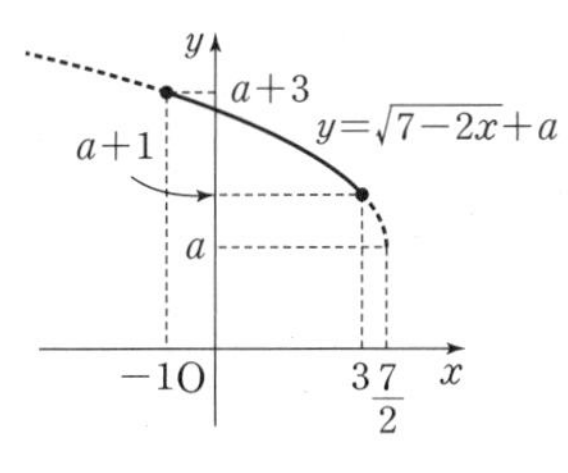

즉, $a+1=3$이므로 $a=2$

따라서 함수 $y=\sqrt{7-2x}+2$는 최댓값 5를 갖는다.

└→ $\sqrt{7+2}+2=3+2=5$

3-1 $y=\sqrt{a-x}+5=\sqrt{-(x-a)}+5$

이므로 주어진 함수의 그래프는 함수 $y=\sqrt{-x}$의 그래프를 x축의 방향으로 a만큼, y축의 방향으로 5만큼 평행이동한 것이다.

$-6\le x\le 2$에서 함수 $y=\sqrt{a-x}+5$의 그래프는 오른쪽 그림과 같으므로 $x=-6$일 때 최댓값 $\sqrt{a+6}+5$, $x=2$일 때 최솟값 $\sqrt{a-2}+5$를 갖는다.

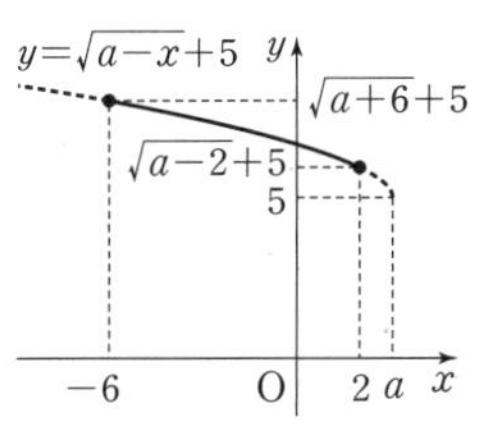

즉, $\sqrt{a+6}+5=8$에서

$\sqrt{a+6}=3$ $\quad\therefore\ a=3$

따라서 함수 $y=\sqrt{3-x}+5$는 최솟값 6을 갖는다.

└→ $\sqrt{3-2}+5=1+5=6$

4 (i) 직선 $y=x+k$가 점 $(2,\ 0)$을 지날 때

$0=2+k$ $\quad\therefore\ k=-2$

(ii) 함수 $y=\sqrt{x-2}$의 그래프와 직선 $y=x+k$가 접할 때

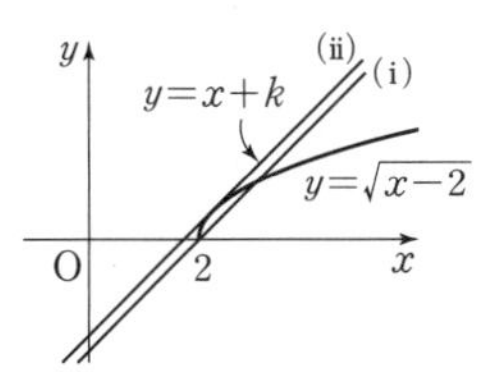

$\sqrt{x-2}=x+k$의 양변을 제곱하면

$x-2=x^2+2kx+k^2$, $x^2+(2k-1)x+k^2+2=0$

이 이차방정식의 판별식을 D라 하면

$D=(2k-1)^2-4(k^2+2)=0$

$-4k-7=0$ $\quad\therefore\ k=-\frac{7}{4}$

이때 $n(A\cap B)=2$이려면 함수 $y=\sqrt{x-2}$의 그래프와 직선 $y=x+k$가 서로 다른 두 점에서 만나야 하므로

$-2\le k<-\frac{7}{4}$

4-1 함수 $y=\sqrt{x+1}+1$의 그래프는 함수 $y=\sqrt{x}$의 그래프를 x축의 방향으로 -1만큼, y축의 방향으로 1만큼 평행이동한 것이고, 직선 $y=-2x+k$는 기울기가 -2이고 y절편이 k인 직선이다.

직선 $y=-2x+k$가 점 $(-1,\ 1)$을 지날 때

$1=-2\times(-1)+k$

$\therefore\ k=-1$

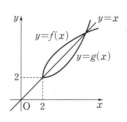

따라서 함수 $y=\sqrt{x+1}+1$의 그래프와 직선 $y=-2x+k$가 만나려면

$k\ge -1$

이어야 하므로 실수 k의 최솟값은 -1이다.

5 함수 $y=\sqrt{2x+6}-3$의 치역이 $\{y\,|\,y\ge -3\}$이므로 역함수의 정의역은 $\{x\,|\,x\ge -3\}$이다.

$y=\sqrt{2x+6}-3$에서 x를 y에 대한 식으로 나타내면

$\sqrt{2x+6}=y+3$, $2x+6=(y+3)^2$

$\therefore\ x=\frac{1}{2}(y+3)^2-3$

x와 y를 서로 바꾸면 구하는 역함수는

$y=\frac{1}{2}(x+3)^2-3$ $(x\ge -3)$

따라서 $a=3$, $b=-3$, $c=-3$이므로

$abc=3\times(-3)\times(-3)=27$

5-1 함수 $y=-\sqrt{x+2}+4$의 치역이 $\{y\,|\,y\le 4\}$이므로 역함수의 정의역은 $\{x\,|\,x\le 4\}$이다.

$y=-\sqrt{x+2}+4$에서 x를 y에 대한 식으로 나타내면

$\sqrt{x+2}=-y+4$, $x+2=(y-4)^2$

$\therefore\ x=(y-4)^2-2$

x와 y를 서로 바꾸면 구하는 역함수는

$y=(x-4)^2-2=x^2-8x+14$ $(x\le 4)$

따라서 $a=-8$, $b=14$, $c=4$이므로

$a+b+c=-8+14+4=10$

6 함수 $y=f(x)$의 그래프와 그 역함수 $y=g(x)$의 그래프는 직선 $y=x$에 대하여 대칭이므로 오른쪽 그림과 같다.

함수 $y=f(x)$의 그래프와 그 역함수 $y=g(x)$의 그래프의 교점은 함수 $y=f(x)$의 그래프와 직선 $y=x$의 교점과 같으므로

$\sqrt{4x-8}+2=x$, $\sqrt{4x-8}=x-2$
양변을 제곱하면
$4x-8=x^2-4x+4$, $x^2-8x+12=0$
$(x-2)(x-6)=0$ $\quad\therefore x=2$ 또는 $x=6$
따라서 교점의 좌표는 $(2, 2)$, $(6, 6)$이므로 두 교점 사이의 거리는
$\sqrt{(6-2)^2+(6-2)^2}=4\sqrt{2}$

6-1 함수 $y=f(x)$의 그래프와 그 역함수 $y=g(x)$의 그래프는 직선 $y=x$에 대하여 대칭이므로 오른쪽 그림과 같다.

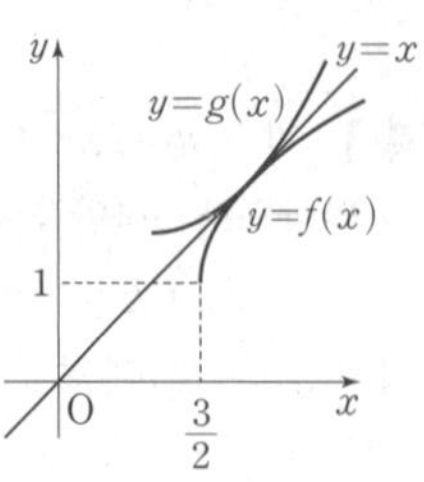

함수 $y=f(x)$의 그래프와 그 역함수 $y=g(x)$의 그래프의 교점은 함수 $y=f(x)$의 그래프와 직선 $y=x$의 교점과 같으므로
$\sqrt{2x-3}+1=x$, $\sqrt{2x-3}=x-1$
양변을 제곱하면
$2x-3=x^2-2x+1$, $x^2-4x+4=0$
$(x-2)^2=0$ $\quad\therefore x=2$
따라서 점 P의 좌표는 $(2, 2)$이다.

6-2 함수 $f(x)=\sqrt{ax+b}$의 그래프가 점 $(3, 5)$를 지나므로
$5=\sqrt{3a+b}$ $\quad\therefore 3a+b=25$ $\quad\cdots\cdots$ ㉠
또한, 역함수의 그래프가 점 $(3, 5)$를 지나므로 함수 $y=f(x)$의 그래프는 점 $(5, 3)$을 지난다.
즉, $3=\sqrt{5a+b}$이므로 $5a+b=9$ $\quad\cdots\cdots$ ㉡
㉠, ㉡을 연립하여 풀면 $a=-8$, $b=49$
$\therefore a+b=-8+49=41$

M·E·M·O

M·E·M·O

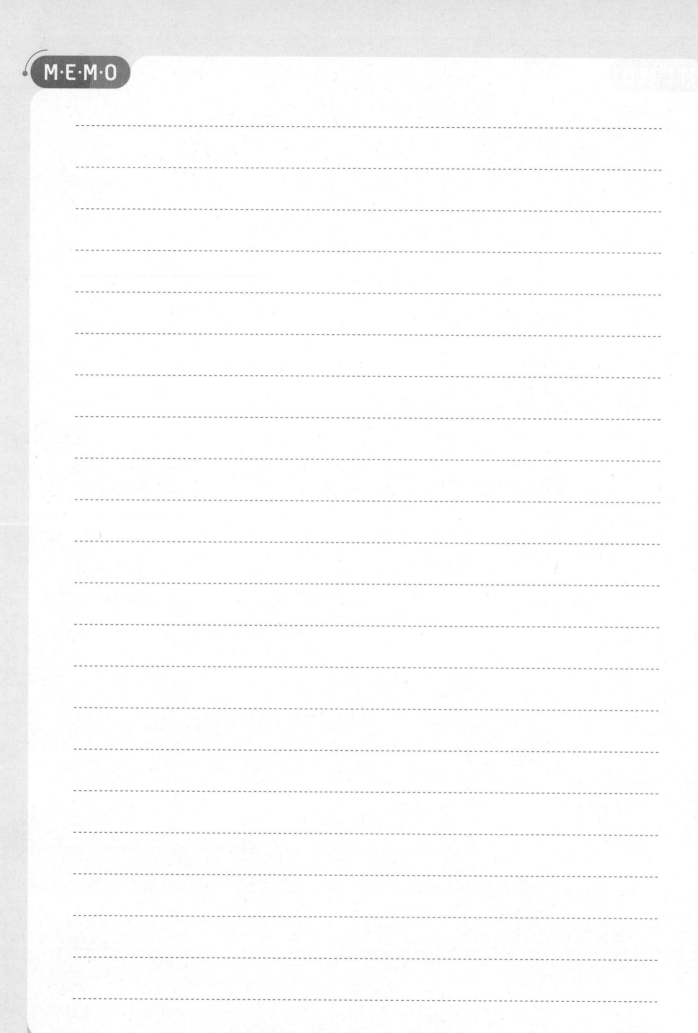

메가스터디 고등학습 시리즈

수학이 쉬워지는 완벽한 솔루션

완쏠

유형 입문

공통수학 2

메가스터디BOOKS

내용 문의 02-6984-6901 | 구입 문의 02-6984-6868,9 | www.megastudybooks.com